分子医学丛书

医学分子遗传学

Medical Molecular Genetics

主　编　汤其群　徐国良

副主编　文　波　刘　赟　王丽影

编　者　(以姓氏笔画为序)

马　端　复旦大学

王丽影　复旦大学

王　磊　复旦大学

文　波　复旦大学

邢清和　复旦大学

吕　雷　复旦大学

刘　赟　复旦大学

汤其群　复旦大学

张　明　同济大学

姜　海　中国科学院分子细胞科学卓越创新中心

秦胜营　上海交通大学

徐国良　中国科学院分子细胞科学卓越创新中心

复旦大学出版社

序 言 Foreword

　　我国《国家创新驱动发展战略纲要》提出，科技和人才将成为国力强盛最重要的战略资源。为响应我国建设创新型国家的发展战略，推动医学教育改革，促进医学人才培养转向研究型、创新型、高素质的方向，复旦大学基础医学院自 2015 年起，在全院范围内聘请具有丰富教学经验和教材编写经验的知名教授作为顾问，以各学科带头人和骨干教师作为主编和编写人员，基于长期的专业知识沉淀与一线教学实践，根据学科发展和教学需要，启动了医学系列教材的编写与出版工作。

　　新千年的前 20 年，我们见证了呈指数式爆发的知识增长，目睹了生物医学领域在技术加持下的蓬勃发展，上探人类全基因组图谱的绘制，下及精准靶向肿瘤的个性化治疗；我们也亲历了 SARS 和 COVID - 19 的肆虐，在感受到现代生物医学帮助人类抵挡病魔侵袭的同时，也深切体会到对生物学原理的探索和对医疗技术的开发任重道远。更重要的是，在这个前所未有的信息互联时代，无论是理论层面还是应用层面，医学与越来越多的学科领域交叉，并深度联结。因此，为医学生提供能开阔视野、夯实理论、培养技能的教材势在必行。我们以基础理论知识为主的《生物化学与分子生物学》为导引，以当今研究热点的《代谢分子医学导论》为进阶，以与精准医学和转化医学密切相关的《医学分子遗传学》为深化的系列化教材，紧跟前沿，行文凝练，密切结合生物学理论与临床实践，最大程度地满足了新时代研究型和创新型高素质卓越人才培养的需求。

　　本系列教材适用于临床医学、基础医学、法医学、预防医学各专业的学生。望同行专家、行业前辈与读者不吝指正，共同完善本套教材。

汤其群　徐国良

2022 年 8 月

前 言 Preface

    分子遗传学是一门在分子水平上研究基因结构和功能、解析生物体遗传机制的学科,也是现代生物学的核心支柱之一。基因信息的传递贯穿生物体遗传、变异、生长、分化等诸多生命过程。在个体生长发育过程中,生物遗传信息的表达按一定的时序发生变化,并随着内外环境的变化不断修正。现代医学认为,疾病是先天的基因信息和后天的外来因素共同作用的结果,几乎所有疾病的发生都与基因有关。因此,从结构基因组、功能基因组和蛋白质组水平上认识疾病,从基因和环境互作水平上研究疾病,通过疾病基因组诊断、预防、治疗疾病,是现代医学迈进“精准医疗”时代的必经之路。

    基于对分子遗传学长期的知识沉淀与教学实践,根据学科发展和教学需要,全面了解近年国内外分子遗传学理论与技术研究新进展后,我们对《医学分子遗传学》教材内容进行了精心整合和梳理,凝练为:第一篇“医学分子遗传学原理”;第二篇“疾病的遗传基础”;第三篇“医学分子遗传学技术与研究方法”。

    本教材对医学分子遗传学的现代理论作了深入浅出的论述,使读者易于对分子遗传学的基本概念、基本原理获得完整和清晰的认知。本教材阐述了基于遗传学原理的疾病发病机制,强调各遗传机制在发病过程中发挥的作用。在介绍医学分子遗传学技术与研究方法的篇章中,本教材引入了21世纪以来分子遗传学的新兴研究方法和临床应用的治疗技术,可拓宽读者眼界,打开格局。

    在此,我们要对为本教材的编写和出版付出辛勤劳动的所有人员表达真诚的感谢。除此之外,我们也要感谢浙江和也健康科技有限公司的方志财先生,慷慨赞助本书撰写过程中的组织活动。

    在撰写本教材时,编者们深刻认识到编写水平之拘囿,精力之局限,时间之有穷,教材中错漏不妥之处必然难免。殷切希望同行专家、业界前辈及使用本教材的师生和其他读者不吝指教和批评,共同完善教材内容。

汤其群　徐国良

2022 年 8 月

目 录 Contents

第一篇 | 医学分子遗传学原理

第一章　基因的组织和结构

核酸广泛存在于所有动植物细胞、微生物体内,核酸是一切生物的遗传物质。原核生物和真核生物的细胞结构和遗传物质存在明显差异。在基因组结构上,原核生物基因组结构相对简单,所含信息量较少;真核生物基因组结构复杂,所含信息量较大。真核基因的编码序列是不连续的,各真核基因之间则由基因间序列相隔。基因的结构和表达与核内蛋白质有着密切的关系。真核生物的基因组 DNA 被包装在染色体中,多种核蛋白参与了染色体的组装。随着人类基因组计划的完成,个人基因组、肿瘤基因组、环境基因组学、基因测序技术的发展,以及生物医学向数据密集型科学的逐步转化,"精准医疗"作为生物学和医学领域的一个全新概念应运而生,为临床病症更为准确、有效的诊断和治疗提供积极的指导作用。精准医疗是以个体化医疗为基础、随着基因组测序技术快速进步及生物信息与大数据科学交叉应用发展起来的新型医学概念与医疗模式,本质上是通过基因组、蛋白质组等组学技术和医学前沿技术,对大样本人群与特定疾病类型进行生物标志物的分析、鉴定、验证与应用,从而精确寻找到疾病的原因和治疗的靶点,并对一种疾病的不同状态和过程进行精确亚分类,最终实现对于疾病和特定患者进行个性化精准治疗的目的,提高疾病诊治与预防的效益。

▌第一节　核酸分类及组成

核酸(nucleic acid)是遗传信息的分子基础,分为脱氧核糖核酸(deoxyribonucleic acid,DNA)和核糖核酸(ribonucleic acid,RNA)两类(图 1 - 1)。

一、核酸的基本组成单位

核酸是由多个核苷酸(nucleotide)通过 3′,5′-磷酸二酯键连接而成的多聚物,因此核苷酸是组成核酸的基本结构单位。核苷酸由 3 个基本成分以共价键连接构成:碱基(base)、戊糖(pentose)和磷酸。

(一)碱基

构成核苷酸的碱基包括嘧啶碱(pyrimidine)和嘌呤碱(purine),它们是含氮的杂环化合物。

核酸中常见的嘧啶碱包括胞嘧啶(cytosine,C)、尿嘧啶(uracil,U)和胸腺嘧啶(thymine,T),常见的嘌呤碱包括腺嘌呤(adenine,A)和鸟嘌呤(guanine,G)。其中 A、G、C、T 存在于 DNA 中;而 A、G、C、U 存在于 RNA 中。

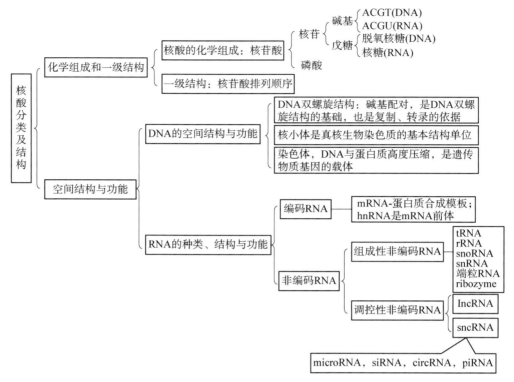

图 1-1 核酸分类及组成

核酸中还有一些稀有碱基（rare base），种类繁多，大多数是碱基甲基化的衍生物。部分稀有碱基的种类见表 1-1。

表 1-1 核酸中部分稀有碱基

类别	DNA	RNA
嘌呤	7-甲基鸟嘌呤（m^7G）	N^6，N^6-二甲基腺嘌呤（N^6，N^6-2m^6A）
	N^6-甲基腺嘌呤（N^6-m^6A）	N^6-甲基腺嘌呤（N^6-m^6A）
	N^2-甲基鸟嘌呤（N^2-m^2G）	7-甲基鸟嘌呤（m^7G）
		肌苷（次黄嘌呤核苷）（I）
嘧啶	6-甲基胞嘧啶（m^5C）	二氢尿嘧啶（DHU）
	5-羟甲基胞嘧啶（hm^5C）	假尿嘧啶（Ψ）
		胸腺嘧啶（T）

注：括号内为稀有碱基的英文缩写。

（二）戊糖

戊糖（又称为核糖），是构成核苷酸的另一个基本组分。参与组成核酸的核糖有 β-D-核糖（ribose）和 β-D-2'-脱氧核糖（deoxyribose）两种。核糖存在于 RNA 中，而脱氧核糖存在于 DNA 中。两者相比，RNA 所含核糖的 C-2' 有一个羟基，导致 RNA 分子的化学稳定性不如 DNA，这使得 DNA 成为遗传信息的载体，而 RNA 的结构形式与功能更为多样化。

（三）核苷

碱基与核糖或脱氧核糖反应生成核苷（nucleoside）或脱氧核苷（deoxynucleoside），即由嘧啶的 N-1 或嘌呤的 N-9 位的氮原子与核糖的 C-1′脱水缩合相连生成 N-糖苷键（N-glycosidic bond）。核苷的命名是在其前面加上相应碱基的名称，如腺嘌呤与核糖形成腺嘌呤核苷（简称腺苷），胸腺嘧啶与脱氧核糖形成胸腺嘧啶脱氧核苷（简称脱氧胸苷）。此外，核酸内还含有稀有碱基构成的核苷，如 tRNA 中的假尿嘧啶核苷（pseudouridine，Ψ），其核糖与嘧啶环的 C-5 相连接。

（四）核苷酸

核苷或脱氧核苷中核糖 C-5′上的羟基被磷酸化，形成核苷酸（nucleotide）或脱氧核苷酸（deoxynucleotide）。构成 RNA 的基本核苷酸有 4 种：腺苷酸（AMP）、鸟苷酸（GMP）、胞苷酸（CMP）和尿苷酸（UMP）。构成 DNA 的基本脱氧核苷酸也有 4 种：脱氧腺苷酸（dAMP）、脱氧鸟苷酸（dGMP）、脱氧胞苷酸（dCMP）和脱氧胸苷酸（dTMP）。

细胞内还有一些游离的多磷酸核苷酸，它们也具有重要的生理功能。根据连接的磷酸基团的数目不同，核苷酸可分为一磷酸核苷（nucleoside 5′-monophosphate，NMP，N 代表任意一种碱基）、二磷酸核苷（nucleoside 5′-diphosphate，NDP）和三磷酸核苷（nucleoside 5′-triphosphate，NTP）。从接近核糖的位置开始，3 个磷酸基团分别以 α、β、γ 标记。二磷酸腺苷（ADP）和三磷酸腺苷（ATP）是体内最常见的能量储备和转换的载体。

有些核苷酸还可以环化生成 3′,5′-环腺苷酸（cAMP）或 3′,5′-环鸟苷酸（cGMP）等形式，可作为细胞信号转导过程中的第二信使，在生物体的信息传递中发挥重要作用。此外，核苷酸还是某些重要辅酶的组成成分，如生物氧化电子传递链中的辅酶Ⅰ（烟酰胺腺嘌呤二核苷酸，nicotinamide adenine dinucleotide，NAD^+）含有 AMP，在传递质子或电子的过程中发挥着重要的作用。

二、核酸是由核苷酸组成的线性大分子

核酸分为脱氧核糖核酸（DNA）和核糖核酸（RNA）。DNA、RNA 是由数量众多的核苷酸通过 3′,5′-磷酸二酯键连接而成的无分支结构的生物大分子。所有磷酸二酯键的连接均沿着链的相同方向进行，使得多聚核苷酸具有方向性，其两个游离的末端分别称为 5′端（磷酸基）和 3′端（羟基）（图 1-2）。

三、DNA 的结构层次与功能

（一）DNA 的一级结构

DNA 的基本结构单位是脱氧核糖核苷酸：dAMP、dGMP、dCMP、dTMP。这些核苷酸按照一定的顺序以 3′,5′-磷酸二酯键连接成无分支的多聚脱氧核糖核苷酸链，这就

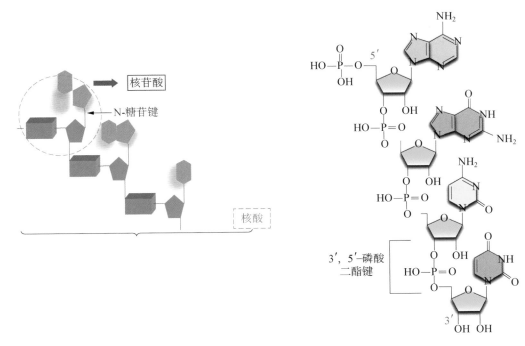

图 1-2　核苷酸结构与核糖核酸的一级结构

是 DNA 的一级结构。

　　20 世纪 50 年代,E. Chargaff 利用层析和紫外吸收光谱法对不同生物 DNA 的碱基组成进行了定量测定,总结出以下规律,称为 Chargaff 规则：①DNA 组成成分中,腺嘌呤和胸腺嘧啶的摩尔数相等,即 A＝T；鸟嘌呤和胞嘧啶的摩尔数也相等,即 G＝C。由此可推导出嘌呤的总数等于嘧啶的总数,即 A＋G＝C＋T。②不同生物种属的 DNA 碱基组成不同。③同一个体不同器官、不同组织的 DNA 具有相同的碱基组成,并且碱基组成不随其年龄、营养状态和环境而变化。这一规则暗示了 DNA 的碱基之间存在着 A 与 T、G 与 C 的互补配对关系。

　　(二) DNA 的二级结构

　　1. DNA 双螺旋结构　　1951 年 11 月,英国科学家 M. Wilkins 和 R. Franklin 获得了高质量的 DNA 分子 X 线衍射照片。在综合了前人研究结果的基础上,J. Watson 和 F. Crick 提出了 DNA 分子双螺旋结构(double helix)的模型,于 1953 年发表在 *Nature* 杂志上。这一发现揭示了生物界遗传性状得以世代相传的分子机制,它不仅解释了当时已知的 DNA 的理化性质,而且将 DNA 的功能与结构联系起来,奠定了现代生命科学的基础。

　　Watson 和 Crick 提出的 DNA 双螺旋结构具有下列特征。

　　(1) DNA 由两条反向平行的多聚脱氧核苷酸链形成右手螺旋(right-handed helix),一条链的 5′→3′方向为自上而下,另一条链的 5′→3′方向是自下而上,称为反向平行(anti-parallel),它们围绕着同一个螺旋轴旋转形成右手螺旋。

（2）由脱氧核糖和磷酸基团构成的亲水性骨架（backbone）位于双螺旋结构的外侧，疏水的碱基位于内侧。

（3）位于 DNA 双链内侧的碱基以氢键结合，形成了互补碱基对。一条链上的腺嘌呤（A）与另一条链上的胸腺嘧啶（T）形成 2 个氢键；一条链上的鸟嘌呤（G）与另一条链上的胞嘧啶（C）形成 3 个氢键。这种碱基配对关系称为互补碱基对（complementary base pair），DNA 的两条链则称为互补链（complementary strand）。

（4）碱基对平面与双螺旋的螺旋轴垂直，每两个相邻的碱基对平面之间的垂直距离为 0.34 nm，每一个螺旋含有 10.5 个碱基对，螺距 3.54 nm，DNA 双螺旋结构的直径为 2.37 nm。双螺旋结构上存在着两条凹沟，与脱氧核糖-磷酸骨架平行。较深的沟称为大沟（major groove），较浅的沟称为小沟（minor groove）。

（5）DNA 双螺旋结构的稳定性主要依靠碱基对之间的氢键和碱基平面的疏水堆积力共同维持。相邻的两个碱基对平面在旋进过程中会彼此重叠（overlapping），由此产生了疏水性的碱基堆积力（base stacking interaction）。这种碱基堆积力和互补链之间碱基对的氢键共同维系着 DNA 双螺旋结构的稳定，并且前者的作用更为重要。

2. DNA 双螺旋结构的多样性　Watson 和 Crick 提出的 DNA 双螺旋结构模型被称为 B 型 DNA，是基于与细胞内相似的温度环境进行 X 射线衍射得到的分析结果。这是 DNA 在水性环境和生理条件下最稳定和最普遍的结构形式。但这种结构不是一成不变的，溶液的离子强度或相对湿度的变化可以使 DNA 双螺旋结构的沟槽、螺距、旋转角度等发生变化。例如，降低环境的相对湿度，B 型 DNA 会发生可逆性的构象改变，称为 A 型 DNA。尽管两型都为右手螺旋，但 A 型 DNA 较粗，每两个相邻碱基对平面之间的距离为 0.26 nm，每圈螺旋结构含有 11 个碱基对，双螺旋结构的直径为 2.55 nm，而且比 B 型 DNA 的刚性强。1979 年，美国科学家 A. Rich 等在研究人工合成的 CGCGCG 的晶体结构时，发现这种 DNA 具有左手螺旋（left-handed helix）的结构特征。后来证明这种结构在天然 DNA 分子中同样存在，并称为 Z 型 DNA。不同结构的 DNA 在功能上可能有所差异，与基因表达的调节和控制相适应。

3. 特殊的 DNA 空间结构　一些特定的 DNA 序列会导致 DNA 分子形成特殊的空间结构，继而影响 DNA 的功能和代谢。例如，连续出现的 6 个腺苷酸会导致 DNA 发生约 18° 的弯曲，这种弯曲可能在 DNA 与蛋白质的结合中具有一定功能。当一条单链 DNA 的序列出现局部反向互补时，该单链 DNA 可以回折构成发夹结构。当 DNA 分子的两条链上同时出现这种局部的反向互补序列时，可以形成"十字形"结构。

某些特殊情况下，DNA 还能形成三链或者四链的结构。三股螺旋结构（铰链 DNA，hinged DNA，H-DNA）是在 DNA 双螺旋结构的基础上形成的。三股螺旋的 DNA 通常含大片段的同型嘧啶[(TC)n]和同型嘌呤[(AG)n]，并形成镜像重复或回文结构的序列。例如，在低 pH 条件下，双链 DNA 拆开后产生的多聚嘧啶链回折，与嘌呤链的方向一致，并随双螺旋结构一起旋转，形成分子内的三股螺旋。三链中碱基配对的方式与双螺旋 DNA 相同，即其碱基仍以 A-T、G-C 配对，但第 3 条链上的胞嘧啶的 N-3 必须发生质子化，与 C≡G 中的鸟嘌呤的 N-7 形成新的氢键，同时胞嘧啶的 N-4 的氢原子可与鸟嘌呤中的 O-6 形成氢键,这样就形成了 C≡G·C⁺ 的三链结构,其中 C≡G 之间是 Watson-Crick 氢键,而 G·C⁺ 被称为 Hoogsteen 氢键或者 Hoogsteen 配对。同理也可以形成 T=A·T 的三链结构。

四链 DNA 的基本结构单位是 G-四链体(G-quadruplex),即由 4 个鸟嘌呤通过 8 个 Hoogsteen 氢键相互连接成一个四角形,再堆积形成分子内或分子间的右手螺旋。四链中 DNA 链的方向可以为同向,也可以为反向。真核生物 DNA 线性分子 3′端富含 GT 序列的端粒可形成 G-四链体结构。在富含 GC 的 DNA 区域,本该互补配对的 G 和 C,在特定的实验条件下变成了 G 和 G 配对,C 和 C 配对。这种违反碱基互补配对原则的 DNA 单链上的 G 和 G 配对,就形成了 G-四链体。C 与 C 配对,则构成了 i-motif。G-四链体是由多聚阴离子通过静电力相互作用形成的。在 G-四链体的中间,是一个具有高电负性的孔道环境。该孔道通过静电作用力与阳离子(如钾离子)相互作用,从而使得 G-四链体结构更加稳定。G-四链体结构参与一些重要的生理和病理过程,如 DNA 的复制、转录和肿瘤的发生等。

真核细胞的端粒既有高度的保守性,如原生动物、真菌、植物、动物序列都很相似;又有种属特异性,如四膜虫重复序列为 TTGGGG,人和哺乳动物为 TTAGGG。真核细胞中端粒酶的存在并不能保证端粒的延伸。因为端粒 DNA 的 4 个 TTTGGG 重复序列可以形成一种四链的 G-四链体结构,该结构非常稳定,会阻止端粒 DNA 与端粒酶的相互作用。G-四链体是理论上最稳定的结构,它除了可在 2 条 DNA 分子间形成外,还可以在重复端粒序列单链 DNA 中形成。端粒 G-四链体结构启动端粒酶延伸端粒的效率最差,不能作为端粒酶的引物。另外,端粒酶所需的引物可能不应有任何折叠,折叠的端粒 DNA 结构由于无法作为引物与端粒酶 RNA 组分碱基配对、结合,从而影响端粒的延伸(图 1-3)。

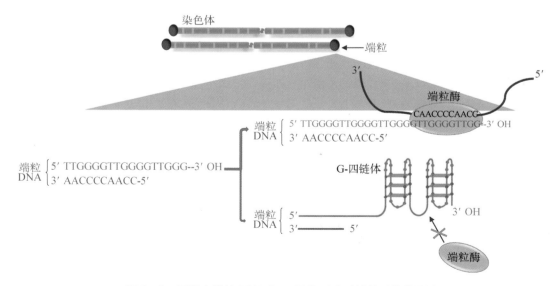

图 1-3　四膜虫端粒 DNA G-四链体形成对端粒延伸的影响

目前,所有已知生物的端粒都是在富 G 的那条链上由端粒酶进行端粒合成,因此,能促使或稳定端粒形成 G-四链体结构的物质或方法可能对肿瘤有潜在治疗意义。另外,衰老细胞的染色体端粒中由于 pH 改变易形成 G-四链体,这两种结构会阻碍端粒酶催化的端粒 DNA 延长,加速细胞衰老。

(三) DNA 的高级结构

由于 DNA 是长度非常可观的线性分子,在双螺旋的基础上,还必须经过进一步的盘旋和高度压缩,形成致密的高级结构,才能组装在细胞核内。

1. DNA 超螺旋结构　DNA 在双螺旋结构基础上通过扭曲、折叠所形成的特定三维构象称为三级结构,它具有多种形式,其中超螺旋(supercoil)最为常见。两端开放的 DNA 双螺旋分子在溶液中以能量最低的状态存在,称为松弛态 DNA(relaxed DNA)。但如果 DNA 分子形成环状,或者两端固定,当双螺旋缠绕过度(overwound)或缠绕不足(underwound)时,双螺旋由旋转产生的额外张力就会使 DNA 分子发生扭曲,以抵消张力,这种扭曲称为超螺旋。缠绕过度会自动形成额外的左手螺旋,称为正超螺旋(positive supercoil);而缠绕不足会形成额外的右手螺旋,称为负超螺旋(negative supercoil)。生物体内大多数 DNA 分子都是负超螺旋结构。

2. 原核生物 DNA 的环状超螺旋结构　绝大部分原核生物的 DNA 是环状的双螺旋分子。例如大肠埃希菌的 DNA 有 4 639 kb,它在细胞内紧密盘绕形成致密小体,称为类核(nucleoid)。类核结构中的 80% 是 DNA,其余是结合的碱性蛋白质和少量 RNA。在细菌 DNA 中,超螺旋结构可以相互独立存在,形成超螺旋区,各区域间的 DNA 可以有不同程度的超螺旋结构。

3. 真核生物 DNA 的高级结构　DNA 如何包装成染色体是科学家们一直努力破解的重要科学问题。通过分离胸腺、肝和其他组织细胞的核,用去垢剂处理后再离心收集染色质进行生化分析,确定染色质的主要成分是 DNA 和组蛋白,还有非组蛋白及少量 RNA。由于冷冻电镜技术的发展,近年来发现染色体包装分 4 步完成,对应了染色质的四级结构:一级结构是核小体;二级结构是核小体螺旋化形成 30 nm 染色质纤维;三级结构是 30 nm 染色质再折叠成更为复杂的染色质高级结构,即超螺线管;四级结构是超螺线管进一步折叠形成光学显微镜下可见的染色体(图 1-4)。

(1)核小体:核小体是由 DNA 和 5 种组蛋白(histone, H)共同构成的。H2A、H2B、H3 和 H4 组蛋白各 2 分子形成一个八聚体的核心组蛋白,长度约 150 bp 的 DNA 双链在核心组蛋白八聚体上盘绕 1.75 圈形成核小体的核心颗粒(core

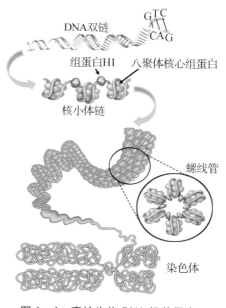

图 1-4　真核生物 DNA 组装层次

particle)。核心颗粒之间再由 DNA 双链(约 60 bp)和 H1 组蛋白构成的连接区连接起来构成串珠状的核小体链,又称为染色质纤维,在电镜下观察下犹如一串念珠(beads on a string)。这是 DNA 在核内形成致密结构的第一层次折叠,使 DNA 的长度压缩了 6～7 倍。

(2) 30 nm 染色质纤维:核小体链进一步盘绕形成外径为 30 nm、内径为 10 nm 的中空状螺线管(solenoid)。30 nm 染色质纤维在染色质高级结构形成过程中起重要作用。每圈螺旋由 6 个核小体组成,H1 组蛋白位于螺线管内侧。螺线管的形成是 DNA 在细胞内的第二层次折叠,使 DNA 长度又减少到约 1/6。

(3) 超螺线管:螺线管的进一步卷曲和折叠形成了直径为 400 nm 的超螺线管,这一过程将染色体的长度又压缩到 1/40。

(4) 染色体:染色质超螺线管进一步压缩成染色单体,在细胞核内组装成染色体。在细胞分裂期形成染色体的过程中,DNA 被压缩至 1/(8 000～10 000),从而使将近 2 m 长的 DNA 有效地组装在直径只有数微米的细胞核中。整个折叠和组装过程是在蛋白质参与的精确调控下实现的。

4. DNA 装配成染色体的过程及各阶段的调节蛋白因子 真核细胞中基因组 DNA 首先在特异的组蛋白伴侣分子协助下与有两个乙酰化的 H3 - H4 异二聚体组成的四聚体结合。随后两侧分别结合一个 H2A - H2B 异二聚体,形成核小体。这时形成的核小体是没有最终定位的,只有在一些染色质重塑因子及组蛋白修饰酶(如去乙酰化酶,histone deacetylase,HDAC)的共同作用下,核小体被正确排列在 DNA 上。最后,在染色质重塑因子及其他因子(如 HP1)的作用下,染色质进一步浓缩,同时,区域性的组蛋白变构体在特异组蛋白伴侣分子的作用下掺入染色质中,以维持染色质的高级结构。组蛋白修饰酶(因子)并不改变核小体的位置,而是在 DNA 上做标记,以招募其他的活性成分(组蛋白密码);染色质重塑因子水解 ATP 释放能量,从而改变染色质的结构。

四、RNA 种类和功能

RNA 分子一般比 DNA 小得多,由数十个至数千个核苷酸组成,也是由 $3'$,$5'$-磷酸二酯键连接而成的多聚核苷酸链,其基本组成单位是 AMP、GMP、CMP、UMP 及一些稀有碱基核苷酸,如假尿嘧啶核苷酸及带有甲基化碱基的多种核苷酸等。RNA 通常是单链分子,但可以通过链内的碱基配对形成局部的双螺旋二级结构和高级结构。RNA 与 DNA 最大的区别在于 RNA 核糖的 C - $2'$ 位含有羟基,使得 RNA 的化学性质不如 DNA 稳定,易于被碱水解或产生更多的修饰组分,使 RNA 的主链构象因羟基(或修饰基团)的立体效应而呈现出复杂、多样的折叠结构,这是 RNA 能执行多种生物功能的结构基础。

(一) 参与蛋白质生物合成的三类 RNA

在 DNA 遗传密码信息表达为蛋白质氨基酸排列顺序的过程中,RNA 发挥了重要的作用。参与蛋白质生物合成的 RNA 主要有 3 类:信使 RNA(messenger RNA,mRNA),转运 RNA(transfer RNA,tRNA)和核糖体 RNA(ribosomal RNA,rRNA)。

mRNA 由 DNA 模板链转录而合成,携带遗传信息并作为模板指导氨基酸按一定顺序排列合成蛋白质;tRNA 具有选择和运输氨基酸的功能;而 rRNA 与一些蛋白质结合构成核糖体,作为蛋白质合成的场所。

1. 信使 RNA 的结构和功能   1960 年,F. Jacob 和 J. Monod 等用放射性同位素示踪实验证实,一类大小不一的 RNA 才是细胞内合成蛋白质的真正模板。后来证明这类 RNA 是在核内以 DNA 为模板转录合成的,然后转移至细胞质作为翻译蛋白质的模板,由于这类 RNA 的功能很像一种信使作用,因而被命名为信使 RNA。

真核细胞在细胞核内最初合成出来的是非均一核 RNA(heterogeneous nuclear RNA,hnRNA),它是 mRNA 的初级产物,需要经过一系列剪接才能成为成熟的 mRNA,并依靠特殊机制转移到细胞质,为蛋白质的合成提供模板。在生物体内,mRNA 的含量只占细胞 RNA 总量的 2%~5%,但是其种类最多,约有 10^5 个,而且由于每种多肽都有一种相对应的 mRNA,所以它们的大小也各不相同,呈现出不均一性。

(1) mRNA 5′端的帽结构:大部分真核细胞 mRNA 的 5′端的 7 -甲基鸟嘌呤-三磷酸核苷(m^7GpppN)被称为 5′-帽结构(5′-cap structure)。5′-帽结构是在初始转录物长达 20~30 个核苷酸时,由鸟苷酸转移酶在其 5′端加上一个甲基化鸟苷酸,与末端起始核苷酸以 5′,5′-焦磷酸键连接生成,同时与甲基化鸟苷酸相邻的第 1、2 个核苷酸戊糖的 C - 2′通常也被甲基化。原核生物 mRNA 没有这种特殊的帽结构。mRNA 的帽结构可以与一类称为帽结合蛋白(cap binding protein,CBP)的分子结合形成复合体。这种复合体有助于维持 mRNA 的稳定性,协同 mRNA 从细胞核向细胞质的转运,以及促进 mRNA 与核糖体和翻译起始因子的结合。

(2) mRNA 3′端的多聚 A 尾:真核生物 mRNA 的 3′端是一段 80~250 个腺苷酸连接而成的多聚腺苷酸结构,称为多聚腺苷酸尾或多聚 A 尾(poly A tail)。多聚 A 尾结构是在 mRNA 转录完成以后额外加上去的,催化这一反应的是 poly A 转移酶。多聚 A 尾在细胞内与 poly A 结合蛋白(poly A-binding protein,PABP)结合,每 10~20 个腺苷酸结合 1 个 PABP 分子。这种 3′-多聚 A 尾结构和 5′-帽结构共同负责 mRNA 从细胞核向细胞质的转运、维持 mRNA 的稳定性及翻译起始的调控。原核生物 mRNA 不具有多聚 A 尾这种特殊结构。

(3) mRNA 的功能:是接受核内 DNA 碱基序列中的遗传信息,并携带到细胞质,指导蛋白质合成中的氨基酸序列。成熟的 mRNA 包括 5′-非编码区、编码区和 3′-非编码区。从编码区 5′端的第一个 AUG 开始,每 3 个核苷酸定义为三联体密码(triplet code)。每个密码子编码一个氨基酸。AUG 称为起始密码子。决定肽链终止的密码子称为终止密码子(如 TAG,TAA,TGA)。起始密码子和终止密码子之间的核苷酸序列称为开放阅读框(open reading frame,ORF),ORF 内的核苷酸序列决定了多肽链的氨基酸序列。

2. 转运 RNA 的结构和功能   tRNA 占细胞总 RNA 的 15%,是细胞内相对分子质量较小的 RNA。细胞内 tRNA 种类很多,每种氨基酸都有其对应的一种或几种 tRNA,已完成一级结构测定的 tRNA 有 100 多种,大多数由 74~95 个核苷酸组成。尽管每种 tRNA 都有特定的碱基组成和空间结构,但是它们具有以下一些共性。

（1）tRNA 的稀有碱基：tRNA 中的稀有碱基占所有碱基的 $10\%\sim20\%$，均是转录后修饰而成的。tRNA 的稀有碱基包括双氢尿嘧啶（DHU）、假尿嘧啶核苷和甲基化的嘌呤（m^7G, m^7A）等。正常的嘧啶是杂环的 $N-1$ 原子与戊糖的 $C-1'$ 原子连接形成糖苷键，而假尿嘧啶核苷则是杂环的 $C-5$ 原子与戊糖的 $C-1'$ 原子相连。

（2）tRNA 的高级结构：tRNA 存在着一些能局部互补配对的核苷酸序列，形成局部的双螺旋结构，中间不能配对的序列则膨出形成环状或襻状结构，称为茎环（stem-loop）结构或发夹（hairpin）结构，呈现出酷似"三叶草"（cloverleaf）的形状。因为位于两侧的发夹结构含有稀有碱基，分别称为 DHU 环和 TΨC 环，位于上下的发夹结构则分别是氨基酸臂（amino acid arm）和反密码子环（anticodon loop）。在 TΨC 环一侧，还有一个额外环（extra loop），不同 tRNA 的额外环上的核苷酸数目可变，它是 tRNA 分类的重要标志。虽然 TΨC 环与 DHU 环在"三叶草"形的二级结构上各处一方，但是氢键的作用使得它们在空间上相距很近，使得 tRNA 具有倒"L"形的三级结构。

（3）tRNA 的功能：tRNA 分子中 $5'$ 端的 7 个核苷酸与靠近 $3'$ 端的互补序列配对，形成可接收氨基酸的氨基酸臂，又称为氨基酸接纳茎（amino acid acceptor stem）。氨基酸接纳茎的 $3'$ 端是 CCA-OH，此羟基在氨酰 tRNA 合成酶的催化下与活化的氨基酸以酯键连接，生成氨酰 tRNA，使 tRNA 成为氨基酸的载体。有的氨基酸只由一种 tRNA 转运，而有的氨基酸则由几种 tRNA 作为载体，这是密码子的简并性原因。tRNA 的反密码子环由 $7\sim9$ 个核苷酸组成，居中的 3 个核苷酸构成了一个反密码子。这个反密码子可以通过碱基互补规则识别 mRNA 的密码子。肌苷（I）常出现在反密码子中，它与胞嘧啶核苷酸（C）、尿嘧啶核苷酸（U）或腺嘌呤核苷酸（A）均能配对，有利于 tRNA 最大限度阅读 mRNA 上的信息，降低突变引起的误差。在蛋白质生物合成中，氨酰 tRNA 的反密码子依靠碱基互补的方式辨认 mRNA 的密码子，从而正确地运送氨基酸参与肽链合成。

3. 核糖体 RNA 的结构和功能　rRNA 与核糖体蛋白（ribosomal protein）共同构成核糖体（ribosome）。rRNA 是细胞内含量最多的 RNA，约占 RNA 总量的 80% 以上。

原核生物有 3 种 rRNA，依照相对分子质量的大小分为 5S、16S、23S（S 是大分子物质在超速离心沉降中的沉降系数）。其中 16S rRNA 与 20 多种蛋白质结合构成核糖体的小亚基（30S），5S 和 23S rRNA 与 30 多种蛋白质结合构成大亚基（50S）。真核生物有 4 种 rRNA，大小分别是 5S、5.8S、18S 和 28S。其中 18S rRNA 与 30 多种蛋白质结合构成核糖体的小亚基（40S），5S、5.8S、28S rRNA 与近 50 种蛋白质结合构成大亚基（60S）。

rRNA 的主要功能是与多种蛋白质结合构成核糖体，为多肽链合成所需要的mRNA、tRNA 及多种蛋白因子提供了相互结合和相互作用的空间环境，在蛋白质生物合成中起着"装配工厂"的作用。

（二）其他非编码 RNA 的结构与功能

除了上述 3 类 RNA 外，真核细胞中还存在着其他非编码 RNA（non-coding RNA，ncRNA）（见图 1-1）。这是一类不编码蛋白质但具有生物学功能的 RNA 分子，分为长链非编码 RNA(long non-coding RNA，lncRNA)和短链非编码 RNA(small non-coding RNA，sncRNA)。它们参与 DNA 转录调控、RNA 的剪切和修饰、mRNA 的稳定和翻译、蛋白质的稳定和转运、染色体的形成和结构稳定，进而调控胚胎发育、组织分化、器官形成等基本的生命活动，以及某些疾病(如肿瘤、神经性疾病等)的致病过程。

通常认为 lncRNA 的长度大于 200nt，在结构上类似于 mRNA，但序列中不存在 ORF。许多已知的 lncRNA 由 RNA 聚合酶Ⅱ转录并经可变剪切形成，通常被多聚腺苷酸化。lncRNA 具有复杂的生物学功能，并与一些疾病的发病机制密切相关。某些 lncRNA 能使基因沉默。除去某些 lncRNA 后，生物体内相邻基因的表达降低，说明某些基因表达的激活需要这种 RNA 的参与。

短链非编码 RNA 的长度一般小于 200 nt，主要有以下几种类型。

1. 核小 RNA(small nuclear RNA，snRNA) 位于细胞核内，许多 snRNA 参与真核细胞 hnRNA 的加工剪接过程。

2. 核仁小 RNA(small nucleolar RNA，snoRNA) 定位于核仁，主要参与 rRNA 的加工和修饰，如 rRNA 中核糖 C - 2′的甲基化修饰。

3. 胞质小 RNA(small cytoplasmic RNA，scRNA) 存在于胞质中，参与形成蛋白质内质网定位合成的信号识别体。

4. 催化性小 RNA 亦称核酶(ribozyme)，是细胞内具有催化功能的一类小分子 RNA，具有催化特定的 RNA 降解的活性，在 RNA 的剪接修饰中具有重要作用。

5. 干扰小 RNA(siRNA) 是生物宿主对外源性基因所表达的双链 RNA 进行切割所产生的具有特定长度(21~23 bp)和特定序列的小片段 RNA。这些 siRNA 可以与外源性基因表达的 mRNA 相结合，并诱导这些 mRNA 的降解。

6. 微 RNA(microRNA，miRNA) 是一类长度在 22 nt 左右的内源性 sncRNA。miRNA 主要通过结合 mRNA 而选择性调控基因的表达。

第二节 基因组的结构

生命体无疑是一个高度复杂而又极度精确的体系，即使是小小的微生物，其生命活动也是高度可调控的，而调控这一切生命活动的核心便是所有细胞的遗传物质。

一、基因

随着人们对遗传学和基因组学复杂性的深入了解，似乎越来越难以对基因做一个精确的定义。简而言之，基因(gene)是能够编码蛋白质或 RNA 等具有特定功能产物的、负载遗传信息的基本单位。除了某些以 RNA 为基因组的 RNA 病毒外，基因通常是指染色体或基因组的一段 DNA 序列，其包括编码序列(外显子)和单个编码序列间的间隔序列(内含子)。DNA 是基因的物质基础，基因的功能实际上是 DNA 的功能。结构基因是编码 RNA 或蛋白质的碱基序列，结构基因编码大量功能各异的蛋白质，其中有组成细胞和组织器官基本成分的结构蛋白、有催化活性的酶和各种调节蛋白等。非结构基因是在结构基因两侧的不编码的 DNA 片段,参与遗传信息的表达调控。基因的基本功能包括:①储存遗传信息。利用 4 种碱基的不同排列荷载遗传信息。②复制遗传信息。通过复制将所有的遗传信息稳定、忠实地遗传给子代细胞,在这一过程中,体内外环境均可导致随机发生的基因突变,这些突变是生物进化的基础。③基因表达的模板。作为基因表达(gene expression)的模板,使其所携带的遗传信息通过各种 RNA 和蛋白质在细胞内有序合成而表现出来。基因通过编码功能性的蛋白质产物(如结构蛋白和蛋白酶)或 RNA 产物(如核酶和 tRNA、rRNA 等)来控制生物的性状。基因的功能通过两个相关部分信息完成:一是可以在细胞内表达为蛋白质或功能 RNA 的编码区(coding region)序列;二是表达为这些基因(即合成 RNA)所需要的启动子(promoter)、增强子(enhancer)等调控区(regulatory region)序列。

二、基因组

基因组(genome)是指一个生物体内所有遗传信息的总和。1920 年德国科学家 H. Winkles 首先使用基因组一词来描述生物的全部基因和染色体。基因组由"基因(gene)"和"染色体(chromosome)"两个词组合而成。人类基因组包含了细胞核染色体 DNA(常染色体和性染色体)及线粒体 DNA 所携带的所有遗传物质(图 1-5)。不同生物的基因及基因组的大小和复杂程度各不相同,所贮存的遗传信息量有着巨大的差别,其结构与组织形式也各有特点。原核生物的基因组结构相对简单,其结构特点为:①通

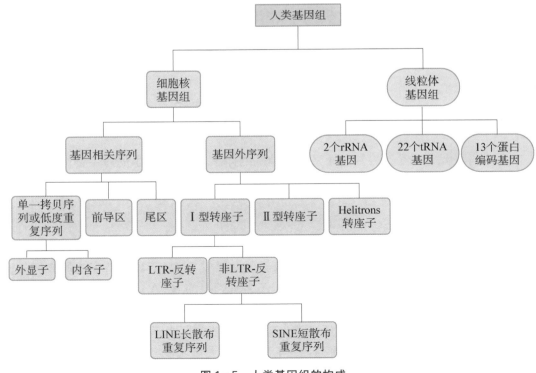

图 1-5 人类基因组的构成

常仅由一条环状双链 DNA 组成;②基因组中只有一个复制起点,具有操纵子结构;③基因通常是连续的,没有内含子;④基因组中重复序列很少,编码蛋白质的结构基因多为单拷贝基因;⑤基因组中具有多种功能的识别区域,如复制起始区、复制终止区、转录启动区和终止区等;⑥基因组中存在可移动的 DNA 序列,包括插入序列和转座子等。真核生物基因组较复杂,其结构基因的数量远多于原核生物基因组,但编码区在基因组中所占的比例远小于原核生物基因组中的比例。

　　病毒、原核生物及真核生物所贮存的遗传信息量有巨大的差别,其基因组的结构与组织形式也各有特点,包括基因组中基因的组织排列方式及基因的种类、数目和分布等。

三、人类细胞核基因组

　　人类的核基因组由 23 对染色体(共 46 条)构成,一条染色体上排列着许多基因,在基因与基因之间,会有一段可能含有调控序列和非编码 DNA 的基因间区段。人类拥有 24 种不同的染色体,其中 1~22 号染色体属于常染色体,另外还有 2 条能够决定性别的性染色体,分别是 X 染色体与 Y 染色体。

(一)基因相关序列

　　1. 单一拷贝序列或低度重复序列　单拷贝序列在单倍体基因组中只出现一次或数次,大多数编码蛋白质的基因属于这一类。在基因组中,单拷贝序列的两侧往往为散在分布的重复序列。单拷贝序列编码的蛋白质在很大程度上执行了各种生物学功能,因此针对这些序列的研究对医学实践有特别重要的意义。真核生物的基因组庞大,编码蛋白质的基因序列所占比例远小于非编码序列。人的基因组中,编码序列仅占全基因组的 1%;在编码基因的全部序列中,编码序列仅占 5%。通过基因组测序,人们对一些生物的基因组大小和所含有的基因数量已有所了解。总体上来讲,在进化过程中随着生物个体复杂性的增加,基因组的总趋势是由小变大、基因数也是由少变多。但是决定生物复杂性的因素较多,除基因组大小和基因数以外,还有基因密度(gene density)等因素。人类的基因组最大,复杂程度也最高,但所含的基因数量并不是最多。尽管不同机构公布的基因数目有所不同,但根据人类基因组计划的数据推测,人类的基因数目为 2 万个左右,仅约为果蝇基因数量的 1.4 倍,与线虫基因数量大致相当。人类基因组基因密度较低,因为基因组中转座子、内含子和调控序列较多,这些序列在进化过程对遗传多样性的产生至关重要。

　　(1)外显子:基因的基本结构包含编码蛋白质或 RNA 的编码序列(coding sequence)及相关的非编码序列,后者包括单个编码序列间的间隔序列,以及转录起始点后的基因 5′端非翻译区和 3′端非翻译区。与原核生物相比,真核基因结构最突出的特点是其不连续性,称为断裂基因(split gene)或割裂基因(interrupted gene)。

　　基因编码区中 DNA 碱基的序列决定一个特定的成熟 RNA 分子的序列,换言之,DNA 的一级结构决定着其转录产物 RNA 分子的一级结构。有的基因仅编码一些有特定功能的 RNA,如 rRNA、tRNA 及其他小分子 RNA 等;而大多数基因则通过 mRNA 进一步编码蛋白质多肽链。无论是编码 RNA 还是编码蛋白质,基本原则是基因的编码序列决定了其编码产物的序列和功能。因此,编码序列中一个碱基的改变或突变,都有可能使基因功能发生重要的变化。这些变化可能是原有功能的丧失,或是新功能的获得。当然,也有的碱基突变不会影响编码产物的序列或功能。

需要指出的是,有些相同的 DNA 序列由于其起始位点的变化或 mRNA 不同的剪接产物,可以编码不同的蛋白质多肽链。

如果将成熟的 mRNA 分子序列与其基因序列(即 DNA 序列)比较,可以发现并不是全部的基因序列都保留在成熟的 mRNA 分子中,有一些区段经过剪接(splicing)被去除。在基因序列中,出现在成熟 mRNA 分子上的序列称为外显子(exon)。不同的基因中外显子的数量不同,少则数个,多则数十个。外显子的数量是描述基因结构的重要特征之一。

(2) 内含子:位于外显子之间、与 mRNA 剪接过程中被删除部分相对应的间隔序列称为内含子(intron)。内含子又称间隔顺序,指一个基因或 mRNA 分子中无编码作用的片段。内含子是一段特殊的 DNA 序列。原核细胞的基因基本没有内含子。内含子是真核生物细胞 DNA 中的间插序列。高等真核生物绝大部分编码蛋白质的基因都有内含子,但组蛋白编码基因例外。内含子被转录在前体 RNA 中,经过剪接被去除,最终不存在于成熟 RNA 分子中。内含子和外显子的交替排列构成了割裂基因。在前体 RNA 中的内含子常被称作"间插序列"。在转录后的加工中,内含子比外显子有更多的突变。此外,编码 rRNA 和一些 tRNA 的基因也都有内含子。内含子的数量和大小在很大程度上决定了高等真核基因的大小。低等真核生物的内含子分布差别很大,有的酵母的结构基因较少有内含子,有的则较常见。在不同种属中,外显子序列通常比较保守,而内含子序列则变异较大。外显子与内含子接头处有一段高度保守的序列,即内含子 5′端大多数以 GT 开始,3′端大多数以 AG 结束,这一共有序列(consensus sequence)是真核基因中 RNA 剪接的识别信号。

每个基因的内含子数目比外显子要少 1 个。内含子和外显子同时出现在最初合成的 mRNA 前体中,在合成后被剪接加工为成熟 mRNA。如全长为 7.7 kb 的鸡卵白蛋白基因有 8 个外显子和 7 个内含子,最初合成的 mRNA 前体与相应的基因是等长的,内含子序列被切除后的成熟 mRNA 分子的长度仅 1.2 kb。

2. 前导区　前导区(leader region)是操纵子或单个基因内从转录起始位点的核苷酸到结构基因起始密码子间的 DNA 区段,也称为 5′非翻译区(UTR)。此段序列能够被转录,但不被翻译,转录后此段序列具有维持 mRNA 稳定性的作用。

为方便叙述基因编码序列与其调节序列的关系,将一个基因的 5′端称为上游,3′端称为下游;为标定 DNA 信息的具体位置,将基因序列中开始 RNA 链合成的第一个核苷酸所对应的碱基记为＋1,在此碱基上游的序列记为负数,向 5′端依次为−1、−2等;在此碱基下游的序列记为正数,向 3′端依次为＋2、＋3 等。零不用于标记碱基位置。

3. 尾区　在编码区和多聚腺苷酸尾部信号之间存在未翻译的序列,3′非翻译区(UTR)。在发现 3′UTR 的同时,研究人员也发现了 3′UTR 是 mRNA 亚细胞定位的重要调节因子。mRNA 的定位不仅在发育早期至关重要,在其他的细胞(如成纤维细胞、神经元等)中也具有很重要的作用。3′UTR 调控 mRNA 的翻译,在神经元中,3′UTR 可以调节树突和突触局部蛋白的合成。

(二)基因外序列

高等真核生物基因组含有大量的重复序列,可以占到全基因组的 80% 以上,在人的基因组中重复序列达到 50% 以上。所谓重复序列,是指在基因组中不同位置出现的相同或对称片段。其中中度重复以上的序列基本不编码蛋白质,高度重复序列更是构成着丝粒、端粒的主要部分。

人类约 45% 的基因组由转座子来源的重复序列构成。一般来说,按照转座方式的不同,可将转座子分为三大类:Ⅰ 型转座子(class Ⅰ elements),Ⅱ 型转座子(class Ⅱ elements)及 Helitrons 转座子。

1. Ⅰ 型转座子　又称反转座子(retrotransposon)。反转座子的转座过程以 RNA 为中间体。根据反转座子的转座机制,人们形象地称其为"复制-粘贴"型转座原件。反转座子在转座时,会先以 DNA 为模板,在 RNA 聚合酶 Ⅱ 的作用下,转录成一段 mRNA,然后再以这段 mRNA 为模板反转录成 cDNA,最后在整合酶的作用下将这段 cDNA 整合到基因组上新的位置。

根据反转座子的两端是否具有类似反转录病毒原病毒的长末端重复序列(long terminal repeat,LTR)而分为两种类型:LTR -反转座子(LTR-retrotransposon)和非 LTR -反转座子(non LTR-retrotransposon)。它们的共同特征是在转座过程中,要经过一个 RNA 阶段,再经反转录成 DNA 后插到靶位上。

LTR:反转录病毒的基因组两端各有一个长末端重复序列(5′- LTR 和 3′- LTR)。其长度为 100 bp~5 kb,不编码蛋白质,但含有启动子、增强子等调控元件。

(1) LTR -反转座子:其结构类似于反转录病毒,与反转录病毒的主要区别是反转座子不具有侵染性和不带有病毒外膜基因(*env*)。反转座子的特征是具有长的末端正向重复序列(LTR),中央含有 1~3 个大的阅读框架。转座子结构中的 *gag* 编码核酸结合蛋白,*pol* 编码蛋白酶(proteinase)、整合酶(integrase)、反转录酶(reverse transcriptase)及 RNase H(ribonuclease H)。

(2) 非 LTR -反转座子:这类反转座子在结构上与反转录病毒有很大的不同。这类反转座子包括哺乳动物的长散在重复序列(long interspersed repeated sequence,又称 LINE)和短散在重复序列(short interspersed repeated sequence,又称 SINE),玉米的 Cin4 及真菌中的一些转座因子等。它们没有长末端重复序列,但大多数在 3′端具有富含腺嘌呤(A)的顺序。在转座时,使靶位点产生 7~21 bp 的正向重复。

1) LINE:这是一类拷贝数很多、序列很长的反转座子,LINE 在靶位点有正向重复序列。LINE1(L1)为主要的 LINEs 序列,占人类基因组的 17%。哺乳动物基因组包含 2 万~5 万个被称为 L1 的 LINE1 序列,长 6~7 kb,3′端有富含 A 的序列,L1 含有 2 个 14 bp 重叠的各长 1 137 bp 和 3 900 bp 的 ORF,第 1 个 ORF 是 RNA 结合蛋白,第 2 个 ORF 编码反转录酶(RT)。对 L1 的研究表明,LINE 的转座是通过 RNA 中间体进行的,其机制是:在 RNA 聚合酶Ⅲ的作用下从 L1 的 5′开始转录,RNA 聚合酶Ⅲ在遇到一串 T 后终止转录,结果是转录出的 RNA 在 3′含有一串 U,如果这个转录物 RNA 的末端回折,则 U 与 A 配对,可作为反转录酶的引物合成 cDNA;接着以 cDNA 为模板合成双链 L1 DNA,然后通过一种未知的方式插入寄主 DNA 中。

2) SINE:反转座子 SINE 一般都比较短,长度为 70～300 bp,但是拷贝数极高,通常在 10 万以上。SINE 的特征是:具有 RNA 聚合酶Ⅲ启动子,3′端有 8～50 bp 多 A 尾[poly(A) tail],两端有 7～21 bp 正向重复序列,中间没有 ORF,转座时需要经过反转座过程。

2. Ⅱ型转座子 也称转座子(transposon),与反转座子"复制-粘贴"的机制不同,Ⅱ型转座子转座的机制被称为"剪切-粘贴"。在转座酶的作用下,Ⅱ型转座子从原来的位置解离下来,再重新整合到染色体上。而原来的位置由于转座子解离形成的断链,通过 DNA 修复机制得以修整。最终的结果是,原来的Ⅱ型转座子也可分为自主型和非自主型。非自主型转座子不具有转座必需的所有成分,因此依赖于自主型转座子。

3. Helitrons 转座子 Helitrons 转座子是近年来发现的一种新型 DNA 转座子,最初是利用基于重复序列的计算方法在拟南芥基因组中鉴定出来的。后来发现,大多数植物和许多动物基因组中都携带 Helitrons 转座子。Helitrons 转座子具有典型的 5′TC 和 3′CTRR(R 为 A 或 G)末端,并在 3′端上游 15～20 bp 处有一个茎环结构,是转座子的终止信号。Helitrons 转座子转座后,通常插入 AT 丰富区域的 AT 靶位点。与反转座子和转座子不同,Helitrons 转座子通过滚环(rolling circle)的方式进行转座。并且,在滚环复制的转座过程中经常捕获和携带基因片段,可导致基因拷贝数的变化,也会在一定程度上促进基因组的进化。

(三) 假基因

人的染色体基因组 DNA 长约 3.0×10^9 bp,编码约 2 万个基因,存在 1.5 万个基因家族。一个基因家族中,并非所有成员都具有功能,不具备正常功能的家族成员被称为假基因。假基因也叫伪基因,是基因家族在进化过程中形成的无功能的残留物,是与正常基因相似但丧失正常功能的 DNA 序列,往往存在于真核生物的多基因家族中,常用 ψ 表示。假基因可视为基因组中与编码基因序列非常相似的非功能性基因组 DNA 拷贝,一般情况下都不被转录,且没有明确的生理意义。大部分假基因在染色体上都位于正常基因的附近,但也有位置在不同的染色体上的。假基因和正常基因结构上的差异包括在不同部位程度不等的缺失或插入、在内含子和外显子邻接区中的顺序变化、在 5′端启动区域的缺陷等。这些变化往往使假基因不能转录并形成正常的 mRNA,从而不能表达。

四、线粒体基因组

线粒体是细胞内的一种重要细胞器,是生物氧化的场所,一个细胞可拥有数百至上千个线粒体。线粒体 DNA(mitochondrial DNA,mtDNA)可以独立编码线粒体中的一些蛋白质,因此 mtDNA 是核外遗传物质。mtDNA 的结构与原核生物 DNA 类似,是环状分子。线粒体基因的结构特点也与原核生物基因的结构特点相似。

　　人的线粒体基因组全长 16 569 bp,共编码 37 个基因,包括 13 个编码构成呼吸链多酶体系的一些多肽的基因、22 个编码 mt - tRNA 的基因、2 个编码 mt - rRNA(16S 和 12S)的基因。

　　线粒体基因病(mitochondrial genic disorder)是一类线粒体基因组中发生基因突变所导致的疾病,是由于线粒体 DNA 发生了重复、缺失或点突变,呈母系遗传,其传递和表达完全不同于由细胞核基因突变引起的疾病,是一组独特的遗传病。线粒体疾病是由于各种原因使 mtDNA 发生基因突变,线粒体内酶功能缺陷,ATP 合成障碍,不能维持细胞的正常生理功能,产生氧化应激,使氧自由基产生增加,诱导细胞凋亡。部分线粒体疾病仅累及单个器官,如莱伯遗传性视神经病变仅累及眼睛。但常见的线粒体疾病往往累及多个器官,且大多表现出肌肉和神经病变。线粒体基因病具有母系遗传、多拷贝、高异质性及高变异率等特点。

第三节　真核细胞染色质的高级结构

　　DNA 是遗传信息的载体,是维持细胞生命活动的基本元件。真核生物的基因组在细胞核内以染色质的形式存在。真核生物的染色质和染色体的主要成分是 DNA 和蛋白质。1879 年,W. Flemming 提出了染色质(chromatin)这一术语,用以描述细胞核中能被碱性染料强烈着色的物质。1888 年,W. Waldeyer 正式提出染色体的命名。经过一个多世纪的研究,人们认识到,染色质和染色体是在细胞周期不同阶段可以相互转变的两种形态结构,是同一种物质的两种形态,两者包装程度即构型不同,是遗传物质在细胞周期不同阶段的不同表现形式。

一、染色质与染色体的关系

　　染色质是指间期细胞核内由 DNA、组蛋白、非组蛋白及少量 RNA 组成的复合结构,是间期细胞遗传物质存在的形式。染色质是相对伸展的状态,伸展的染色质形态有利于其上 DNA 储存信息的表达。染色体是指细胞在有丝分裂或减数分裂过程中,由染色质聚缩而成的棒状结构,染色体是高度螺旋的状态。高度螺旋化的棒状染色体则有利于细胞分裂中遗传物质的均分。在真核细胞的细胞周期中,大部分时间是以染色质的形态而存在的。在细胞分裂期,染色质进一步紧密盘绕折叠,从而形成高度螺旋化的染色体(图 1 - 6)。

二、染色质高级结构的形成与分布规律

　　染色质是遗传信息的载体,近期的研究表明,除了一级结构携带的遗传序列信息,染色质的三维结构在 DNA 复制、DNA 的损伤修复,特别是基因表达的调控中均有重要作用。随着染色质构象捕获技术和超高分辨率的显微成像技术的进展,对于染色质空间

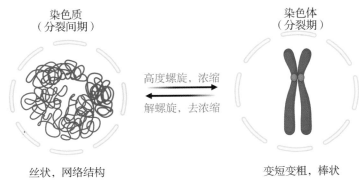

图 1-6 染色质与染色体的关系

结构的认知也不断深入。哺乳动物细胞核中,染色质通过折叠组装形成各种染色质三维结 构 单 元,如 染 色 体 疆 域（chromosome territories）、染 色 质 区 室（chromatin compartment）、拓扑关联结构域（topologically associating domains，TADs）和染色质环（chromatin loop）等（图 1-7），它们在基因表达调控、细胞分化与疾病发生等过程中发挥着重要作用。

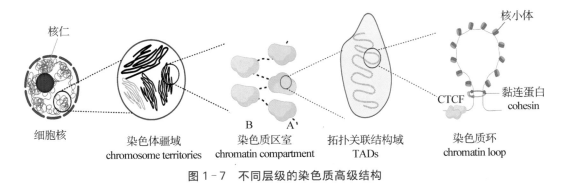

图 1-7 不同层级的染色质高级结构

1. 染色体疆域　细胞分裂间期,染色体去凝集,呈细网状的染色质弥散在细胞核内。然而,染色质在细胞核内的分布并不是随机的,同一条染色体相对集中在一个区域,称为"染色体疆域"。每条染色体的 DNA 被限制在相对固定的区域,而染色质可在这个有限的小范围内快速运动。染色体成像技术显示,很多生物在细胞分裂间期,同一条染色体上的基因位点在空间上倾向于聚集在一起,在细胞核中形成相对独立的区域。染色体疆域是科学家对染色质空间结构认知的第一步,在此基础上,随着染色质构象捕获技术的发明和发展,人们对染色质空间结构的认知不断加深,相继提出了拓扑关联结构域、染色质环等更高分辨率的构成单元。

2. 染色质区室　通过对全基因组染色质交互数据的分析,发现染色质由两种具有不同染色质状态的区域（活跃区域和非活跃区域）交替分布构成,分别命名为 A 类染色质区室和 B 类染色质区室。A 类染色质区室和 B 类染色质区室间隔出现,广泛地分布在整个基因组上。分析表明,A 类染色质区室倾向于与其他 A 类染色质区室相互作用,而 B 类染色质区室倾向于与其他 B 类染色质区室相互作用。一般来说,A 类染色质区室多为具有转录活性的开放染色质结构,显著富集基因、活性组蛋白标记物和 *DNase I* 超敏感位点;B 类染色质区室为转录沉默的闭合染色质结构,通常缺乏基因和 *DNase I* 超敏感位点,富集非活性的组蛋白标记物。两类染色质区室均具有细胞类型特异的活性和非活性的染色质区域,与其相应的基因表达模式有关,染色质区室大小平均为 5 Mb。

　　3. 拓扑关联结构域　近期的高通量染色质构象捕获研究揭示,单条染色体被分割成长度在数十 kb(千碱基对)到数 Mb(兆碱基对)之间的接触结构域或 TADs,这种结构组织有可能与各种基因组功能相关。TADs 为处于其内部的基因与调控元件提供稳定的交互微环境。染色体上有相互作用的基因位点通常位于同一个 TADs 内部,而非多个 TADs 之间。TAD 边界(TAD boundary)是指位于两个染色体 TADs 之间的 DNA 片段,它们可以阻止 TADs 之间的交流和相互作用。对 TADs 相关的遗传和表观遗传特征的综合分析表明,TAD 边界可以限制异染色质的扩散。TAD 边界富集了大量染色质架构蛋白 CTCF(CCCTC-binding factor),组蛋白修饰特征(如 H3K4me3 和 H3K36me3),还有大量的管家基因、tRNAs、SINE 反转录转座子等 DNA 元件,这些因素可能共同参与了 TAD 边界的形成,从而促进了 TADs 的构建。CTCF 被认为是一种参与介导和阻碍长距离相互作用的关键蛋白,参与指导 TAD 边界的形成。当敲除 CTCF 时,TADs 内的相互作用频率降低,TADs 间的相互作用频率增加,基因表达发生紊乱。

　　4. 染色质环　远距离的调控元件通过染色质空间折叠或碰撞,与其靶基因在空间上相互靠近,实现远距离调控基因转录,这样的结构称为染色质环。基因和它们远端的调控元件可形成长距离的相互作用,其中增强子和启动子形成的染色质环是研究最为广泛的结构。很多基因都可以和多个远端的调控元件作用,而这些调控元件也可以和多个其他基因作用,从而在细胞中形成复杂的染色质结构网络。染色质环的锚点(loop anchor)处通常具有 CTCF 和黏连蛋白(cohesin)的富集,CTCF 是一种重要的多功能转录因子,其与绝缘子的方向性结合在哺乳动物基因组三维空间结构形成和维持中起着至关重要的作用。正向-反向相对方向的 CTCF 结合位点(简称 CTCF 位点)可以在染色质黏连蛋白的协助下,形成染色质环,介导远距离 DNA 元件之间的相互作用;而在染色质 TAD 边界区域的 CTCF 位点呈现反向-正向相背方向分布,发挥绝缘子的功能。染色质环或 TAD 边界处有大量 CTCF 和黏连蛋白的富集,暗示这两种蛋白直接参与哺乳动物染色质环和 TAD 结构的建立和维持。

三、染色质高级结构的功能

　　基因组调控元件和相关的信息在空间结构上并不是在染色体上呈线性地依次排列,这些离散的调控元件并不能有效地解释很多基因的调控结果和机制。这提示基因组调控与基因组的三维空间结构相关。染色质通过折叠组装形成各种染色质三维结构单元,如染色体疆域、染色质区室、TADs 和染色质环等,它们在精确的基因表达调控、细胞分化、个体发育和细胞维持正常生命活动中发挥着重要作用。

1. 染色体疆域和染色质区室是普遍存在的基因组结构基础　染色体疆域和染色体区室是构成整个基因组染色体骨架的主要结构。每个物种各个类型的细胞中,染色体会在细胞核中形成相对独立的多个染色体疆域,每个染色体疆域内部又包含多个染色质区室。前面提到,部分染色质区室参与了细胞类型特异的基因表达调节。

2. TADs 是稳定存在的染色体结构单元　TADs 是组成基因组高级结构和功能的基本单元。和染色质区室不同,TADs 不仅在同一物种不同类型的细胞中保守,并且多数在人和小鼠中也是保守的。人和小鼠的基因组分别有超过 2 000 个的 TADs,占整个基因组大小的 90% 以上。TADs 在维持生物体正常功能中发挥着重要作用。

3. 染色质环是基因调控的功能单元　微米大小的细胞为了储存遗传信息,其遗传物质在细胞核内被紧密地包装和折叠。研究发现基因组的结构是有序的,至少有 3 个逐级复杂的维度。其中,三维结构是染色质的高级结构,该结构由特殊的结构蛋白质所介导(如黏连蛋白、CTCF 等),这些结构蛋白将 30 nm 的染色质纤维折叠成具有“染色质环”的高级结构。“染色质环”不仅有利于精确地保存遗传信息,而且可以介导远距离染色质内和染色质间的相互作用,能将调控元件带到目的基因附近,从而调控基因表达。

黏连蛋白介导的启动子和增强子之间相互作用而形成的染色质环结构一般具有组织或细胞特异性,对启动子、增强子和 CTCF 的序列分析表明,顺式作用元件在进化过程中呈现出不同程度的保守性:启动子在序列和功能上最为保守,而增强子和 CTCF 在不同物种中具有很大差异,这也是导致不同物种在基因表达调控方面存在差异的因素之一。黏连蛋白相关的由 CTCF 介导的染色质环广泛存在于很多细胞系中。它们既可以促进基因表达,又可以通过行使绝缘子的功能而抑制基因表达。大部分基因及其远端调控元件所形成的染色质环状结构均被限制在同一 TAD 的内部。研究发现,在不同类型的细胞中,相邻基因簇的关联表达也与 TADs 结构有关。细胞中功能性染色质的相互作用是影响基因功能的一个重要因素。目前,关于染色质高级结构的研究还处于起步阶段,相关调控因子与机制尚有很多有待挖掘。

四、染色质三维结构分析技术

染色质构象捕获技术及其衍生技术的发展,以及高通量测序技术的普及,使得精确研究染色质的高级结构及染色质间的相互作用成为可能。基因组三维空间结构与功能的研究,简称三维基因组学(three-dimensional genomics,3D genomics)。染色质构象捕获(chromosome conformation capture,3C)及其衍生技术的建立,将人们对基因转录调控的认识从二维层面推向三维空间。基因组中分布着众多调控元件,它们与所调控的靶基因间可相距几万甚至几十万个核苷酸,可以与靶基因位于相同或不同的染色体上。依据染色质环模型,调控元件可通过染色质环高级结构,与靶基因在空间上充分接近并相互作用,发挥其调控功能。

目前,对基因表达调控的研究主要以基因及其调控元件的线性关系为基础,然而,基因不仅以简单的线性形式存在,越来越多的证据表明染色质之间的相互作用在基因表达调节方面起重要作用,即基因的表达调控存在三维空间网络,基因表达可被远程调控元件所调控。3C 技术原本应用于酵母中研究基因表达时染色质的空间构象,继而发展为利用此技术在后生动物中研究细胞内染色质间的相互作用,近年来发展出基于 3C 而衍生的环状染色质构象捕获(circular chromosome conformation capture,4C)、3C 碳拷贝(3C-carbon copy,5C)、ChIP-loop 实验、ChIA－PET(chromatin interaction analysis using paired-end-tag sequencing)和 Hi－C 等技术,为研究染色质间长距离相互作用提供了可能。

(一)染色质构象捕获技术

2003 年,Job Dekker 及其合作者提出了 3C 技术,用于测定特定的点到点之间的染色质交互作用。染色质构象捕获技术的要点是:福尔马林(甲醛)瞬时固定细胞核染色质,用过量的限制性内切酶酶切消化染色质-蛋白质交联物,在 DNA 浓度极低而连接酶浓度极高的条件下用连接酶连接消化物,蛋白酶 K 消化交联物以释放结合的蛋白质,用推测可能有互作的目的片段的引物进行普通 PCR 和定量 PCR 来确定是否存在相互作用。3C 技术适用于研究 5 kb 至数百 kb 染色质之间的相互作用。

(二)环状染色质构象捕获技术

4C 技术的基本原理可概括为:福尔马林瞬时固定细胞核内的染色质,用过量的限制性内切酶将染色质-蛋白质交联物酶切消化,在 DNA 浓度极低、连接酶浓度极高的条件下将消化物用连接酶连接,蛋白酶 K 消化交联物以释放蛋白质(以上几步与 3C 相同)。此时,已知 DNA 片段(bait)与未知 DNA 片段(通常位于基因调控区)已经酶连成环状,使用 bait 的特异 PCR 引物进行反向 PCR,若在福尔马林固定细胞时这些 DNA 片段间存在蛋白质因子介导的物理接触,此时应有 PCR 产物,对 PCR 产物进行序列分析可确定互作染色质的位置及互作的可能性。

(三)3C 碳拷贝技术

若研究几百个染色质片段之间可能存在的相互作用,使用 3C 技术需要设计大量 PCR 引物来确定已知片段与假定片段的关系,通量较低,较难实现。因此,人们设计出 5C 技术,这个技术是基于 3C 的基本原理,结合连接介导的扩增(ligation-mediated amplification,LMA)来增加 3C 检测的通量。以 3C 酶切连接文库为模板,在 3C 引物端加上通用接头(如 T7、T3),例如,在正向引物(bait)的 5′端加上 T7 接头,在反向引物的 3′端加上 T3 接头,若两个推测片段存在相互连接,由于连接酶介导的连接作用的性质,只有连接上的片段才有扩增。

(四)ChIA－PET

ChIA－PET 技术是 3C、PET 和下一代测序技术的结合,既可以检测细胞内染色质的相互作用,又可以解决实验所得 DNA 片段较小、数据量大等问题。它可以无偏的、在全基因组范围找出与目标蛋白因子作用的染色质片段。其部分实验流程与 ChIP－loop 实验相似,都是以福尔马林固定细胞,限制性酶酶切基因组,用目的蛋白特异性的抗体沉淀蛋白质-DNA 复合物,给酶切片段加上带有生物素标记的接头(此接头带有特殊的酶

切位点,如 MmeⅠ),然后进行二次连接反应,再使用带有接头的酶进行酶切(如 Mme
Ⅰ),所得产物再加上接头,进行深度测序。

(五) Hi‐C 技术

Hi‐C 技术也是基于 3C 原理发展而来的,是目前最常用的 3C 衍生技术。Hi‐C 技术的原理是通过结合生物素(biotin)富集和高通量测序方法,研究全基因组范围内染色质内或染色质间空间位置上的互作关系,从而获得高分辨率的染色质相互作用图谱。该技术在酶切后通过末端补平加入生物素标记,再扩大反应体系进行邻位连接,然后利用链霉亲和素(streptavidin,SA)偶联的磁珠富集带有生物素标记的连接片段,建库并进行高通量测序,获得全基因组范围内的互作信息(图 1‐8)。

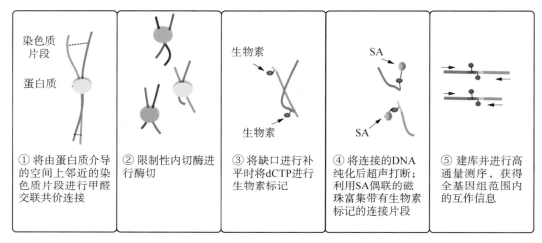

图 1‐8 Hi‐C 技术主要步骤模式

Hi‐C 技术主要步骤为:①用甲醛将细胞内由蛋白质介导的空间上邻近的染色质片段进行共价连接。②限制性内切酶(如 MboI 等)对交联过的染色质进行酶切。③在酶切后将缺口进行补平(dCTP 进行生物素标记)。④平末端连接,将连接的 DNA 纯化后超声打断,随后用 SA 亲和层析,将生物素标记的片段沉淀。⑤加上接头进行建库,深度测序。然后利用生物信息学进行海量数据的拼接,构建出相邻染色质三维空间结构图。由于 Hi‐C 文库的构建具有一定的复杂性,在实际的项目执行过程中,会先通过对小规模的测序数据进行评估,以检测所构建文库的质量。小数据评估合格后,启动大数据的上机测序,以保证测序数据的质量。由于可以提供全基因组范围内的所有染色质位点之间的高精度互作信息,因此 Hi‐C 技术被广泛应用于挖掘基因调控元件、揭示细胞时空特异性染色质构象变化及绘制基因组三维图谱等研究工作中。

活细胞内互作染色质组的功能研究一直是基因功能研究的重点,染色质构象捕获技术及其衍生技术为研究细胞内与目的 DNA 片段作用的染色质、染色质组,与特定蛋白质因子作用的染色质、染色质组和全基因组范围内染色质组的互作提供了有效的技术平台。随着科技的不断进步,3C 及其衍生技术必将在基因组染色质三维结构、转录因子作用机制等领域发挥更加重要的作用。

第四节　基因组稳定性维持

　　细胞中的 DNA 包含完整的遗传信息,真核生物 DNA 与组蛋白相互作用形成高度有序的染色质。DNA 与染色质在配子与合子形成,以及之后个体生长发育的细胞活动与基因表达过程中,都处于一种动态变化中。正常细胞具有一整套修复 DNA 损伤和染色质维护系统,以维持基因组稳定与 DNA 的完整,确保遗传信息准确无误地传至下一代,以及细胞功能的正常执行。DNA 损伤及其修复与染色质组装及其维持,都直接损害基因组的稳定性。基因组的稳定性遭到破坏,会导致多种遗传、代谢性疾病或肿瘤的发生。因此,对基因组稳定性调控和 DNA 修复机制的研究非常重要。在生物体内及其外部环境中存在许多针对遗传物质 DNA 的损伤因素,DNA 损伤对于单细胞生物最大的威胁是造成细胞死亡,对高等生物可导致多种疾病,如发育缺陷、过早老化、癌症和抗感染能力降低乃至死亡。多种外源性和内源性因素作用下产生的广泛 DNA 损伤和复制压力,构成了基因组不稳定的主要来源。当 DNA 损伤严重到无法正确修复时,细胞会启动一些过程如凋亡来避免受损细胞的大量增殖。基因组稳定性维持是一切生命活动的基础,DNA 损伤修复是保障基因组稳定性,维持其编码信息不变,并将遗传信息准确无误地传递给子代细胞的关键过程。

一、基因组损伤

　　DNA 损伤即 DNA 分子物质的损伤。生物体细胞中的 DNA 每时每刻都在遭受着损伤,有研究估测人的每个细胞每天会有 1～100 万个分子损伤,即便 100 万个的分子伤害相当于人基因组的百万分之 1.65(按人的双倍体基因组含 60 亿对碱基推算)。

　　基因组损伤的体内因素,如 DNA 复制与染色质组装错误、自发性损伤、代谢副产物,如活性氧(reactive oxygen species,ROS)、自由基等。基因组损伤的环境因素中,有物理因素,如 X 射线、γ 射线、紫外线、亚原子微粒等;化学因素,如直接致癌或间接致癌的化学物质等;生物因素,如病毒、霉菌等。

　　DNA 损伤的类型,包括碱基的缺失、修饰、错误;DNA 链间和分子的交联,以及 DNA 单、双链的断裂等。DNA 双链断裂(double strand break,DSB)是最常见、最严重的一种 DNA 损伤形式,影响细胞正常生命活动。如果有损伤发生在关键的基因(如抑癌基因)而未能修复,就会妨碍细胞执行其应有的功能,明显增加形成肿瘤的可能性并有利于肿瘤异质性。

二、基因组损伤的修复

　　所用生物大分子中只有 DNA 损伤后会进行修复,其他的大分子损伤后都只是被新的分子替代。

（一）错配修复

DNA 复制的保真性至少要依赖 3 种机制：①遵守严格的碱基配对规律；②在复制延长中聚合酶具有选择碱基的功能；③复制出错时有即时的校对功能。DNA 复制按照碱基配对规律进行，是遗传信息能准确传代的基本原理，此外，生物体还需酶学的机制来保证复制的保真性。其中原核生物的 DNA pol Ⅰ 和真核生物的 DNA pol δ 的 $3'→5'$ 核酸外切酶（exonuclease）活性都很强，可以在复制中辨认并从 $3'$ 端切除错配碱基加以校正。

错配修复（mismatch repair）不仅负责 DNA 复制和重组中的碱基错配，还对碱基受损所引起的错配、碱基插入和缺失进行修复。大肠埃希菌（*E. coli*）中的 MutS 负责识别错配造成的 DNA 形变，进而招募 MutH 和 MutL，其中 MutH 行使核酸内切酶的活性，在错配碱基附近切割出一个缺口，核酸外切酶水解一小段 DNA 子链，DNA 聚合酶复制合成填补缺口，DNA 连接酶封闭缺口完成修复。那么在错配修复的过程中，大肠埃希菌是如何识别哪条是母链，应该水解哪条 DNA 单链呢？DNA 中 GATC 的 A 会被甲基化，而新合成的 DNA 子链处于低甲基化的状态，这就为错配修复系统提供了识别的依据。

（二）直接修复

直接修复是最简单并且消耗最小的一种 DNA 损伤修复方式，包括以下几种。

1. 光修复系统　光修复过程是通过光修复酶（photolyase）催化完成的，仅需 $300\sim600\ nm$ 波长照射即可活化，普遍存在于各种生物中，人体细胞中也有发现。通过此酶作用，可使嘧啶二聚体分解为原来的非聚合状态，DNA 恢复正常。

2. 烷化碱基的修复　催化此过程的是烷基转移酶，可以将烷基从受损核苷酸转移到自身肽链上，修复的同时酶也发生不可逆失活。

3. 无嘌呤位点的修复　DNA 链上的嘌呤碱基受损时，会被 DNA N -糖苷酶（DNA N-glycosylase）水解脱落，生成无嘌呤位点。DNA 嘌呤插入酶能够直接修复这种损伤，可以使游离嘌呤碱基与无嘌呤位点重新生成糖苷键。

4. 单链断裂的修复　电离辐射可能造成 DNA 单链的断裂，在单链断裂缺口 DNA 连接酶可以直接催化生成磷酸二酯键，从而修复这种损伤。

（三）切除修复

切除修复是细胞内最重要和有效的修复方式，根据机制不同，分为碱基切除修复和核苷酸切除修复。

1. 碱基切除修复（base excision repair）　其过程包括去除损伤的 DNA，填补空隙和连接。损伤部位的去除依赖于一类特异的 DNA N -糖苷酶识别 DNA 链中已受损的碱基并水解去除，产生一个无嘌呤/嘧啶核苷酸（apurinic/apyrimidinic acids，AP）；无碱基位点会被核酸内切酶识别并将 DNA 链的磷酸二酯键切开，去除剩余的磷酸核糖部分；产生的缺口由 DNA 聚合酶以另一条链为模板合成填补，最后由 DNA 连接酶催化完成修复。此过程还需要解旋酶（helicase）的协助。

2. 核苷酸切除修复（nucleotide excision repair）　识别的不是具体的损伤，而是损伤造成的 DNA 双螺旋结构的扭曲。其修复的过程与碱基切除修复类似，由一个酶系统识别损伤部位;核酸酶在损伤两侧各切开一个切口,在解旋酶的帮助下去除两个切口间的一段受损 DNA 单链;产生的缺口仍然由 DNA 聚合酶填补,DNA 连接酶封闭。

核苷酸切除修复还参与转录偶联修复(transcription-coupled repair),拯救因转录模板链损伤而暂停的转录。此过程中,参与切除修复的蛋白质被募集于暂停的 RNA 聚合酶,将修复酶集中于正在转录的 DNA,使该区域的损伤尽快得以修复。RNA 聚合酶起到损伤传感蛋白的作用。

人类有一种隐性遗传病称为着色性干皮病(xeroderma pigmentosum,XP),患者皮肤对阳光极度敏感,可在幼年罹患皮肤癌并伴有智力发育迟缓等症状,其发病机制与紫外线造成的皮肤细胞 DNA 损伤的切除修复缺陷相关。

(四)重组修复

损伤发生于 DNA 双螺旋中的一条链时基本上都能够精确修复,因为另一条链仍然贮存着正确的遗传信息。但对于 DNA 双链断裂这样的严重损伤,通常需要重组修复。

1. **跨损伤重组修复**　以大肠埃希菌为例,当 DNA 损伤严重,不能在复制中作为模板时,DNA 聚合酶在损伤部位停止移动并从模板上脱离,然后在损伤部位下游重新启动复制,从而在子链上产生一个缺口。重组蛋白 RecA 的核酸酶活性将另一股正常母链与缺口部分进行交换,以填补缺口。所谓正常母链,是指同一细胞内已完成复制的链,来自亲代的一股 DNA 链。而交换后的缺口,由于互补链的合成已经完成,这时就可以作为模板,在 DNA 聚合酶和连接酶的作用下修复。跨损伤重组修复并没有真正修复损伤,但是克服了受损 DNA 不能作为复制模板的困难,可以等待后续的其他修复;或者在不断复制后,其损伤比例越来越低,逐渐将损伤链"稀释"。

2. **非同源末端连接的重组修复**(non-homologous end joining recombination repair)
此过程是哺乳动物细胞 DNA 双链断裂后修复的一种方式,即断裂的两个 DNA 分子末端不需要同源性就可以连接起来。在此过程中起重要作用的是 DNA 依赖的蛋白激酶(DNA-dependent protein kinase,DNA - PK),可促进双链断裂的重接。这样重接的 DNA 存在一定的错误,但如果发生在非必需基因上,仍能维持受损细胞的存活,这也是细胞生存的权宜之计。当然,非同源末端连接也是一种生理性基因重组策略,将原未连接的基因或片段连接产生新的组合,如免疫球蛋白基因的构建与重排。

3. **同源重组修复**(homologous recombination repair)　参加重组的两段双链 DNA 具有同源性即有相当长的序列(≥200 bp)相同,这样重组修复后生成的新序列可以保证正确。以大肠埃希菌为例,双链断裂的 DNA 分子末端首先被重组蛋白 RecBCD 识别并解旋,RecBCD 还同时发挥着 $3' \to 5'$ DNA 外切酶的活性水解其中的一条 DNA 单链;当 RecBCD 遇到 *chi* 位点($5'$GCTGGTGG$3'$)就暂停下来,核酸内切酶切割短的那条单链,RecD 从 RecBCD 复合物解离;RecBC 继续沿着 DNA 滑动,行使解旋酶的活性。这样游离出来的 DNA 单链区可以被 RecA 结合,同时 RecA 可识别一段与受损 DNA 序列相同的姐妹链,引导游离单链侵入姐妹 DNA 的双链中,并分别以结构正常的两条 DNA 链作为模板修复损伤链,最后在其他酶的作用下,解开交叉互补,完成重组修复,这样合成的新片段具有很高的忠实性(图 1 - 9)。

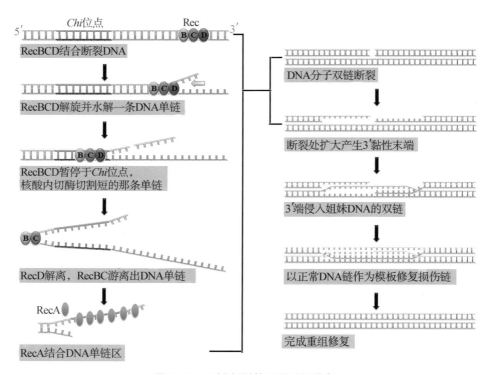

图 1-9 双链断裂的同源重组修复

(五) SOS 修复

当 DNA 损伤广泛以至于难以继续复制时,细胞可开启紧急修复系统,诱发的一系列复杂反应,用国际海难信号命名为 SOS 修复。其中 DNA 的跨损伤合成是大肠埃希菌 SOS 修复中的一部分,即当 DNA 聚合酶Ⅲ停留在损伤位点不能继续复制时,细胞诱导产生 DNA 聚合酶Ⅳ或Ⅴ替换掉 DNA 聚合酶Ⅲ,在子链随机插入核苷酸使复制继续,越过损伤部位后再由 DNA 聚合酶Ⅲ继续复制。通过 SOS 修复,复制如能继续,细胞是可存活的。然而,应急产生的 DNA 聚合酶活性低,一般无校对功能,所以修复后出错率大大升高,DNA 保留的错误较多,导致较长期广泛的突变。

在原核生物中,SOS 修复系统的开启与否由 RecA 和调控蛋白 LexA 相互作用决定。SOS 修复系统包括近 30 个"sos"相关基因的网络式调控系统,RecA 和这些基因上游都有一段共同的序列可以被阻遏蛋白 LexA 识别,一般情况下,SOS 修复系统不表达或者产生少量相关蛋白;仅在紧急状态下,当 DNA 受损严重,RecA 被激活,促发 LexA 的自水解,其阻遏作用被解除才整体动员。

有些致癌剂能诱发 SOS 修复系统。哺乳动物也有 SOS 修复过程,其具体组成及作用细节,以及与突变、癌变有何关系,是肿瘤学研究的热点课题之一。

三、染色质重塑与 DNA 损伤修复

基因组的稳定性经常会受到 DNA 损伤的威胁。所有的 DNA 修复都发生在染色质

上。越来越多的证据表明核小体组织和染色质结构调控 DNA 修复蛋白复合物进入 DNA 损伤处并进行有效的修复。高度致密的染色质结构却极大地妨碍了 DNA 修复的进行。因此,真核生物细胞中必须有一个精确的机制来克服染色质这一天然的屏障。其中,组蛋白的共价修饰和 ATP 依赖的染色质重塑通过改变染色质的结构,对 DNA 修复进程起着关键的调控作用。

在真核生物中,受损的 DNA 被许多复杂的细胞通路识别和修复,这些细胞通路被称为 DNA 损伤应答(DNA-damage response,DDR)。DNA 损伤应答的特征在于适时补充和去除特定的 DNA 修复因子和辅助蛋白。细胞核是细胞功能的关键细胞器,因为它将遗传信息存储在 DNA 序列中,然而,为了适应小的核体积,真核生物基因组被压缩成由基本结构单元建立的染色质。核小体是染色质的基本功能单位,由包裹在组蛋白八聚体周围的 147 bp DNA 组成。每个核小体的核心包含 2 个 H3 - H4 二聚体和 2 个 H2A - H2B 二聚体,所有的细胞通路,包括依赖 DNA 作为底物的 DNA 损伤反应,都必须响应并克服这个限制 DNA 修复因子进入的主要因素,这对于高效识别和去除 DNA 病变至关重要。组蛋白的 N 末端尾部从核小体延伸出来,包含可通过乙酰化、甲基化、磷酸化、PAR 修饰或泛素化修饰的保守赖氨酸残基,这些修饰可以用来吸引特定的染色质复合物,进而改变核小体功能。除了组蛋白翻译后修饰,染色质结构还受 ATP 酶构建的多亚基重塑复合物的调节。染色质松弛及 DNA 损伤修复后的再聚合是一种消耗大量 ATP 而且高度有序的调节过程,需要染色质重塑复合物的作用。根据它们的功能结构域,染色质重塑物可以分为 4 个亚家族:ISWI,染色质解旋酶 DNA 结合蛋白(chromodomain helicase DNA binding protein,CHD),SWI/SNF 家族和 INO80 亚家族。此外,由于不同亚家族优先催化特定功能,因此这 4 个亚家族也可以在功能层面分离。SWI/SNF 家族的重塑者主要发挥与染色质可塑性相关的功能,包括展开围绕核小体卷曲的 DNA,通过核小体沿着 DNA 滑动的重新定位,以及部分(如 H_2A - H_2B 二聚体)或完整核小体驱逐。特别是 SWI/SNF 亚家族可以获得启动子区转录因子的结合位点,并且可以恢复 DNA 修复因子。

四、损伤与修复的生理意义

1. 突变是进化的基础　已知地球绕日公转已经有 46 亿年,曾经经过多次大的环境变化,如果生物的遗传信息是绝对保守的,则不可能适应新的环境。DNA 复制的保真性可以维持物种相对稳定,与此同时也有变异的存在,这样才可能产生新的性状和新的物种。DNA 损伤的积极意义就在于可以产生突变(mutation),而突变是生物进化的基础,也是 DNA 的一大功能,突变与遗传保守性是相互对立而又相互统一的。就一个短暂的历史时期而言,我们不能看到某一物种的自然演变过程,而只见到长时期突变积累的结果;就同一物种而言,个体差别总是存在的。

有些突变并没有产生可察觉的表型改变,例如在简并密码子上第 3 位碱基的改变,蛋白质非功能区段上编码序列的改变等,我们用 DNA 多态性(polymorphism)来描述个体之间的基因型差别现象。利用核酸杂交原理,可以识别个体差异和种、属间差异,并用于疾病预防及诊断。如法医学上的个体识别、亲子鉴定、器官移植的配型、个体对某些疾病的易感性分析,都需应用 DNA 多态性分析技术。

2. DNA 损伤与多种疾病的发生相关 DNA 损伤的消极意义是如果突变发生在对生命过程至关重要的基因上,可导致个体、细胞的死亡,人类常利用这些特性消灭有害的病原体。同时,DNA 突变还是某些遗传性疾病的发病基础,如血友病是凝血因子基因突变导致的,地中海贫血是血红蛋白基因突变导致的等。

另外,有遗传倾向的疾病,包括常见的高血压、糖尿病、溃疡病、肿瘤等,可以肯定和生活环境有关,但也与某些基因发生了变异相关,而且是众多基因与生活环境因素共同作用的结果。人类基因组计划(Human Genome Project,HGP)已完成核苷酸的测序,疾病相关基因的检出和研究是后基因组学的重要内容。

(汤其群 王丽影)

参考文献

[1] 田昊,杨梓健,徐兴文,等. 三维基因组染色质构象捕获及其衍生技术[J]. 生物工程学报,2020,36(10):2040-2050.

[2] 苑宝文,王秀杰. 染色质高级结构—基因组调控的重要形式[J]. 生命科学,2015,27(3):336-343.

[3] CHANDRA T,EWELS PA,SCHOENFELDER S,et al. Global reorganization of the nuclear landscape in senescent cells [J]. Cell Rep,2015,10(4):471-483.

[4] DEKKER J,RIPPE K,DEKKER M,et al. Capturing chromosome conformation [J]. Science,2002,295(5558):1306-1311.

[5] FULLWOOD M J,LIU M H,PAN Y F,et al. An oestrogen-receptor alpha-bound human chromatin interactome [J]. Nature,2009,462(7269):58-64.

[6] LIEBERMAN-AIDEN E,VAN BERKUM NL,WILLIAMS L,et al. Comprehensive mapping of long-range interactions reveals folding principles of the human genome [J]. Science,2009,326(5950):289-293.

[7] RUDAN MV,BARRINGTON C,HENDERSON S,et al. Comparative Hi-C reveals that CTCF underlies evolution of chromosomal domain architecture [J]. Cell Rep,2015,10(8):1297-1309.

第二章 DNA 的生物合成

DNA 指导的 DNA 合成又称为 DNA 复制(replication),是指以亲代 DNA 作为模板,按照碱基配对原则合成子代 DNA 分子。碱基配对规律和 DNA 双螺旋结构是复制的分子基础,而复制过程中的各种酶和蛋白质因子是 DNA 复制能够迅速且准确完成的保证。

▌第一节 DNA 复制的一般特征

一、DNA 的半保留复制

DNA 复制时,母链 DNA 解开为两股单链,每股单链都可以各自作为模板(template),按碱基配对规律,合成与模板互补的子链,从而产生两个新的 DNA 分子。复制出子代双链 DNA 的方式为半保留复制(semiconservative replication)。半保留复制对物种的延续性有重大意义。由于 DNA 复制遵循碱基互补的原则,按半保留复制的方式,子代可以准确保留亲代 DNA 的全部遗传信息,体现在代与代之间 DNA 碱基序列的一致性上。遗传信息准确地从亲代传递到子代是物种稳定性的分子基础,但并不意味着同一物种个体之间没有区别。在强调遗传恒定性的同时,不应忽视其变异性。

二、DNA 的半不连续复制

DNA 双螺旋的两股单链是反向平行的。当 DNA 复制时,解链形成复制叉上的两股母链呈相反走向,一条链为 $5'$ 至 $3'$ 方向,其互补链是 $3'$ 至 $5'$ 方向。因此,DNA 复制有 3 种可能的方式:①新合成的子链都是连续合成,其中一条子链从 $5'$ 向 $3'$ 合成,另一条从 $3'$ 向 $5'$ 合成;②新合成的子链都是从 $5'$ 向 $3'$ 合成,其中一条以连续的方式合成,而另一条以不连续的方式合成;③新合成的子链都是从 $5'$ 向 $3'$ 合成,均以不连续的方式合成。从效率来说,最好的是第一种方式,但是至今为止自然界没有发现可以从 $3'$ 向 $5'$ 合成的 DNA 复制酶,所以 DNA 合成只能是第二种或第三种方式,自然界选择了效率更高的第二种半不连续的方式合成 DNA。

DNA 复制时,首先会将母链的双螺旋解开,顺着解链方向生成的子链,复制是连续进行的,这股链称为前导链(leading strand)。因为另一股链复制的方向与解链方向相反,在延长过程中不能沿解链方向连续合成,所以需要等待解链释放出足够长度的模板,才能合成一段 DNA 子链,并且不停重复此过程,这股不连续复制的链称为后随链 (lagging strand)。后随链中不连续合成的片段被命名为冈崎片段(Okazaki fragment)。前导链连续复制而后随链不连续复制,这种 DNA 复制方式称为半不连续复制。在引物生成和子链延长上,后随链都比前导链迟一些,因此,两条互补链的合成是不对称的。

三、DNA 的双向复制

DNA 复制时通常从一个复制起始点(origin)向两个方向解链,形成两个延伸方向相反的复制叉(replication fork),称为双向复制。复制叉指的是 DNA 双链解开分成两股,各自作为模板,子链沿模板延长所形成的 Y 字形结构。

复制子(replicon)是含有一个复制起始点的独立完成复制的功能单位,每个起始点产生两个移动方向相反的复制叉,复制完成时,复制叉相遇并汇合连接。从一个 DNA 复制起始点起始的 DNA 复制区域称为复制子。原核生物多为环形 DNA,只有一个复制起始点和一个复制终止点,整个环形 DNA 为一个复制子。真核生物基因组庞大而复杂,由多个染色体组成,全部染色体均需复制,每个染色体又有多个起始点,是多复制子的复制。

▌第二节　DNA 复制的基本过程与酶类

DNA 复制是在酶催化下的核苷酸聚合过程,解开成单链的 DNA 母链作为模板,遵照碱基互补规律指引合成子链,反应底物为 dATP、dGTP、dCTP 和 dTTP,总称 dNTP (N 代表 4 种碱基的任一种)。由于新链的延长只可沿 5′ 至 3′ 方向进行,新添加底物的 5′ − P 是加合到延长中的子链(或引物)的 3′ − OH 上生成磷酸二酯键。复制的基本化学反应可简示为:$(dNMP)_n + dNTP \rightarrow (dNMP)_{n+1} + PPi$。

一、原核生物 DNA 复制的基本过程与酶类

(一) 原核生物 DNA 复制的起始与参与酶类

DNA 复制延长速度相当快。以 E. coli 为例,营养充足、生长条件适宜时,20 分钟即可繁殖一代。E. coli 基因组 DNA 全长约 3 000 kb,依此计算,每秒钟能掺入的核苷酸达 2 500 个。原核生物染色体 DNA 和质粒等都是环状闭合的 DNA 分子,相对真核生物来说复制的过程更简单,下文以 E. coli DNA 复制为例介绍原核生物 DNA 复制的过程和特点。

起始是复制中较复杂的环节,包含了母链 DNA 解链形成复制叉,进而形成引发体及合成引物。

1. DNA 解链　复制的起始通常有固定的复制起始点,E. coli 上有一个固定的复制起始点,称为 oriC。oriC 跨度为 245 bp,碱基序列分析发现这段 DNA 上有 3 组串联重复序列和 2 对反向重复序列。上游的串联重复序列称为识别区;下游的反向重复序列碱基

组成以 A、T 为主,称为富含 AT(AT rich)区。DNA 双链中,AT 配对多的部位容易解链,因为 AT 配对只有 2 个氢键维系,而 GC 配对有 3 个氢键。

复制起始时,需多种酶和辅助的蛋白质因子,共同解开、理顺 DNA 链,并维持 DNA 分子在一段时间内处于单链状态(表 2-1)。

表 2-1　原核生物 DNA 复制起始的相关蛋白质

蛋白质(基因)	通用名	功　能
DnaA(dnaA)		四聚体,DnaA 起始作用于 oriC 的 3 个 13 bp 正向重复序列
DnaB(dnaB)	解旋酶(helicase)	5′→3′解旋酶,解开 DNA 双链(打开氢键)
DnaC(dnaC)		运送和协同 DnaB 结合到起始点
DnaG(dnaG)	引物酶(primase)	催化 RNA 引物生成
SSB	单链结合蛋白(single strand binding protein)	稳定已解开的单链 DNA
拓扑异构酶Ⅱ	促旋酶(gyrase)	切断 DNA 分子两股链,解开 DNA 超螺旋

E. coli DNA 复制起始的解链是由 DnaA、B、C 共同参与的。复制起始时,DnaA 蛋白辨认并结合于串联重复序列(AT 区)上。然后,几个 DnaA 蛋白互相靠近,形成 DNA 蛋白质复合体,可促使 AT 区的 DNA 进行解链。DnaB 为解旋酶,利用 ATP 供能解开 DNA 双链。在 DnaC 的协同下,DnaB 结合并沿解链的方向移动,使双链解开足够用于复制的长度,并且逐步置换出 DnaA。此时,复制叉初步形成,SSB(单链结合蛋白)也结合到解开的单链上,在一定时间内使复制叉保持适当的长度,有利于核苷酸依照 DNA 模板的碱基排列顺序掺入,形成子链。

解链是一种高速的反向旋转,其下游势必发生打结现象。DNA 双螺旋沿轴旋绕,复制解链也沿同一轴反向旋转,高速复制导致旋转达 100 次/秒,造成下游邻近的 DNA 分子打结、缠绕、连环现象。闭环 DNA 按一定方向扭转会形成超螺旋,如同一个橡皮圈沿相同方向拧转。盘绕过分称为正超螺旋,盘绕不足为负超螺旋。复制时,部分 DNA 要呈松弛状态,过度拧紧的橡皮圈中打开中间一段就会引起其余部分的过度拧紧变为正超螺旋。复制中的 DNA 分子也会遇到这种正、负超螺旋及局部松弛等过渡状态。上述这些,均需拓扑异构酶(DNA topoisomerase)作用以改变 DNA 分子的拓扑构象,理顺 DNA 链以便复制过程顺利进行。

DNA 拓扑异构酶广泛存在于原核及真核生物中,分为Ⅰ型和Ⅱ型 2 种,最近还发现了拓扑异构酶Ⅲ。原核生物拓扑异构酶Ⅱ又称促旋酶,真核生物的拓扑异构酶Ⅱ还可分为几种亚型。拓扑异构酶通过切断、旋转和再连接的作用,把正超螺旋变为负超螺旋,实验证明负超螺旋比正超螺旋有更好的模板作用,这可能是因为扭得不那么紧的超螺旋比过度扭紧的更容易解开成单链。拓扑异构酶对 DNA 分子的作用是既能水解,又能连接磷酸二酯键。拓扑异构酶Ⅰ的催化反应不需 ATP,它可以切断 DNA 双链中的一股,使

DNA 解链旋转中不致打结，适当时又把切口封闭，使 DNA 变为松弛状态。拓扑异构酶Ⅱ在无 ATP 时，切断处于正超螺旋状态的 DNA 分子双链某一部位，断端通过切口使超螺旋松弛；在利用 ATP 供能的情况下，松弛状态的 DNA 又进入负超螺旋状态，断端在同一酶催化下连接恢复。这些作用均使复制中的 DNA 能解结、连环或解连环，达到适度盘绕。此外，母链 DNA 与新合成链也会互相缠绕，形成打结或连环，也需拓扑异构酶Ⅱ的作用。

2. 引发体和引物　由于已经发现的 DNA 复制酶都不能从头合成，即不具备催化两个游离 dNTP 之间形成磷酸二酯键的能力，只能催化核酸片段 $3'-OH$ 末端与 dNTP 之间的聚合，所以复制过程需要引物（primer），引物是由引物酶催化合成的短链 RNA 分子。当在 DNA 复制起始点已经完成解链，此时引物酶进入，形成含有解旋酶（DnaB）、DnaC、引物酶（即 DnaG）和 DNA 起始复制区域的复合结构，称为引发体。

引发体的蛋白质组分在 DNA 链上移动，需由 ATP 供给能量。在适当位置上，引物酶依据模板的碱基序列，从 $5'→3'$ 方向催化 NTP（不是 dNTP）的聚合，生成短链的 RNA 引物。引物长度为十几个至几十个核苷酸不等。引物合成的方向也是自 $5'$ 端至 $3'$ 端，已合成的引物必然留有 $3'-OH$ 末端，为 DNA 复制酶提供 $3'-OH$，新链每次反应后亦留有 $3'-OH$，复制就可进行下去。

（二）原核生物 DNA 复制的延长与参与酶类

复制的延长是在 DNA 聚合酶催化下完成的，遵照碱基互补原则，以解开的母链为模板，dNTP 逐个加入引物或延长中的子链上，其化学本质是磷酸二酯键的不断生成。

DNA 聚合酶全称是依赖 DNA 的 DNA 聚合酶（DNA-dependent DNA polymerase，DNA pol）。E. coli 有 5 种 DNA pol，都有 $5'→3'$ 延长脱氧核苷酸链的聚合酶活性，其中主要的 3 种 DNA pol 的特点见表 2-2，DNA pol Ⅳ 和 DNA pol Ⅴ 于 1999 年被鉴定，主要参与非常规的 DNA 修复。

表 2-2　原核生物的 DNA pol

属性	DNA pol Ⅰ	DNA pol Ⅱ	DNA pol Ⅲ
组成亚基种类数	1	7	≥10
分子数/细胞	400	?	20
$3'→5'$核酸外切酶活性	有	有	有
$5'→3'$核酸外切酶活性	有	无	无
聚合速率（核苷酸/s）	20	40	2 500~3 800

DNA pol Ⅲ 的比活性远高于 pol Ⅰ，每分钟可催化多至 10^5 次聚合反应，DNA pol Ⅲ是原核生物复制延长中真正起催化作用的酶，而 DNA pol Ⅰ 的主要功能是对复制中的错误进行校对，对复制和修复中的空隙进行填补。DNA pol Ⅰ 可被水解为 2 个片段，小片段共 323 个氨基酸残基，有 $5'→3'$核酸外切酶活性；大片段共 604 个氨基酸残基，又称 Klenow 片段，具有 DNA 聚合酶活性和 $3'→5'$核酸外切酶活性，常用于实验室合成

DNA 和标记探针等。DNA pol Ⅱ对模板的特异性不高,即使在已发生损伤的 DNA 模板上,也能催化核苷酸聚合,它主要参与 DNA 损伤的应急修复。

DNA pol Ⅲ是由 10 种亚基组成的不对称异源二聚体。α、ε、θ 组成核心酶,兼有 5′→3′聚合酶活性和 3′→5′外切酶活性。ε 亚基为复制保真性所必需。两边的 β 亚基像一个夹子使核心酶固定在模板链并使酶沿模板滑动。其余的亚基统称为 γ-复合物,有促进全酶组装至模板上及增强核心酶活性的作用。原核生物催化延长反应的酶是 DNA pol Ⅲ,分别催化前导链和后随链延长。底物 dNTP 的 α-磷酸与引物或延长中的子链上 3′-OH 反应后,dNMP 的 3′-OH 又成为链的末端,使下一个底物可以掺入。复制沿 5′→3′延长,指的是子链合成的方向,不论前导链还是后随链的子链均沿着 5′→3′方向延长。

在同一个复制叉上,前导链的复制先于后随链,但两链的 DNA pol Ⅲ均是沿着母链解链的方向移动。这是因为后随链的模板 DNA 可以折叠或绕成环状,由于后随链作 360°的绕转,前导链和后随链的生长点都处在 DNA pol Ⅲ核心酶的催化位点上。解链方向就是酶的前进方向,亦即复制叉从已解开向待解开片段伸展的方向。复制叉上解开的模板单链走向相反,后随链出现不连续复制的冈崎片段。

前导链的延长是连续的,而后随链在延长的过程中产生了许多冈崎片段。每个冈崎片段上的引物是 RNA 而不是 DNA。要完成后随链的合成,还必须去除 RNA 引物并填补引物留下的空隙,最后把 DNA 片段连接成完整的子链。此过程由 DNA pol Ⅰ和 DNA 连接酶完成。DNA pol Ⅰ具有的 5′→3′核酸外切酶活性去除 5′端的 RNA 引物,并利用相邻冈崎片段的 3′-OH 继续合成 DNA,填补 RNA 引物切除后的空缺,延伸到一定长度后还是留下相邻的 3′-OH 和 5′-P 的缺口(nick),最后由 DNA 连接酶完成缺口的连接。按照这种方式,所有的冈崎片段在环状 DNA 上连接成完整的 DNA 子链。前导链也有引物水解后的空隙,在环状 DNA 最后复制的 3′-OH 末端继续延长,即可填补该空隙及连接。

(三) 复制的终止

E. coli 的复制终止点称为 ter 部位,在复制叉汇合点两侧约 100 bp 处各有一个终止区(ter E/D/A 和 ter C/B),分别来自一个方向的复制叉的特异终止位点(ter sites)。终止点部位被蛋白 Tus 识别,Tus 具有反解旋酶(contra-helicase),阻止 DnaB 的解链作用,从而抑制复制叉前进。Tus 除了使复制叉停止运动外,还可能造成复制体解体。原核生物基因是环状 DNA,复制是双向复制,从起始点开始各进行 180°,同时在终止点上汇合。但有些生物两个方向复制是不等速的,起始点和终止点不一定把基因组 DNA 分为两个等份。因为 Tus 并非同时与两边 ter 结合,即 Tus 不是同时起作用,只是单向阻止复制,另一边复制多一些,所以汇合点不在 180°,可能偏 200 bp 以内(图 2-1)。

二、真核生物 DNA 生物合成基本过程与酶类

真核生物的 DNA 合成过程与原核生物类似,但涉及的聚合酶的功能各不相同。真核细胞常见的 DNA 聚合酶有 5 种(表 2-3)。

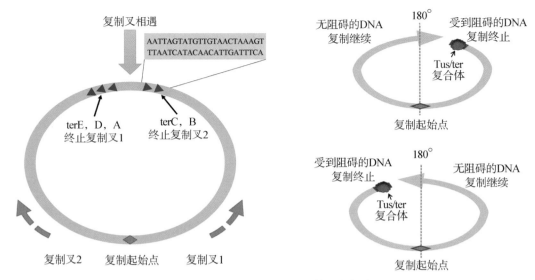

图 2‐1 *E. coli* 的 DNA 复制终止方式

表 2‐3 真核生物的 DNA 聚合酶

种 类	作 用	与原核细胞类比
DNA‐pol α	起始引发,有引物酶活性(合成 RNA‐iDNA 引物)	相当于原核 DnaG
DNA‐pol β	参与低保真度的复制	相当于原核的 DNA pol Ⅱ
DNA‐pol γ	在线粒体 DNA 复制中起催化作用	
DNA‐pol δ	延长子链的主要酶,有解旋酶活性	相当于原核的 DNA pol Ⅲ 和 DnaB
DNA‐pol ε	校对修复和填补引物去除后缺口	相当于原核的 DNA pol Ⅰ

　　复制延长中起催化作用的主要是 DNA pol δ,相当于原核生物的 DNA pol Ⅲ,并且它还兼具解旋酶的活性。目前仍不能确定高等生物中是否还有独立的解旋酶和引物酶。但是,在病毒感染培养细胞(HeLa/SV40)的复制体系中,发现 SV40 的 T 抗原有解旋酶活性。DNA pol α 虽然催化新链延长的长度有限,但它还能催化 RNA 链的合成,因此认为其兼具引物酶活性。DNA pol β 复制的保真度低,可能是参与应急修复复制的酶。DNA pol ε 与原核生物的 DNA pol Ⅰ 类似,在复制中起校对修复和填补引物去除后缺口的作用。DNA pol γ 是线粒体 DNA 复制的酶。真核生物 DNA 合成,DNA 聚合酶的催化速率远比原核生物慢,估算为每秒 50dNTP。但真核生物是多复制子复制,总体速度并不慢。原核生物复制速度与环境(营养)条件有关。真核生物在不同器官组织、不同发育时期和不同生理状况下,复制速度大不一样。

　　(一)真核生物 DNA 复制的起始与酶类

　　真核生物 DNA 复制的起始与原核生物基本相似,也是打开双链形成复制叉,形成引发体和合成 RNA 引物,但详细的机制尚未完全明了。由于真核生物 DNA 分布在许多染色体上各自进行复制,每个染色体有上千个复制子,复制的起始点很多。真核生物复制起始

点比 *E. coli* 的 oriC 短。例如,酵母 DNA 复制起始点含 11 bp 富含 AT 的核心序列:A(T)TTTATA(G)TTTA(T),称为自主复制序列(autonomous replication sequence,ARS)。

真核生物复制的起始需要 DNA pol α 和 pol δ 参与,前者有引物酶活性而后者有解旋酶活性(见表 2 - 3)。此外,还需拓扑异构酶和复制因子(replication factor,RF)如 RFA、RFC。RFA 相当于原核生物中的 SSB 单链结合蛋白,激活 DNA 聚合酶,使解旋酶容易结合到 DNA。增殖细胞核抗原(proliferation cell nuclear antigen,PCNA)在复制起始和延长中起关键作用。PCNA 为同源三聚体,具有与 *E. coli* DNA 聚合酶Ⅲ的 β 亚基相同的功能和相似的构象,即形成闭合环形的可滑动 DNA 夹子,而 RFC 相当于原核生物中的 γ 复合物,在 RFC 的作用下 PCNA 结合于引物-模板链;并且 PCNA 使 pol δ 获得持续合成的能力。PCNA 还具有促进核小体生成的作用。PCNA 水平也是检验细胞增殖的重要指标。

(二)真核生物 DNA 复制的延长

DNA pol δ 和 pol α 分别兼有解旋酶和引物酶活性,前者延长核酸链长度的能力远比后者强,对模板链的亲和力也是 pol δ 较高。在复制叉及引物生成后,DNA pol δ 通过 PCNA 的协同作用,逐步取代 pol α,在 RNA 引物的 3′- OH 基础上连续合成前导链。后随链引物也由 pol α 催化合成,然后由 PCNA 协同,pol δ 置换 pol α,继续合成 DNA 子链。

复制子复制完成后,也需除去引物。真核生物有两种机制,两种机制都需要 FEN1(flap endonuclease 1),FEN1 具有核酸内切酶和 5′→3′核酸外切酶活性,可特异去除冈崎片段 5′端的 RNA 引物。在 Dna2/FEN1 这种机制中,Dna2 将引物 RNA 和模板 DNA 解链,FEN1 发挥核酸内切酶的活性直接切除 RNA 和 DNA 之间的连接。在 RNAse HⅠ/FEN1 机制中,RNAse HⅠ是核酸内切酶,参与冈崎片段成熟时切除 5′端的 RNA 引物,但是其只能切割 RNA 之间的连接,切割后 DNA 链的 5′端残留一个核糖核苷酸,这个核苷酸再被 FEN1 切除。

真核生物以复制子为单位各自进行复制,所以引物和后随链的冈崎片段都比原核生物的短。实验证明,真核生物的冈崎片段长度大致与一个核小体(nucleosome)所含 DNA 碱基数(135 bp)或其若干倍相等,当后随链的合成到核小体单位的末端时,DNA pol δ 脱落,DNA pol α 再引发下游引物合成,所以在后随链合成过程中 pol α 与 pol δ 之间的转换频率大,PCNA 在全过程中也要多次发挥作用。

(三)真核生物 DNA 复制的终止及端粒酶 DNA 的合成

真核生物染色体 DNA 是线性结构。复制中冈崎片段的连接,复制子之间的连接,都易于理解,因为都可在线性 DNA 的内部完成。在复制中,由于后随链为不连续复制,DNA 分子线性末端最后一个 RNA 引物被切除后,就没有供聚合酶附着的上游链,从而无法填补空缺。在这种情况下,如果没有专门的复制方式,那么细胞每分裂一次,后随链就要短一截。剩下的 DNA 单链母链如果不填补成双链,就会被核内 DNase 酶解。某些低等生物作为少数特例,染色体经多次复制会变得越来越短。然而,染色体在正常生理状况下复制,是可以保持其应有长度的。

端粒(telomere)是真核生物染色体线性 DNA 分子末端的结构。形态学上,染色体 DNA 末端膨大成粒状,这是因为 DNA 和它的结合蛋白紧密结合,像两顶帽子那样盖在染色体两端,因而得名。染色体两侧的 DNA 分子末端具有端粒序列,此序列的存在封闭了染色体端部,避免染色体之间的粘连。端粒在维持染色体的稳定性和 DNA 复制的完整性中有着重要的作用。DNA 测序发现端粒结构的共同特点是富含 T－G 短序列的多次重复。如仓鼠和人类的端粒 DNA 都有 TxGy 重复序列的一条链(TG 链);另一条链是含有 CyAx 的重复序列的互补链(CA 链)。不同种类细胞的端粒重复单位不同,大多数长 5～8 bp,由这些重复单位组成的端粒,突出于其互补链 12～16 个核苷酸内。

20 世纪 80 年代中期发现了端粒酶(telomerase),其兼有提供 RNA 模板和催化反转录的功能,是由一条 RNA 和多种蛋白质构成的核糖核蛋白复合体,蛋白部分有反转录酶活性,能以自身携带的 RNA 为模板反转录合成端粒 DNA。1997 年,人类端粒酶基因被克隆成功并鉴定了酶由三部分组成:人端粒酶 RNA(human telomerase RNA,hTR,约 150nt)、人端粒酶协同蛋白 1(human telomerase associated protein 1,hTP1)和端粒酶反转录酶(human telomerase reverse transcriptase,hTRT)。

线性 DNA 复制终止时,染色体端粒区域的 DNA 确有可能缩短或断裂。端粒酶通过一种称为爬行模型(inchworm model)的机制维持染色体的完整。爬行模型的机制(以四膜虫为例)如下:端粒酶辨认、结合母链(TG 链)3′端,以自身 RNA 的 AACCCC 序列为模板,以反转录方式在母链 3′OH 末端加 TTGGGG。复制一段后,端粒酶爬行移位至新合成的母链 3′端,再以反转录的方式复制延伸母链(TG 链)(爬行模型);延伸至足够长度后,端粒酶脱离母链,随后 RNA 引物酶以母链为模板合成引物,招募 DNA pol,以TG 链为模板,在 DNA pol 催化下填充子链(CA 链),最后引物被去除。在哺乳动物中,通常端粒 DNA 双螺旋形成一折返袢,称为 T 袢(T loop)。T 袢的 3′端插入前面的 DNA 双螺旋中。在哺乳动物中 DNA 袢结合有端粒双链 DNA 结合蛋白及 TRF1、TRF2 两种蛋白质,后者与 T 袢的形成有关。T 袢可保护染色体 3′端不被核酸酶水解(图 2－2)。

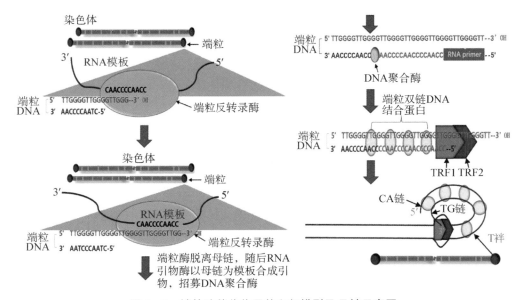

图 2－2　端粒酶催化作用的爬行模型及 T 袢示意图

端粒酶通过爬行模型的机制维持染色体的完整。培养的人成纤维细胞随着培养传代次数增加,端粒长度逐渐缩短。而且生殖细胞端粒长于体细胞,成年人细胞端粒比胚胎细胞端粒短,都可以说明细胞老化与端粒酶活性下降有关。

第三节　真核生物 DNA 复制的调控

DNA 复制(DNA replication)是生物体最基本的生命活动之一。在生命体系漫长的演化过程中,生物体逐渐发展出精细的生物化学机制来确保遗传物质在复制过程中的准确且完整的传递。这些机制保证了在正常情况下 DNA 在每一个细胞周期中能且只能复制一次。真核生物 DNA 的复制与细胞周期进程密切相关,真核生物 DNA 复制起始受多种协同机制的严格调控,以保证 DNA 复制起始在每个细胞周期内仅发生一次。真核细胞细胞周期有 G_1、S、G_2、M 4 期,真核细胞 DNA 复制的一个重要特征是在同一个细胞周期中,只在 S 期有且仅有一次 DNA 复制。DNA 的任何一部分的不完全复制,均可能导致子代染色体分离时发生断裂和丢失。不适当的 DNA 复制也可能产生严重后果,如增加基因组中基因调控区的拷贝数,从而可能在基因表达、细胞分裂与对环境信号的应答等方面产生灾难性缺陷。

一、构成前复制复合体的重要组分

DNA 复制的起始过程(DNA replication initiation)是整个 DNA 复制的开端和重要的调控位点。复制基因的选择出现于 G_1 期,在这一阶段,真核细胞基因组的每个复制基因位点均组装前复制复合体(pre-replicative complex, pre - RC)。细胞通过严格调控 pre - RC 的形成和激活以维持细胞周期的正常进行。pre - RC 是一系列重要的调控蛋白,包括细胞周期蛋白(cyclin)家族、周期蛋白依赖性激酶(cyclin dependent kinase, CDK)家族和其他一些蛋白质。其中起始点识别复合体(origin recognition complex, ORC)、细胞分裂周期蛋白 6(cell division cycle protein 6,Cdc6)、微小染色体维持蛋白复合体(mini-chromosome maintenance protein,Mcm)和细胞分裂周期蛋白 10 依赖性转录因子 1(cell division cycle protein 10 dependent transcript 1,Cdt1)4 种蛋白质或蛋白质复合体是构成 pre - RC 的重要组分。

二、pre - RC 的组装、激活与解体

起始复制点即自主复制序列,散布在染色体上。pre - RC 的组装在 G_1 期,真核细胞基因组的每个复制基因位点 ORC 结合到复制基因位点,ORC 的作用就像一个停泊点,供其他调节因子停靠。Cdc6 与 Cdt1 在 G_1 期积聚并相互协同作用,结合到复制起始点的 ORC 上,进而招募解旋酶 Mcm 2～7 组装成六聚体的杂环状前复制复合体,使 Mcm 2～7 结合到 DNA 复制的起始临近点。

复制起始点的激活仅出现于细胞进入 S 期的初始阶段,这一阶段将激活 pre - RC,

募集若干复制基因结合蛋白和 DNA 聚合酶形成起始复合体,并起始 DNA 解旋。pre－RC 的激活依赖于蛋白激酶家族 CDK 和 Dbf4 依赖的激酶(Dbf4-dependent kinase, DDK)。CDK 负责磷酸化 Cdc6、Cdt1。Cdc6 是细胞周期重要的调节因子,其含量呈现周期性变化,在 G_1 期末期及 S 期的初始阶段含量瞬间提高,Cdc6 结合在 ORC 上,在 ATP 供能下,促进 6 个亚单位构成的 Mcm 2～7 复合体和其他一些蛋白结合到 ORC 上,形成 pre－RC。磷酸化的 Mcm 2～7 具有 DNA 解旋酶活性。DDK 负责磷酸化 Mcm,促进其获得 DNA 解旋活性。

当细胞进入 S 期后,磷酸化的 Cdc6 被降解,Cdc6 在 S 期中后期迅速下降,pre－RC 即刻解体。Cdc6 在 S 期的降解有效地阻止同一个周期内 Mcm 2～7 在复制起始位点上的重新组装,从而阻止 DNA 在同一个周期内发生多重复制。真核生物 DNA 复制的调控机制如图 2－3 所示。

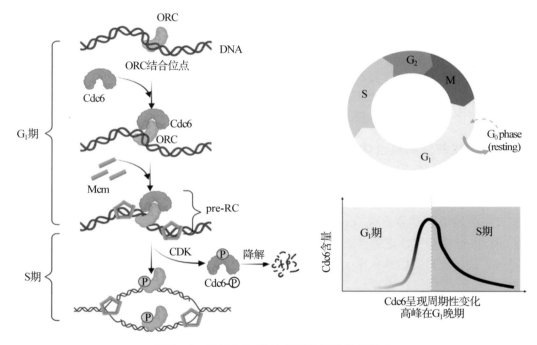

图 2-3　真核生物 DNA 复制的调控机制模式

(汤其群　王丽影)

参考文献

［1］全国科学技术名词审定委员会. 生物化学与分子生物学名词［M］. 北京:科学出版社,2008.

［2］周春燕,药立波. 生物化学与分子生物学［M］. 9 版. 北京:人民卫生出版社,2018.

［3］KREBS J, GOLDSTEIN E, KILPATRICK S. Levin's genes Ⅹ［M］. Boston:Jones & Bartlett Publishers,2011.

［4］NELSON DL, COX MM. Lehninger principles of biochemistry［M］. 7th ed. New York:W. H. Freeman and Company,2017.

第三章　基因转录及加工后修饰

RNA 的生物合成是指将单核苷酸聚合成核糖核酸链的过程,也称为转录(transcription),意指将 DNA 的碱基序列转抄成 RNA 序列。新合成 RNA 可进一步参与、指导蛋白质合成的过程,使生物体的遗传信息从基因的储存状态转变为工作状态,即基因表达(gene expression),故基因表达也包含 RNA 生物合成。

第一节　RNA 转录基本过程与聚合酶

RNA 的生物合成是基因表达的第一步,也为后续步骤提供了功能分子,mRNA 是翻译的模板,而 tRNA 和 rRNA 则全程参与翻译过程。

一、转录模板与聚合酶

转录需要 DNA 作为模板,由 RNA pol 催化单核苷酸聚合为大分子 RNA。

(一) 转录模板

转录的模板是基因组 DNA。

在某个基因的 DNA 双链中,只有一股链可作为模板指导转录,称为模板链(template strand),而另一股链不转录,即非模板链(nontemplate strand)。转录产物可有 mRNA、tRNA、rRNA 等,其中 mRNA 可作为翻译模板,按遗传密码决定氨基酸的序列。模板链既与非模板链互补,又与 mRNA 互补,mRNA 的碱基序列除了用 U 代替 T 外,与非模板链是一致的,故非模板链也可称为编码链(coding strand),为方便起见,在书写 DNA 序列时,一般只写出编码链。

转录是以不对称转录(asymmetric transcription)的方式完成的,所谓不对称转录的含义有两方面,一是某个基因的 DNA 双链中,只有一股链可作为模板;二是基因组 DNA 双链均可作为模板,并不只限于某一条链。

(二) RNA 聚合酶

RNA 聚合酶(RNA polymerase, RNA pol)催化核苷酸聚合成为 RNA 链的反应还需要 Mg^{2+} 和 Zn^{2+}。聚合反应在核苷酸或新生 RNA 的 $3'-OH$ 端加入核苷酸而延长产物 RNA 分子,此反应中 $3'-OH$ 对核苷三磷酸的 α-磷酸进行亲核攻击并形成新的磷酸二酯键,同时释放出焦磷酸。

RNA pol 和双链 DNA 结合时活性最高,新加入的核苷酸以 Watson-Crick 碱基配对原则与 DNA 模板链的碱基互补。

原核生物和真核生物的 RNA pol 有较大区别,以下用 RNA pol 表示原核生物 RNA 聚合酶,用 RNA Pol 表示真核生物 RNA 聚合酶。

1. 原核生物 RNA pol　不同原核生物的 RNA pol 在结构、组成和功能上较为相似,故此处仅以大肠埃希菌($E. coli$)为例加以介绍。大肠埃希菌的 RNA pol 是一个相对分子质量高达 480 kD,由 5 种亚基[α2(2 个 α)、β、β′、ω 和 σ]组成的六聚体蛋白质。各亚基及其功能见表 3 - 1。

表 3 - 1　大肠埃希菌 RNA pol 组分

亚基	相对分子质量	亚基数目	功　能
α	36 512	2	决定基因是否转录
β	150 618	1	具有催化作用
β′	155 613	1	与 DNA 模板结合
σ	324 000～70 263	1	识别并结合于起始位点
ω	11 000	1	功能尚不清楚

α2ββ′(ω)亚基组成的五聚体可称为核心酶(core enzyme),在体外能催化 NTP 按模板的指引合成 RNA,但合成的 RNA 没有固定的起始位点。核心酶加上 σ 亚基称为全酶(holoenzyme),全酶能与特定的起始位点结合并启动转录,即转录起始。细胞内的转录起始需要全酶,一旦完成转录起始,σ 亚基会脱落,转录延长阶段只需核心酶参与,也有人认为 σ 亚基由另一个蛋白质因子 NusA 取代,直至转录终止时才脱落,具体细节还未清晰。

α 亚基决定转录哪些类型和种类的基因,但它不像 σ 亚基那样在转录延长时脱落。

β 亚基具有催化核苷酸聚合的作用,故参与转录全过程。

β′ 亚基参与 RNA pol 与 DNA 模板相结合,也参与转录全过程。

已发现大肠埃希菌中有多种相对分子质量大小不一的 σ 亚基,常标注相对分子质量以示区别,最常见的是 σ^{70}(相对分子质量 70 000),它是辨认典型转录起始点的蛋白质因子,大肠埃希菌基因中的绝大多数启动子可被含有 σ^{70} 因子的全酶识别并激活。核心酶与不同 σ 亚基组合即可形成多种 RNA pol,可以合成不同种类的 RNA 以满足特定条件下的基因表达。如 σ^{32}(相对分子质量 32 000)所组成的 RNA pol 可以在环境温度较高(>42℃)、大部分基因表达停止时,继续转录并翻译出一组 17 种蛋白质——热休克蛋白(heat shock protein,HSP),以应对环境的变化,维持生存。σ^{32} 是大肠埃希菌 $rpoH$ 基因编码的一类极易降解的热休克转录因子,其稳定性由 Dnak 分子伴侣、RNA 聚合酶和 ATP-依赖性蛋白酶 FtsH 共同决定。σ^{38} 能调控细胞对热量、高渗透性、低 pH、氧化剂等环境压力的应激反应;大肠埃希菌 σ^{54} 是革兰氏阴性菌特定生物过程多样性的关键因子,如表 3 - 2 所示。

表 3-2 大肠埃希菌 RNA pol 全酶 σ 因子的种类

σ因子	相对分子质量	识别的启动子
σ^{70}	70 000	大多数基因的启动子
σ^{54}	54 000	果聚糖酶操纵子的表达调控,修复细胞壁
σ^{38}	38 000	调控细胞应激反应的启动子
σ^{32}	32 000	热休克蛋白基因的启动子

2. 真核生物 RNA Pol 真核生物的 RNA Pol 有 3 种,各自合成不同的 RNA 分子。RNA Pol Ⅰ 位于细胞核的核仁(nucleolus),催化合成的产物是 rRNA 前体,此前体经过后加工可生成 28S、5.8S 及 18S 3 种 rRNA。RNA Pol Ⅱ 位于细胞核内,转录产物是核内不均一 RNA(heterogeneous nuclear RNA,hnRNA),经后加工转变成 mRNA,从核中运送至胞质即可作为蛋白质合成体系中的模板,此外,RNA Pol Ⅱ 也合成一些非编码 RNA,如长链非编码 RNA(lncRNA)、微 RNA(microRNA,miRNA)和 piRNA(与 Piwi 蛋白相互作用的 RNA)。RNA Pol Ⅲ 位于核仁外,催化合成 tRNA、5S-rRNA 和一些核小 RNA(small nuclear RNA,snRNA)的合成。这 3 种 RNA Pol 对 α-鹅膏蕈碱(α-amanitine)的敏感性也有所不同(表 3-3),可作为区分不同类型 RNA Pol 的依据。

表 3-3 真核生物 RNA Pol 分类及特点

种 类	Ⅰ	Ⅱ	Ⅲ
转录产物	rRNA(45S)	hnRNA(mRNA)	tRNA, 5S rRNA
		lncRNA, piRNA, miRNA	snRNA
对鹅膏蕈碱的反应	耐受	敏感	高浓度时敏感
细胞定位	核仁	核内	核内

3 种真核生物的 RNA Pol 都是超过 500 kD 的大分子蛋白质,由约 12 个的亚基组成,其中有 2 个大亚基和若干小亚基。酶分子中某些亚基与大肠埃希菌 RNA pol 核心亚基的序列有同源性,如酵母 RNA Pol Ⅱ 2 个大亚基与大肠埃希菌 RNA pol 的 β′ 和 β 亚基相似,另有 2 个相同的亚基与大肠埃希菌 RNA pol 的 α 亚基有一定同源性;RNA Pol Ⅰ 和Ⅲ则分别有两个不同的亚基与大肠埃希菌 RNA pol 的 α 亚基存在同源性。此外,3 种真核生物 RNA Pol 都具有 5 个共同小亚基,其中两个是相同的。

mRNA 的半寿期比 rRNA、tRNA 要短得多,代谢速度较快,因此,RNA Pol Ⅱ 是真核生物中最活跃的 RNA Pol。RNA Pol Ⅱ 最大亚基中有一个羧基末端结构域(carboxyl-terminal domain,CTD),而 RNA Pol Ⅰ 和Ⅲ则没有此结构。CTD 由 Tyr-Ser-Pro-Thr-Ser-Pro-Ser 7 肽共有序列重复形成,所有真核生物的 RNA Pol Ⅱ 都

含有 CTD,只是 7 肽共有序列的重复程度不同,如酵母 RNA Pol Ⅱ 的 CTD 重复 27 次,哺乳动物为 52 次。在转录的不同阶段,CTD 的 Ser 和 Thr 可进行磷酸化和脱磷酸化反应,转录起始完成后,CTD 被磷酸化;转录起始及转录完成后,CTD 则被脱磷酸化,RNA Pol Ⅱ 可循环进入第二次转录过程。

二、原核生物 RNA 转录基本过程

原核生物的转录过程可人为地分成起始、延长、终止 3 个阶段。

(一) 转录起始

RNA pol 结合到 DNA 的启动子上启动转录。原核生物的基因组是以操纵子(operon)的形式各自进行转录的。操纵子是一个相对独立的转录区段,含有若干个基因的编码区及其调控序列,这些基因的编码产物往往是相关途径中的酶或蛋白质因子,调控序列则决定转录活性。

操纵子的调控序列中有一段特定的序列可被 RNA pol 识别并结合,称为启动子(promoter)。顾名思义,原核生物以 RNA pol 结合到 DNA 的启动子上启动转录,首先由 σ 亚基辨认启动子,引导全酶与 DNA 结合并在这里准备开始转录。

以开始转录的 5′ 端第一位核苷酸位置为 +1,用负数表示上游的核苷酸数,发现 −35 和 −10 区富含 A − T 配对,由于 A − T 配对只有两个氢键维系,A − T 配对较多的区段其双链 DNA 容易解链,满足转录起始解链的要求。研究发现,原核生物基因各操纵子转录上游区段的序列有一致性,或称为共有序列(consensus sequence),−35 区的共有序列是 TTGACA,−10 区的共有序列为 TATAAT,此序列由 D. Pribnow 于 1975 年发现并命名为 Pribnow 盒(Pribnow box)。

进一步研究 RNA pol 与操纵子转录上游不同区段结合的状态,证实了 −35 区是转录起始的识别序列(recognition sequence),一旦 RNA pol 识别并与此序列结合后即向下游移动至 Pribnow 盒,形成相对稳定的酶- DNA 复合物而开始转录。

转录起始复合体的形成可分为 2 个阶段。第 1 阶段,形成闭合转录复合体(closed transcription complex),RNA pol 全酶依赖 σ 因子识别并结合于启动子 − 35 区的 TTGACA 序列,此时 DNA 还未解链,此复合体中酶与模板的结合松弛,酶可移向 − 10 区的 TATAAT 序列并覆盖转录起始点。第 2 阶段,闭合转录复合体转变成开放转录复合体(open transcription complex),此时 − 10 区域临近的部分双螺旋解开,导致转录复合体的构象发生改变,RNA pol 继续向转录起始点移动,第 1 个 NTP 进入复合体后,RNA pol 再向前移动,并催化第 2 个 NTP 进入,与第 1 个 NTP 生成首个磷酸二酯键,至此,起始过程完成。

与复制不同的是,转录起始无需引物,转录起始新生 RNA 的第 1 位,即 5′ 端大多数是 GTP,偶尔会是 ATP,当 5′ - GTP(5′ - pppG - OH)与第 2 位 NTP 聚合生成磷酸二酯键后,仍保留其 5′ 端 3 个磷酸,形成特殊的 5′ - pppGpN - OH 3′,它的 3′ 端游离羟基可以加入 NTP 开始转录的延长过程,此新生 RNA 链的 5′ 端结构会一直保留至转录完成。

（二）转录延长

延长过程是指起始过程完成后，σ亚基离开转录起始复合体，只剩下核心酶连同 5'-pppGpN-OH 3'继续结合于 DNA 模板上，并持续向下游移动，催化后续所有 NTP 聚合生成新生 RNA 链的过程。

实验发现，σ亚基若不脱落，RNA pol 则停留在起始位置而不进入延长阶段。测定原核细胞中 RNA pol 各亚基比例，发现 σ亚基的含量比核心酶少，各亚基的比例为 α：β：β'：σ＝4 000：2 000：2 000：600，而脱落后的 σ亚基可循环使用，与其他核心酶再形成另一全酶，开始另一次转录起始过程。

延长过程中，核心酶沿着 DNA 模板向下游移动，在起始复合体上形成的二聚核苷酸 3'端 OH 上按模板的指引加入第 3 个 NTP，由酶催化生成第 2 个磷酸二酯键，并脱下一分子焦磷酸，然后在三聚核苷酸 3'端 OH 上加入第 4 个 NTP，此过程不断重复，直至完成整条 RNA 链的合成，进入终止阶段，因此，RNA 的合成方向是 5'→3'。

RNA pol 分子较大，可覆盖 40 bp 以上的 DNA 片段，但转录解链范围约 17 bp，在此范围内，产物 RNA 和模板链配对形成长约 8 bp 的 RNA/DNA 杂化双链（hybrid duplex）。延长过程中，已完成转录的 DNA 模板解开杂化双链，与自身的编码链重新形成双链，下游则不断解开双链，因此，在 RNA pol 的前方 DNA 形成正超螺旋，而后方则形成负超螺旋。外观上就像一个空泡在 DNA 模板上移动，而 RNA pol-DNA-RNA 形成的转录复合体也被称为转录空泡（transcription bubble）。

转录中的碱基配对与复制有所不同，G 和 C 配对，但与模板上的 A 配对的是 U 而不是 T。核酸的碱基之间有 3 种配对方式，其稳定性是：G≡C＞A＝T＞A＝U。

GC 配对有 3 个氢键，是最稳定的。AT 配对只在 DNA 双链形成。AU 配对可在 RNA 分子或 DNA/RNA 杂化双链上形成，是 3 种配对中稳定性最低的。因此，化学结构上 DNA/DNA 双链的结构，比 DNA/RNA 形成的杂化双链更稳定，一般已转录完毕的局部 DNA 编码链会取代 RNA 链复性成双螺旋，而 RNA 链则被排出空泡。原核生物的基因表达是高效率的，一条 mRNA 链上结合了多个核糖体，正在进行下一步的翻译工序，转录与翻译可以同时进行。

（三）转录终止

转录终止是指 RNA pol 在 DNA 模板的特定位点停下，转录产物 RNA 链离开转录复合体，随即 RNA pol 与 DNA 分开的过程。依据是否需要蛋白质因子的参与，原核生物转录终止分为依赖 ρ（Rho）因子与不依赖 ρ 因子两种，在大肠埃希菌中此两种方式约各占一半。

1. 不依赖 ρ 因子的转录终止　此种转录终止方式无须外加因子参与，而核心酶却能在特定位点上停止转录，这些位点被称为内源性终止子（intrinsic terminator），它们通常有 2 个明显的结构特征，一是在 DNA 模板上靠近转录终止处有着特殊的碱基序列，以一段 15～20 bp 的序列为中心的两侧是互补的顺序，也称为回文结构（palindrome structure），此互补的部分序列能形成特殊的茎-环结构（stem-loop）或称为发夹结构（hairpin），且富含 GC 配对，在转录产物的 3'端常有 6 个以上连续的 U，与前方的发夹结构相隔不远,这种特殊的二级结构具有阻止转录继续进行的功能,发夹结构可使核心酶暂停转录,而后方连续的 U 则确定转录终止。因为 rU：dA 之间的配对是最弱的,此时的转录复合体(酶－DNA－RNA)上形成的局部 RNA/DNA 杂化双链极易随着单链 DNA 复性为双链而解开,从而完成转录终止。

2. **依赖 ρ 因子的转录终止**　ρ 因子是一个终止蛋白,由 6 个相同的亚基组成,相对分子质量为 275 kD。每个亚基都有 RNA 结合域,这 6 个结合域正好形成一个通道供转录产物 RNA 链通过,另有一个 ATP 水解域和 ATP 依赖性 RNA－DNA 解旋酶的活性。

ρ 因子能结合 RNA,但对不同碱基序列的亲和力有所不同,对 poly C 的结合力最强,对 DNA 中的 poly dC/dG 则结合力较弱。

在依赖 ρ 因子终止的转录中,模板链在靠近转录终止位点的上游会出现富含 C 的序列——*rut* 元件(rho utilization element),产物 RNA 也相应会出现 *rut* 位点,ρ 因子能识别此位点并与之结合,此时转录产物位于 ρ 因子的中心通道内,ρ 因子则沿着转录产物向 3' 端移动,直至到达转录空泡中将转录产物水解下来。

三、真核生物 RNA 转录基本过程

真核生物的转录过程比原核生物复杂得多。首先,真核生物 RNA Pol 不能直接与模板 DNA 结合,需要辅助因子协助才能与模板结合;其次,真核生物 DNA 模板位于核内,转录产物必须转运出核外才能作为翻译模板;此外,真核生物转录产物属于初级转录产物,须经过转录后加工过程才能成熟成为有功能的产物。

(一) 转录起始

真核生物转录起始点的上游启动序列比原核生物复杂,不同物种、不同细胞或不同的基因,转录起始点上游有不同的 DNA 序列,如启动子、启动子上游元件(upstream promoter elements,或 promoter-proximal elements)等近端调控元件和增强子(enhancer)等远隔序列,这些序列可统称为顺式作用元件(cis-acting element),典型的真核生物基因上游序列如图 3－1 所示。其中,TATA 盒常位于 －25,它的共有序列是 TATAAAA,富含 AT 序列,它与原核生物启动子中的 －10 区域几乎相同,与转录起始点序列,也称为起始子(initiator, Inr)一起形成核心启动子。还有些基因起始点上游没有 TATA 盒,这部分基因的转录起始过程更为复杂。不同基因的转录起始点序列没有很大同源性,但 mRNA 的第 1 位核苷酸基本上都是 A,它的两侧均为嘧啶。

真核生物转录起始也需要 RNA Pol 对起始区上游 DNA 序列作辨认和结合,生成起始复合体,此过程需要转录因子(transcriptional factors, TF)协助完成。

1. **转录因子**　TF 是参与真核生物转录起始过程的蛋白质。TF 能直接或间接识别和结合启动子顺式作用元件以形成具有活性的转录复合体,故也被称为反式作用因子(trans-acting factor),其中,直接或间接与 RNA Pol 结合的,又称为通用转录因子(general transcription factor)或基本转录因子(basal transcription factor)。对应于 RNA Pol Ⅰ、Ⅱ、Ⅲ 的 TF,分别称为 TF Ⅰ、TF Ⅱ、TF Ⅲ,这些 TF 绝大多数是不同 RNA Pol 所特有的,只有个别基本转录因子(如 TF Ⅱ D)是通用的(表 3－4)。特异性蛋

白1(specificity protein 1，Sp1)是 Sp/KLF 转录因子家族中最先被发现的一个转录因子，是一种序列特异性的 DNA 结合蛋白，可调控某些启动子中富含 GC/GT 序列的细胞核病毒基因的转录过程，参与多种生理和病理过程的调控。

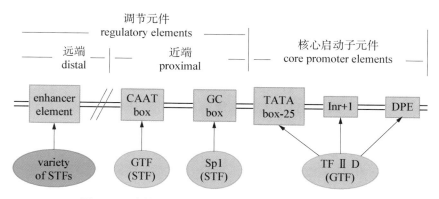

图 3-1　真核生物基因顺式作用元件与反式作用因子

注：TF Ⅱ D，RNA Pol Ⅱ 催化转录所必需的转录因子 Ⅱ 中的重要因子；GTF，general transcription factors，基本转录因子；STF, specific transcription factors，特异性转录因子；Sp1，specificity protein 1，一种序列特异性的 DNA 结合蛋白。

除了通用转录因子外，真核基因的转录起始还有一些与启动子上游元件(如 GC 盒、CAAT 盒等顺式作用元件)结合的蛋白质，称为上游因子(upstream factor)，与远隔调控序列如增强子等结合的反式作用因子，以及在某些特殊生理或病理情况下被诱导产生的可诱导因子(inducible factor)的参与。

表 3-4　参与 RNA Pol Ⅱ 转录起始的 TF Ⅱ

转录因子	亚基数	各亚基相对分子质量(kD)	功　能
TF Ⅱ D	TAFs[1]	8~12	辅助 TBP 与 DNA 结合
TBP[2]	1	38	特异性识别 TATA 盒
TF Ⅱ A	3	12，19，35	稳定 TF Ⅱ B、TBP 与启动子的结合
TF Ⅱ B	1	35	结合 TBP 加至 TF Ⅱ F - RNA pol Ⅱ 复合物
TF Ⅱ E	2	57，34	募集 TF Ⅱ H，并有 ATPase 和解旋酶活性
TF Ⅱ F	2	30，74	分别与 RNA pol Ⅱ、TF Ⅱ B 结合，并防止 RNA pol Ⅱ 与非特异性 DNA 序列结合
TF Ⅱ H	12	35~89	解旋酶、蛋白激酶，使 CTD[3] 磷酸化

注：1. TAF，TBP-associated factor，TBP 结合因子，种类甚多。2. TBP：TATA binding protein，TATA 结合蛋白。
　　3. CTD：carboxyl terminal domain，RNA pol Ⅱ 大亚基 C 端结构域。

2. **转录起始**　RNA Pol Ⅱ 催化的转录首先合成转录前起始复合体。

第一步，由 TBP 识别并结合至启动子，TBP 可结合 10 bp 长度 DNA 片段，刚好覆盖

TATA 盒,TF Ⅱ A 有时也可参与此过程,以稳定 TBP 与 TATA 盒的结合。对于缺乏 TATA 盒的启动子,TBP 则可作为 TF Ⅱ D 的一个成分,与 TAF 形成复合体共同完成与启动子的结合。

第二步,TF Ⅱ B 与 TBP 结合,也同时与 DNA 结合形成 DNA – TF Ⅱ B – TBP 复合体,而 TF Ⅱ A 则协助 TF Ⅱ B 稳定复合体。

第三步,上述复合体再与由 RNA Pol Ⅱ 和 TF Ⅱ F 组成的复合体结合,TF Ⅱ F 能防止 RNA Pol Ⅱ 与 DNA 非特异性序列的结合,协助 RNA pol Ⅱ 靶向结合启动子。

第四步,TF Ⅱ E 与 TF Ⅱ H 一起加入上述复合体,此时,DNA 双螺旋还未解开,可称为闭合转录复合体。TF Ⅱ H 具有的解旋酶活性可解开转录起始点附近的 DNA 双螺旋,使之成为开放转录复合体,其蛋白激酶活性则使 RNA Pol Ⅱ 的 CTD 磷酸化,导致转录复合体变构而启动转录,同样也有转录空泡结构出现,在合成 60～70 bp 的 RNA 后,TF Ⅱ E 和 TF Ⅱ H 释放,进入转录延长阶段,此后,大多数的 TF 都会脱落,同时延长因子加入复合体。催化 CTD 磷酸化的还有 CDK9,它是延长因子 pTEFb(positive transcription elongation factor b)的组成部分。

(二) 转录延长

真核生物的转录延长过程与原核生物基本一致,但需要延长因子(elongation factor,EF)协助,开放转录复合体形成后,RNA Pol 即开始按模板链的碱基序列,从 $5' \to 3'$ 逐一加入 NTP,生成转录产物。此外,转录和翻译 2 个过程在不同的亚细胞器完成,不存在同步现象。最大的不同点在于真核生物的 DNA 具有核小体结构,RNA Pol 在延长过程中可置换核小体,使得转录下游的 DNA 解开对核心组蛋白的缠绕并向上游 DNA 回转,而上游已完成转录的 DNA 则将转录前方的核心组蛋白重新缠绕,RNA Pol 向下游移动直至碰到下一个核小体再次进行置换。

(三) 转录终止

真核生物的转录终止由终止因子参与,并与转录后修饰密切相关。

真核生物 mRNA 的 poly(A)尾结构,是转录后才添加的,因为模板链没有相应的 poly(dT)。转录并非在 poly(A)的起始位点处终止,而是超出几百个至上千个核苷酸后才停止。在编码框架的下游,常有一组共同序列 AATAAA,稍远处下游还有相当多的 GT 序列,这些序列称为转录终止的修饰点,转录产物则相应出现 AAUAAA——GU 序列。

转录越过修饰点后会继续转录,但 mRNA 在 AAUAAA——GU 序列之间的断裂点被核酸内切酶切断,随即加入 poly(A)尾,GU 序列及其下游的转录产物很快被 RNA 酶降解。

四、转录抑制剂作为抗细菌和抗真菌药物

一些特异性的抑制剂,作用于 RNA 聚合酶,使 RNA 聚合酶的活性被抑制,从而抑制转录的进行。有些抑制剂是治疗细菌感染或肿瘤的药物,有的则是研究转录机制的重要试剂(图 3 - 2)。

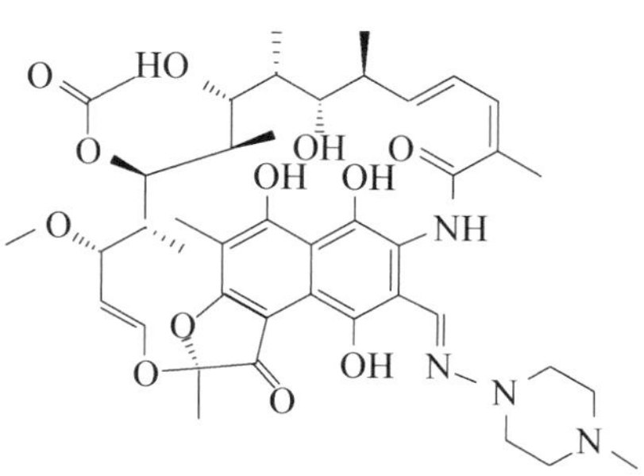

利福平

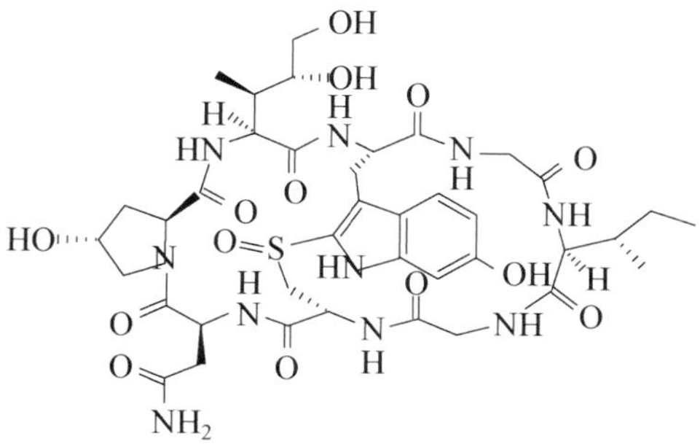

鹅膏蕈碱

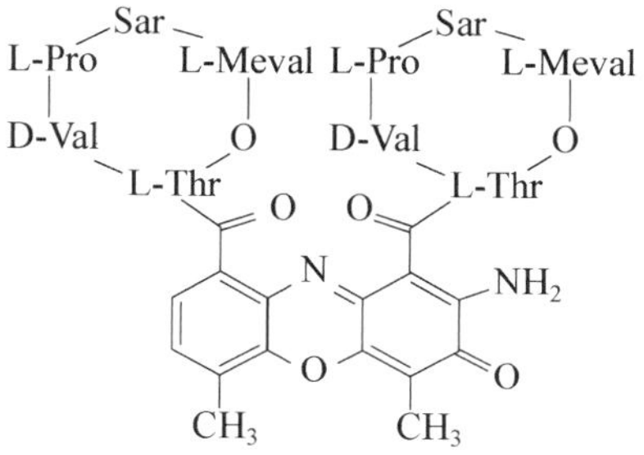

放线菌素 D

图 3-2　3 种转录抑制剂结构式

1. 利福平　利福平（rifampicin）是利福霉素家族的一种广谱抗生素药物。利福平与原核生物 RNA 聚合酶的 β 亚单位牢固结合，阻止该酶与 DNA 模板连接，从而抑制细菌 RNA 的合成。

利福平对需氧革兰氏阳性菌具有良好的抗菌作用，包括凝固酶阴性葡萄球菌及耐甲氧西林凝固酶阴性葡萄球菌、肺炎链球菌、其他链球菌属、肠球菌属、李斯特菌属、炭疽杆菌、产气荚膜杆菌、白喉杆菌、厌氧球菌等。对需氧革兰氏阴性菌如脑膜炎球菌、流感嗜血杆菌、淋病奈瑟球菌亦具有高度抗菌活性。利福平对军团菌作用亦良好，对沙眼衣原体、鹦鹉热衣原体等病原体均具有抑制作用。

2. 鹅膏蕈碱　α-鹅膏蕈碱是从毒鹅膏菌中分离出的肽类化合物，它是一种含有几种特殊氨基酸的环八肽，作用于真核生物细胞时，能专一抑制真核生物的 RNA Pol Ⅱ，阻止 mRNA 的延长，从而抑制细胞内转录和蛋白质合成，α-鹅膏蕈碱被肝细胞吸收后出现肝功能衰竭及诱导肝细胞凋亡。α-鹅膏蕈碱在剂量大时引起肝细胞坏死，对机体产生严重损害。

α-鹅膏蕈碱小剂量时是一种免疫刺激剂。新近的研究还发现，α-鹅膏蕈碱能触发 p53 的表达，p53 的增加可能与细胞内 RNA Pol Ⅱ 被抑制有关。近期，研究人员合成了一种基于 α-鹅膏蕈碱的抗体药物偶联剂（α-amanitin-antibody drug conjugates,

ADCs)，ADCs 提高了对癌细胞的靶向治疗作用，且对健康细胞的影响很小。

3. 放线菌素 D 放线菌素 D(actinomycin D)分子中含有一个苯氧环结构，通过它连接两个等位的环状肽链。放线菌素 D 能嵌入 DNA 双螺旋链中相邻的鸟嘌呤和胞嘧啶(G-C)碱基对之间，与 DNA 结合成复合体，阻碍 RNA Pol 的功能，阻止 RNA 特别是 mRNA 的合成，从而妨碍蛋白质合成，抑制肿瘤细胞生长。放线菌素 D 与氟尿嘧啶或氨甲蝶呤合用，治疗绒毛膜癌效果较好，临床用于放射治疗及手术后，与长春新碱、环磷酰胺等合用于治疗间充质细胞瘤。

第二节 真核生物 RNA 加工

真核生物转录生成的 RNA 分子是初级 RNA 转录产物(primary RNA transcript)，几乎所有的初级 RNA 转录产物都要经过加工(processing)。加工过程主要在细胞核中进行。

一、mRNA 的转录后加工

真核生物 mRNA 的初级转录产物也称为非均一核 RNA(heterogeneous nuclear RNA，hnRNA)，必须进行 5′端和 3′端的修饰以及剪接(splicing)，才能成为成熟的 mRNA，被转运到核糖体，指导蛋白质合成。

(一) 5′端的修饰

大多数真核 mRNA 的 5′端有 7-甲基鸟嘌呤的帽结构。RNA Pol Ⅱ 催化合成的新生 RNA 在长度达 25～30 个核苷酸时，其 5′端的核苷酸就与 7-甲基鸟嘌呤核苷通过不常见的 5′,5′-三磷酸连接键相连。5′帽合成酶是一个由鸟苷酸转移酶(guanyly transferase)和甲基转移酶(methyltransferase)形成的复合体，与 RNA Pol 的 CTD 末端相结合。帽结构形成后通过帽结合复合体(cap-binding complex，CBC)一直停留在 RNA Pol 的 CTD 末端处，直至转录终止才离开，帽结构可保护 mRNA 免遭核酸酶的水解，在蛋白质合成过程中也有特殊作用。

(二) 3′-poly(A)的添加

绝大多数真核 mRNA 的 3′端都有 poly(A)尾，长度为 80～250 个腺苷酸。前体 mRNA 上的断裂点也是聚腺苷酸化(polyadenylation)的起始点，断裂点的上游 10～30 bp 有 AAUAAA 信号序列，断裂点的下游 20～40 bp 有富含 GU 的序列，聚腺苷酸化过程在核内完成，因为尾部修饰是和转录终止同时进行的过程。

一般真核生物在胞质内出现的 mRNA，其 poly(A)长度为 100～200 个核苷酸，也有少数例外，如组蛋白基因的转录产物，无论是初级的还是成熟的，都没有 poly(A)尾结构。

前体 mRNA 分子的断裂和 poly(A)的形成是多因子参与的复杂过程。首先，聚腺苷酸化特异性因子(cleavage and polyadenylation specificity factor，CPSF)与 AAUAAA 信号序

列形成不稳定的复合体,然后加入断裂激动因子(cleavage stimulatory factor,CStF)、断裂因子Ⅰ(cleavage factor Ⅰ,CF Ⅰ)、断裂因子Ⅱ(CF Ⅱ),其中 CStF 与断裂点下游富含 GU 的序列相互作用而稳定该复合体,此后再加入多聚腺苷酸聚合酶[poly(A) polymerase,PAP],上述各因子协同作用使前体 mRNA 分子在断裂点断裂,并立即在断裂点游离 $3'-OH$ 进行多聚腺苷酸化。多聚腺苷酸化有 2 个阶段:慢速期完成大约前 12 个腺苷酸的添加,此时速度较慢,而后,复合体中加入多聚腺苷酸结合蛋白Ⅱ[poly(A) binding protein Ⅱ,PAB Ⅱ],它可与慢速期合成的多聚腺苷酸链结合,引导聚合反应进入快速期,当 poly(A)尾结构达到足够长时,PAB Ⅱ还能使 PAP 停止多聚腺苷酸化。

(三)mRNA 剪接与剪切

细胞核内的 hnRNA 相对分子质量往往比在胞质内出现的成熟 mRNA 大几倍,甚至数十倍。核酸序列分析证明,mRNA 来自 hnRNA,而 hnRNA 和 DNA 模板链可以完全配对。已知绝大多数高级真核生物的结构基因均为断裂基因(split gene),即由若干个外显子(exon)和内含子(intron)相互间隔连接而成,其转录产物去除内含子再连接后,可转变为成熟 mRNA,后者才能作为翻译模板,此过程即为 mRNA 剪接(mRNA splicing)。外显子是指在初级转录产物及成熟 mRNA 上均出现的核酸序列,内含子是指隔断基因的线性表达而在转录后的剪接过程中被除去的核酸序列。

mRNA 剪接过程较为复杂,首先是内含子弯曲形成套索 RNA(lariat RNA),使相邻的两个外显子互相靠近而利于剪接,此步骤还包含内含子 $3'$ 端的嘌呤甲基化。大多数内含子都以 GU 为 $5'$ 端的起始,而其末端则为 $AG-OH-3'$。$5'GU……AG-OH-3'$ 称为剪接接口或边界序列。剪接完成后,GU 或 AG 不一定被剪除。剪接过程的化学反应称为二次转酯反应(twice transesterification)。

mRNA 剪接是在剪接体(spliceosome)上进行的,剪接体是一种核内特异的 RNA-蛋白质复合体,称为核小核糖核蛋白颗粒(small nuclear ribonucleoprotein particle,snRNP)。它可与 hnRNA 结合,使内含子形成套索并拉近上、下游外显子。每一种 snRNP 含有一种核小 RNA(small nuclear RNA,snRNA),snRNA 有 5 种:U1、U2、U4、U5 和 U6,长度范围在 100~300 个核苷酸,分子中碱基以尿嘧啶含量最丰富,因而以 U 命名。真核生物从酵母到人类,snRNP 中的 RNA 和蛋白质都高度保守。剪接体是一种超分子(supramolecule)复合体,主要由上述 5 种 snRNA 和大约 50 种蛋白质装配而成,剪接体装配需要 ATP 提供能量。

首先,内含子 $5'$ 端和 $3'$ 端的边界序列分别与 U1、U2 的 snRNA 配对,使 snRNP 结合在内含子的两端;而后,U4、U5 和 U6 加入,形成完整的剪接体。此时内含子发生弯曲形成套索状,使上、下游的外显子 E1 和 E2 靠近;最后,结构调整,释放 U1、U4 和 U5,而 U2 和 U6 则形成催化中心,发生转酯反应。

真核生物 hnRNA 的加工除上述的剪接方式外,还有其他 2 种方式:一种是剪切(cleavage)模式,此方式在剪去某些内含子后,不与下游的外显子连接,直接在上游的外显子 $3'$ 端进行多聚腺苷酸化。另一种为可变剪接(alternative splicing)模式,或称选择性剪接,是调节基因表达和产生蛋白质组多样性的重要机制。由于可以通过可变剪接产生不同类型的转录本从而产生不同类型的蛋白,此方式是导致真核生物基因和蛋白质数量较大差异的重要原因,对多种生命活动的发生具有重要意义。

二、rRNA 的转录后加工

真核生物细胞核内都存在一种 45S 的转录产物,它是 3 种 rRNA 的前身。

45S rRNA 通过自剪接(self-splicing)的方式产生成熟的 18S、5.8S 及 28S 3 种 rRNA,在核仁小 RNA(small nucleolar RNA,snoRNA)及多种蛋白质分子组成的核仁小核糖核蛋白(small nucleolar ribonucleoprotein,snoRNP)的参与下,通过逐步剪切完成。自剪接方式是 1982 年美国科学家 T. Cech 等在研究四膜虫 rRNA 前体的成熟过程时发现的,在没有任何蛋白质的情况下,提纯的 rRNA 前体也能准确地剪接去除内含子。

前体 rRNA 的加工除自剪接外,通常还涉及碱基的修饰,如核糖 $2'-OH$ 的甲基化修饰,在成熟 rRNA 分子中已发现有 30 种不同的碱基修饰。rRNA 成熟后在核仁上与数十种核糖体蛋白质装配成核糖体,输送到胞质。

rRNA 的半寿期与细胞周期有关,生长中细胞的 rRNA 较稳定,静止态细胞的 rRNA 寿命较短。

原核生物的 rRNA 也同样以此方式转录并剪接加工,使得 30S 的初级转录产物经过剪接生成 16S、5S 及 23S 3 种 rRNA。

三、tRNA 的转录后加工

真核生物 tRNA 基因大多数为多拷贝基因(multiple copy gene),即一种 tRNA 存在着多个基因位点可供转录。大多数细胞都有 40~50 种不同的 tRNA 分子对应 20 种氨基酸的编码,每种成熟的 tRNA 分子其空间结构极为相似(详见第七章)。前体 tRNA 的成熟过程有多种酶分子参与,如核酸酶、核苷酸转移酶等,都是蛋白质分子;也有核酸分子的自剪接过程。

首先是前导序列的切除,核酸内切酶 RNase P 切除酵母前体 tRNA^{Tyr} 分子 5′端的 16 个核苷酸长度的前导序列,真核生物 RNase P 是一个核蛋白,分子中的核酸对于内切酶活性是必需的。其次是 3′端 CCA 的添加,此反应由相应的核苷酸转移酶催化,在添加之前还必须由核酸外切酶 RNase D 切除 3′端的两个尿嘧啶核苷酸。最后是内含子的去除,此过程通过自剪接除去茎环结构中部 14 个核苷酸的内含子。前体 tRNA 分子必须折叠成特殊的二级结构,剪接反应才能发生,内含子一般都位于前体 tRNA 分子的反密码子环。

真核生物转录及转录后加工过程总结见图 3-3。

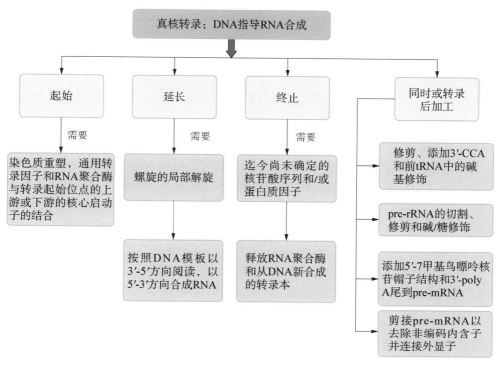

图 3-3 真核细胞 RNA 合成过程及加工

第三节 RNA 修饰与编辑

RNA 修饰是指在 RNA 碱基上引入额外的化学基团的修饰方式,它不改变基因序列的排列方式,却极大地提高了碱基编码遗传信息的能力。近年来,核酸修饰在基因表达调控中所起的作用越来越受到人们的关注。被修饰的碱基作为 RNA 上的标志物被特定的蛋白质识别,参与基因表达调控并进一步影响生理功能。

一、RNA 修饰

(一) mRNA 修饰

RNA 修饰指的是不改变 RNA 的序列,只是对上面的碱基、核糖、磷酸基团加以修饰,主要对 RNA 中碱基进行修饰。迄今为止,科学家已经发现了上百种 RNA 修饰类型,但是其中大多数在 mRNA 和调控非编码 RNA 中还是很罕见的。mRNA 修饰常见的是内部甲基化,由甲基化酶催化,对某些碱基进行甲基化处理。N^6 -甲基腺苷化修饰(N^6-methyladenosine,m^6A)方式是在 2012 年由威尔康奈尔医学院的研究人员发现的,当时研究人员发现,mRNA 的一个碱基腺嘌呤上往往会被添加一个甲基(methyl group)而发生化学修饰。过去,mRNA 被认为只包含 4 个碱基,这一研究表明第 5 个碱基——

N^6-甲基腺苷(m^6A)遍布转录组。研究人员发现高达20％的人类 mRNA 常规发生了甲基化。超过5 000种不同的 mRNA 分子包含 m^6A，这意味着这种修饰有可能广泛影响了基因的表达模式。更重要的是，研究人员发现 m^6A 存在于与人类疾病相关的基因编码的大量 mRNAs 中，包括癌症、自闭症、阿尔茨海默病和精神分裂症等，这表明这种修饰可以作为疾病治疗的靶标。m^6A 还控制 RNA 的寿命和降解，这一过程对于健康细胞发育极为重要。

（二）tRNA 修饰

tRNA 茎环结构中的一些特定位点的核苷酸碱基可进行化学修饰，成为稀有碱基（rare base），如嘌呤甲基化生成的甲基嘌呤、尿嘧啶还原为二氢尿嘧啶（DHU）、尿嘧啶核苷转位与戊糖结合成为假尿嘧啶核苷（φ）、腺苷酸脱氨成为次黄嘌呤核苷酸（I）等。

1. 甲基化　如在 tRNA 甲基转移酶的催化下，某些嘌呤生成甲基嘌呤。

2. 还原反应　如某些尿嘧啶还原为 DHU。

3. 核苷内的转位反应　如尿嘧啶核苷转位为假尿嘧啶核苷。

4. 脱氨反应　如某些腺苷酸脱氨成为次黄嘌呤（I），次黄嘌呤是颇常见于 tRNA 中的稀有碱基之一。

二、mRNA 编辑

20世纪80年代，有研究发现，细胞有些 mRNA 转录包含了改变的或额外的碱基，这些碱基并没有在 DNA 中编码。RNA 编辑是指在 mRNA 水平上改变遗传信息的过程。具体来说，是指基因转录产生的 mRNA 分子中，由于核苷酸的缺失、插入或置换，基因转录物的序列不与基因模板序列互补，使翻译生成的蛋白质的氨基酸组成不同于基因序列中的编码信息现象。

（一）在脱氨酶介导下发生脱氨反应

在胞嘧啶脱氨酶的作用下，RNA 上会发生 C 转换为 U 的碱基变化。C 转换为 U 的结果一般是产生终止密码子（UAA），如人体内的载脂蛋白 $apoB$ 基因。在胞嘧啶脱氨酶的作用下，apoB 的 mRNA 上2153位的 CAA 变成 UAA，使得翻译提前终止，产生较短的载脂蛋白序列。由于编辑时不完全，所以在肝、肾细胞中，$apoB$ 基因转录的 mRNA 翻译成 apoB-100蛋白，而小肠细胞中 $apoB$ 基因转录的 mRNA 翻译成 apoB-48蛋白。

（二）在 gRNA 介导下发生的 U 的插入或删除

U 的插入和删除也是 RNA 编辑的一大类型，它使得 RNA 序列发生移码，也可以使翻译选择正确的阅读框。这种插入或删除往往需要 gRNA 的引导，此类现象多在锥虫等低等生物中出现。

（三）治疗性 RNA 编辑

经研究发现，数百种遗传疾病都是由 DNA 突变引起的，这些突变在 mRNA 中产生了错误的停止信号，导致蛋白质缩短，无法在体内正常发挥功能。由 mRNA 分子产生错误停止信号导致的疾病很多，包括囊性纤维病、黏多糖贮积症 IH 型和许多肿瘤。因此，对 RNA 进行功能研究和错误 RNA 的纠正，成为科学界的新热点。与 DNA 编辑相比,RNA 编辑的一个重要优势在于编辑产生的变化不是永久性的。CRISPR(clustered regularly interspaced short palindromic repeats)系统的一个潜在隐患是它可能导致脱靶效应。在 DNA 上的脱靶效应会导致 DNA 编码的永久改变,而 RNA 编辑的脱靶效应虽然可能产生功能异常的 RNA 分子,但是它们最终都会被降解。这意味着 RNA 编辑可能是一条更安全的治疗途径。

很多遗传性疾病的病因是基因中的单个碱基发生突变,或者在突变序列中过早出现了终止密码子,这些突变会导致产生的蛋白质功能失常或者缺失,引起疾病。mRNA 是传递编码在 DNA 中的遗传信息及指导细胞进行蛋白质合成的重要媒介。最近的研究表明,一种指导 RNA(guide RNA)能够招募在所有人体细胞中都存在的 RNA 特异性腺苷脱氨酶(adenosine deaminase,RNA-specific,ADAR),对特定的 mRNA 序列进行修改。ADAR 能够将腺嘌呤核苷(A)修改成肌苷(I)。肌苷虽然不是一个标准的核苷,但它被细胞的蛋白质翻译机制解读为鸟苷,从而完成从 A 到 G 的编辑修改(图 3-4a)。许多遗传疾病是由 T 点到 C 点突变引起的。研究人员通过将 APOBEC1 的脱氨酶结构域(载脂蛋白 B 的 mRNA 编纂催化多肽 1)与目标 mRNA 互补的 guide RNA(gRNA)相结合,将突变的靶核苷酸从 C 转换为 U(图 3-4b)。

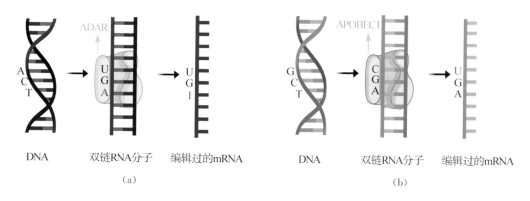

图 3-4 RNA 矫正模式图

注:(a)ADAR 编辑双链 RNA 分子并纠正突变;(b)APOBEC1 参与的纠正突变。

与来自细菌的 DNA 编辑酶 Cas9 不同,ADAR 来自人体,不会引发免疫系统攻击。这种 RNA 编辑系统不需要任何外源的蛋白,只需要引入 gRNA 就可以完成编辑。RNA 矫正可以在 RNA 水平上纠正点突变,敲减(knockdown)蛋白质表达水平,诱发外显子跳跃,调节蛋白质相互作用,从而用于治疗多种遗传疾病。已经发现多种可以利用其靶向 RNA 治疗的基因变异,包括阿尔茨海默病、帕金森病、进行性假肥大性肌营养不良(Duchenne muscular dystrophy,DMD)、囊性纤维化等数十种疾病。目前 RNA 编辑技术潜力巨大但尚未成熟,治疗方法仍然处于临床前研究阶段,相关研究人员利用各种技术扩大 RNA 编辑能力,这一前沿技术有望转化为造福患者的治疗方法。

(汤其群 王丽影)

参考文献

［1］ 本杰明·卢因. 基因Ⅷ［M］. 余龙等，译. 北京：科学出版社，2005.

［2］ 周春燕，药立波. 生物化学与分子生物学［M］. 9版. 北京：人民卫生出版社，2018.

［3］ BERG JM，TYMOCZKO JL，STRYER L. Biochemistry［M］. 7th ed. New York：W. H. Freeman and Company，2018.

［4］ LIU Y，ZHANG X，HAN C，et al. TP53 loss creates therapeutic vulnerability in colorectal cancer ［J］. Nature，2015，520(7549)：697－701.

［5］ NELSON DL，COX MM. lehninger principles of biochemistry［M］. 7th ed. New York：W. H. Freeman and Company，2017.

［6］ REARDON S. Step aside CRISPR，RNA editing is taking off［J］. Nature，2020，578：24－27.

第四章　蛋白质的生物合成

　　蛋白质的生物合成与核酸密切相关。蛋白质分子中的氨基酸排列顺序,归根结底是由 DNA 上的基因所决定的。mRNA 为蛋白质合成的直接模板。mRNA 分子中来自 DNA 基因编码的核苷酸序列信息转换为蛋白质中的氨基酸序列,故称为翻译(translation)。翻译是指在多种因子辅助下,由 tRNA 携带并转运相应氨基酸,识别 mRNA 分子中的三联体密码子,在核糖体上合成具有特定序列多肽链的过程。生物体蛋白质历经肽链合成的起始、延长与终止及翻译后加工和靶向输送后发挥生物学功能。

▌第一节　蛋白质生物合成体系

　　蛋白质生物合成是一个高度复杂而精确的翻译体系。参与细胞内蛋白质生物合成的物质除原料氨基酸外,还需要 mRNA 作为模板、tRNA 作为特异的氨基酸"搬运工具"、核糖体作为蛋白质合成的装配场所、有关的酶与蛋白因子参与反应、ATP 或 GTP 提供能量。

一、遗传密码的携带者:mRNA

(一)模板
　　以 DNA 为模板,按碱基互补规律合成 mRNA,从而转录 DNA 分子中的遗传信息,以这些 mRNA 为模板,合成的蛋白质的结构和功能也就多种多样。

(二)遗传密码
　　DNA 的双螺旋结构被发现之后,分子生物学像雨后春笋般蓬勃发展。许多科学家的研究,使人们基本了解了遗传信息的流动方向:DNA→mRNA→蛋白质。也就是说,蛋白质由 mRNA 指导合成,遗传密码应该在 mRNA 上。1954 年,物理学家乔治·伽莫夫(George Gamow)根据 DNA 中存在 4 种核苷酸,蛋白质中存在 20 种氨基酸的对应关系,做出如下数学推理:如果每一个核苷酸为一个氨基酸编码,只能决定 4 种氨基酸($4^1=4$);如果每 2 个核苷酸为一个氨基酸编码,可决定 16 种氨基酸($4^2=16$)。上述两种情况编码的氨基酸数小于 20 种氨基酸,显然是不可能的。那么如果 3 个核苷酸为一个氨基酸编码,可编码 64 种氨基酸($4^3=64$)。乔治·伽莫夫认为只有 $4^3=64$ 这种关系是理想的,因为在有 4 种核苷酸的条件下,64 是能满足 20 种氨基酸编码的最小数,也符合生物体在亿万年进化过程中形成和遵循的经济原则,因此认为 4 个以上核苷酸决定一个氨基酸也是不可能的。1961 年,布伦纳(Brenner)和克里克(Crick)根据 DNA 模板上的脱氧核糖核苷酸序列、mRNA 上的核糖核苷酸序列,以及蛋白质上的氨基酸序列,三者是一一对应的关系,首先肯定了 3 个核苷酸决定 1 个氨基酸的推理。随后的实验研究证明上述假想是正确的,即 mRNA 传递遗传信息是通过 mRNA 分子中碱基排列顺序实现的,mRNA 分子中的遗传密码(genetic codes)决定蛋白质分子中氨基酸的排列顺序。在 mRNA 的 ORF 区,从 $5'→3'$ 的方向,以每 3 个相邻的碱基为一组,编码一种氨基酸。串联排列的 3 个碱基被称为一个三联体密码子(codon)。4 种碱基所组成的 64 种密码子,其中 61 个编码 20 种直接在蛋白质合成中使用的氨基酸。如 AUG 代表甲硫氨酸和肽链合成起始密码子;另有 3 个 UAA、UAG、UGA 不编码任何氨基酸,而作为肽链合成的终止密码子(terminator codon)。

遗传密码有以下基本特点。

1. **密码的方向性**　组成密码子的各碱基在 mRNA 序列中的排列具有方向性。翻译时的阅读方向只能从 $5'→3'$,即从 mRNA 的起始密码子 AUG 开始,按 $5'→3'$ 的方向逐一阅读,直至终止密码子。mRNA 阅读框架中从 5' 端到 3' 端排列的核苷酸顺序决定了肽链中从 N 端到 C 端的氨基酸排列顺序。密码子 AUG 具有特殊性,不仅代表甲硫氨酸,如果位于 mRNA 起始部位,它还代表肽链合成的起始密码子(initiator codon)。

2. **密码的连续性**　翻译时从起始密码子开始,沿着 mRNA 的 $5'→3'$ 方向,不重叠地连续阅读氨基酸密码子,一直进行到终止密码子才停止,结果从 N 端到 C 端生成一条具有特定顺序的肽链。两个密码子之间没有任何核苷酸隔开。因此要正确地阅读密码,必须从起始密码子开始,此后连续不断地一个密码子接着一个密码子被连续阅读,直至终止密码子出现。由于密码子的连续性,在 ORF 中发生插入或缺失 1 个或 2 个碱基的基因突变,都会引起这一点以后的读码发生错误,这种错误称为阅读框移位(frame shift),由移码引起的突变叫作移码突变。使后续的氨基酸序列大部分被改变,其编码的蛋白质彻底丧失功能;如同时连续插入或缺失 3 个碱基,则只会在蛋白质产物中增加 1 个或缺失 1 个氨基酸,但不会导致 ORF 移位,对蛋白质功能的影响相对较小。

3. **密码的简并性与摆动性**　密码子的翻译通过与 tRNA 的反密码子配对反应而实现。只有色氨酸及甲硫氨酸仅有一个密码子。多数氨基酸可由多个密码子编码,这种现象被称为简并性(degeneracy)。如 UUA、UUG、CUU、CUC、CUA 及 CUG 均是亮氨酸的密码子。为同一种氨基酸编码的各密码子称为简并性密码子,也称同义密码子。这种简并性主要是由于密码的第 3 位碱基呈摆动(wobble)而形成的。即密码子的专一性主要由前 2 个碱基决定,第 3 位碱基发生突变往往并不改变其密码子编码的氨基酸,从而使合成的蛋白质分子中氨基酸序列不变。同义的密码子越多,生物遗传的稳定性越高。因为当 DNA 分子上的碱基发生变化时,突变后形成的三联体密码,可能与原来的三联体密码翻译成同样的氨基酸,在多肽链上就不会表现任何变异。因而简并现象对生物遗传的稳定性具有重要意义。

4. **密码的通用性**　病毒、细菌、植物、动物和人类都使用着同一套遗传密码。遗传密码的通用性中仍有个别例外,在哺乳动物线粒体内有些密码子编码方式不同于通用遗传密码,如 AUA、AUG、AUU 都为起始密码子,AUA 也可以作为甲硫氨酸密码子,UAG 为色氨酸密码子,AGA、AGG 为终止密码子。

二、氨基酸的"搬运工具"：tRNA

1. tRNA 的种类　一种 tRNA 只能携带一种氨基酸，细胞内有 60～70 种 tRNA，因此每种氨基酸可能由 2～6 种特异的 tRNA 携带。tRNA 分子中有核糖体识别位点，以及特异的反密码子与 mRNA 上的密码子碱基互补，借此带着相应氨基酸的 tRNA 通过其特有的反密码子识别，准确地在核糖体上与 mRNA 上相应的密码子对号入座，使氨基酸按照 mRNA 分子中的遗传密码排列成一定的顺序。tRNA 实际上起着接应器的作用。不同 tRNA 的表述方式，采用右上标的不同氨基酸的三字母代号，如 tRNA^{Ser} 表示这是一个专门转运丝氨酸的 tRNA。

2. tRNA 的结构　tRNA 的结构特征之一是含有较多的修饰成分。tRNA 分子二级结构可排布成三叶草模型。它有 3 个环，即 D 环[该处二氢尿嘧啶核苷酸（D）含量高]、反密码环（该环中部为反密码子）和 TΨC 环[绝大多数 tRNA 在该处含胸苷酸（T）、假尿苷酸（Ψ）、胞苷酸（C）顺序]。还含有氨基酸臂，其 3′ 端均含 CCA 序列，是连接氨基酸不可缺少的。反密码环与 TΨC 环之间还有可变环。不同 tRNA 的可变环大小不一，核苷酸数从二至十几不等。除可变环和 D 环外，其他各个部位的核苷酸数目和碱基对基本上是恒定的。反密码环中部的反密码子（anticodon）由 3 个核苷酸组成。蛋白质合成中使用的 20 种氨基酸各由其特定的 tRNA 负责转运至核糖体。tRNA 上有两个重要的功能部位：氨基酸结合部位及 mRNA 结合部位。与氨基酸结合的部位是 tRNA 的氨基酸臂的- CCA 末端的腺苷酸 3′- OH；与 mRNA 结合的部位是 tRNA 反密码环中的反密码子。氨基酸由 tRNA 运载至核糖体，通过其反密码子与 mRNA 序列中对应的密码子互补结合，从而按照 mRNA 的密码子顺序依次加入氨基酸残基。美国科学家克姆（SH. Kim）与里奇（A. Rich）等与英国剑桥大学克鲁格（A. Klug）领导的团队于 1974 年分别解释了 2 组晶型的分辨率为 0.3 nm 的电子密度图，很好地说明了酵母丙氨酸 tRNA 的空间结构呈现倒 L 形。至此，人们初步认识了 tRNA 的三级结构。

三、蛋白质的"装配机"：核糖体

核糖体类似于一个移动的蛋白质"装配机"，蛋白质合成体系中各组分最终在核糖体上按正确的空间排布进行高度特异的相互作用，按照 mRNA 分子中遗传信息的排布，使各特定的氨基酸之间形成肽键。

原核生物的核糖体上有 P 位、A 位和 E 位 3 个重要的结合位点。在蛋白质合成中，肽酰- tRNA 结合的位置称 P 位或肽酰位（peptidyl site）；氨酰 tRNA 进入的位置称 A 位或氨基酰位（aminoacyl site）；E 位或 tRNA 排出的部位（exit site），是已经卸载了氨基酸的 tRNA 的释放部位。

真核生物的核糖体上没有 E 位，空载的 tRNA 直接从 P 位脱落。

四、蛋白质生物合成需要的酶类和蛋白因子

蛋白质生物合成需要由 ATP 或 GTP 提供能量，需要 Mg^{2+}、转肽酶、氨基酸- tRNA

合成酶等多种酶参与反应,从起始、延长到终止的各阶段还需要多种其他核糖体外的蛋白因子(表 4 - 1)。真核生物蛋白质合成过程类似于原核细胞的蛋白质生物合成过程,最大的区别在于翻译起始复合体形成,以及各阶段所使用的蛋白因子的种类和数量有所不同。真核生物的蛋白质合成过程反应更复杂,涉及的蛋白因子更多。这些因子有:①起始因子(initiation factor,IF),原核生物(prokaryote)和真核生物(eukaryote)的起始因子分别用 IF 和 eIF 表示;②延长因子(elongation factor,EF),原核生物与真核生物的延长因子分别用 EF 和 eEF 表示;③释放因子(release factor,RF),又称终止因子(termination factor),原核生物与真核生物的释放因子分别用 RF 和 eRF 表示。

表 4 - 1　大肠埃希菌中蛋白质合成所需要的蛋白因子

蛋白因子	生物学功能
起始因子	
IF - 1	起始阶段首先由 IF - 1 促使无活性的 70S 核糖体解离形成 30S 和 50S 两个亚基
IF - 2	促进 fMet - tRNA^{fMet} 与小亚基结合
IF - 3	保持大小亚基彼此分离状态;有助于 mRNA 结合
延长因子	
EF - Tu	结合氨酰 tRNA 和 GTP
EF - Ts	从 EF - Tu 中置换 GDP
EF - G	EF - G 有移位酶的活性,可结合并水解 1 分子 GTP,促进核糖体向 mRNA 的 3′端移动
释放因子	
RF - 1	识别 UAA 和 UAG,触发核糖体构象改变,诱导肽酰基转移酶活性转变成酯酶活性
RF - 2	识别 UAA 和 UGA,触发核糖体构象改变,诱导肽酰基转移酶活性转变成酯酶活性
RF - 3	不识别终止密码子,只起辅助因子的作用,能激活另外 2 个因子

▍第二节　蛋白质的生物合成过程

蛋白质的生物合成过程包括氨基酸活化、蛋白质合成的起始(initiation)、延长(elongation)和终止(termination)4 个阶段。下面着重介绍原核生物蛋白质合成的过程,并指出真核生物与其不同之处。

一、氨基酸的活化与搬运

氨基酸与 tRNA 连接的准确性是正确合成蛋白质的关键步骤。已发现的 tRNA 达数十种,但是一种 tRNA 只能转运一种特定的氨基酸。在氨酰 tRNA 合成酶(aminoacyl-tRNA synthetase)的催化下,利用 ATP 供能,在氨基酸的羧基上进行活化。氨基酸与 tRNA 连接的专一性由氨酰 tRNA 合成酶保证。氨酰 tRNA 合成酶对底物氨基酸和 tRNA 都有高度特异性，既能识别特异的氨基酸，又能辨认应该结合该种氨基酸的 tRNA 分子。该酶通过分子中相分隔的活性部位分别识别并结合 ATP、特异氨基酸及 tRNA。氨基酸与特异的 tRNA 结合形成氨酰 tRNA 的过程称为氨基酸的活化。

　　每个氨基酸活化需消耗 2 个来自 ATP 的高能磷酸键。氨酰 tRNA 合成的主要反应步骤包括：①氨酰 tRNA 合成酶催化 ATP 分解为焦磷酸与 AMP；②AMP、酶、氨基酸三者结合为中间复合体（氨酰- AMP - E），其中氨基酸的羧基与磷酸腺苷的磷酸以酐键相连，成为活化的氨基酸；③活化氨基酸与 tRNA 分子的 $3'$ - CCA 末端（氨基酸臂）上的腺苷酸的核糖 $2'$ 位或 $3'$ 位的游离羟基以酯键结合，形成相应的氨酰 tRNA。

　　已经结合了不同氨基酸的氨酰 tRNA 用前缀氨基酸三字母代号表示，如 Ser - tRNA^{Ser} 表示 tRNA^{Ser} 的氨基酸接纳臂上已经结合有丝氨酸。氨酰 tRNA 合成酶还有校对活性（proof reading activity），能将错误结合的氨基酸水解释放，再换上与密码子相对应的氨基酸。

　　尽管都携带着甲硫氨酸（Met），但结合在起始密码子处的 Met - tRNA，与结合阅读框内部的 Met 密码子的 Met - tRNA 在结构上是有差别的，是两种不同的 tRNA。在原核细胞中，作为起始 tRNA^{fMet}，在结合上 Met 后，再由 N^{10} -甲酰四氢叶酸提供甲酰基，生成甲酰甲硫氨酸- tRNA^{fMet}，参加蛋白质合成的起始过程。在真核生物中，具有起始功能的是 tRNAi^{Met}（initiator - tRNA），它与 Met 结合后，可以在 mRNA 的起始密码子 AUG 处就位，参与形成翻译起始复合体（translation initiation complex）。

二、蛋白质合成的起始

　　翻译的起始是指 mRNA、起始氨酰 tRNA 分别与核糖体结合而形成翻译起始复合体的过程。

　　1. 原核生物蛋白质合成的起始

　　（1）70S 核糖体在 IF - 1 影响下解离形成 30S 和 50S 两个亚基是起始的基本条件。

　　（2）IF - 3 与游离的 30S 亚基结合，以阻止在与 mRNA 结合前 30S 亚基与大亚基结合，防止无活性核糖体的形成。

　　（3）IF - 1 结合在 30S 亚基上，靠在 IF - 3 附近。核糖体小亚基结合于 mRNA 的 $5'$ 端形成复合物。小亚基与 mRNA 结合时，可准确识别阅读框的起始密码子 AUG。各种 mRNA 的起始 AUG 上游 8～13 个核苷酸处，存在一段由 4～9 个核苷酸组成的共有序列- AGGAGG -，可被核糖体小亚基的 16S rRNA 通过碱基互补精确识别。这段序列被称为核糖体结合位点（ribosomal binding site，RBS）。该序列在 1974 年由 J. Shine 和 L. Dalgarno 发现，因此也称为 Shine-Dalgarno 序列，简称 S - D 序列。此外，mRNA 上紧接 SD 序列后的小核苷酸序列，可被核糖体小亚基蛋白 rpS - 1 识别并结合。通过上述 RNA - RNA、RNA -蛋白质相互作用，小亚基可以准确定位 mRNA 上的起始 AUG。

　　（4）起始 tRNA（fMet-tRNAf^{Met}）通过其反密码子与 mRNA 分子上 AUG 密码子的碱基配对与上述复合体结合，IF - 3 被释放。IF - 3 的作用在于保持大小亚基彼此分离状态,以及有助于 mRNA 结合。此时的复合体称为 30S 起始复合体。

(5)50S 亚基与上述复合体结合,替换出 IF-1 和 IF-2,而 GTP 在此耗能过程中被水解。起始后期形成该复合体被称为 70S 起始复合体。

2. 真核生物蛋白质合成的起始

真核生物蛋白质合成起始复合体的形成较原核细胞更为复杂。真核生物翻译起始复合体的装配所需要的起始因子(eIF)种类多达 12 种,其中 eIF-2 又分出 eIF-2A、2B,eIF-4 有 A、B、C、D 4 种。

真核蛋白质合成起始装配从游离的 40S 亚基和具有 5′帽(5′-cap)结构的 mRNA 分子开始,装配顺序如下:

(1)真核细胞的起始氨基酸也是甲硫氨酸,但不必甲酰化。Met-tRNAi^{Met} 在 eIF-2 参与下与 GTP 结合后,再与带有 eIF-3 的小亚基(40S)结合。

(2)在上述复合体与 mRNA 结合前,mRNA 先与 eIF-4B 和 eIF-4F 发生作用。利用来自 ATP 的能量解旋去除高级结构。

(3)在 40S 亚基复合体上,通过 5′帽结构与 mRNA 复合体结合后,在 mRNA 链上滑动寻找 AUG 起始密码子。

(4)由 eIF-5 替换 eIF-2 和 eIF-3 后,60S 亚基才能与 40S 亚基结合,并水解 GTP。

(5)eIF-4C 帮助 60S 亚基结合形成完整的 80S 起始复合体后被释放。

(6)释放后,eIF-2-GDP 复合体在 eIF-2B 的作用下进入下一轮。循环的速率受到 eIF-2 的 α 亚基磷酸化调控。

真核细胞的起始阶段,tRNA 先于 mRNA 结合在小亚基上,与原核生物的装配顺序不同。

三、蛋白质合成的延长

蛋白质合成的延长指第 2 个和以后的密码子编码的氨基酸进入核糖体,并形成肽键的过程。这个过程包括:①进位反应,是氨酰 tRNA 的反密码子与 mRNA 密码在核糖体内的识别。②转肽反应,包括转位反应和肽键形成。③移位反应,是 tRNA 和 mRNA 密码在核糖体移动。这 3 个步骤构成一个循环,称为核糖体循环(ribosomal cycle)。

(一)原核生物蛋白质合成的延长

组装完的核糖体 70S 起始复合体有 2 个 tRNA 结合位点。A 位点是氨酰 tRNA 结合位点,P 位点是肽链延长的位点。这 2 个位点均位于小亚基的凹槽处,包括正在翻译的相邻密码子。

1. 进位 原核生物中,此时 fMet-tRNA^{fMet} 占据肽酰位(P 位),而 A 位空闲着。进位(entrance),又称注册(registration),是指一个氨酰 tRNA 按照 mRNA 模板的指令进入并结合到核糖体 A 位的过程。延长因子 T(elongation factor T, EF-T)有 2 个亚基,分别为 Tu 及 Ts,当 EF-T 与 GTP 结合时释出 Ts, Tu 与结合有氨酰 tRNA 和 GTP 的核糖体形成延长四元复合物,并输送氨酰 tRNA 结合到 A 位与 mRNA 第 2 个密码子结合。然后 GTP 分解,释放出 Tu‐GDP 及 Pi。Tu‐GDP 在 GTP 供能下,由 Ts 催化,又生成 Tu‐GTP。

2. 成肽 即形成肽键的反应,这个过程是在延长因子从核糖体上解离下来的同时进行的。催化这一过程的酶称为肽酰基转移酶(transpeptidase),催化 P 位上的甲硫氨酰‐tRNA 的甲硫氨酰基与 A 位上的新进入的氨酰 tRNA 的 α‐氨基间形成肽键。第 1 个肽键形成后,二肽酰‐tRNA 占据着核糖体 A 位,而卸载了氨基酸的 tRNA 仍在 P 位。催化的本质是使一个酯键转变成一个肽键,由新加入的氨酰 tRNA 上氨基酸的氨基对肽酰‐tRNA 的酯键的羧基进行亲核攻击。肽酰转移酶对 RNA 酶敏感,对蛋白酶不敏感,肽酰转移酶属于核糖体内的 23S rRNA,本质是核酶。

3. 移位 是蛋白质合成延长的第三个步骤。原核细胞在延长因子 G(elongation factor G,EF‐G)的作用下,催化 GTP 分解供能,成肽反应后核糖体沿着 mRNA 的 3′ 端移动一个密码子的距离,空载的 tRNA 从 E 位点解离,从核糖体上脱落;成肽后,位于 A 位的带有合成中的肽链的 tRNA(肽酰‐tRNA)转到了 P 位上,A 位得以空出,且准确定位在 mRNA 的下一个密码子,以接受一个新的对应的氨酰 tRNA 进位。

每一轮的核糖体循环都要连续进行进位、成肽、移位的循环过程。核糖体从 5′→3′ 阅读 mRNA 中的密码子,每次循环向肽链 C 端添加一个氨基酸,使肽链从 N 端向 C 端延长。GTP 的水解在翻译过程中有重要作用,在每个掺入一个氨基酸的延长过程中,都有 2 个 GTP 分子发生水解。在肽链延长过程中,每生成一个肽键,都需要直接从 2 分子 GTP(进位与移位各 1 分子)获得能量。加上合成氨酰 tRNA 时,已消耗了 2 个高能磷酸键,所以在蛋白质合成过程中,每生成 1 个肽键,平均需消耗 4 个高能磷酸键。GTP 结合与水解与 EF‐Tu 和 EF‐G 作用有关。随着 GTP 水解成 GDP,这些因子构象发生了很大变化,与核糖体分离。GTP 及 GDP 与这些因子的结合与否成为调节它们与核糖体结合的开关。

(二)真核生物蛋白质合成的延长

真核生物蛋白质合成的延长过程类似于原核细胞。

1. 进位 真核细胞进位阶段有两个延长因子 eEF‐1α 和 eEF‐1β。氨酰 tRNA 进位时需要 eEF‐1α 与 GTP、氨酰 tRNA 形成复合物,促使氨酰 tRNA 进入核糖体。eEF‐1β 催化 GDP 与 GTP 交换,利于 eEF‐1α 循环利用。

2. 成肽 与原核生物的成肽过程类似。

3. 移位 真核生物移位过程需要的延长因子只有 eEF‐2。相当于原核生物的 EF‐G,它催化 GTP 水解和驱动氨基酰‐tRNA 从 A 位移到 P 位。

四、蛋白质合成的终止

(一)原核生物蛋白质合成的终止

1. 终止密码子进入核糖体的 A 位点 无相应的氨酰 tRNA 或非酰基化的 tRNA 与之结合,而释放因子(releasing factor,RF)在 GTP 存在识别终止密码子,结合在 A 位点上。

2. 细菌中存在 3 类释放因子　RF-1 识别 UAA 和 UAG，RF-2 识别 UAA 和 UAG，RF-3 不识别终止密码子，只起辅助因子的作用，能激活另外两个因子。当释放因子识别在 A 位点的终止密码子后，释放因子的结合可触发核糖体构象改变，导致存在于大亚基上的肽酰基转移酶的活性转变成酯酶的活性，催化 P 位点上的 tRNA 与肽链之间的酯键水解，使肽基与水分子结合，随后新合成的肽链从核糖体上脱落。

3. RF-3　RF-3 是一种依赖于核糖体的 GTPase。RF-3 结合 GTP，帮助其他 2 种 RF 结合于核糖体。RF-1 和 RF-2 类似于 tRNA 的结构和大小。所以，RF-1 和 RF-2 与 tRNA 竞争结合核糖体和识别终止密码子。

4. mRNA、tRNA 及 RF 从核糖体脱离　mRNA 模板和各种蛋白因子、其他组分都可被循环利用。

(二) 真核生物蛋白质合成的终止

真核生物仅有一种释放因子，即 eRF。3 种终止密码子均可被 eRF 识别。真核生物中肽链合成完成后的水解释放过程尚未完全解析。

表 4-2 总结了 mRNA 在基因表达中的作用与结果。表 4-3 总结了原核细胞与真核生物蛋白质合成过程的不同点。

表 4-2　mRNA 在基因表达中的作用与结果

过　程	调节机制	可能结果
mRNA 的转录	(1) 染色质重塑对基因表达的调控 (2) 启动子序列的 DNA 甲基化以抑制转录 (3) 正确的反式作用因子，如转录因子和辅助因子的可用性、有效性	(1) 特定基因转录的时间调控 (2) 等位基因特异性转录 (3) 永久关闭特定启动子的转录 (4) 控制转录效率和选择起始位点 (5) 组织/细胞特异性转录 (6) 特异基因转录的时间调控
mRNA 的加工	(1) 添加 5'-7 甲基鸟嘌呤核苷帽结构和 3' poly A 尾到 pre-mRNA (2) 剪接 pre-mRNA 以去除非编码内含子并连接外显子 序列在 3' 非翻译区 (UTR) 的 mRNA，可以稳定或标记 RNA 的破坏	(1) 稳定 mRNA (2) 由促进 mRNA 运输的因素识别 (3) 调节 mRNA 翻译到蛋白质的起始 (4) 选择性拼接，增加编码潜力 (5) 控制 mRNA 转录本的半衰期
mRNA 的编辑	编辑 mRNAs 以改变编码序列，改变氨基酸或创建终止密码子	(1) 改变蛋白质的氨基酸序列 (2) 在 mRNA 中引入一个终止密码子，产生一个截短的多肽
mRNA 的翻译	(1) 将 mRNA 转运到细胞质的影响因素 (2) 蛋白质合成所需元素的影响因素 (3) 产生 miRNA 以降低特异性转录本的丰度	(1) 翻译启动的时间调节 (2) 将 mRNA 传递到特定的细胞质，如轴突末端，用于局部翻译 (3) 由于内部核糖体进入位点 (IRES) 使蛋白质翻译起始不依赖于 5' 帽结构，从而使直接从 mRNA 中间起始翻译成为可能 (4) 不翻译的转录本的限制

表 4-3　　原核生物与真核生物蛋白质合成过程的不同点

项　目	原核生物	真核生物
翻译与转录的时空关系	转录和翻译是在同一场所进行的,转录完成后经简单的修饰就立即进入翻译状态,翻译与转录是偶联的	真核生物要将细胞核内转录生成的 mRNA 前体经过加工转运到细胞质,才能进行蛋白质合成
蛋白质合成的起始	原核生物蛋白质的合成是从甲酰甲硫氨酰- tRNA 开始的	真核生物的蛋白质合成是从甲硫氨酰- tRNA 开始的
保证多肽链翻译的准确性	原核生物蛋白质合成的起始依赖于 SD 序列- AGGAGG -	真核生物蛋白质合成的起始依赖于帽结构 m7GpppNp
起始复合体的结合顺序	原核生物的 mRNA 与核糖体小亚基的结合先于起始 tRNA 与小亚基的结合	真核生物的起始 tRNA 与核糖体小亚基的结合先于 mRNA 与小亚基的结合
核糖体组成	原核生物的 70S 核糖体由 30S 小亚基和 50S 大亚基组成,含 rRNA 与蛋白质较少	真核生物的 80S 核糖体由 40S 小亚基和 60S 大亚基构成,含 rRNA 与蛋白质较多
起始因子与释放因子	参与原核生物蛋白质合成的起始因子有 3 种,释放因子有 3 种	参与真核生物蛋白质合成的起始因子有 12 种,释放因子只有 1 种
密码子偏倚	如原核生物脯氨酸密码子偏爱 CCG	如真核生物脯氨酸密码子偏爱 CCC

第三节　蛋白质的成熟——多肽链的折叠、翻译后修饰和靶向输送

　　从核糖体上最终释放出的多肽链,大多数还不是具有生物活性的成熟蛋白质,它们往往要在分子伴侣的帮助下获得正确的空间构象,从而具有生物学功能。许多蛋白质在翻译后还需经蛋白酶的水解作用切除一些肽段或氨基酸,或对某些氨基酸残基的侧链基团进行化学修饰等处理后才能成为有活性的成熟蛋白质。这一过程称为翻译后修饰(post-translational modification,PTM)。蛋白质合成后还需要被输送到合适的亚细胞部位才能行使生物学功能。有的蛋白质驻留于细胞液,有的被运输到细胞器或镶嵌入细胞膜,还有的被分泌到细胞外。蛋白质合成后在细胞内被定向输送到其发挥作用部位的过程称为蛋白质的靶向输送(protein targeting)或蛋白质分拣(protein sorting)。

一、蛋白质的翻译后修饰

　　前体蛋白质常无活性,须经一系列的翻译后加工,才能成为具有功能的成熟蛋白。翻译后修饰是指蛋白质在翻译后的化学修饰。对于大部分的蛋白质来说,这是蛋白质生物合成的较后步骤。加工的类型是多种多样的,一般分为:多肽链的有限水解,包括 N-端 fMet 或 Met 的切除及肽链中肽键水解;氨基酸侧链化学修饰;二硫键形成等。这些

翻译后修饰具有重要意义,蛋白质的功能因此被极大改变。

(一)多肽链的有限水解

多肽链的有限水解是一种最常见的翻译后加工形式,绝大多数成熟的多肽链都要经过这种形式的加工。有许多参与机体不同生理过程的蛋白质,其初始形式都是不具有活性的前体,然后通过有限的蛋白水解作用,去除某些肽段后,成为有活性的蛋白质分子或功能肽。

1. 切除 N 端的甲酰基或甲硫氨酸　原核细胞中约半数成熟蛋白质的 N 端经脱甲酰基酶切除 N-甲酰基而保留甲硫氨酸,另一部分被氨基肽酶(aminopeptidase)水解而去除 N-4 甲酰甲硫氨酸。

真核细胞分泌性蛋白和跨膜蛋白的前体的 N 端都有一条含 13～36 个氨基酸残基(以疏水氨基酸残基为主)的肽段——信号肽(signal peptide),这些信号肽在蛋白质成熟过程中需要被切除。

2. 肽链中肽键水解　有的多肽链经水解可以产生数种小分子活性肽。如垂体合成的阿黑皮素原(pro-opiomelanocortin,POMC),它是一种大的多肽前体,经翻译后修饰,水解生成多种不同的肽类激素。POMC 经水解可生成促肾上腺皮质激素(adrenocorticotropic hormone,ACTH)、β-促脂解素、α-促黑细胞激素(melanocyte-stimulating hormone,MSH)、垂体中间部促肾上腺皮质激素样肽(corticotropin-like intermediate peptide,CLIP)、γ-促脂解素、β-内啡肽、β-促黑细胞激素、γ-内啡肽及 α-内啡肽 9 种活性物质。上述激素并非全部同时产生,不同的细胞有不同的水解模式,从而产生不同的激素。

(二)氨基酸残基的侧链修饰

对蛋白质结构的细节了解得越多,对蛋白质翻译后修饰的分类范围了解得也就越广。蛋白质修饰包括糖类、脂类、核酸、磷酸、硫酸、羧基、甲基、乙酰基、羟基等功能基团以共价键与蛋白质连接。蛋白质经过修饰,在结合、催化、调节及物理性质等方面都被赋予了新的功能。蛋白质中常见的化学修饰见表 4-4。

表 4-4　体内常见的蛋白质翻译后化学修饰

发生修饰的部位或氨基酸残基	常见的化学修饰种类
多肽链氨基端	甲酰化,乙酰化,氨酰化,豆蔻酰化,糖基化
多肽链羧基端	甲基化,ADP 核糖基化
丝氨酸	磷酸化,糖基化,乙酰化
苏氨酸	磷酸化,糖基化,甲酰化
酪氨酸	磷酸化,碘化,腺苷酸化,磺酰化
精氨酸	N-甲基化,ADP 核糖基化
天冬酰胺	N-糖基化,N-甲基化,脱酰胺基作用
天冬氨酸	甲基化,磷酸化,羟基化作用
谷氨酰胺	脱酰胺基作用,交联

续　表

发生修饰的部位或氨基酸残基	常见的化学修饰种类
组氨酸	甲基化,ADP 核糖基化,磷酸化
赖氨酸	N-乙酰化,N-甲基化,氧化,羟基化作用,交联,泛素化,生物素化
甲硫氨酸	亚砜化
脯氨酸	羟基化作用,糖基化

1. 蛋白质糖基化　蛋白质糖基化(glycosylation)是在蛋白质生物合成的同时或合成后,在酶的催化下糖链连接到肽链上的特定糖基化位点的过程。糖链的合成与核酸、蛋白质不同,没有特定的模板,只是在糖基转移酶的作用下不断延伸。糖链的合成是由糖基转移酶(glycosyltransferase)、糖苷酶(glycoside hydrolase)、糖基供体、糖基接受体这 4 类分子协调完成的,其中以糖基转移酶占主导地位。这些糖基转移酶是基因编码的产物,糖链的生物合成是糖基转移酶直接作用的结果,是基因的间接产物。

按照蛋白质与糖链的连接方式,糖蛋白可分为 N-连接型糖蛋白和 O-连接型糖蛋白。N-连接型糖蛋白的糖链与蛋白部分的 Asn - X - Ser/Thr(Asn:天冬酰胺;Ser/Thr:丝/苏氨酸;X 是除 Pro 以外的任意氨基酸)序列中天冬酰胺的氮以共价键连接。N-连接型糖蛋白中 Asn - X - Ser/Thr 3 个氨基酸残基的序列子称为糖基化位点。O-连接型糖蛋白的糖链与蛋白部分的丝/苏氨酸或羟赖氨酸的羟基相连。

(1) N-连接型糖蛋白:糖蛋白中 N-聚糖的合成是一个共翻译过程,即在粗面内质网的核糖体上合成糖蛋白的肽链时,一旦形成 NXS/T 序列,即有可能开始糖基化。N-聚糖可被位于网腔膜结构上的加工酶修剪加工成高甘露糖型,再进入高尔基体。N-连接寡糖是在内质网上以长萜醇作为糖链载体,先合成含 14 糖基寡糖链,然后转移至肽链的糖基化位点,进一步在内质网和高尔基体进行加工而成。N-聚糖加工是由高甘露糖型转化为杂合型再到两天线至四天线复杂型 N-聚糖。

(2) O-连接型糖蛋白:糖基或糖链的还原端与肽链中的丝氨酸(Ser)、苏氨酸(Thr)或羟赖氨酸(Hyl)羟基中的氧原子相连称为 O-连接糖链。肽链中可以糖基化的主要是丝氨酸和苏氨酸,此外还有酪氨酸、羟赖氨酸、羟脯氨酸等,连接位点是这些残链上的羟基氧原子,后者可以与很多单糖生成糖苷键。其中以通过 N-乙酰半乳糖胺(GalNAc)和丝氨酸或苏氨酸残基相连的 O-糖链(O-GalNAc)分布最广,研究最多。

O-GlcNAc 糖基化修饰的蛋白质非常广泛,包括核孔蛋白、RNA 聚合酶、转录因子、染色体蛋白等。这类新的糖蛋白有两大特点:一是与 Ser/Thr 侧链的羟基连接的只有单糖基的 O - GlcNAc;二是这种糖基化修饰方式存在于细胞质和细胞核中。O-GlcNAc 虽然简单,但生物学功能多样,其中可以肯定的是对某些细胞的生物学行为起到调节作用,而且这种糖基化是可逆的动态调节,可以和磷酸化发生置换。有研究成果提示,O - GlcNAc 糖基化具有和蛋白质磷酸化相似的生物学意义。由于它们修饰同一蛋白质的相同或邻近丝氨酸和苏氨酸羟基,因此磷酸化和糖基化修饰可能存在竞争性调节。

蛋白质糖基化是蛋白质翻译后的一种重要的加工过程。糖链的存在对肽链的折叠、糖蛋白的进一步成熟、亚基聚合、分拣、投送及糖蛋白的降解起着关键作用。

2. 蛋白质磷酸化　蛋白质磷酸化是蛋白质翻译后修饰的重要形式,在酶和其他重要功能分子活性的发挥、第二信使传递和酶的级联作用中起到重要作用。蛋白质磷酸化是调节和控制蛋白质活力和功能的最基本、最普遍,也是最重要的机制。蛋白质磷酸化主要发生在两种氨基酸上,一种是丝氨酸(包括苏氨酸),另一种是酪氨酸。这两种磷酸化的酶不一样,功能也不一样,但也有少数双功能的酶可以同时作用于这两类氨基酸,如MEK(促分裂原活化的蛋白激酶激酶,mitogen-activated protein kinase kinase,MAPKK)。

蛋白质磷酸化对于许多生物现象的引发是很必要的,包括细胞生长、增殖、泛素介导的蛋白质降解等过程。特别是酪氨酸磷酸化,作为细胞信号转导和酶活性调控的一种主要方式,通常通过引发蛋白质之间的相互作用,进而介导信号通路。因此,酪氨酸磷酸化和多蛋白复合体的形成构成了细胞信号转导的基本机制,几乎所有的多肽细胞生长因子都是通过此途径来激活细胞,刺激细胞生长。然而,酪氨酸磷酸化在细胞的所有磷酸化修饰中所占的比例却非常低。与大量的细胞中的丝氨酸和苏氨酸磷酸化水平相比,酪氨酸磷酸化的水平估计要低 2 000 倍。正是由于细胞中酪氨酸磷酸化的水平相当低,才能保证细胞在内外信号的刺激下,做出灵敏的反应,所以研究酪氨酸的磷酸化对于细胞信号的调控和许多重要生物现象的研究具有极为重要的意义。

蛋白质磷酸化与去磷酸化对细胞的调控发挥重要的作用,因此被生动形象地描述为细胞生理活动的分子开关。蛋白质在蛋白激酶作用下发生磷酸化,在磷酸酶催化下去磷酸化。当细胞中的蛋白激酶或磷酸酶的活性受到抑制或过表达,就会引起细胞内磷酸化水平的紊乱,从而诱发疾病。如阿尔茨海默病(Alzheimer's disease,AD)是一种常见的老年性精神紊乱,是一种以记忆减退、认知障碍、人格改变为主要特征的神经退行性疾病。AD 的特征性病理改变主要包括 β-淀粉样蛋白(amyloid β-protein,Aβ)的沉积导致的老年斑、微管相关蛋白- Tau 蛋白异常聚集形成纤维缠结及神经元缺失和胶质细胞增生。研究发现,AD 患者脑中的 Tau 蛋白在病理条件下产生异常磷酸化修饰,每分子 Tau 蛋白含有 5～9 个磷酸基团,是正常者的 4～5 倍。在 AD 患者脑中,过度磷酸化的 Tau 蛋白还存在异常糖基化修饰。AD 患者脑中的 Tau 蛋白的异常翻译后修饰,最终导致神经元纤维缠结,从而丧失生物学功能。

3. 蛋白质乙酰化　乙酰化是指将乙酰基转移到氨基酸侧链基团的氮、氧、碳原子上的过程。乙酰化修饰作为一种重要的翻译后修饰被广泛研究,但是以前的研究几乎都集中于组蛋白和核内蛋白上,对于核外蛋白的乙酰化研究进展很慢。近年来的研究发现了很多蛋白质均可以被乙酰化修饰。这些蛋白质几乎涵盖了细胞代谢循环(如糖酵解途径,糖异生途径,三羧酸循环,脂肪酸代谢通路,糖原代谢通路,尿素循环等)中的所有代谢酶。乙酰化的调控作用在生命体新陈代谢过程中普遍存在,从低等的原核细胞到包括人在内的高等哺乳动物,都存在乙酰化修饰现象。乙酰化普遍修饰代谢酶,并且可以调节代谢通路及代谢酶的活性。未来有望通过蛋白质乙酰化修饰的后续研究为代谢相关疾病的治疗提供潜在的药物靶点。

4. 甲基化　甲基化是指从活性甲基化合物(如 S-腺苷基甲硫氨酸)上将甲基催化转移到其他化合物的过程。蛋白质甲基化一般指蛋白质序列中精氨酸或赖氨酸被甲基化修饰。精氨酸可以被甲基化一次或两次。赖氨酸经赖氨酸转移酶的催化可以甲基化1~3 次。蛋白质甲基化是翻译后修饰的一种形式。最常见的甲基化修饰是组蛋白甲基化。组蛋白甲基化是指由组蛋白甲基转移酶催化,S-腺苷甲硫氨酸的甲基加在 H3 和H4 组蛋白 N 端 Arg 或 Lys 残基上。某些组蛋白残基通过甲基化可以抑制或激活基因表达,调节基因的表达和关闭,组蛋白甲基化的功能主要体现在异染色质形成、基因印记、X 染色体失活和转录调控方面,与癌症、衰老、阿尔茨海默病等许多疾病密切相关,是表观遗传学的重要研究内容之一。

二、蛋白质合成后的靶向输送(细胞定位)

蛋白质合成后,被定向地输送到其执行功能的场所,称为靶向输送。作为蛋白质合成场所的核糖体,既可以与内质网结合存在,也可以游离存在。结果导致蛋白质的靶向输送有两个途径:共翻译易位输送和蛋白质翻译后的靶向输送。

(一)共翻译易位输送

在核糖体合成的新生多肽的 N 端都含有一段保守性很强的序列,13~36 个的氨基酸残基,称为信号肽(signal peptide)。信号肽具有以下共性:①N 端有带正电荷的碱性氨基酸残基;②中段为疏水核心区,主要含疏水的中性氨基酸;③C 端由一些极性相对较大、侧链较短的氨基酸残基组成。信号肽被信号识别颗粒(signal recognition particle, SRP)识别。SRP 是由 7SL-RNA 和 6 种不同的多肽链组成的 RNA-蛋白质复合体。SRP 与携带新生多肽链的核糖体相互作用,引起翻译暂时终止。新生肽链在合成过程中(即共翻译)插入与核糖体结合的内质网膜上的特殊通道,然后转移入其内腔。信号肽由内质网内的信号肽酶切除。蛋白质在内质网内进行有效的加工与修饰后,蛋白质进入高尔基体,然后可以被分别运送至不同的功能场所,如溶酶体、质膜或分泌出细胞外。

1. 分泌型蛋白质的加工　分泌型蛋白质的合成与转运同时发生。它们的 N 端都有信号肽结构。分泌型蛋白质的定向输送,就是靠信号肽与胞质中的 SRP 识别并特异结合,然后再通过 SRP 与膜上的 SRP 受体识别并结合后,将所携带的蛋白质送出细胞。

2. 质膜蛋白质的靶向输送　定位于细胞质膜的蛋白质的靶向跨膜机制与分泌型蛋白质相似。不过,质膜蛋白质的肽链并不完全进入内质网腔,而是锚定在内质网膜上,通过内质网膜"出芽"而形成囊泡。随后,跨膜蛋白质随囊泡转移到高尔基复合体加工,再随囊泡转运至细胞膜,最终与细胞膜融合而构成新的质膜。

(二)蛋白质翻译后的靶向输送

细胞器如线粒体、叶绿体、细胞核、过氧化物酶体的许多组成蛋白质是由游离的核糖体合成的,并作为前体释放到细胞质中,随后为细胞器接受。与跨内质网转运不同,跨细胞器膜的蛋白质是在肽链合成后转运的,因此又称为翻译后转运。

1. **线粒体蛋白质的靶向输送** 蛋白质前体首先在线粒体外膜上与受体蛋白结合。之后蛋白质前体即通过跨膜的通道进入线粒体。此通道是由膜的整合蛋白组成的，具有亲水性。这一过程中，ATP水解释能和跨膜电化学梯度为肽链进入线粒体提供了动力。

2. **细胞核蛋白质的靶向输送** 需要转运入核的蛋白质主要是参与基因的复制、转录的蛋白因子和各种酶。在细胞核的核膜上有核孔，是细胞核与细胞质交换大分子的通道。大分子的蛋白质进入细胞核是一个主动的过程，而且要求有信号指引和GTP供能。

所有被靶向输送的细胞核蛋白质其肽链内都含有特异的核定位序列（nuclear localization signal，NLS）。NLS一般含有4～8个氨基酸，作用是帮助亲核蛋白进入细胞核。入核信号是蛋白质的永久性部分，在引导入核过程中并不被切除，可以反复使用，有利于细胞分裂后核蛋白重新入核。

蛋白质的核定位是通过多个蛋白的共同作用来实现的。细胞核蛋白质的靶向输送需要核输入因子（nuclear importin）αβ异二聚体和核内小分子GTP结合蛋白（a small nuclear GTP-binding protein，Ran）。Ran是一种分布于真核细胞核内含量十分丰富的小分子GTP酶。核输入因子αβ异二聚体可作为细胞核蛋白质的受体，识别并结合NLS序列。NLS蛋白-importin复合体停留在核孔上，并在Ran-GTPase的作用下通过核孔。Ran水解GTP释能，细胞核蛋白质-核输入因子复合体通过耗能机制经核孔进入细胞核基质。核输入因子β和α先后从上述复合物中解离，移出核孔而被再利用。

表4-5总结了蛋白质亚细胞定位信号的靶向序列特征。

表4-5 蛋白质亚细胞定位信号的靶向序列特征

蛋白类型	信号序列	结构特性
分泌蛋白和质膜蛋白	信号肽	N末端，一般带有10～15个疏水氨基酸残基
核蛋白	核定位序列	在多肽链内部4～8个氨基酸残基（含赖氨酸、脯氨酸、精氨酸）
溶酶体蛋白	溶酶体靶向标记	运送至溶酶体的蛋白被标记上甘露糖-6-磷酸
内质网蛋白	内质网定位序列	C末端，经典序列为赖氨酸-天冬氨酸-谷氨酸-亮氨酸
线粒体基质蛋白	线粒体定位序列	N末端，20～35个氨基酸残基，包括丝氨酸、苏氨酸、碱性氨基酸

（汤其群 王丽影）

参考文献

［1］刘静,杨遥,徐江涛. Tau蛋白过度磷酸化与阿尔茨海默病[J].医学综述,2013,19(3)423-425.

［2］张倩,杨振,安学丽,等.蛋白质的磷酸化修饰及其研究方法[J].首都师范大学学报自然科学版,2006,27(6):44-49.

［3］张玉秀,柴团耀. HSP70分子伴侣系统研究进展[J].生物化学与生物物理进展, 1999,26(6):

554-558.

［4］周春燕,药立波. 生物化学与分子生物学［M］. 9 版. 北京：人民卫生出版社,2018.

［5］BAYNES JW，DOMINICZAK MH. Medical Biochemistry［M］. 5th ed. London：Elsevier Mosby,2019.

［6］FERRIER DR. Biochemistry［M］. 6th ed. 北京：北京大学医学出版社,2013.

第五章　基因表达调控

　　1958年,生物学家 F. H. Crick 首次提出遗传信息从 DNA 传递到蛋白质的中心法则,包括遗传信息的转录和翻译过程,即遗传信息先从 DNA 传递给 RNA,再从 RNA 传递给蛋白质,最终由蛋白质分子执行特定的生物学功能,这一过程也被称为基因表达(gene expression)。基因是带有遗传信息的 DNA 片段,细菌和人类基因组分别含有大约 4 000 和 25 000 个基因,其中只有一部分基因处于始终表达状态,其他大部分基因处于关闭状态。在多细胞生物个体的特定生长发育阶段,同一基因在不同的组织器官中表达也不同。这些现象使科学家们进一步致力于探索基因表达调控的具体机制。基因表达调控的研究揭示了单细胞生物如何通过调控基因表达,使自身更好地适应环境,多细胞生物如何从一个受精卵及其中含有的一套遗传信息最终发育成具有不同形态功能的多组织个体,以及同一个个体中拥有相同遗传信息的不同细胞如何产生组织特异性蛋白质,执行完全不同的生物学功能。因此,学习基因表达调控是认识生命体生长发育和生理病理的重要组成部分。

▌第一节　基因表达调控的特点

　　为了应对环境的变化,维持正常的生理功能,生物体改变基因表达水平的过程被称为基因表达调控(regulation of gene expression)。原核生物和真核生物在细胞结构和基因组结构上均存在很大差异,这使得两者的基因表达调控方式有所不同,但也存在一些共同的规律。

一、基因表达调控的时间特异性

　　生物体通常在特定时期或特定生长阶段表达所需基因,其余不需要的基因都处于关闭状态。这种按一定的时间顺序表达特定基因的现象被称为基因表达的时间特异性(temporal specificity)。多细胞生物在发育过程中会按照特定的时间顺序选择性地开启相关基因表达或关闭某些基因的表达,这种基因表达的时间特异性又被称为阶段特异性(stage specificity)。

　　人丙酮酸激酶 M2(pyruvate kinase M2,PKM2)在胚胎组织中高表达,在成人组织中表达被关闭,在肿瘤细胞中又呈高表达状态。与此类似,胎儿肝细胞中表达甲胎蛋白(alpha fetal protein,AFP),出生后该基因表达被关闭,正常成年人血浆中几乎检测不到 AFP,肝癌细胞中 AFP 的表达被重新激活,因此血浆中 AFP 水平可作为肝癌早期诊断的重要指标。

二、基因表达调控的空间特异性

基因表达除了时间特异性之外,还具有空间特异性(spatial specificity)。多细胞生物体中同一基因在不同的组织器官表达水平不同的现象被称为基因表达的空间特异性或组织特异性(tissue specificity)。比如胰岛素只在胰岛 β 细胞中表达,在其他组织器官中的表达均被关闭。

三、基因表达调控的持续性

大多数基因的表达具有时空特异性,但是也有少部分基因因为其功能非常重要,因此在多细胞生物体的所有细胞和所有发育阶段都有表达。这种在多细胞生物体的所有细胞中持续稳定表达的基因被称为管家基因(house-keeping gene)。如糖酵解中的甘油醛-3-磷酸脱氢酶(glyceraldehyde-3-phosphate dehydrogenase,GAPDH),肌动蛋白 β-actin 和微管蛋白 β-tubulin 就属于管家基因,其表达水平在正常生理条件下基本不变,因此在科学研究中常被作为内参使用。不过要注意的是,在某些病理条件下,管家基因的表达也会改变。

四、基因表达调控的可诱导性

基因表达的第 4 个特点是可调控性。基因表达受到环境和生理信号的调控,当这些信号改变时,基因表达水平也相应升高或降低,表达升高的基因称为诱导基因(inducible gene),比如在 γ 干扰素的刺激下,趋化因子 CXCL9/10 的表达可升高上千倍,这种基因表达升高的过程称为诱导(induction)。与之相对,表达降低的基因被称为阻遏基因(repressible gene),这种应对环境或生理信号降低基因表达的过程称为阻遏(repression),比如当环境中还有足够的色氨酸时,细菌体内编码色氨酸合成相关酶的基因表达被阻遏。

五、基因表达调控的多层次性

在生物体内,基因表达在转录和翻译两个阶段均受到相应的调控,任何一个环节的失调都会引起基因表达的紊乱,因此基因表达调控是一个多层次的复杂过程。在真核生物中,基因表达在转录起始、转录后加工、转录产物稳定性、翻译、翻译后加工、蛋白质分拣和投送,以及蛋白质降解等多层次、多位点受到调控,其中转录过程是基因表达调控最重要、最复杂的一个层次,转录起始是基因表达的基本控制点,对基因表达调控起着至关重要的作用。

六、基因表达调控的协调性

细胞内功能上相关的一组基因可以在某种特定机制的调控下协调共同表达,这样可以使参与同一通路的所有蛋白质表达比例适当,确保该通路顺利发挥生理功能,这种基因调控方式称为协同调节(coordinate regulation)。

对于多细胞生物而言,基因表达调控的时空特异性促进了细胞的正常分化和个体发育,调控体系异常会导致相应组织器官的分化、发育异常。因此,基因表达调控对生物体适应环境、维持正常的生命活动至关重要。

第二节　原核生物基因表达调控

原核生物基因组是具有超螺旋结构的闭合环状 DNA 分子,其中编码蛋白质的基因约占整个基因组的 50%,远高于真核基因组。多个相关基因以操纵子形式组成原核基因表达调控的基本单位,原核生物基因表达调控主要通过操纵子机制实现。

一、操纵子的发现和结构

原核生物没有细胞核,转录和翻译在同一空间进行,mRNA 转录完成后即开始蛋白质的合成,因此原核生物基因表达调控的关键点是转录起始。1961 年,生物学家 Francois Jacob 和 Jacques Monod 提出了著名的操纵子学说,开启了原核生物基因表达调控研究的新领域。两位科学家在研究大肠埃希菌(E. coli)乳糖代谢的过程中,发现两个乳糖代谢相关基因都受同一个调控序列协同调控,由此提出了操纵子的概念:几个功能相关的基因在基因组上串联排列,这些串联基因的表达受同一个启动子(promoter)调控,也受激活物和阻抑物的调控。串联基因和调控序列组成操纵子(operon)(图 5-1),串联排列的基因 A、B、C 转录成一条多顺反子 mRNA。调控序列包括启动子、激活物和阻抑物结合位点。操纵子模型首次在分子水平上阐明了原核生物基因表达调控的具体机制,是分子遗传学发展史上一个重要的里程碑。

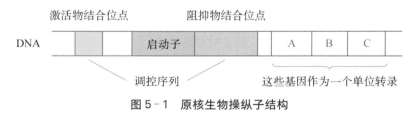

图 5-1　原核生物操纵子结构

注:原核生物操纵子由结构基因和调控序列组成。

操纵子由结构基因和调控序列组成。结构基因通常包括多个功能上有关联的基因,比如催化同一条通路的代谢酶,它们串联排列,共同构成编码区。这些结构基因共用一个启动子和一个转录终止信号序列,因此只转录合成一条 mRNA 长链,负责编码几种不同的蛋白质。这种携带了几种不同蛋白质的编码信息的 mRNA 分子,称为多顺反子(polycistron)mRNA。

调控序列主要包括启动子、操纵元件(operator)和调节基因(regulatory gene)。启动子是 RNA 聚合酶结合位点,是原核基因表达调控的关键元件。不同原核基因启动子区域内含有一些相似序列,通常在转录起始点上游 - 10 及 - 35 区域,被称为共有序列。*E. coli* 及一些细菌启动子的共有序列在 - 10 区域是 TATAAT,又称 Pribnow 盒,在 - 35 区域为 TTGACA。这些共有序列中任一碱基突变都会影响 RNA 聚合酶与启动子的结合,从而影响转录起始。另外,特异因子也可以调控 RNA 聚合酶对启动子序列的识别和结合能力。因此,共有序列和特异因子共同决定启动子的转录活性。

操纵元件是一段能被特异阻遏蛋白(repressor)识别和结合的 DNA 序列,通常与启动子序列毗邻或接近,其 DNA 序列常与启动子交错、重叠。阻遏蛋白与操纵序列结合会阻碍 RNA 聚合酶与启动子的结合,或使 RNA 聚合酶不能沿 DNA 向前移动,阻遏转录,介导负性调节(negative regulation)。操纵子调控序列中还有一种特异的 DNA 序列可结合激活蛋白(activator),结合后 RNA 聚合酶活性增强,激活转录,介导正性调节(positive regulation)。有些基因在没有激活蛋白存在时,RNA 聚合酶很少或不能结合启动子,基因表达被抑制。

调节基因(regulatory gene)负责编码能够与操纵元件结合的特异因子、阻遏蛋白和激活蛋白。阻遏蛋白可以识别、结合特异的操纵元件,抑制基因转录,因此阻遏蛋白介导负性调节。阻遏蛋白介导的负性调节机制在原核生物中普遍存在。激活蛋白则可结合启动子邻近的 DNA 序列,激活转录,介导正性调节。特异因子、阻遏蛋白和激活蛋白等原核调控蛋白都是一些 DNA 结合蛋白。这些蛋白中凡是能够诱导基因表达的分子称为诱导剂,而凡是能够阻遏基因表达的分子称为阻遏剂。操纵子是原核基因表达调控的主要方式,以负性调节为主,由诱导剂解除阻遏。

与许多其他研究领域类似,对原核生物基因表达调控的研究比对真核生物的研究进行更早、进展更快,为后续更复杂的生物体内基因表达调控研究提供了重要的借鉴意义。本节先介绍乳糖、色氨酸和阿拉伯糖操纵子对基因簇表达调控的具体机制,每个系统都有调节蛋白,但具体调控机制各不相同,再介绍 SOS 应答系统,阐明原核生物基因组中分散的基因是如何协同调控的,最后介绍原核生物基因表达在翻译水平受到的调控。

二、乳糖操纵子调控基因表达机制

乳糖操纵子(*lac* operon)是最早发现的原核生物基因表达调控方式,其调控特点是:原核生物所处环境中没有乳糖时,编码乳糖代谢酶的基因处于关闭状态;环境中有乳糖时,这些基因被诱导表达,参与乳糖代谢。*E. coli* 的乳糖操纵子包含 Z、Y 和 A 3 个结构基因,分别编码 β-半乳糖苷酶(β-galactosidase)、通透酶(permease)和乙酰基转移酶(acetyltransferase),另外还有一个操纵序列 O(operator,O)、一个启动子 P(promoter,P)及一个调节基因 I。I 具有独立的启动子(P$_I$),可编码阻遏蛋白与 O 序列结合,抑制结构基因的表达。在没有乳糖时,I 基因在 P$_I$ 启动子作用下表达阻遏蛋白,与操纵序列 O 结合,阻止 RNA 聚合酶与启动子 P 结合,从而抑制结构基因的转录(图 5 - 2)。该抑制作用并非绝对,每个细胞中仍有极少数 β-半乳糖苷酶和通透酶生成,因此当有乳糖存在时,少量乳糖经残存的通透酶转运进入细胞,再经 β-半乳糖苷酶催化生成别乳糖(allolactose)。别乳糖可作为诱导剂结合阻遏蛋白,使阻遏蛋白和 O 序列解离,激活结构基因的转录,β-半乳糖苷酶的表达可增加 1 000 倍。异丙基硫代-β-D-半乳糖苷(isopropylthio-β-D-galactoside,IPTG)是别乳糖的类似物,不被细菌代谢,因而十分稳定,在分子生物学实验和基因工程领域被广泛地应用于重组蛋白的诱导表达。

原核生物所处的环境非常复杂,用单一信号调控基因表达过于简单,无法应对复杂的环境变化。除乳糖外,其他信号,如葡萄糖,也可调控乳糖基因表达。葡萄糖也是大肠埃希菌嗜好的能源,可以直接通过糖酵解代谢。那么当葡萄糖和乳糖同时存在时,乳糖操纵子的表达如何调控呢? 在葡萄糖存在的情况下,即使乳糖、果糖、阿拉伯糖等其他糖存在,原核生物也可通过分解代谢物抑制作用(catabolite repression)抑制代谢这些糖的基因的表达。cAMP 和分解代谢物激活蛋白(catabolite activator protein,CAP)介导了葡萄糖的这个作用。CAP 是同源二聚体,其分子内具有 DNA 和 cAMP 结合位点,在高浓度 cAMP 条件下,CAP 与 DNA 结合增强。当生长环境中缺乏葡萄糖时,cAMP 浓度增高,cAMP 与 CAP 结合,这时 CAP 可与乳糖操纵子的启动子附近的一个位点结合,RNA 聚合酶活性增强,激活转录,乳糖代谢基因表达提高 50 倍。当有葡萄糖存在时,cAMP 浓度降低,cAMP 与 CAP 结合减少,CAP 与 DNA 的结合降低,乳糖操纵子表达下降。因此,CAP 是应答葡萄糖水平的一个正调控因子,而乳糖阻遏蛋白(lac repressor)是应答乳糖水平的一个负调控因子。两种调节机制根据存在的碳源性质和水平协调调节乳糖操纵子的表达:当乳糖阻遏蛋白阻断转录时,CAP 对乳糖操纵子没有激活效果;乳糖阻遏蛋白从操纵基因解离对乳糖操纵子的转录影响不大,因为没有 CAP 结合时,野生型的乳糖启动子是比较弱的启动子,只有当 CAP 存在时,CAP 通过与 RNA 聚合酶的 α 亚基结合促进 RNA 聚合酶与启动子结合才能激活转录。因此,乳糖操纵子的高表达既需要乳糖,使阻遏蛋白失活,也需要低浓度的葡萄糖诱导 cAMP 浓度升高,促进 cAMP 与 CAP 结合,激活转录(图 5-2)。

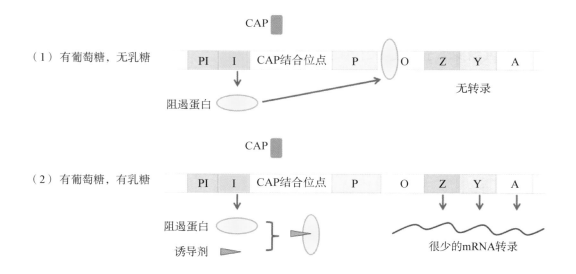

（3）无葡萄糖，有乳糖

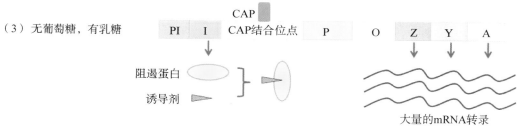

图 5-2　不同代谢物条件下乳糖操纵子的调节

注：(1)有葡萄糖，无乳糖时，阻遏蛋白封闭转录，CAP 不能发挥作用，无转录；(2)葡萄糖和乳糖都存在时，阻遏蛋白不能结合，但因有葡萄糖存在，CAP 不能发挥作用，仅有很少量 mRNA 转录；(3)无葡萄糖，有乳糖时，阻遏蛋白不能结合，CAP 又能发挥作用，大量 mRNA 转录。

CAP 和 cAMP 在乳糖和阿拉伯糖等其他操纵子的调控中也发挥重要作用。受同一种调节蛋白调控的一组操纵子称为调节子(regulon)。调节子可以使涉及数百个基因的细胞功能协调变化，这也是真核生物中散在分布的基因网络调控的主要方式。

三、色氨酸操纵子调控基因表达机制

为了应对复杂的生存环境，原核生物需要最大限度降低能源消耗，关闭非生存必需基因的表达。蛋白质合成需要大量的氨基酸，合成一种氨基酸所需要的基因一般聚集在一个操纵子中，当环境中某种氨基酸含量充足时，编码相应氨基酸合成的代谢酶基因的表达就被关闭。当这种氨基酸的供应满足不了需求时，这些基因就会表达。

$E.coli$ 的色氨酸操纵子(trp operon)包含 5 个结构基因，分别编码合成色氨酸所需要的 5 种酶。值得注意的是，从 trp 操纵子转录的 mRNA 的半衰期只有 3 分钟，使细胞可以根据色氨酸浓度的变化快速做出反应，细胞内色氨酸的浓度变化可以使色氨酸合成酶的合成速度变化 700 倍。当色氨酸充足时，色氨酸与色氨酸阻遏蛋白结合，导致色氨酸阻遏蛋白的构象发生变化，使之可以与 trp 操纵序列结合，抑制 trp 结构基因的转录（图 5-3）。Trp 操纵序列的位点与启动子重叠，因此，阻遏蛋白的结合可能抑制了RNA 聚合酶的结合。

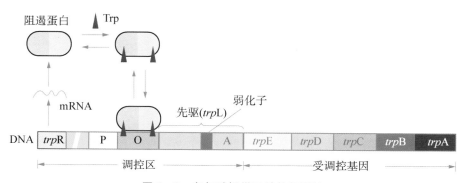

图 5-3　色氨酸操纵子结构和调控

注：色氨酸与阻遏蛋白结合，促进阻遏蛋白与调控序列结合，抑制结构基因表达。

　　转录起始后,色氨酸操纵子还可以通过转录衰减(transcription attenuation)的方式抑制基因表达,即转录能正常起始,但在操纵子基因转录完成之前就停止了。转录衰减依赖于原核生物中转录和翻译的紧密偶联,衰减的频率受色氨酸浓度的调控。色氨酸操纵子的转录衰减利用位于 mRNA 5′端,一个含 162 个核苷酸的先导区中的 4 段序列进行。先导区中有一段序列叫弱化子(attenuator),由序列 3 和序列 4 组成,这些序列配对形成富含 C≡G 对的茎环结构,紧跟的是多个尿嘧啶(U)残基,组成一个转录终止信号,这个弱化子结构充当一个转录终止子(图 5-4a)。另外,序列 2 和序列 3 也可选择配对,如果序列 2 和序列 3 配对,那么弱化子结构就不能形成,序列 2 和序列 3 配对所形成的茎环不阻碍转录,转录一直进行到 *trp* 生物合成的基因(图 5-4b)。

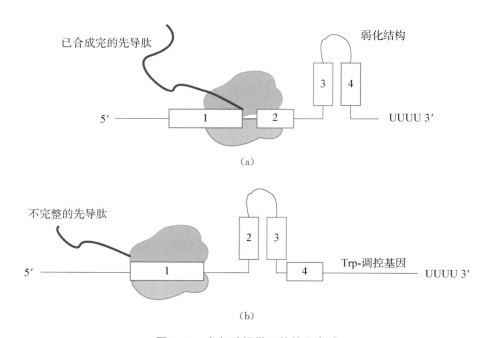

图 5-4　色氨酸操纵子的转录衰减

注:(a)序列 3 和 4 配对形成弱化子结构,其结构和功能类似于转录终止子;(b)序列 2 和 3 配对防止弱化子结构的形成,*trp* 合成基因表达。

　　色氨酸操纵子转录衰减也受体内色氨酸浓度的调控,其具体机制是:调控序列 1 在转录后马上被紧跟在 RNA 聚合酶后面的一个核糖体翻译出来,生成一条 14 个氨基酸残基的先导肽,该肽的第 10 位和第 11 位都是色氨酸残基,因而对色氨酸浓度敏感,它决定序列 3 是与序列 2 结合(允许转录继续)还是与序列 4 结合(使转录停止),其中序列 3 与序列 2 的结合能力大于与序列 4 的结合能力。当色氨酸浓度很高时,负载的色氨酸-tRNA(tRNA^{Trp})浓度也很高,从而在 RNA 聚合酶合成序列 3 之前,翻译可以迅速通过序列 1 中的 2 个色氨酸密码子进入序列 2。这样序列 2 被核糖体覆盖,当序列 3 合成时,序列 2 就不能与序列 3 配对,弱化子结构形成(序列 3 和序列 4 配对),转录停止(图 5-

4a)。而当色氨酸的浓度较低时,负载的 tRNA^{Trp} 浓度也低,核糖体在序列 1 的 2 个色氨酸密码子处停顿。当序列 3 合成时,序列 2 处于自由状态,序列 2 和序列 3 配对,使得转录继续(图 5 - 4b)。通过这种方式,转录就随着色氨酸浓度的增加而衰减。原核生物这种在色氨酸浓度高时通过阻遏和转录衰减作用关闭基因表达的方式,保证了营养物质和能量的合理利用。

与色氨酸操纵子类似,很多其他氨基酸操纵子也使用衰减机制调控相关酶的合成,以满足细胞的生长需求。苯丙氨酸操纵子产生的由 15 个氨基酸残基组成的先导肽含有 7 个苯丙氨酸残基,亮氨酸操纵子的先导肽含有 4 个连续的亮氨酸残基,组氨酸操纵子的先导肽含有 7 个连续的组氨酸残基。实际上,组氨酸和其他一些操纵子(不包括色氨酸操纵子)的表达仅仅利用转录衰减机制来调节就足以满足需要了。

四、阿拉伯糖操纵子调控基因表达机制

大肠埃希菌的阿拉伯糖操纵子(*ara* operon)的表达调控涉及另外几种机制:①调控蛋白 AraC 可以起正调控,也可以起负调控作用。AraC 可以通过与一段 DNA 调控序列结合,抑制 *ara* 操纵子的表达。AraC 与信号分子的结合可使其构象发生改变,与另一段 DNA 调控序列结合,激活转录。②AraC 蛋白可抑制编码自身的基因的表达,从而调控自身的合成,这种调控方式称为自调控(autoregulation)。③距启动子较远的 DNA 调控序列也可调控 *ara* 操纵子的表达。通过蛋白质与蛋白质相互作用和蛋白质与 DNA 相互作用,DNA 形成环状(DNA looping),拉近远处的 DNA 序列和启动子的距离。这与真核生物中基因表达调控方式比较接近。

五、SOS 应答诱导基因表达

与操纵子调控串联基因簇表达不同,原核生物染色体 DNA 的大量损伤可诱导相距很远的基因表达,很多被诱导的基因表达产物参与了 DNA 修复,称为 SOS 应答,是基因协同调控的一个范例。

原核生物 SOS 应答的关键调控因子是 RecA 蛋白和 LexA 阻遏蛋白。LexA 阻遏蛋白可抑制所有 *SOS* 基因的转录,*SOS* 基因的诱导表达需要 LexA 的解离(图 5 - 5a)。与前面介绍的 *lac*、*trp* 和 *ara* 操纵子不同的是,LexA 不是简单地应答一个小分子的结合,从而调控与 DNA 解离。LexA 的失活需要它自身催化一个特定的肽键断裂,生成两个大小相同的蛋白质片段。在生理条件下,这种自切割反应需要 RecA 蛋白。RecA 蛋白并不是传统意义上的蛋白酶,它通过与 LexA 的相互作用促进 LexA 的自切割反应,RecA 蛋白的这种功能被称为协同蛋白酶活性。RecA 蛋白建立了生物信号(DNA 损伤)和 *SOS* 基因表达之间的功能联系。严重的 DNA 损伤使 DNA 中出现大量的单链断裂,只有当 RecA 蛋白与单链 DNA 结合后,它才协助 LexA 的自切割,使 LexA 阻遏蛋白失活,包括 *recA* 的 SOS 基因表达被激活,RecA 蛋白浓度增加 50~100 倍,进一步促进 DNA 修复基因的表达(图 5 - 5b)。

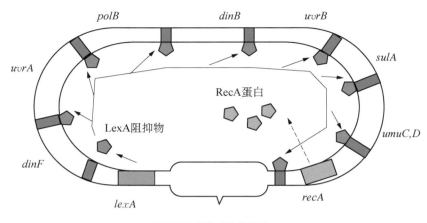

（a）DNA 损伤产生单链缺口

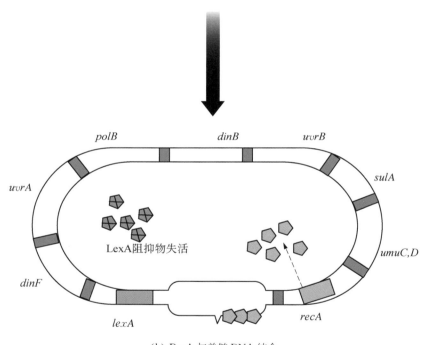

（b）RecA 与单链 DNA 结合

图 5-5　大肠埃希菌的 SOS 应答机制

注：（a）SOS 基因的诱导表达需要 LexA 的解离；（b）当 DNA 广泛受损伤时，RecA 蛋白与损伤的单链 DNA 结合，激活本身的协同蛋白酶活性，介导 LexA 阻遏蛋白的自切割和失活。

六、原核生物基因表达在翻译水平受到的调控

除了转录调控，原核生物基因表达在翻译水平也受到精细调控。与转录类似，翻译也主要在起始阶段受到调控。翻译起始的调控主要靠调节分子，调节分子可直接或间接决定翻译起始位点能否被核糖体识别。调节分子可以是蛋白质，也可以是 RNA。调节

蛋白可以结合 mRNA 起始密码子,阻止核糖体识别翻译起始区,从而阻断翻译。在原核生物中还存在一类调节基因,能够转录生成反义 RNA(antisense RNA)。反义 RNA 含有与特定 mRNA 翻译起始区互补的序列,可通过与 mRNA 杂交阻断核糖体对翻译起始密码子的识别与结合,抑制翻译起始,这种调控方式称为反义调控(antisense control)。反义 RNA 的调控作用具有重要的理论意义和应用价值。

▌第三节　真核生物基因表达的调控

　　相比前面介绍的原核生物基因表达的调控,真核生物具有一套更复杂的基因表达调控系统。人类细胞单倍体基因组包含 $3×10^9$ bp 的 DNA,是大肠埃希菌基因组总 DNA 的 800 倍,其中只有 10% 的序列编码蛋白质、rRNA、tRNA 等。其余 90% 的序列包括大量重复序列和非编码序列。真核生物 DNA 还常常与多种蛋白质结合,形成一个复杂的染色质结构。此外,真核生物的转录在细胞核内进行,翻译在细胞质中进行,这就需要细胞在 DNA 转录成 mRNA 后进行一系列的加工和转运。以上一系列真核生物基因表达的特点决定了真核生物必须具有一套更高级、更复杂的调控系统来完成基因表达的调控。真核生物基因表达的调控过程可分为转录水平调控、转录后水平调控、翻译水平调控和翻译后水平的调控。

　　真核生物基因表达的调控主要在转录水平进行,转录后水平、翻译水平和翻译后水平的调控对于基因的表达也非常重要。转录水平调控主要是大量的顺式作用元件(cis-acting element)和反式作用因子(trans-acting factor)的调控,另外还受染色质高级结构包括组蛋白和 DNA 修饰的调控。转录后水平调控包括 mRNA 的加工及 mRNA 的稳定性等。翻译水平调控包括 mRNA 的 5′端识别、翻译起始因子活性和蛋白质的合成调控。翻译后水平调控包括蛋白质翻译后修饰,以及修饰对于蛋白质活性和稳定性的调控。

一、染色质高级结构对于转录的调控

(一)组蛋白的调控

　　当基因处于激活状态时,染色质上的部分区域会处于活化状态,转录活跃区域内的组蛋白具有以下特点:富含赖氨酸的 H1 组蛋白含量降低,H2A - H2B 组蛋白二聚体稳定性降低,H3 和 H4 组蛋白易发生乙酰化、磷酸化和泛素化等修饰。核小体作为染色质的主要结构元件,其核心区是由 H2A、H2B、H3 和 H4 组成的八聚体,H2A - H2B 稳定性的改变和 H3、H4 的多种修饰会导致核小体的结构变得松弛和不稳定,降低其对 DNA 的亲和力,便于转录。

(二)DNA 甲基化的调控

　　DNA 甲基化调控是染色质水平调控转录的重要机制。真核基因组中胞嘧啶的第 5 位碳原子会在甲基转移酶的作用下被修饰,变成 5 -甲基胞嘧啶(5mC),这种现象在 CpG

序列中最为常见,研究者将这种富含 CpG 序列的区域称为 CpG 岛(CpG island)。CpG 岛主要位于启动子或第一个外显子,该区域高甲基化会导致转录抑制。TET(ten-eleven translocation)蛋白属于 DNA 双加氧酶家族,需要 α-酮戊二酸(α-KG)和二价铁离子作为辅助因子氧化底物 DNA。Anjana Rao 实验室在 2009 年报道了 Tet1 酶可将 5mC 氧化成 5hmC,华人科学家徐国良和张毅进一步研究发现,TET 蛋白可催化 5mC 的连续氧化反应:将 5mC 氧化生成 5hmC,5fC 和 5caC,最后通过 TDG 糖苷酶和碱基切除修复(base excision repair, BER)系统完成去甲基化,促进 DNA 的转录。

二、转录水平的调控

转录起始是真核生物基因表达调控的关键,RNA 聚合酶需要多个转录因子的相互作用才能形成转录起始复合体,这一过程受多种因素的调控。

(一) 顺式作用元件

顺式作用元件是指可调控自身基因表达活性的 DNA 序列,通常与基因串联在一起,顺式作用元件是 DNA 转录的调控区域,包括启动子和增强子。

1. 启动子(promoter) 真核基因启动子由核心启动子(core promoter)和上游启动子元件(upstream promoter element,UPE)两部分组成,是在基因转录起始位点及其上游 100~200 bp 的一组具有特定功能的 DNA 序列,是调控 RNA pol Ⅱ 转录起始和频率的关键因素。

(1) 核心启动子:是 RNA pol Ⅱ 转录起始所必需的 DNA 序列。大部分真核生物启动子在转录起始位点上游 25~30 bp 附近含有 TATA 盒(TATA box),具有长为 7 bp 的共同序列,即 5'-TATA(A/T)A(A/T)-3'。部分真核基因不具有 TATA 盒,取而代之的为起始元件(initiator element),大部分起始元件在转录位点附近,在 -1 处为 C,+1 处为 A。还有一部分真核基因既不含 TATA 盒,也不含起始元件,这些基因通常处于低频率转录状态。

(2) 上游启动子元件:核心启动子单独发挥作用只能产生基础水平的转录,上游启动子元件能够显著提高核心启动子的转录频率。常见的上游启动子元件有 CCAAT 盒和 GC 盒,通常位于启动子上游 100~200 bp。

生理条件下,RNA pol Ⅱ 的转录需要 20 种以上蛋白因子(TF Ⅱ)的参与。转录时,TF Ⅱ A、B、D、F 在启动子上形成初级复合体,随着 TF Ⅱ E、H 的加入形成完整的转录复合体,RNA pol Ⅱ 沿着模板 DNA 滑动转录,TF Ⅱ A、D 留在转录起始位点,其他蛋白因子随着 RNA pol Ⅱ 向模板 DNA 的 3′端移动。

2. 增强子(enhancer) 增强子是能够明显促进与其串联的基因转录频率的 DNA 序列。增强子最早发现于 DNA 病毒 SV40 基因转录起始位点上游 200 bp 处两段长为 72 bp 的正向重复序列。植物、动物和人类细胞中均存在增强子。实验表明,如果删除 SV40 基因上的两段 72 bp 序列,基因表达水平会明显降低,但是把这两段 72 bp 的序列放回原处或重组到 DNA 其他位置,基因则可正常转录。增强子的作用是可以累加的,当把 SV40 的增强子序列分为两部分时,每一部分的序列作为增强子的功能很微弱,但当两部分序列合在一起之后则能够表现出强增强子活性。增强子可远距离发挥作用,通常距离为 $1\sim4\,kb$,增强子的作用与序列方向无关,反向的增强子序列也具有促进转录的作用,增强子的作用依赖于启动子,没有启动子的存在,增强子不能发挥其功能,而且增强子偏好作用于两个串联的启动子。增强子没有基因专一性,能够在不同的基因组合间发挥作用,但其通常具有组织特异性,其功能依赖于一些特定的蛋白因子。

增强子可能存在多种促进转录的机制:①增强子可能影响 DNA 模板附近的双螺旋结构,导致 DNA 双螺旋弯折,促进增强子和启动子之间形成茎环,从而促进基因转录。②增强子有可能将 DNA 模板固定在细胞核内的特定位置,有利于 DNA 异构酶改变 DNA 双螺旋的张力,促进 RNA pol Ⅱ 的结合;③增强子可能作为反式作用因子或 RNA pol Ⅱ 进入染色质结构的"入口"。

2013 年,Whitehead 研究所的 Richard A Young 提出了"超级增强子"(superenhancer,SE)的概念。超级增强子是一类具有强转录活性的 DNA 序列,通常高密度地结合关键转录因子、辅因子和组蛋白。肿瘤细胞通过组装形成超级增强子,能够显著增加癌基因的表达,促进肿瘤细胞的增殖、侵袭与转移,靶向超级增强子药物的研发已成为临床药物研发领域的热点。

(二) 转录因子

转录因子(transfactor)是转录调控的关键分子,是由特定基因编码表达的蛋白质分子。转录因子通过与特异的顺式作用元件结合,反式激活另一基因的转录,因此也被称为反式作用因子。转录因子可分为通用转录因子和特异性转录因子,前者是所有基因转录时必需的一类辅助蛋白,可帮助 RNA 聚合酶与启动子结合并起始转录,后者在特定基因转录时必需,调控该基因的时空表达特异性。大多数转录因子是 DNA 结合蛋白,通常包含 DNA 结合域(DNA binding domain)和转录激活域(transcription activation domain),还有些转录因子有一个介导蛋白质-蛋白质相互作用的结构域,最常见的是二聚化结构域。转录因子和顺式作用元件的结合依赖于其 DNA 结合域中特殊的蛋白质模式(motif),常见的模式有以下 4 种。

1. **螺旋-转角-螺旋(helix-turn-helix,HTH)结构**　是一种较为常见的 DNA 结合序列的结构,通常为一个由 60 个氨基酸组成的同源结构域。这类分子至少含有 2 个 α 螺旋。噬菌体阻遏蛋白结合 DNA 的结构域最早被鉴定为 HTH 结构,*lac* 和 *trp* 操纵子阻遏蛋白、cAMP 受体蛋白 CAP 等 DNA 结合蛋白都具有 HTH 结构。

2. **锌指(zinc finger)结构**　最早发现于转录因子 TF Ⅲ A,广泛存在于多种 DNA 结合蛋白中,含有一个或多个重复,最多可达 37 个。每个锌指结构约有 30 个氨基酸残基,2 个半胱氨酸残基和 2 个组氨酸残基与 Zn 构成四面体配位结构,锌指结构中的 α 螺旋上不同的氨基酸残基负责识别不同的 DNA 碱基对,此类锌指结构被称为 Cys2/His2 锌指。类固醇激素受体家族含有两个连续的锌指结构,两个锌离子形成两个锌簇(zinc cluster),一个锌指负责与 DNA 结合,另一个锌指用于形成二聚体,该结构被称为 Cys2/Cys2 锌指。

3. **碱性亮氨酸拉链(basic leucine zipper,bZip)结构**　是由约 35 个氨基酸残基形

成的 α 螺旋,每圈螺旋含 3.5 个残基,每 2 圈含 1 个亮氨酸,2 个 α 螺旋形成二聚体,组装成拉链形状,该结构域通过 N 端碱性氨基酸构成 α 螺旋与 DNA 结合,因此称为碱性亮氨酸拉链。若不形成二聚体,碱性区域对 DNA 序列的亲和力会明显下降,bZip 广泛存在于反式激活因子中,如 cAMP 反应元件结合蛋白(cAMP response element binding protein,CREB)可通过亮氨酸拉链形成二聚体,并通过碱性氨基酸与 DNA 结合。

4. 碱性螺旋-环-螺旋(basic helix-loop-helix,bHLH)结构　含有两个 α 螺旋,两个螺旋通过回折叠加在一起,两个亚基通过 α 螺旋的疏水侧链相互作用形成二聚体,螺旋的 N 端与碱性氨基酸相连后与 DNA 结合。肌细胞定向分化的调控因子成肌分化抗原(myogenic differentiation antigen,MyoD)、原癌基因 *Myc* 编码蛋白等都属于 bHLH 蛋白。当这类二聚体中的一方不含碱性氨基酸区域时,其对 DNA 的亲和力就显著下降。

转录因子除了特异性结合 DNA 的结构域外,还存在一个或多个参与转录活化调控的结构域,主要有 3 类转录激活结构域:酸性激活结构域(acidic activation domain)、富含谷氨酰胺结构域(glutamine-rich domain)和富含脯氨酸结构域(proline-rich domain)。相比于酵母 Gcn4 和 Gal14 转录激活结构域,哺乳动物糖皮质激素受体和疱疹病毒激活子 VP16 含有较高比例的酸性氨基酸,这类结构域被称为酸性激活结构域。富含谷氨酰胺结构域最早在 SP1 转录因子中被发现,SP1 的两个转录激活区中富含谷氨酰胺。富含脯氨酸的结构域已在多个转录因子中被发现,如 c－Jun、AP2 和 Oct2,多个连续的脯氨酸残基能够显著激活转录。

除了转录激活外,还存在转录抑制的情况,通常通过调控转录因子结合来实现,主要有以下几种情况:①直接阻断转录因子的 DNA 结合位点(常见于原核生物);②不影响 DNA 结合,但可封闭转录激活结构域(如 Gal80 可封闭酵母转录因子 Gal4 的转录激活结构域);③与转录因子结合形成无法结合 DNA 的复合体。

顺式作用元件与转录因子对基因表达的调控最终要由 RNA 聚合酶的活性来实现,转录起始复合体的生成是基因表达调控的关键步骤。RNA 聚合酶的活性除了与启动子序列有关,还受到转录因子的调控,基本转录因子和特异转录因子共同决定了 RNA 聚合酶的活性。特异转录因子的表达具有时空特异性,因此其参与调控的 RNA 聚合酶活性也随之变化,动态调控基因表达。

三、转录后水平的调控

尽管转录水平调控是真核生物基因表达调控最重要的方式,其他水平的调控也扮演着较为重要的角色。真核生物 DNA 序列含有不翻译成蛋白质的序列,转录后的 RNA 必须经过加工才能成为成熟的 RNA。

(一) RNA 的加工

1. rRNA 和 tRNA 的加工　真核生物的 rRNA 基因转录后先生成 45S 的前体 rRNA,经过核酸酶切割后逐渐产生成熟的 28S、18S 和 5.8S rRNA。另外,真核生物成熟的 rRNA 会伴随甲基化修饰。tRNA 基因转录也可能是先生成前体 tRNA,初级转录产物进入细胞质经核苷修饰后生成 4.5S 前体 tRNA,再经过后期剪切变为成熟的 4S tRNA。

2. mRNA 的加工　编码蛋白质的基因转录成的 RNA 称为 mRNA，转录时先生成 RNA 前体(pre-mRNA，或称为 hnRNA)，mRNA 的加工过程主要包括在 5′端加上"帽子"和在 3′端加上 poly(A)的"尾巴"。

真核生物的基因按照转录的方式分为简单转录单位和复杂转录单位，这两种方式具有不同的转录后加工形式。简单转录单位只编码产生一个多肽，原始转录产物有时不需要加工，复杂转录单位通常编码一些组织和发育特异性的蛋白质，含有数量不等的内含子，原始转录产物能通过不同的加工方式产生多种 mRNA。

(1) 简单转录单位：主要有 3 种转录后加工形式(图 5-6)：①简单转录单位不含内含子，如组蛋白基因，其 mRNA 的 3′端没有 poly(A)尾，只有一段保守的回文序列终止转录信号(图 5-6a)；②简单转录单位没有内含子，mRNA 也不需要剪切，但在 mRNA 的 3′端需要加上 poly(A)尾，如腺病毒蛋白Ⅸ、α干扰素等(图 5-6b)；③简单转录单位的基因含有内含子，转录后需要加工，3′端需要加上 poly(A)尾，但是只产生一个有功能的 mRNA，因此也属于简单转录单位(图 5-6c)。

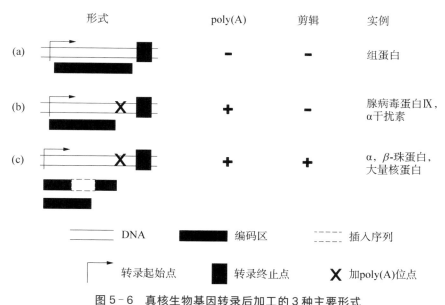

图 5-6　真核生物基因转录后加工的 3 种主要形式

注：根据是否含有内含子和 poly(A)可将简单转录单位分成 a、b、c 3 种。

(2) 复杂转录单位：其 mRNA 加工也有 3 种形式。①利用多个 5′端转录起始位点或剪切位点产生不同的蛋白质，如肌球蛋白碱性轻链通过不同的 5′端转录起始位点和剪切方式产生两个异构体，分别为 LC1 和 LC3(图 5-7)。②利用多个加 poly(A)位点和不同的剪切方式产生不同的蛋白质，如免疫球蛋白的 μ 链基因含有一个转录起始位点和两个 poly(A)位点，但 6 号外显子加上 poly(A)后，翻译生成相对分子质量较小的分泌型蛋白，可直接进入细胞质，当 8 号外显子加上 poly(A)后，翻译生成相对分子质量较大的膜结合型蛋白，能够与细胞膜结合在一起。③没有剪切，但是含有多个转录起始位点或

poly(A)位点的基因,如二氢叶酸还原酶具有多个不同的 5′端和 poly(A)位点,这类基因表达后往往产生多个 5′端的 mRNA,导致其翻译后产生分泌型或组成型等性质各异的蛋白质。

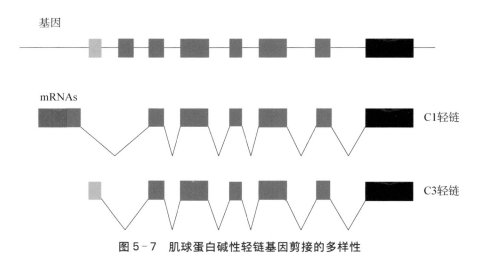

图 5-7　肌球蛋白碱性轻链基因剪接的多样性

注:肌球蛋白碱性轻链通过不同的 5′端转录起始位点和剪切方式产生两个异构体。

(二) mRNA 的稳定性

mRNA 是蛋白质生物合成的模板,它的稳定性将直接决定基因表达的最终效果。真核生物不同 mRNA 的半衰期差别很大,有的半衰期可达数十小时,有的只有几分钟。mRNA 的稳定性随着环境的变化而改变,影响 mRNA 稳定性的因素主要有以下几种。

1. 5′端的帽结构能够增加 mRNA 稳定性　mRNA 的 5′端帽结构可以使 mRNA 免于 5′核酸外切酶的降解,从而延长 mRNA 的半衰期。除此之外,mRNA 的 5′端帽结构还能与相应的结合蛋白结合,促进 mRNA 的翻译。

2. 3′端的 poly(A)尾能够防止 mRNA 降解　poly(A)尾能够防止 3′核酸外切酶的降解,增加 mRNA 的稳定性。如果去除 3′端的 poly(A)尾,mRNA 会很快被降解。有些 mRNA 的 3′-UTR 存在富含 AU 序列的核苷酸序列,能够与相应的蛋白结合,促进 poly(A)核酸酶切除 poly(A)尾,导致 mRNA 降解。

3. 部分小分子 RNA 可促进 mRNA 的降解　除了 mRNA 本身的"帽子"结构和"尾巴"以外,一些小分子非编码 RNA 也会促进 mRNA 的降解,如 miRNA 能够与 mRNA 结合,形成转录后沉默复合体,复合体中的 mRNA 最终也会被降解。

4. 部分蛋白质调节 mRNA 的降解　真核生物中,铁转运蛋白受体和铁蛋白负责细胞内铁离子的吸收和转运,它们具有相似的顺式作用元件,即铁应答元件(iron responsive element,IRE)。当细胞内铁离子水平出现高低波动时,铁转运蛋白受体和铁蛋白的蛋白水平能出现上百倍的变化,但是它们的 mRNA 水平没有显著变化,位于 5′端 UTR 的 IRE 能够控制 mRNA 的翻译效率,3′端 UTR 的 IRE 能够与 IRE 结合蛋白结合,阻止铁转运蛋白受体 mRNA 的降解(图 5-8)。

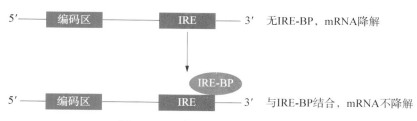

图 5-8 蛋白质调节 mRNA 的降解

注:IRE 结合蛋白(IRE-BP)通过与 IRE 结合稳定 mRNA。

四、翻译水平的调控

(一) mRNA 的 5′端帽结构的识别

绝大多数真核生物 mRNA 的 5′端都有帽结构,根据帽结构中的甲基化程度不同可分为 0 型,1 型和 2 型 3 种类型。0 型到 1 型的帽子生成主要在细胞核内进行,1 型到 2 型的加工主要在细胞质内进行,帽结构加工酶的不同决定了成熟 mRNA 不同的帽结构,而帽结构的识别往往决定了蛋白质翻译的起始。

(二) 蛋白质翻译的起始

真核生物蛋白质翻译起始时,40S 核糖体亚基首先与模板 mRNA 的 5′端结合,并向 3′端滑行,当 AUG 密码子出现时,核糖体 40S 小亚基与 60S 大亚基结合,形成 80S 翻译复合体。通过对 200 多种真核生物 mRNA 的研究发现,大部分真核生物 mRNA 的 5′端第一个 AUG 密码子前后序列为 A/G NNAUGG,显示该序列对于翻译的起始至关重要。

(三) 磷酸化修饰调控 mRNA 翻译

真核生物翻译起始因子(eukaryotic initiation factor,eIF)的活性对于翻译起始至关重要。eIF 的磷酸化修饰能够改变其活性,如 eIF-2 的 α 亚基能够被 cAMP 依赖的蛋白激酶磷酸化,导致 eIF-2 的活性被抑制,从而抑制蛋白质的翻译。5′端帽结构结合蛋白 eIF-4E 的活性也能够被磷酸化影响,磷酸化的 eIF-4E 与帽结构结合的能力是非磷酸化状态的 4 倍,能够显著提高翻译效率。

五、翻译后水平的调控

蛋白质是基因生物功能的执行者,新生蛋白质转运及其半衰期对于执行生命活动尤为关键。许多蛋白质在合成后需要特定的翻译后修饰才具备功能活性,目前常见的蛋白质翻译后修饰的类型有磷酸化、甲基化、乙酰化和泛素化等,磷酸化、甲基化、乙酰化和单泛素化修饰都会影响蛋白质的活性,而多泛素化修饰常见于蛋白质的降解,不同的修饰类型之间还存在着互相调控的关系,可见蛋白质的翻译后修饰对于其功能活性的调控尤为重要。

综上所述,真核生物的基因表达调控是一个多层次的复杂过程,目前尚有许多未明了的领域。近年来,随着研究的深入,科学家发现表观遗传在基因表达调控方面发挥了重要作用。下一节将对表观遗传调控基因表达的方式和机制进行简单介绍。

第四节　表观遗传调控基因表达

　　基因表达是所有生命活动的中心过程,基因表达的调控定义了组织和生物体的发育和稳态。基因表达的过程包括细胞核内的基因组 DNA,通过转录生成 mRNA,mRNA 从细胞核进入细胞质,再通过翻译生成蛋白质分子,行使各项生物功能。这一过程受到多种表观遗传修饰的调控。表观遗传(epigenetics)是指 DNA 序列不发生变化,但基因表达却发生了可遗传的改变,这种改变是细胞内除了遗传信息以外的其他可遗传物质发生的改变,而且这种改变在细胞增殖的过程中能稳定传递。本节将聚焦表观遗传对基因表达的调控,从 DNA 甲基化、组蛋白修饰、非编码 RNA 及染色质结构 4 个层次分别展开阐述。

一、DNA 甲基化调控基因表达

(一) DNA 甲基化概述

　　CpG 是 DNA 中由磷酸相连的胞嘧啶和鸟嘌呤的缩写,CpG 二核苷酸序列中的胞嘧啶碱基可发生甲基化修饰。哺乳动物体细胞基因组中 70%～80% 的 CpG 位点发生甲基化。随着技术的不断进步,在任何给定的细胞类型中,可以在单个 CpG 位点分辨率下测量 DNA 甲基化的水平。DNA 甲基化测序研究表明,高度甲基化的序列包括卫星 DNA、重复元件(包括转座子)、非重复基因间 DNA 和基因的外显子。大多数序列根据其 CpG 二核苷酸的频率进行甲基化,哺乳动物基因组的这种全局甲基化的主要例外是 CpG 岛(CpG island,CGI)。CGI 是长度为 200 bp～2 kb 的富含 CpG 的序列,在生殖细胞、早期胚胎和大多数体细胞组织中不甲基化(图 5 - 9)。CpG 岛主要位于基因的启动子(promotor)和外显子区域。事实上,大约 60% 的人类基因启动子都有 CGI,带有 CGI 启动子的基因以组织特异性的方式表达。近年来,随着分析特定细胞类型基因组甲基化的分辨率不断提高,使揭示与正常发育和疾病状态(如癌症和衰老)相关的 DNA 甲基化模式成为可能。除了 CGI,研究还揭示了其他差异甲基化区域(differential methylation region,DMR),称为"海岸"(shore)(距离 CGI 高达 2 kb)和"礁石"(shelf)(位于 CGI 的 2～4 kb 范围内)(图 5 - 9)。

　　1. DNA 甲基化谱式的建立、维持和去除　哺乳动物在胚胎发育时期通过 DNA 甲基转移酶(DNA methyltransferase)Dnmt3a 和 Dnmt3b 建立 DNA 甲基化谱式,在细胞分裂时通过 Dnmt1 介导的复制偶联的甲基化机制维持这种甲基化状态(图 5 - 10)。DNA 甲基化谱式的可继承性使基因组的表观遗传标记在细胞分裂过程中得以稳定传递,从而建立了一种细胞记忆的形式。虽然 DNA 甲基化模式可以在细胞间传递,但它不是永久不变的。实际上,生物体的一生都在发生着 DNA 甲基化模式的改变,一些变化可能是环境改变引起的生理反应,另外一些变化可能与细胞老化或恶性转化等病理进程有关。在细胞分裂的过程中,DNA 甲基化标记可以通过一种主动的去甲基化机制去除,

该机制涉及一系列称为 TET 蛋白的 DNA 双加氧酶,也可以被动地通过抑制甲基转移酶
Dnmt1 的表达来去除。DNA 甲基化可以直接调控基因表达,同时也可以通过它们与其他
表观遗传机制(如组蛋白赖氨酸甲基化和乙酰化)的紧密关联实现对基因表达的调控。

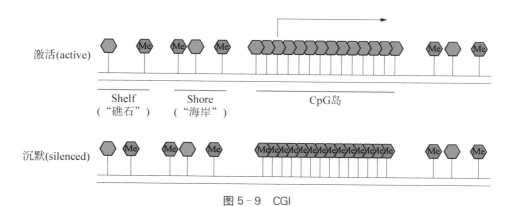

图 5-9　CGI

注:CGI 是长度为 200 bp~2 kb 的富含 CpG 的序列,CGI 区域的甲基化可以实现基因的长期沉默;"海岸"是基因
组中距离 CGI 最多 2 kb 的区域;"礁石"是距离 CGI 2~4 kb 的区域。

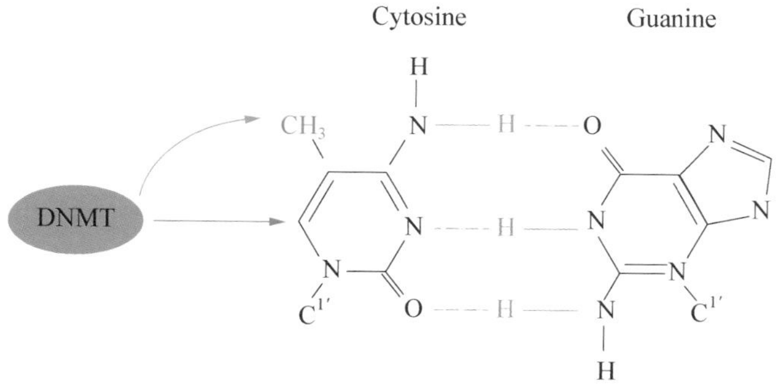

图 5-10　DNA 中的胞嘧啶甲基化

注:在胞嘧啶环(绿色箭头)的 5′位置添加甲基(红色)不会干扰 GC 配对(蓝色)。在甲基转移过程中,DNA 甲基
转移酶共价结合在 C6 位(红色箭头)。

2. DNA 甲基化与人类疾病　在 2003 年人类基因组计划完成之后,美国和英国等
国家随即开展了癌症基因组计划,到目前为止已经完成了包括 33 种肿瘤的 11 000 多个
肿瘤样本的全基因组测序。这项工程的主要成果之一是发现多个调控表观遗传的基因
在很多肿瘤中发生了突变,比如,在将近一半的急性髓系白血病(acute myeloid
leukemia, AML)患者中 DNA 甲基化调控基因发生了突变,其中就包括 TET2。TET2
属于 DNA 双加氧酶 TET 家族。TET 可催化 5mC 的氧化反应:将 5mC 催化生成
5hmC,5fC 和 5caC,最后通过 TDG 和 BER 系统去甲基化,激活 DNA 的转录(图
5-11)。DNA 甲基化(5mC)由 DNMT 建立和维持。5mC 可被 TET 家族双加氧酶氧
化生成 5hmC、5fC 和 5caC。因为氧化的 5mC 衍生物不能作为 DNMT1 的底物,它们可

以通过复制依赖的被动去甲基化而丢失。5hmC 可以被 AID/APOBEC 脱氨成 5hmU，它与 5fC 和 5caC 一起可以被 TDG 等糖基化酶切割，然后通过 DNA 修复生成 C，也可能由脱羧酶将 5caC 转化为 C。

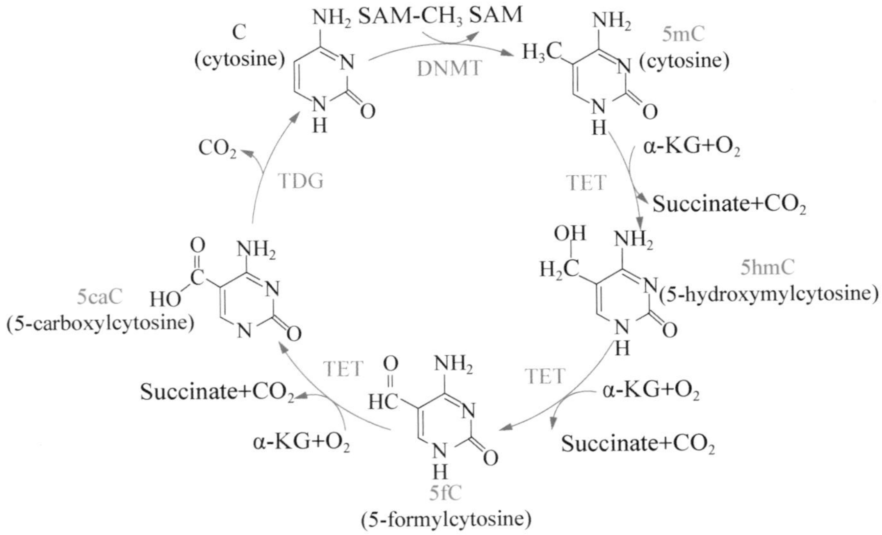

图 5-11　TET 起始的 DNA 去甲基化途径

注：TET 通过催化 5mC 的连续氧化促进 DNA 去甲基化。

在生理条件下，TET2 主要在细胞命运决定、细胞分化及发育方面发挥作用。遗传研究表明，TET2 可以调控受精卵、胚胎和围生期发育，造血细胞分化，以及多能干细胞重编程等生理过程。有研究表明，DNA 序列特异性的转录因子可以招募 TET2 激活特定靶基因的表达，从而调控多个生理过程。此外，TET2 还在髓系和淋巴系造血系统肿瘤中频繁发生突变，值得注意的是大部分突变是失活突变。TET2 突变会导致造血干细胞自我更新异常，被认为是导致血液系统肿瘤发生的最常见遗传改变之一。TET2 在 AML 中突变率非常高，研究表明，在 27.4% 的 AML 患者中 TET2 发生了突变，在没有发生 TET2 突变的 AML 患者中，有 20% 发生了异柠檬酸脱氢酶 IDH1/2 的突变，突变的 IDH1/2 可产生致癌代谢物 D-2-羟戊二酸（D-2-HG），抑制 TET2 的活性，从而抑制克隆造血功能，导致白血病的发生。值得注意的是，TET2 和 IDH1/2 在白血病患者中的突变是互斥的，进一步证明两者通过同一信号通路抑制白血病的发生、发展。在人类疾病中也发现了编码关键的 DNA 甲基化复合物组分的基因突变：Dnmt3b 的突变导致免疫缺陷，甲基化 CpG 结合蛋白 2（methyl-CpG-binding protein 2，MeCP2）的突变引发严重的神经疾病 Rett 综合征。由此可见 DNA 甲基化调控系统的完整性对于哺乳动物的健康是极为重要的。

（二）DNA 甲基化对基因表达的调控

DNA 甲基化的研究主要集中在 DNA 甲基化如何调控基因表达的问题上。分子生物学和遗传学研究都表明,DNA 胞嘧啶甲基化(5mC)与转录抑制有关,并在诸如 X 染色体失活、基因印记等事件中起重要作用。5 -氮杂胞苷(5-azacytidine，5 – Aza)可以代替胞嘧啶进入 DNA,并与 DNA 甲基转移酶形成共价复合物,使其不能继续甲基化,从而抑制活体细胞 DNA 甲基化,使 DNA 甲基化对自然状态基因表达影响的研究成为可能。目前已经发现几种基因的沉默,包括病毒基因组和失活 X 染色体上的基因都与 DNA 甲基化相关,5 – Aza 能够使它们恢复表达,这一研究结果表明,DNA 甲基化可能对这些基因的表达沉默起决定性的作用。这一观点得到了动物实验的进一步证实,在 Dnmt1 敲除的小鼠中,Dnmt1 失活导致了全基因组 DNA 甲基化的缺失,以及失活 X 染色体基因、反转录转座子和印记基因(如 H19 和 Igf2)的激活。

　　DNA 甲基化是如何调控基因表达的呢？ 一种可能的机制是甲基位于 DNA 双螺旋的大沟内,许多 DNA 结合蛋白在这里与 DNA 结合,甲基通过促进或排斥各种 DNA 结合蛋白而发挥作用。某些转录因子只与 CpG 未甲基化的 DNA 序列结合,这时 CpG 若发生甲基化就可以阻止这些蛋白结合并影响转录。小鼠中 CTCF(CCCTC 结合因子)蛋白对 H19/Igf2 印迹作用的研究证明,这一机制确实参与了基因表达调控。CTCF 结合在转录区域边界,它能使启动子不受远处增强子的影响,由于 CTCF 结合在 Igf2 启动子和下游增强子之间,因此来自母本的 Igf2 基因拷贝是沉默的,而在父本的基因拷贝中 CTCF 结合的 CpG 位点是甲基化的,因此 CTCF 不能结合,从而使下游增强子激活 Igf2 的表达。

二、组蛋白修饰调控基因表达

(一) 组蛋白修饰概述

1. 组蛋白修饰类型与作用　　组蛋白(histone，H)N 末端不同位点受到多种不同类型的翻译后修饰(图 5 - 12),如乙酰化(acetylation，Ac)、甲基化(methylation，Me)、磷酸化(phosphorylation，P)、泛素化(ubiquitinoylation，Ub)、生物素化(biotinylation，BI)、SUMO 化(small ubiquitin-like modifier)、ADP -核糖基化(ADP-ribosylation)等,这些修饰可以通过调控染色质的结构和组成,直接影响转录因子与基因启动子的结合,从而调控基因表达。

2. 组蛋白修饰调控染色质结构和基因表达　　染色质的结构会因组蛋白上发生的修饰而改变。在组蛋白修饰中,一般乙酰化与活性染色质相联系,甲基化与失活染色质相联系。组蛋白 H3 和 H4 N 端的乙酰化通常使染色质活化,而组蛋白 H3K9 发生甲基化则使染色质失活。

　　不同的组蛋白修饰酶(乙酰化酶、去乙酰化酶、甲基化酶、去甲基化酶、泛素化酶、去泛素化酶等)对组蛋白进行不同的修饰,根据组蛋白中被修饰氨基酸的种类,修饰位点和修饰程度不同而效应不同,不同修饰的组合与基因的表达状况密切相关,因此构成了独特的组蛋白密码(histone code)(图 5 - 13)。组蛋白 N -末端的各种修饰为各种效应蛋白发挥作用提供了结合位点,而效应蛋白与修饰后组蛋白末端的结合控制着染色质的状态,从而影响 DNA 的复制、基因的表达调控、X 染色质的失活及基因组印迹等表观遗传

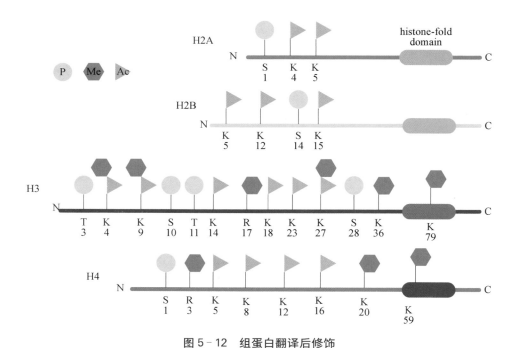

图 5-12　组蛋白翻译后修饰

注:组蛋白 N 端受到多种不同类型的翻译后修饰。Ac:乙酰化;Me:甲基化;P:磷酸化。

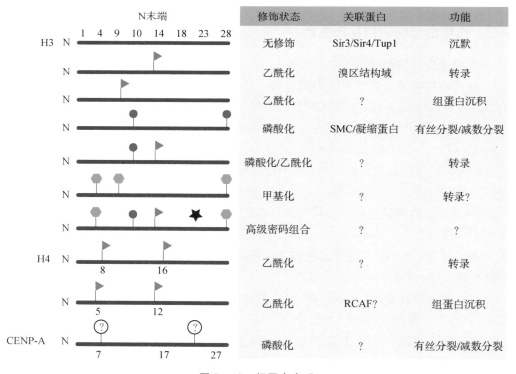

图 5-13　组蛋白密码

注:不同的组蛋白修饰酶对组蛋白进行不同的修饰,形成组蛋白密码,调控基因表达。

现象,这被称为组蛋白密码假说(Histone code hypothesis)。组蛋白密码扩展了 DNA 序列自身包含的遗传信息,在更高层次上丰富了基因组信息,赋予遗传信息更广泛的灵活性与多样性,构成了生物体不同发育期和不同条件下基因特异性表达的表观遗传标志(epigenetic mark)。

　　组蛋白修饰调控基因表达的机制主要有以下 3 种:①组蛋白乙酰化或磷酸化等修饰可以中和组蛋白的正电荷,改变组蛋白与 DNA 结合的特性,从而导致染色质结构的改变,激活转录。②组蛋白修饰可以抑制某些染色质结合因子的结合,促进其解离,如 H3S10 磷酸化修饰可拮抗 HP1 与甲基化 H3K9 的结合。③组蛋白修饰可以为某些染色质结合因子提供结合的位点,如 HP1 通过其 chromo 结构域与甲基化的 H3K9 相结合(图 5 - 14)。

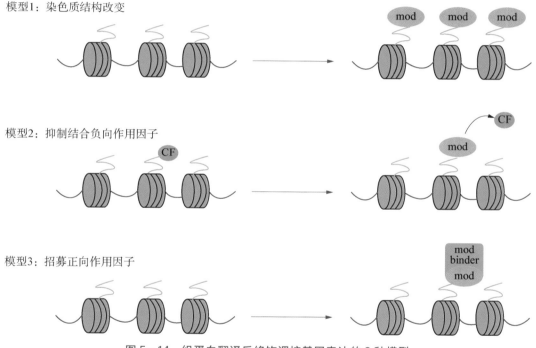

图 5 - 14　组蛋白翻译后修饰调控基因表达的 3 种模型

注:组蛋白可通过 3 种不同的机制调控基因表达。

(二)组蛋白甲基化修饰与去甲基化酶

　　组蛋白甲基化是表观遗传调控的关键共价修饰,与 DNA 甲基化一起构成表观遗传的标志。组蛋白甲基化的位点是赖氨酸和精氨酸,其中赖氨酸可以分别被一、二、三甲基化,精氨酸只能被一、二甲基化。尽管已知其他组蛋白修饰(如乙酰化和磷酸化)都是可逆的,组蛋白甲基化曾被认为是一个不可逆性的过程,当时科学界怀疑,这种酶可能不存在,组蛋白甲基化之后,甲基可能不会被去除,可以遗传到子代细胞。直到 2004 年,哈佛医学院的施扬教授发现了第一个组蛋白的去甲基化酶赖氨酸特异性去甲基化酶(lysine specific demethylase 1，LSD1）。在 FAD 的参与下，LSD1 在体外可以特异去除 H3K4 的一甲基化和二甲基化修饰，在体内则可以去除 H3K9 的一甲基化和二甲基化修饰。LSD1 是单胺氧化酶家族的一个成员，由于单胺氧化酶反应的过程中需要 ε-N 原子上一个额外的质子的参与，所以 LSD1 去甲基化的活性受到底物的限制，不能去掉赖氨酸上的三甲基化修饰，这说明除 LSD 去甲基化酶家族外还存在其他类型的组蛋白去甲基化酶。2006 年，北卡罗来纳大学教堂山分校的张毅教授发现了一类含有 JmjC 结构域的组蛋白去甲基化酶，JmjC 家族去甲基化过程需要铁离子和 α-酮戊二酸参与反应，并且去甲基化酶 JHDM3A ［jumonji C（JmjC）-domain-containing histone demethylase 3A，也称 JMJD2A］可以去除 H3K9 和 H3K36 上的三甲基化修饰。组蛋白赖氨酸三甲基化的去除作为表观遗传修饰的重要途径，可以相应地影响端粒的长度，可能调控机体增殖、衰老、肿瘤发生等重要生物学过程。在之后的研究中还鉴定出另外 20 多种去甲基化酶，它们都属于 LSD 家族或 JmjC 家族。这些发现证明了组蛋白赖氨酸位点上甲基化修饰的可逆性，结束了数十年来有关组蛋白甲基化可逆性的争论，这代表着组蛋白修饰领域的重大突破，进一步加深了我们对表观遗传和基因表达调控的理解。

组蛋白甲基化已成为表观遗传学研究的重点和热点。超过 20 个组蛋白去甲基化酶催化了几乎所有主要组蛋白赖氨酸甲基化位点和许多精氨酸甲基化位点的去甲基化，但是第三类组蛋白去甲基化酶尚未发现的可能性依然存在。主要依据是 H3K79 甲基化修饰的去甲基酶仍未找到，该修饰的独特之处在于它是唯一一个被非 SET 结构域组蛋白甲基转移酶 Dot1/Dot1L 催化的甲基化修饰，因此很容易推测 H3K79 去甲基也可能使用新的不同家族的组蛋白去甲基化酶。此外，新的精氨酸去甲基化酶也可能构成一类新的组蛋白去甲基化酶。目前，组蛋白去甲基化酶的功能研究主要在基因转录调控方面，特别是转录起始，但是这不能完全解释组蛋白去甲基化酶在生物学和病理过程中的广泛参与，一个值得探讨的方向是组蛋白去甲基化酶如何参与转录延伸、DNA 复制和修复过程。另外，组蛋白去甲基化酶本身受到的调控也尚待探索，它们的表达和活性如何调节？组蛋白去甲基化酶发现的影响已超出了组蛋白甲基化的调控范围，包括促进了对 DNA 去甲基化酶的探索和鉴定。因为组蛋白的甲基化是可逆的，并且通过调控基因表达参与许多生理和病理过程，包括干细胞自我更新、发育和肿瘤发生，因此组蛋白去甲基化酶很有潜力成为未来"表观遗传药物"的治疗靶标。

（三）组蛋白乙酰化

1. **组蛋白乙酰化和乙酰基转移酶**　所有的核心组蛋白都能被乙酰化修饰，乙酰化通常在 DNA 复制和基因活跃表达的情况下发生，乙酰化修饰的主要靶点是组蛋白 H3 和 H4 N 端的尾部。组蛋白乙酰化修饰由组蛋白乙酰转移酶（histone acetyltransferase，HAT）催化，组蛋白乙酰转移酶也称为赖氨酸乙酰转移酶（KAT），可以将组蛋白中赖氨酸残基的侧链氨基乙酰化。HAT 通过调控基因转录参与不同的生物学过程，包括细胞周期、剂量补偿和信号转导等。因此，HAT 功能异常与多种人类疾病相关，包括白血病和实体肿瘤的发生、发展，以及代谢异常。目前，已经开发出具有治疗潜力的小分子 HAT 抑制剂。HAT 在某些情况下也可以对非组蛋白进行乙酰化修饰。近年来的乙酰化研究表明,蛋白质乙酰化作用已超出组蛋白和与转录相关的生物学范畴,延伸至其他生命过程。

2. 溴结构域蛋白和基因表达调控　溴结构域(bromodomain,BrD)是一种能识别乙酰化赖氨酸残基的蛋白结构域,这种识别是一些转录因子和组蛋白结合,以及染色质结构重塑的先决条件。BrD 与乙酰化赖氨酸的结合是特异的,解离常数(Kd)通常在数十至数百微摩尔的范围内。不同的乙酰化赖氨酸配体都可以与 BrD 结合,包括乙酰化的组蛋白,以及 HIV - 1 Tat 和 p53 等非组蛋白。

BrD 蛋白具有调控染色质结构和基因转录等多种功能。组蛋白乙酰基转移酶 PCAF、GCN5 和 p300/CBP 也属于 BrD 蛋白,它们是转录共激活因子,BrD 有助于其底物的募集和组蛋白的特异性,从而在染色质介导的基因转录调控中提供赖氨酸乙酰化与乙酰化介导的蛋白-蛋白相互作用之间的功能性联系。BrD 蛋白还参与染色质重塑,含 BrD 的染色质重塑蛋白包括 SMARC2 和 SMARC4,以及具有 ATP 依赖的解旋酶活性的酶 ATAD2 和 ATAD2B。此外,在许多蛋白中发现了双溴结构域,包括转录起始复合体 TF Ⅱ D 亚基 TAF1,以及 BET 蛋白 BRD2,BRD3,BRD4。BET 蛋白通过其两个 BrD 在各种生物学过程中发挥重要作用。BET 蛋白可以将 p - TEFb 复合体(CDK9 和细胞周期蛋白 T1)募集到 RNA pol Ⅱ,促进转录激活复合体的组装和基因表达。BRD4 通过其溴结构域与 H4K5ac 结合,通过调控染色质结构促进转录激活。研究表明,BRD2 和 BRD3 也参与组蛋白乙酰化与转录的偶联。除组蛋白外,含 BrD 的蛋白也可以和非组蛋白中的乙酰化赖氨酸残基结合,调控基因转录。BRD4 通过与非组蛋白靶标的相互作用在炎症反应中起作用,它通过 BrD 与 NF - kB RelA 亚基上乙酰化的 K310 结合,充当 NF - κB 转录激活的共激活因子,促进靶基因的表达。

三、非编码 RNA 调控基因表达

(一) 非编码 RNA 概述

非编码 RNA(non-coding RNA)是一类不翻译为蛋白质的 RNA 分子,包括相对分子质量较小的核小 RNA(snRNA)、核仁小 RNA(snoRNA)、微小 RNA(miRNA)、干扰小 RNA(small interfering RNA,siRNA)、piwi-interacting RNA(piRNA),以及相对分子质量较大的长链非编码 RNA(lncRNA)等。不同类型的非编码 RNA 参与不同的生物学过程,如 RNA 的成熟过程(snRNA,snoRNA)、基因的表达调控(miRNA,siRNA,piRNA,lncRNA),以及蛋白质的合成过程(rRNA,tRNA)。基因表达的过程需要多种非编码 RNA 协助:mRNA 的剪切涉及 snRNA;转运 RNA(tRNA)通过特异性识别 mRNA 上的三核苷酸序列将氨基酸以相应的顺序募集到核糖体上,从而将 mRNA 序列翻译为肽或蛋白质;核糖体 RNA(rRNA)是细胞中含量最丰富的 RNA 分子,与多种蛋白质结合形成核糖体,负责蛋白质生物合成;这些管家 RNA 组成型表达,对于基因表达调控和维持细胞正常功能至关重要。这些管家 RNA 中很大一部分带有化学修饰,这些修饰是由 snoRNA 添加的。miRNA 和 lncRNA 是近年来研究比较多的非编码 RNA,下面将两者调控基因表达的机制和功能做一介绍。

（二）miRNA

miRNA 是一类由内源基因编码的长度为 18～25 个核苷酸的非编码 RNA 分子,通过与靶标 mRNA 的 3′UTR 特异性结合,引起靶标 mRNA 分子的降解或翻译抑制,在动物和植物中广泛地参与基因的表达调控。研究发现,每个 miRNA 分子可靶向上百个 mRNA,总的 miRNA 可靶向人类基因组中约 30% 的基因,这意味着 miRNA 对真核生物的转录组和蛋白质组具有全局性影响。miRNA 还可通过与表观遗传修饰酶(如 DNA 甲基转移酶 DNMT、组蛋白去乙酰化酶 HDAC 和组蛋白甲基转移酶 EZH)结合来执行表观遗传调控基因表达的功能。miRNA 的表达也受到表观遗传机制的调控(如 DNA 甲基化、RNA 修饰等),因此在生物体中形成了一个 miRNA 与表观遗传反馈调节的环路网络。miRNA 与表观遗传负反馈的网络调节机制能够调控细胞的多种生物学过程,如细胞增殖、凋亡和分化,这一负反馈网络的异常可能诱发肿瘤。

1. miRNA 的产生及调控基因表达的机制　内源性 miRNA 基因在 RNA pol Ⅱ 的介导下转录产生含有发夹结构、长为 65～70nt 的初始微 RNA(pri‐miRNA),pri‐miRNA 在细胞核内被 Drosha‐DGCR8 复合体加工生成前体微 RNA(pre‐miRNA)。随后,pre‐miRNA 在出核蛋白 5(exportin-5)的帮助下从细胞核转移至细胞质,再经 RNase Ⅲ 内切酶 Dicer 剪切为 18～25nt 的 miRNA‐miRNA 二聚体(一条为引导链,另一条为信息链),最后二聚体中的一条链加载至 RNA 诱导的沉默复合物(RAN-induced silencing complex, RISC)中引导其作用于靶基因,另一条链被降解(图 5‐15)。另外,研究发现,miRNA 也可通过 Dicer 酶非依赖形式产生。miRNA 的特异性靶向结合位点通常位于 mRNA 的 3′UTR,miRNA 引导 RISC 发挥的生物学作用通常是使得靶基因 mRNA 降解或表达抑制。但近年来也有研究表明,miRNA 结合 5′UTR 或编码区之后能够激活基因表达。欧罗米(Orom)等发现,miR‐10a 能够结合众多编码核糖体蛋白的 mRNA 并促进 mRNA 的翻译。

2. 表观遗传调控 miRNA　DNA 甲基化常发生于 CpG 岛。miRNA 基因启动子区域内 CpG 岛的高甲基化具有基因沉默的功能,该区域的甲基化抑制转录因子和 RNA 聚合酶与 DNA 序列的结合,导致 miRNA 基因表达受到抑制。相反,该区域 CpG 岛的低甲基化则激活基因表达。Jin 等发现,miR‐424 作为肿瘤抑制因子在神经胶质瘤细胞中受到甲基化调控,miR‐424 启动子区域 CpG 岛的高度甲基化降低其表达,从而增强了神经胶质瘤的迁移、侵袭能力。使用 DNA 甲基转移酶抑制剂药物 5‐Aza 处理后,其表达量升高。miR‐10b 启动子的高度甲基化也抑制 miR‐10b 的表达,导致肾透明细胞癌恶化。数据库分析结果显示,一半以上的 miRNA 基因存在 CpG 岛,表明 miRNA 的表达可能广泛地受到 DNA 甲基化的调控。

除了 DNA 甲基化,组蛋白修饰也同样能够导致 miRNA 的激活或抑制。组蛋白氨基末端存在多种修饰,如甲基化、乙酰化、泛素化和磷酸化等。组蛋白的乙酰化修饰使得染色体的结构由紧变松,从而激活基因转录;相反,去乙酰化会压缩染色体,从而抑制基因表达。Liu 等研究发现,组蛋白去乙酰化酶(HDAC)抑制剂 LBH589 可使 HL60 白血病细胞中 miR‐124 的表达增加,并与下游靶基因 *CDK4*、*CDK6* 及 *EZH2* 的沉默相

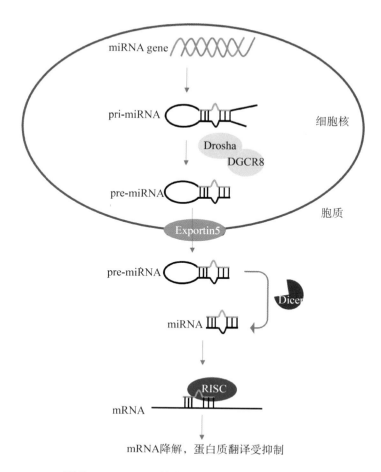

图 5-15　miRNA 的产生及调控基因表达的机制

注：miRNA 经过 pri-miRNA 生成 pre-miRNA，pre-miRNA 经 Dicer 剪切生成 miRNA-miRNA 二聚体。二聚体中的一条链与靶基因 3'UTR 结合，导致靶基因 mRNA 降解或翻译抑制。

关。同样，用另一种 HDAC 抑制剂 OBP-801 处理前列腺癌细胞系，可通过上调 miRNA 抑制雄激素受体的活性，从而抑制前列腺肿瘤的发生。组蛋白上不同位点的赖氨酸甲基化能激活或抑制基因的表达，研究人员在胰腺癌细胞中使用一种 EZH2 组蛋白赖氨酸-N-甲基转移酶抑制剂 3-去氮拉霉素-A（DZNep）下调了 52.3% 的 miRNA，同时激活了 50 多个 miRNA 的表达。Wang 等使用专一性抑制 H3K27 去甲基化酶的抑制剂 GSK-J4，在 HEK293T 细胞中显著下调 miR-145。

　　RNA 修饰被认为在 miRNA 的表达调控中也起重要作用。目前，研究人员已发现超过 140 种 RNA 修饰，包括 m6A、m5C、m1A 等，其中 m6A 结合蛋白 HNRBPA2B1 可促进 pri-mRNA 的加工处理过程。另外，敲减 m6A 的去甲基化酶 FTO 导致多种 miRNA 的稳定性改变。

　　3. miRNA 参与表观遗传调控　miRNA 除了能被表观遗传机制调控，其自身也调控表观遗传修饰酶的表达。DNA 甲基化与去甲基化主要由 DNMT 和 TET 介导。

miR-29b 属于 miR-29 家族,其靶向 DNMT 和 TET 并影响 DNA 甲基化。在早期胚胎发育过程中,miR-29 的特异性抑制剂通过上调 DNMT3A/B 和 TET1 及下调 TET2/3 提高基因组的甲基化水平。过表达 miR-101 可沉默 DNMT3A 的表达,抑制肺癌细胞增殖,最终导致肺癌细胞的凋亡。Xie 等预测 miR-377 可靶向 DNMT1 mRNA 的 3′UTR,而一些与皮肤衰老相关的基因(如 FoxD3、p53 等)的启动子甲基化水平可被 DNMT1 调控,表明 miR-377-DNMT1-p53 轴可能在皮肤衰老这一生物学过程中发挥重要作用。

除了 DNA 甲基化,miRNA 也能调控组蛋白修饰,进而调控靶基因的表达。生物信息学分析表明,哺乳动物精子发育过程中组蛋白修饰如 H3K4me1、H3K27me3、H3K27ac、H3K9ac、H3K4me3 和 H2AZ 都受到 miRNA 的调控。miR-34a 通过结合 HDAC1 mRNA 的 3′UTR 抑制 HDAC1 表达,进而促进组蛋白 H3K9ac,最终改变下游靶基因的表达,导致细胞中脂质异常积累。与此相似,Denis 等发现在乳腺癌中,miR-138 可以调控组蛋白去甲基化酶 KDM5B 的表达,过表达 miR-138 显著降低 KDM5B,抑制乳腺癌细胞的增殖、侵袭。

(三) lncRNA

lncRNA 是一类长度大于 200 个核苷酸的非编码 RNA。研究表明,lncRNA 存在计量补偿效应(在 XY 性别决定机制生物中,使性连锁基因在两种性别中有相等或近似相等的有效剂量的遗传效应)、表观遗传调控、细胞周期调控和细胞分化调控等众多生命活动中发挥着重要作用,是遗传学研究的热点。

1. lncRNA 产生的生物学机制　lncRNA 在基因表达的调控中起着相似的作用,但众多 lncRNA 的起源并不相同,有以下几种:①破坏蛋白质编码基因翻译阅读框产生;②染色体重组产生;③通过逆向转座复制非编码基因产生;④通过部分串联复制机制产生包含相邻重复的非编码 RNA;⑤将转座因子插入基因中而产生功能性、能转录的非编码 RNA 的方式产生。

2. lncRNA 参与表观遗传调控　lncRNA 起初被认为是基因组转录的"噪音",是 RNA pol Ⅱ 转录的副产物,不具有生物学功能。然而,近年来的研究表明,lncRNA 参与了 X 染色体沉默、基因组印记、染色质修饰、转录激活、转录干扰、核内运输等多种重要的生物学过程,lncRNA 的重要作用也开始引起研究人员的广泛关注。

那么 lncRNA 是如何调控基因表达的呢? lncRNA 通过调节染色质的可及性参与基因表达调控过程,激活或抑制多个基因表达。迄今为止,大量 lncRNA 在功能上被视为染色质重塑复合物[如多梳抑制复合体 2(polycomb repressive complex 2,PRC2)]的引导分子,以靶向细胞核中的基因组 DNA 位点。例如,lncRNA FENDRR 通过将 PRC2 募集到靶标启动子位点来抑制靶基因表达,从而控制心脏的发育。类似地,lncRNA HOTAIR 位于 HOXC 基因座,作为指导 PRC2 进入 HOXD 簇的向导,导致 PRC2 介导整个 HOXD 基因座的转录沉默现象。同时,lncRNA HOTAIR 还能结合 LSD1/CoREST/REST 复合体,因此可作为两个组蛋白修饰复合体的支架。还有研究表明,在乳腺癌中过表达 HOTAIR 会导致 PRC2 的全基因组重新靶向,导致组蛋白 H3K27 甲基化的广泛改变,并增加肿瘤侵袭和转移的能力。哺乳动物基因组序列中 $4\%\sim9\%$ 的序列产生的转录本是 lncRNA,而编码蛋白质的序列的比例是 1% 左右,虽然近年来 lncRNA 的研究进展迅速,但是绝大部分 lncRNA 的功能目前仍不清楚。随着研究的推进和新的 lncRNA 的大量发现,lncRNA 的研究将是 RNA 基因组研究非常吸引人的一个方向。

四、染色质组分和结构调控基因表达

细胞的生长、分裂、衰老及死亡都受基因控制,而细胞内基因存在与发挥功能的结构基础是染色质。与基因组直接相关的细胞活动都是在染色质水平进行的,如 DNA 复制、基因转录、同源重组、DNA 修复等。染色质是指间期细胞核内由 DNA、组蛋白、非组蛋白及少量 RNA 组成的线性复合结构,是间期细胞遗传物质存在的形式。在细胞有丝分裂或减数分裂时,染色质在细胞核内压缩形成高度致密、形态清晰的棒状结构,称为染色体。实际上,两者化学组成没有差异,是遗传物质在细胞周期不同阶段的表现形式。大鼠肝细胞染色质常被用作染色质成分分析模型,其中组蛋白与 DNA 含量之比接近于 $1:1$,非组蛋白与 DNA 之比为 $0.6:1$,RNA 与 DNA 之比为 $0.1:1$。DNA 与组蛋白是染色质的稳定成分,非组蛋白与 RNA 的含量则随细胞生理状态不同而变化。在真核细胞的细胞周期中,遗传物质大部分时间以染色质的形态存在。下面分别介绍不同染色质组分及染色质结构调控基因表达的机制。

(一) 染色质 DNA 与基因表达

某一生物的细胞中储存于单倍染色体组中的总遗传信息,被称为该生物的基因组。真核生物基因组 DNA 的含量比原核生物高得多。以人类基因组为例,基因组 DNA 可以分为以下几类:①蛋白编码序列。一般在基因组中只有一个拷贝,少数情况下也会出现多拷贝,在人类基因组中只含有 1.5% 左右。②编码 rRNA、tRNA、snRNA 和组蛋白的串联重复序列,一般有 $20\sim300$ 个拷贝,在人类基因组中约占 0.3%。③含有重复序列的 DNA。可以分为串联重复序列和散在重复序列,其中 DNA 转座子、LTR 反转座子、非 LTR 反转座子和假基因都属于散在重复序列,这类 DNA 在基因组中占有很大一部分。④未分类的间隔 DNA。⑤高度重复 DNA 序列,包括卫星 DNA,小卫星 DNA 和微卫星 DNA。

生物的遗传信息储存在 DNA 的脱氧核苷酸序列中,核苷酸序列形成 DNA 的一级结构。基因的表达不仅取决于 DNA 分子的一级结构,也受二级结构的调控。DNA 二级结构是指两条多核苷酸链反向平行盘绕所形成的双螺旋结构。DNA 二级结构构型分3 种:①B 型 DNA(右手双螺旋 DNA),是经典的 Watson-Crick 结构,水溶液和细胞内天然 DNA 大多为 B 型 DNA。②A 型 DNA(右手双螺旋 DNA),是一般 B 型 DNA 的重要变构形式,其分子形状与双链 RNA 和 DNA/RNA 杂交分子相近。③Z 型 DNA(左手双螺旋 DNA),也是 B 型 DNA 的变构形式。因为碱基对并不充满双螺旋的全部空间,且其占据的空间不对称,所以在双螺旋表面会形成大沟及小沟,其中大沟在遗传信息表达调控过程中起关键作用。基因表达调控蛋白通过其分子上特定的氨基酸侧链与沟中碱

基对两侧潜在的氢原子供体(=NH)或受体(O 和 N)形成氢键而识别 DNA 遗传信息，大沟和小沟中这些氢原子供体和受体各异且排列不同，大沟携带的信息要比小沟多。另外，沟的宽窄及深浅也直接影响碱基对的暴露程度，从而影响调控蛋白对 DNA 信息的识别。B 型 DNA 是活性最高的 DNA 构型，变构后的 A 型 DNA 仍有较高活性，变构后的 Z 型 DNA 活性明显降低。此外，DNA 双螺旋能进一步扭曲盘绕形成特定的高级结构，DNA 二级结构的变化与高级结构的变化是相互关联的，这种变化在基因转录调控中具有重要的生物学意义。

(二) 组蛋白与基因表达

在真核细胞中，与 DNA 紧密结合形成染色质的结构蛋白称为组蛋白。组蛋白富含带正电荷的精氨酸(Arg)和赖氨酸(Lys)等碱性氨基酸，其中 H1 富含 Lys，H3 和 H4 富含 Arg，而 H2A 和 H2B 则介于两者之间，这些碱性氨基酸大部分集中在 N 端，而疏水性氨基酸大部分集中在 C 端。因此，N 端易与酸性的 DNA 相结合，而 C 端易与其他非组蛋白相结合。组蛋白的活性和功能被多种翻译后修饰调控，如甲基化、乙酰化、泛素化、磷酸化、糖基化和乳酸化等，这些修饰可影响组蛋白电荷和空间结构，与染色质在转录时发生的结构变化有关，对基因表达具有重要调控作用。组蛋白上有些位点受到不止一种类型的修饰，不同的修饰调控不同的功能，例如，组蛋白 H3K9 在不同条件下可被乙酰化或甲基化，H3K9 的乙酰化通常激活转录，而甲基化则抑制转录，同时该位点的甲基化还可以促进 DNA 的甲基化，这些交互作用为染色质信号传递调控基因表达增加了另一层次的复杂性。

组蛋白修饰还可以通过不同的机制调控染色质活性。组蛋白修饰可以直接改变染色质的结构，也可以产生非组蛋白的结合位点，通过招募非组蛋白改变染色质的特性。近年来，已鉴定出许多与特定修饰的组蛋白结合的蛋白质结构域。例如，在与染色质相互作用的多种蛋白质中发现了溴结构域。溴结构域识别乙酰化的赖氨酸，不同的含溴结构域的蛋白质则可识别不同的乙酰化靶点。溴结构域本身只能识别非常短的 4 个氨基酸序列，包括乙酰化的赖氨酸，因此靶点识别的特异性取决于其他位点的相互作用。甲基化的赖氨酸也可以被许多不同的结构域识别，它们不仅可以识别特定的修饰，而且可以区分单、双或三甲基化的赖氨酸。用于识别特定甲基化位点的不同氨基酸序列的数量，表明了组蛋白修饰的重要性和复杂性。例如，HP1 的染色质结合域可识别组蛋白 H3K9 的三甲基化；JMJD2A 的 Tudor 结构域则识别组蛋白 H3K4 的三甲基化。组蛋白单个修饰的效果并非总是可预测的，不同修饰的组合对于染色体的功能至关重要，因此必须考虑所处环境的其他修饰才能真正代表染色质的功能。

(三) 非组蛋白与基因表达

非组蛋白是指与特异 DNA 序列结合的蛋白质，所以又称序列特异性 DNA 结合蛋白(sequence specific DNA binding protein)，包括多种参与基因表达调控的蛋白，如 RNA 聚合酶和转录因子等。非组蛋白种类众多，根据它们与 DNA 结合的结构域不同，主要可分为 4 个不同的家族：螺旋-转角-螺旋模式(helix-turn-helix motif)、锌指模式(zinc finger motif)、亮氨酸拉链模式(leucine zipper motif，ZIP)、螺旋-环-螺旋模式

(helix-loop-helix motif，HLH)。与组蛋白相比，非组蛋白具有以下特性：①酸碱性。组蛋白是碱性的，而非组蛋白大多是酸性的。②多样性。非组蛋白占染色质蛋白的60%～70%，不同组织细胞中其种类和数量都不相同，代谢周转快。③特异性。能识别特异的 DNA 序列，识别位点存在于 DNA 双螺旋的大沟部分，识别与结合靠氢键和离子键。④功能多样性。在每个真核细胞中，与 DNA 特异序列结合的蛋白质数量为10 000 个分子左右，约占细胞总蛋白的 1/50 000，但具有多方面的重要功能，包括染色质高级结构的形成和基因表达的调控等。

（四）染色质结构与基因表达

不同的染色质结构决定了其不同的功能，松散的结构有利于基因的表达，致密的结构则有利于在细胞分裂过程中 DNA 的平均分配。高度压缩的染色质结构极大地阻碍了基因的转录。有两个家族的染色质修饰酶可以通过调控染色质结构，促进基因转录。第一个家族是通过在组蛋白尾部的共价修饰发挥作用，这些修饰包括组蛋白的磷酸化、乙酰化和泛素化等，调控组蛋白与 DNA 或组蛋白相互作用因子的结合。第二个家族成员能够利用 ATP 水解时释放的能量来破坏核小体中组蛋白和 DNA 结合。

当用 DNase I 消化染色质时，会首先在特定的超敏位点引起 DNA 双链断裂。超敏位点是由染色质的局部结构产生的，该结构可能具有组织特异性。许多超敏位点与基因表达有关，每个活跃表达的基因都有一个超敏位点，有时不止一个，大多在启动子区域。大多数超敏位点仅存在于表达相关基因或准备表达相关基因的细胞的染色质中，在失活的基因中则通常没有超敏位点。DNase I 的敏感性反映了染色质中 DNA 的可用性。超敏位点说明在该染色质区域中，DNA 没有组装成核小体结构，因此不受组蛋白八聚体的保护，但这并不一定意味着它不含蛋白质，超敏位点通常由特定的调节蛋白的结合而产生。产生超敏位点的蛋白质可能是各种类型的调节因子，当转录因子与启动子结合时，会产生与转录相关的超敏位点，使 RNA 聚合酶更有利于接近 DNA。

染色体的不同区域具有不同的功能，通常以特定的染色质结构或修饰状态为特征。染色体上存在较远距离控制基因转录的元件。这些远程相互作用的存在表明，染色体还必须包含其他的功能元件，以将染色体划分为可以相互独立调节的区域。染色体构象捕获方法与大规模测序相结合，构成了相对全面的相互作用图谱，可研究整个基因组的三维结构。结果表明，哺乳动物和果蝇的基因组形成一串拓扑相关结构域，它们被不同的边界隔开。拓扑相关结构域的特征是基因座频繁相互作用，但不同拓扑相关结构域内基因座之间很少相互作用。因此，拓扑相关结构域将染色体分隔成具有不同功能的区域。拓扑相关结构域的大小各不相同，但在哺乳动物细胞中，它们的平均大小约为 1 Mb。分隔拓扑相关结构域的边界包含一类被称为绝缘子的元件，这些元件可防止拓扑相关结构域之间的相互作用，并阻止效应（激活或抑制）的通过，比如当绝缘子位于增强子和启动子之间时，将阻止增强子激活启动子。

（五）染色质分类与基因表达

染色质按其形态特征、活性状态及染色性能可分为两种类型：常染色质和异染色质。常染色质是指间期细胞核内染色质纤维折叠压缩程度低，相对处于伸展状态，用碱性染料染色时着色浅的那些染色质。构成常染色质的 DNA 主要是单一序列 DNA 和中度重复序列 DNA。常染色质并非所有基因都具有转录活性,处于常染色质状态只是基因转录的必要条件,而不是充分条件。异染色质是指间期细胞核中,染色质纤维折叠压缩程度高,处于聚缩状态,用碱性染料染色时着色深的那些染色质。异染色质又分为结构异染色质(组成型异染色质)和兼性异染色质。结构异染色质指的是各种类型的细胞中,除复制期以外,在整个细胞周期均处于聚缩状态,DNA 组装比在整个细胞周期中基本没有较大变化的异染色质。兼性异染色质是指在某些细胞类型或一定的发育阶段,原来的常染色质聚缩,并丧失基因转录活性,变为异染色质。

染色质按功能状态的不同又可分为活性染色质和非活性染色质。活性染色质是指具有转录活性的染色质。活性染色质的核小体发生构象改变,具有疏松的染色质结构,从而便于转录调控因子与顺式调控元件结合和 RNA 聚合酶在转录模板上滑动。活性染色质有以下主要特征:活性染色质具有 DNase I 超敏感位点(DNase I hypersensitive site);活性染色质很少与组蛋白 H1 结合;活性染色质的组蛋白乙酰化程度高;活性染色质的核小体组蛋白 H2B 很少被磷酸化;活性染色质中核小体组蛋白 H2A 在许多物种中很少有变异形式;HMG14 和 HMG17 只存在于活性染色质中。非活性染色质是指不具有转录活性的染色质。

（吕　　雷）

参考文献

[1] 郭俊明,汤华. 非编码 RNA 与肿瘤[M]. 北京:人民卫生出版社,2014.

[2] 汤其群. 生物化学与分子生物学[M]. 上海:复旦大学出版社,2020.

[3] 王镜岩. 生物化学[M]. 3 版. 北京:高等教育出版社,2007.

[4] 翟中和,王喜忠,丁明孝. 细胞生物学[M]. 3 版. 北京:高等教育出版社,2007.

[5] 周春燕,药立波. 生物化学与分子生物学[M]. 9 版. 北京:人民卫生出版社,2018.

[6] 朱冰. 表观遗传学[M]. 北京:科学出版社,2021.

[7] 朱玉贤. 现代分子生物学[M]. 4 版. 北京:高等教育出版社,2013.

[8] ALLIS D. Epigenetics [M]. 2nd ed. New York:Cold Spring Harbor Press,2015.

[9] KREBS JE, GOLDSTEIN ES, KILPATRICK ST. Lewin's genes XII [M]. Massachusetts:Jones & Bartlett Publishers,2017.

[10] NELSON DL, COX NM. Lehninger 生物化学原理[M]. 周海梦,昌增益,译. 3 版. 北京:高等教育出版社,2005.

第二篇 疾病的遗传基础

第六章　单基因病

单基因病(single gene disorder)，又称为单基因遗传病，是指由单个基因的突变引起的遗传病，它的发生主要受一对等位基因控制，其遗传方式遵循孟德尔遗传规律，因此也常被称为孟德尔遗传病(Mendelian disorder)。一个世纪前，感染性疾病、营养不良等非遗传性疾病是儿童死亡的首要原因，但随着公共卫生状况的改善，遗传性疾病逐渐成为发达国家儿童死亡的主要病因。英国的统计数据显示，遗传学病因在儿科全因死亡率中的占比从 1914 年的 16.5％上升到 1976 年的 50％。据估计，仅单基因病就占婴儿死亡率的约 20％和儿科住院患者的约 10％。另外，心脏病、糖尿病和肿瘤等常见疾病的病因也与遗传因素有关，且部分患者属于单基因病范畴。随着我们对疾病遗传学基础的了解不断深入，数据库和评价工具日益完善，新基因和新表型的不断发现，单基因病所占权重还可能继续增加。大多数单基因病属于罕见病范畴，但也有部分单基因病或性状具有较高的发生率，如红绿色盲等。单基因病基因型与表型关系明确，研究方法简单，为我们研究相关疾病发病机制创造了有利的条件，而且研究结果也可为揭示具有类似表型的复杂疾病的病理生理学机制提供有价值的线索。因此，单基因病一直是分子遗传学研究的重点内容。明确单基因病的遗传学病因，不但可为相关疾病治疗药物的开发提供可靠靶点，也可为患者或患者亲属的遗传咨询、生育咨询、疾病诊治和预防创造条件，加之高通量分型技术的应用日益广泛，使得分子遗传学在基础研究和临床医学实践中的作用更加突出。

第一节　遗传学基本原理

奥地利遗传学家孟德尔(Gregor Johann Mendel，1822—1884)于 1866 年发表了研究论文"植物杂交实验"，首次提出分离定律(law of segregation)和自由组合定律(law of independent assortment)。1910 年，美国遗传学家摩尔根(Thomas Hunt Morgen，1866—1945)提出了连锁与交换定律(law of linkage and crossover)，它和分离定律、自由组合定律并称为遗传学的三大定律，在生物界具有普适性，共同奠定了现代遗传学的基础。

分配定律是指生物体内成对的等位基因在生殖细胞形成过程中彼此分离，分别随机进入不同的生殖细胞，即每个生殖细胞只有亲代成对等位基因中的一个，使亲代某一遗传性状在子代中分离的现象。分离定律的意义在于，它在生物界具有普遍性，从本质上阐明了遗传变异的机制，证明了基因在体内是独立存在的，否定了混合式遗传学说，还首次提出了基因和性状的关系。在医学实践中,可以利用分离定律对单基因病的基因型、遗传方式和临床诊断做出科学的推断,估计患者子女再患的概率和风险,指导临床采取正确的防治措施,减少有害基因的传递机会。

自由组合定律是指生物在生殖细胞形成过程中,非等位基因之间是完全独立的,所有成对的等位基因分离后以随机自由组合的方式进入不同的生殖细胞。自由组合定律的生物学意义在于,它在分离定律的基础上,进一步揭示了多对基因之间自由组合的关系,不同基因自由组合是生物发生变异和生物界多样性形成的重要原因。在临床实践中,可利用自由组合定律分析两种或两种以上遗传病在一个家系中的发病机制、传递规律和患病风险评估,为遗传病的预测和诊断提供理论依据。

连锁与交换定律是指同一条染色体上的若干相邻基因彼此间总是联系在一起,构成一个连锁群作为一个单元向子代传递,同时在减数分裂过程中,连锁群中的等位基因又可发生交换,使基因连锁群重新组合。连锁对于生命的延续是非常重要的,因为一个细胞中有许多基因,如果它们全部独立遗传,很难保证在细胞分裂过程中使每个子细胞都能准确获得每一个基因。交换可以使配子中的基因组变化无穷,从而带来生物个体间的更多变异,为自然选择提供更大的可能性。在减数分裂时,位于同源染色体上的等位基因彼此分离,位于非同源染色体上的非等位基因可以自由组合。每一种生物的基因数量远大于染色体数目,这样每一条染色体上必然有很多基因。连锁交换定律回答了基因在染色体上是如何排列的,同一条染色体上的不同基因的遗传规律,为绘制染色体图谱提供了理论基础。

在医学实践中,人们可以利用基因的连锁与交换定律,来推测某种遗传病在子代中的发生风险。根据连锁与交换定律,生殖细胞在减数分裂时非姐妹染色体发生交换,如果一条染色体上存在两个相邻的遗传位点,距离越远,发生交换的机会越多,则出现重组的概率越高;反之,若两者距离越近,重组机会越少,两个位点越倾向于一起遗传,表现为连锁。这为进行基因的定位克隆提供了理论基础,而鉴定致病基因并分析其致病机制正是单基因病防治的关键。若同一染色体的两个遗传位点在 100 次减数分裂过程中发生 1 次重组,则定义它们之间的遗传距离为一个 cM(centimorgan),平均相当于物理长度 1 Mb。定位克隆是利用遍布于人类基因组的遗传标记来寻找与特定性状相关的遗传位点,也就是在基因组里寻找答案。基本原理是通过观察减数分裂时发生的重组事件获取信息,通过尽可能多的重组交换事件捕捉共遗传的 DNA 片段,确定相关基因在基因组内位置的左右边界,为进一步克隆基因创造有利条件(图 6 - 1)。定位克隆可分为两类,基于大家系的连锁分析(linkage analysis)和基于群体或简单核心家系的连锁不平衡分析(linkage disequilibrium analysis)。定位克隆的最大优点是可以对那些没有明显机制线索的疾病进行疾病-染色体定位-基因的反向遗传学研究,从而在基因组内确认发生了遗传变异而导致某一特定遗传疾病发生的基因,这一方法在单基因病的致病基因克隆过程中已取得巨大成功。

自我复制是生命的基本特征,遗传物质是一切生命活动的物质基础,而染色体位于细胞核中,是遗传信息的载体。人类基因组全长约 3Gb,包含 2~2.5 万个编码蛋白质的

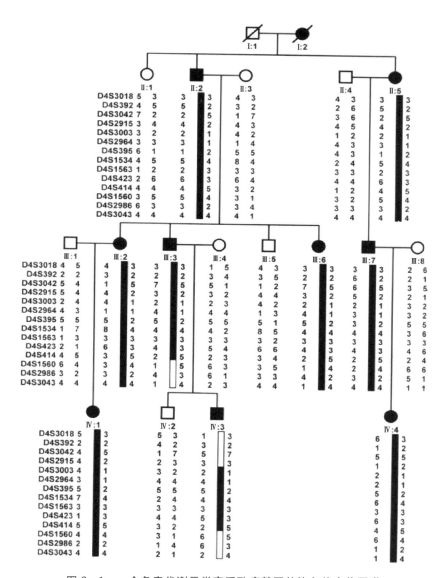

图 6-1 一个色素代谢异常家系致病基因的染色体定位图谱

基因,分布于 23 对染色体,其中编码基因全长仅占人类基因组全序列的 1.1%～1.4%。不同个体间的基因数量、位置和排列顺序都是一致的,大部分基因变异是不同人群共有的。两个个体间的基因组序列的 99.9% 是一致的,正是这 0.1% 决定了不同个体间的性状差异。当然,并不是所有的基因变异都明显影响表型,只有部分变异与疾病显著相关。人类有 23 对染色体,包括 22 对常染色体和 1 对性染色体。常染色体的编号一般从长到短进行,其中 1 号染色体最长,约 249 Mb,其次为 2 号染色体,长约 242 Mb,22 号和 21 号染色体最短,分别为 51 Mb 和 47 Mb。哺乳动物 X 和 Y 染色体是从一对常染色体进化而来的,Y 染色体在进化过程中失去了大部分的祖先基因,而在 X 染色体中这些基因得以保留。人类 X 染色体长 156 Mb,而 Y 染色体只有 57 Mb。女性的核型为 46,XX,

男性的核型为 46，XY。

基因组内众多基因的表达水平存在明显的时空差异，在所有的组织和细胞中均有不同程度表达的基因称为管家基因（housekeeping gene），而那些只在一种或几种细胞中表达且赋予某种细胞特殊功能的基因称为专业基因（specialty gene）。每一个人类基因都是在漫长进化过程中逐步形成的，每一个基因都在个体的形成、发育、衰老和死亡的生命全过程或某一特定阶段中起一定作用。因此，导致基因功能异常的遗传变异必将对个体的生命过程产生相应的干扰，若这种影响不是胚胎致死的，且其他基因的表达或环境因素也不能有效补偿，就有可能导致某种疾病的发生。这种由于遗传缺陷导致的疾病被称为遗传性疾病，简称遗传病（genetic disorder）。遗传因素可以是胚系遗传变异，也可以是体细胞的基因变异；在一对同源染色体上，可能其中一条为突变基因，也可能两条染色体对应位点都是突变基因。随着现代医学的发展，感染性疾病逐渐得到控制，各种遗传病的危害日益突出，在儿童死亡病因中，与基因变异有关的疾病所占比例逐年升高。根据遗传学机制不同，遗传病可分为染色体病、单基因病、多基因病、线粒体病、体细胞遗传病等。大多数遗传病为先天性疾病，但先天性疾病不一定是遗传病。单基因病也不都是先天性的，绝大多数单基因病发生在产前、婴幼儿、少年时期，青春期后发病的单基因病不到 10%，只有约 1% 的更年期后发病，如 *PLA2G6*、*FBXO7*、*ATP13A2* 等基因突变导致的帕金森病等。

单基因病根据其致病基因所在染色体性质及基因显、隐性质的不同，可以分为常染色体遗传病和性连锁遗传病两大类，两类可分别再进一步分为显性遗传病和隐性遗传病两种。因此，单基因病可分为常染色体显性、常染色体隐性、X 连锁显性、X 连锁隐性和 Y 连锁等。近年来高通量基因分型技术的快速发展有效地克服了传统定位克隆方法的不足，越来越多的单基因病的致病基因被克隆。到 2022 年 4 月，人类单基因病的权威数据库 OMIM 收录的已知致病基因的单基因病或表型有 6 065 种，已知的致病基因有 4 242 个，而且数量仍在不断增加。

▌第二节　常染色体显性遗传病

对于一个具体的等位基因而言，依据其对表型的影响强度可以分为显性基因和隐性基因，通常显性基因用大写字母表示。

一、常染色体显性遗传病的遗传学特征

对单基因病而言，显性基因是指两个等位基因的任何一个存在有害突变，即在杂合状态下就可引起疾病表型；隐性基因是指两个等位基因同时存在有害突变，即没有正常等位基因的状态下才引起疾病。如果用 A 代表决定某种显性性状的基因，用 a 代表其相应的隐性等位基因，那么在完全显性的情况下，Aa 与 AA 的表型完全相同，即在杂合子中，显性基因 A 的作用完全表现出来，而隐性基因 a 的作用被完全掩盖，从而使它们

表现出相同的性状。即在杂合子时,隐性基因的作用被其显性基因所掩盖,而不表现出相应的性状。

常染色体显性遗传(autosomal dominant inheritance,AD)是指控制性状或疾病的显性基因位于常染色体的遗传方式,这种遗传方式控制的疾病被称为常染色体显性遗传病。理论上,若杂合子出现表型则被定义为显性基因,而不管杂合子和纯合子是否具有共同的表型。实际上,显性基因的纯合突变常具有比杂合子更严重的临床表型。在已知的人类单基因病中,50%以上属于常染色体显性遗传。

确定遗传病家系遗传方式的快捷方法是进行家谱(pedigree)分析,家谱是指某种遗传病患者与家庭各成员相互关系的图解。在进行分析时,不能只采信患者或其亲属的口述,还应进行必要的医学检查,并详细了解患者的年龄、病情、死亡原因、近亲婚配等情况。子代获得有害突变和出现疾病表型的概率取决于父母的基因型和表型。在家系成员数量有限的情况下,仅根据一个家族的系谱分析资料往往不能准确判断该病的遗传方式和特点,通常需要将多个具有相同遗传性状或表型的家族的系谱联合分析,才能做出准确、可靠的判断。对于显性遗传病而言,携带新生突变(de novo mutation)的患者并不罕见。对于表型正常的双亲而言,如果不考虑误诊、表现度和不完全外显等因素的影响,生育患儿的风险实质上就是新生突变的发生概率。突变在代际间传递过程中的选择压力取决于患者的生殖适合度(reproductive fitness),许多显性遗传病的生殖适合度都是明显降低的,生殖适合度和患者群体中新生突变占比成反比。对于生殖适合度为0的疾病,意味着患者没有生育后代的机会,突变不能发生代际间传递,所有患者的致病突变均为新生突变。对于生殖适合度没有明显变化的常染色体显性遗传病,患者多携带遗传性突变而较少携带新生突变。

常染色体显性遗传病常见的致病机制有:①单倍剂量不足(haploinsufficiency),尽管正常的等位基因可以从功能上补偿突变等位基因,但对于某些基因而言,生理功能的维持需要50%以上基础表达量的正常功能的基因表达产物,一个等位基因的缺陷导致正常功能蛋白量的减少即可诱发疾病表型,常见于转录因子、膜受体、结构蛋白等编码基因。②显性负性效应(dominant negative effect),突变蛋白不仅自身失去正常生物学功能,还可通过影响功能多聚体的形成、与正常蛋白竞争性结合互作分子等方式干扰正常蛋白的功能。③功能获得(gain of function),要维持生命活动的正常有序进行对某些基因的功能有严格度量的要求,若突变蛋白活性增强且打破了各蛋白之间漫长进化过程中形成的相互平衡,就可能导致疾病,常见于基因拷贝数增加、突变蛋白活性增强等。

在临床上,有些非单一基因缺陷的染色体病也易被误诊为单基因病,如平衡易位、微缺失等相邻基因综合征(contiguous gene syndromes)、家庭成员共享环境因素导致的疾病等。确认疾病是否是由单个基因突变引起的,有时需要基因产物或蛋白水平存在缺陷的证据支持。

图6-2是一个常染色体显性遗传病的典型系谱图,其特征如下:①致病基因位于第1~22号常染色体,突变杂合子是患者;②一般情况下,患者双亲中的一方也是患者;

③男性和女性的患病风险相同,患者的同胞兄妹约 50% 为患者;④系谱分析可见系谱中连续传递,无间断现象,呈垂直传播,因为只需要一个等位基因突变即可导致疾病表型;⑤如果双亲为非患者,则子女一般不是患者;⑥也可由新生突变引起,在散发患者中新生突变更为常见。疾病的生殖适合度愈低,来源于新生突变的比例愈高,携带新生突变患者的同胞发病风险为新生突变的发生概率。

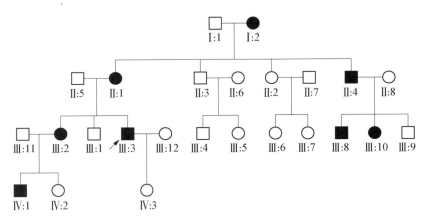

图 6-2　常染色体显性遗传病系谱图

二、常染色体显性遗传病的临床实例和发病风险估计

总体而言,常染色体显性遗传病几乎都不是常见病,但由于种类繁多,其总和发病率并不低。Alagille 综合征(Alagille syndrome,MIM 118450)就是一种较为常见的常染色体显性遗传病,它可累及肝脏、心脏、骨骼、眼睛、肾脏和中枢神经等,其遗传学机制与 $JAG1$ 和 $NOTCH2$ 基因突变导致的 Notch 信号通路异常有关。现有研究显示,97% 的患者为 $JAG1$ 基因异常引起,其余为 $NOTCH2$ 突变所致。Alagille 综合征的典型临床特征为胆管缺乏所致的胆汁淤积、以周围肺动脉狭窄为主的先天性心脏病、以面部畸形及蝶形椎骨为主的骨骼异常和角膜后胚胎环为主的眼科表型。Alagille 综合征的胆管缺乏发生率约为 90%,具有明显的临床表型异质性,即使是同一家系的同一突变携带者也可能出现不同表型。

在 Alagille 综合征群体中,30%～50% 的基因突变来源于父母遗传,其他患者携带新生突变。$JAG1$ 基因突变的外显率为 96%,$NOTCH2$ 基因突变的外显率接近 100%。另外,也有体细胞嵌合突变的报道。患者子代的发病风险为 50%,家系成员建议进行必要的产前检查和胚胎植入前的基因检查。由于 Alagille 综合征临床表型存在很强的异质性,因此无法通过分子遗传学的产前检测准确预测临床表现。对于不完全符合临床诊断标准但有患病亲属的个体,也应合理怀疑其诊断为 Alagille 综合征。其他相对常见的常染色体显性遗传病见表 6-1。

表 6-1　常染色体显性遗传病

疾病中文名	疾病英文名	表型 MIM 编号	致病基因	基因 MIM 编号
短指(趾)症 A 型	brachydactyly，type A1	112500	*IHH*	600726
成骨不全Ⅰ型	osteogenesis imperfecta，type Ⅰ	166200	*COL1A1*	120150
多囊肾 1 型	polycystic kidney disease 1	173900	*PKD1*	601313
神经纤维瘤病Ⅰ型	neurofibromatosis，type Ⅰ	162200	*NF1*	613113
结节性硬化症	tuberous sclerosis-1	191100	*TSC1*	605284
营养不良性肌强直 1 型	myotonic dystrophy 1	160900	*DMPK*	605377
遗传性对称性色素异常症	dyschromatosis symmetrica hereditaria	127400	*ADAR1*	146920
考登综合征Ⅰ型	Cowden syndrome Ⅰ	158350	*PTEN*	601728
急性间歇性卟啉症	porphyria，acute intermittent	176000	*HMBS*	609806
亨廷顿病	huntington disease	143100	*HTT*	613004
血管性血友病Ⅰ型	von Willebrand disease，type Ⅰ	193400	*VWF*	613160
马方综合征	Marfan syndrome	154700	*FBN1*	134797
努南综合征 1 型	Noonan syndrome 1	163950	*PTPN11*	176876
家族性高胆固醇血症 1 型	hypercholesterolemia，familial，1	143890	*LDLR*	606945
结直肠家族性腺瘤性息肉病	colorectal adenomatous polyposis	175100	*APC*	611731

就常染色体显性遗传病而言,对于表型正常的双亲,如果不考虑误诊、表现度和不完全外显等因素的影响,再次孕育患儿的风险与新生突变的发生率相同;但对于存在嵌合突变的配偶,表型正常的双亲再次孕育患儿的风险远高于新生突变的发生概率。如果用 A 代表决定某种性状的显性基因,用 a 代表相应的隐性等位基因,AA 和 Aa 具有相同表型,在完全外显和不考虑新生突变的情况下,不同婚配类型家庭的子代发病风险见表 6-2。

表 6-2　常染色体显性遗传病在不同婚配类型家庭中子代的发病风险估计

亲代基因型	子代基因型	子代患病风险估计
Aa×Aa	AA、Aa、Aa、aa	正常(25%)、患者(75%)
Aa×aa	Aa、aa、Aa、aa	正常(50%)、患者(50%)
aa×aa	aa、aa、aa、aa	正常(100%)

第三节　常染色体隐性遗传病

常染色体隐性遗传(autosomal recessive inheritance，AR)病的致病基因为隐性基因,它们位于 1~22 号常染色体,只有在同源染色体上的两个等位基因同时发生突变,没有正常等位基因的个体才可能发病,而杂合子为表型正常的突变携带者,但携带者可将突变基因向后代传递。如一对表型正常的夫妇孕育了一名苯丙酮尿症(phenylketonuria)患儿,父母百思不得其解,两人都身体正常,孩子怎么会罹患遗传病——苯丙酮尿症呢?原因就在于苯丙酮尿症为一种常染色体隐性遗传病,父母虽然表型正常,但均为有害突变携带者,他们同时把有害突变传递给了患儿。目前已知的人类常染色体隐性遗传病或性状有 2 000 多种。

一、常染色体隐性遗传病的遗传学特征

常染色体隐性遗传病的患病风险没有性别差异,男女发病风险均等,但和常染色体显性遗传病不同,常染色体隐性遗传模式表现为跳跃式的代际间传递,患者常为表型正常的突变携带者的子代,而患者与正常人婚配后的子代则为没有临床表型的携带者。常染色体隐性遗传模式表现为水平传播,患者多为同胞兄妹。在有些情况下,即使表型在家系内垂直传播,也可能是常染色体隐性遗传病,如突变携带者(Aa)和患者(aa)婚配,他们的后代中表型正常携带者(Aa)和患者(aa)各占 50%,也表现为代际间垂直传递,类似于常染色体显性遗传模式,但通过进一步系谱分析健康者的父母是否为患者、患者的父母是否为健康者等特征,则可以将其与常染色体显性遗传病进行鉴别。

在随机婚配的群体中,某种常染色体隐性遗传病的发病率取决于有害基因在该群体中的频率。生殖适合度低的有害突变面临选择压力,在进化过程中频率会逐渐降低,但频率较低的有害突变的自然选择效果并不明显。其原因在于,绝大多数隐性有害突变以杂合子形式存在,自然选择对它们的影响并不显著。例如,假设隐性致病突变的携带者频率为 q,则患者与表型正常携带者的比例为 $q^2 : 2q(1-q)$,所以隐性有害基因在群体中出现的频率愈低,它存在于杂合子中的相对概率就愈高。当 q=0.01,纯合子频率 q^2=0.000 1,而杂合子频率 $2q(1-q)$=0.019 8,也就是说,在 10 000 人中,只有一人表现隐性症状为患者,携带有害突变且表型正常杂合子却多达 198 人。即使其生殖适合度为 0,则每一代也只能使其人群携带者频率从 0.01 降低至 0.009 8,而且还有新生突变产生的可能。

显性或隐性常用于表述表型,而不是等位基因,但是等位基因也可分为显性等位基因或隐性等位基因,根据杂合子或纯合子的表型,相应的基因也被称为显性或隐性基因。显性和隐性不是绝对的,而是相对的。尽管隐性基因的杂合子没有明显临床表型,但在细胞、生化和分子水平却可能具有相应的内表型。如镰刀形细胞贫血是常染色体隐性遗传病,病因为 β 珠蛋白基因突变并生成异常珠蛋白 S(Hb S)而不是正常的珠蛋白 A(Hb A),Hb S 纯合子患者的红细胞因血红蛋白溶解度下降而成为镰刀状,而杂合子可以同时表达 Hb S 和 Hb A,在氧分压低的情况下只有部分红细胞成为镰刀状,溶血性贫血的程度也较轻。这说明,在血红蛋白合成水平,野生型和突变型珠蛋白基因为共显性;在生理学水平,野生型为不完全显性,突变型为不完全隐性;在临床水平,镰刀形细胞贫血表型为隐性。另外,同一基因的不同突变导致的疾病也可能呈现不同的遗传模式,如营养不良型大疱性表皮松解症(dystrophic epidermolysis bullosa)的致病基因 *COL7A1* 就存在显性突变(Gly2040Ser)和隐性突变(Tyr311X)两种遗传方式。

　　图6-3是一个常染色体隐性遗传病的典型系谱图,其特征如下:①患者双亲表型正常,但均为有害突变携带者;②患者的每一位同胞兄妹的患病概率为1/4,而且男女患病机会均等,在子女人数少的小家系中,观察到的发病比例往往高于1/4;③患者的子女一般并不发病,不存在连续传递的现象,散发的病例多见;④在近亲婚配的情况下,子女的发病风险增高;⑤人群中有害突变频率较高的常染色体隐性遗传病患者多为随机婚配后代,有害突变频率很低的常染色体隐性遗传病患者多是近亲婚配的后代。

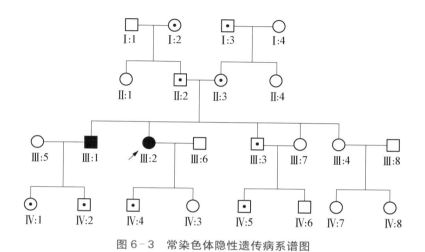

图6-3　常染色体隐性遗传病系谱图

　　在临床观察中,常染色体隐性遗传病患者同胞中的发病率往往高于理论上的1/4,这主要是由于观察时的选择性偏倚造成的。这是因为,当一对夫妇均为有害突变携带者且只生育一个孩子时,如果这个孩子表型正常(概率为75%),就不会到医院就诊而未被纳入统计总数,如果这个孩子为患者,则会到医疗机构就诊而被检出。对独生子女家庭而言,它们的子代患病率为0和100%。如果有64对夫妇均为携带者,若他们均生育3个子女时,则有0、1、2、3个孩子患病的概率分别为27/64(42%)、27/64(42%)、9/64(14%)、1/64(2%),其中有27个家系的3个孩子全部正常而没有被纳入统计的分母,其他37个家系因为有患者就诊而被发现纳入统计,其中27个家系有1例患儿,9个家系有2例患儿,1个家系有3名患儿,这时观察到的发病率为48/111(43%),远高于理论发病率25%。因此,在计算常染色体隐性遗传病的发病比例时,需要用一定的方法加以校正,这样才能正确估算后代中的相应发病比例。常用的校正方法是Weinberg先证者法,基本原理是首先把先证者除外,仅计算先证者同胞中的发病率,校正公式为:

$$C = \frac{\sum a(r-1)}{\sum a(s-1)}$$

　　其中,C为校正比值,a为先证者数,s为同胞人数,r为同胞中受累的人数。
　　在随机婚配中,某种常染色体隐性遗传病的发病率取决于有害突变在该群体中的频率。与随机婚配的群体相比,近亲婚配的群体中常染色体隐性遗传病的发病率显著升高,这是因为近亲个体之间由于继承的关系,可能从共同祖先得到相同的突变基因。因此,近亲婚配不是"亲上加亲",而是"病上加病",这也是多国《婚姻法》禁止近亲结婚的原因之一。不同个体间的亲缘关系常用亲缘系数来衡量(coefficient of relationship),它是指两个有共同祖先的个体在某一基因座上具有相同等位基因的概率。以同胞兄妹为例,设哥哥有一个基因 a,这个基因有 1/2 的概率是父源的,父亲的这个基因传给妹妹的概率也是 1/2。兄妹二人是否继承父亲的基因 a,是两个独立事件,兄妹同时携带基因 a 的概率为 $1/2 \times 1/2 = 1/4$。同理,就母源基因传递而言,兄妹之间基因相同的概率也为 1/4。一个等位基因究竟从父方继承还是从母方继承是两个互斥事件。因此,兄妹之间任何一个等位基因相同的概率是 $1/4 + 1/4 = 1/2$。父母和子女之间以及同胞兄妹之间,任何一个等位基因相同的概率也为 1/2,其亲缘系数为 0.5,他们之间称为一级亲属(first degree relatives)。同理,一个人和他的叔叔、伯伯、姑姑、舅舅、姨母、祖父母和外祖父母之间,基因相同的概率为 1/4,其亲缘系数为 0.25,称为二级亲属(second degree relatives)。表兄妹或堂兄妹之间基因相同的概率为 1/8,其亲缘系数为 0.125,称为三级亲属(third degree relatives)。

如果常染色体隐性遗传病苯丙酮尿症在群体中的发病率为 10^{-4},根据 Hardy-Weinberg 定律,$p^2 + 2pq + q^2 = 1$ 和 $p + q = 1$,则发病率 p(aa)(即纯合子在群体中出现的频率)$= q^2 = 10^{-4}$,那么隐性致病基因的频率 $q = \sqrt{q^2} = \sqrt{10^{-4}} = 0.01$,群体中携带者的频率 $p(Aa) = 2pq = 2 \times 0.99 \times 0.01 \approx 1/50$。在随机婚配时,夫妇双方同为携带者的概率为 $p(Aa) \times p(Aa) = (1/50)^2$;双亲同为携带者时,其子女发病的可能性为 1/4。所以随机婚配时,子女的发病风险(子女发病率)$= (1/50)^2 \times 1/4 = 1/10\,000$。如果表兄妹之间婚配,表兄妹同为携带者的可能性为 $1/50 \times 1/8$,子女的发病风险则为 $1/50 \times 1/8 \times 1/4 = 1/1600$,这样表兄妹婚配所生子女的发病风险比随机婚配时提高了 6.25 倍。由此可见,常染色体隐性遗传病的发病率越低,群体中携带者频率也越低,随机婚配后代的患病风险也越低;但对于近亲婚配而言,绝对发病风险也有所降低,但相对发病风险反而更高。在隔离人群中,由于群内通婚限制了外源基因的流入,使某些疾病的发生风险和近亲婚配相似。日本人群的亲缘系数约为 0.005,意味着随机婚配所孕育的每一名后代拥有 250 个纯合位点。在北美的阿什肯纳兹(Ashkenazic)人群中,Tay-Sachs 病的发病率高达 1/3600,约为对照人群的 100 倍。有害突变的携带者频率接近 3%。在有害突变频率高的人群中,患者大多非近亲婚配的后代,但是在有害突变携带者频率很低的人群中,患者多为近亲婚配者的后代。

二、常染色体隐性遗传病的临床实例和发病风险估计

脊髓性肌萎缩(spinal muscular atrophy)是一组常见的由于脊髓前角细胞变性导致的以进行性肌无力、肌萎缩为特征的常染色体隐性遗传病。其发生率在活产儿中为 1/10 000,人群中携带者的频率高达 1/50,居致死性常染色体隐性遗传病的第二位,仅次于囊性纤维化。根据发病年龄和病情轻重,脊髓性肌萎缩可分为多种亚型,其中 I

型是最严重的一种,通常在出生后 6 个月内发病,患儿不能站、坐,2 年之内死亡。SMN 蛋白的编码基因 *SMN1* 异常是脊髓性肌萎缩的主要病因,运动神经元的生存及其功能维持依赖于一定水平的 SMN 蛋白表达。当 *SMN1* 基因缺失或突变时,SMN 蛋白表达量减少,当低于运动神经元生存所需阈值时即可出现相应临床表型。有脊髓性肌萎缩患儿孕产史的夫妇再次生育后代时,子代有 25% 的概率为患者,50% 的概率为无症状携带者,25% 的概率完全正常。但实际观察到的数据和理论值略有偏差,因为大约 2% 的患者携带 *SMN1* 的新生变异。其他常见的常染色体隐性遗传病见表 6−3。

表 6−3　常见常染色体隐性遗传病

疾病中文名	疾病英文名	表型 MIM 编号	致病基因	基因 MIM 编号
肝豆状核变性	hepatolenticular degeneration	277900	*ATP7B*	606882
原发性肉碱缺乏病	carnitine deficiency, systemic primary	212140	*SLC22A5*	603377
苯丙酮尿症	phenylketonuria	261600	*PAH*	612349
四氢生物蝶呤缺乏症 A 型	hyperphenylalaninemia, BH4-deficient, A	261640	*PTS*	612719
甲基丙二酸血症 Mut 型	methylmalonic aciduria, mut(0) type	251000	*MMUT*	609058
短链酰基辅酶 A 脱氢酶缺乏症	acyl-CoA dehydrogenase deficiency, short-chain	201470	*ACADS*	606885
3−甲基巴豆酰辅酶 A 羧化酶缺乏症 2 型	3-methylcrotonyl-CoA carboxylase 2 deficiency	210210	*MCCC2*	609014
黏多糖贮积症 IH 型	mucopolysaccharidosis IH	607014	*IDUA*	252800
克拉伯病	Krabbe disease	245200	*GALC*	606890
史−莱−奥综合征	Smith-Lemli-Opitz syndrome	270400	*DHCR7*	602858
β−地中海贫血	thalassemia, beta	613985	*HBB*	141900
进行性家族性肝内胆汁淤积症 2 型	cholestasis, progressive familial intrahepatic 2	601847	*ABCB11*	603201
梅克尔综合征 3 型	Meckel syndrome 3	607361	*TMEM67*	609884
Wolfram 综合征 1 型	Wolfram syndrome 1	222300	*WFS1*	606201
D−甘油酸血症	D-glyceric academia	605899	*AMT*	238310
高鸟氨酸血症−高氨血症−同型瓜氨酸尿症	hyperornithinemia-hyperammonemia-homocitrullinemia syndrome	238970	*SLC25A15*	603861
生物素酶缺乏症	biotinidase deficiency	253260	*BTD*	609019
枫糖尿病 1A 型	maple syrup urine disease, type IA	248600	*BCKDHA*	608348
尼曼−皮克病 A 型	Niemann-Pick disease, type A	257200	*SMPD1*	607608
囊性纤维化	cystic fibrosis	219700	*CFTR*	602421

　　常染色体隐性遗传病最常见的情况是父母双方都是表型正常的携带者或杂合。若双亲均为携带者,就概率而言,25% 的子代表型正常,50% 为表型正常的突变携带者,25% 可同时获得分别来自父母的两个突变等位基因,表型为患者;若父母一方为患者,另

一方为突变杂合子时,子代患病风险为 50%;若父母双方均为患者,则子代的患病风险为 100%。如果用 A 代表决定某种显性性状的基因,用 a 代表其相应的隐性等位基因,那么在完全显性的情况下,AA 的表型正常,Aa 为表型正常的携带者,携带双等位基因突变的 aa 为患者,不同婚配类型的子代发病风险估计见表 6-4。

表 6-4 常染色体隐性遗传病在不同婚配类型家庭中子代的发病风险估计

亲代基因型	子代基因型	子代患病风险估计
AA×AA	AA、AA、AA、AA	正常(100%)
AA×Aa	AA、AA、Aa、Aa	正常(50%)、表型正常携带者(50%)
Aa×Aa	AA、Aa、Aa、aa	正常(25%)、表型正常携带者(50%)、患者(25%)
Aa×aa	Aa、aa、Aa、aa	表型正常携带者(50%)、患者(50%)
aa×aa	aa、aa、aa、aa	患者(100%)

第四节 X 连锁显性遗传病

男性和女性的第 23 对染色体不同,男性为 XY 而女性为 XX,因此,X 和 Y 也被称为性染色体,性染色体基因所决定的性状在群体分布上存在明显的性别差异。如果决定性状的基因位于 Y 染色体,这种性状的传递方式称为 Y 连锁遗传(Y-linked inheritance),如果决定性状的基因位于 X 染色体,则称为 X 连锁遗传(X-linked inheritance),它们统称为性连锁遗传。Y 连锁遗传的规律比较简单,因为 Y 染色体只在男性之间传递,家系中所有女性均无症状,也称为全男性遗传(holandric inheritance)。已知的 Y 连锁遗传性状很少,明确的有外耳道多毛基因、睾丸决定因子基因等。

X 染色体包含 867 个已鉴定的蛋白编码基因,这些基因大多数负责骨骼、神经、血液、肝、肾、视网膜、耳、心脏、皮肤和牙齿等组织的发育和功能维持。目前已知的 X 连锁遗传病有 533 种,未来仍可能增加。位于 X 染色体的基因决定的"性状"或"疾病"定义为 X 连锁遗传,也可分为显性和隐性。X 连锁显性遗传(X-linked dominant inheritance,XD)的致病基因在 X 染色体上,只要一条 X 染色体携带突变即可致病,男性和女性都有可能患病,但是女性的临床症状往往较轻。男性患者可以将突变的等位基因传递给女儿,而不能传递给儿子。女性患者可将突变的等位基因传递给男性后代的 50% 和其女性后代的 50%。如果系谱中只有女性患者的后代,此时的系谱格局不能与常染色体显性遗传相区别,原因在于无法判断有无父传子现象。因为儿子的 X 染色体一定来源于母亲,若有父传子现象发生则可排除 X 连锁显性遗传的可能性。

X 连锁显性遗传病相对较少,如抗维生素 D 佝偻病(vitamin D resistant rickets,MIM 307800)即是其中一种。抗维生素 D 佝偻病由位于 Xp22.11 的 *PHEX* 基因突变导致,发病率约为 1/20 000,其临床表型为骨畸形、身材矮小、双下肢弯曲、骨质疏松或多发性骨折、牙齿畸形等。生理病理学机制为肾小管对磷酸盐的重吸收障碍，导致血磷下降，尿磷增多，肠道对磷、钙的吸收不良而影响骨质钙化，形成佝偻病。这种佝偻病进行药物治疗时，必须联合使用大剂量维生素 D 和磷酸盐。其他的 X 连锁显性遗传病还有口面指综合征 I 型（oro-facial-digital syndrome I，MIM 311200）、色素失调征（incontinentia pigmenti，MIM 308300）等。

图 6-4 是一个 X 连锁显性遗传病的典型系谱图，其特征如下：①X 连锁显性遗传病患者的男女比例为 1∶2；②男性患者的女儿全部为患者，儿子全部正常；③杂合子女性患者的儿子和女儿的患病风险均为 50%；④纯合子女性患者的子代全部为患者；⑤在不考虑新生突变的情况下，患者的父母中至少一名为患者；⑥系谱中可见垂直连续传递的现象。

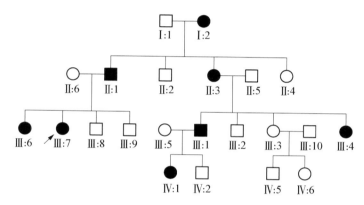

图 6-4 X 连锁显性遗传病系谱图

在 X 连锁显性遗传性状代际间传递过程中，如果用 X_H 代表决定某种显性性状的基因，用 X_h 代表其相应的隐性等位基因，那么在完全显性的情况下，$X_H X_h$ 与 $X_H Y$、$X_H X_H$ 的个体表现出相同的临床表型，均为患者，不同婚配类型的子代发病风险估计见表 6-5。

表 6-5 X 连锁显性遗传病在不同婚配类型家庭中子代的发病风险估计

亲代基因型	子代基因型	子代患病风险估计
$X_H Y \times X_H X_H$	$X_H X_H$，$X_H X_H$，$X_H Y$，$X_H Y$	患者（100%）
$X_H Y \times X_H X_h$	$X_H X_H$，$X_H X_h$，$X_H Y$，$X_h Y$	女儿：患者（100%） 儿子：正常（50%）、患者（50%）
$X_h Y \times X_H X_H$	$X_H X_h$，$X_H X_h$，$X_H Y$，$X_H Y$	女儿：患者（100%）；儿子：患者（100%）
$X_h Y \times X_H X_h$	$X_H X_h$，$X_h X_h$，$X_H Y$，$X_h Y$	女儿：正常（50%）、患者（50%） 儿子：正常（50%）、患者（50%）
$X_H Y \times X_h X_h$	$X_H X_h$，$X_H X_h$，$X_h Y$，$X_h Y$	女儿：患者（100%）；儿子：正常（100%）

第五节　X连锁隐性遗传病

和常染色体隐性遗传性状类似，X连锁隐性遗传（X-linked recessive inheritance，XR）也需要一对等位基因均发生突变，即在不存在正常功能的等位基因的情况下才可能发病。该类疾病患者绝大多数为男性，这是因为男性只有一条X染色体，其X染色体的基因在Y染色体缺少与之对应的等位基因，男性只有成对基因中的一个成员，被称为半合子（hemizygote）。男性只要唯一的X染色体存在有害突变，即可导致疾病发生，而女性有两条X染色体，需要有害突变的纯合子才可能发病，但女性杂合子可以将突变传递给男性后代。通常情况下，女性杂合子没有明显临床表型，但在个别情况下，女性杂合子也可出现较轻的临床症状。

一、X连锁隐性遗传病的遗传学特征

哺乳动物的X和Y染色体是从一对常染色体进化而来的，Y染色体在进化过程中失去了大部分的祖先基因，而在X染色体中这些基因则得以保留，从而在两性间造成伴性基因拷贝数的差异。女性有两条X染色体，而男性只有一条X染色体，在胚胎发育早期女性的两条X染色体中的一条发生X染色体失活（X chromosome inactivation），X染色体失活也被视为一种剂量补偿机制，相当于男性和女性都具有一条正常功能的X染色体。另外，X染色体的部分基因还存在逃逸失活（escape from X chromosome inactivation）的情况，即两条X染色体的等位基因均表达。对于失活X染色体而言，大约25%的基因存在逃逸失活。理论上，女性的部分细胞的父源X染色体失活，部分细胞为母源X染色体失活，如一名女性为X染色体内的致病基因突变杂合子，突变基因位于失活X染色体的细胞是正常的，而正常基因位于失活X染色体的细胞则可能出现功能异常。而且，和携带野生型等位基因的X染色体相比，携带有害变异的X染色体倾向于优先失活，表现出明显的失活偏倚。在临床实践中，有时可见X连锁隐性遗传病男性患者的杂合子母亲也有不同程度受累，可能有以下原因：①X失活是一种随机现象，若大部分细胞中带有正常基因的X染色体失活，而激活表达的是带有致病突变的X染色体，则可使杂合子女性也表现出或轻或重的临床症状，如进行性假肥大性肌营养不良和血友病A等；②女性为纯合子，位于两条X染色体的等位基因都存在有害突变，如血友病A和鱼鳞病等；③女性存在常染色体和X染色体易位，而易位恰好破坏了同源X染色体的等位基因；④存在X染色体全部或部分缺失，仅有单拷贝等位基因且发生了突变，如特纳综合征（Turner syndrome）等。

位于X染色体的基因中，有50多个在Y染色体有对应的等位基因，因此它们和常染色体的基因类似，其对应的区域又被称为拟常染色体区域（pseudoautosomal region）。X和Y染色体的拟常染色体区域的DNA序列具有高度同源性，在减数分裂过程中可发生配对和交换，使得位于这些区段的基因具有类似常染色体遗传的特征，这又被称为假

常染色体遗传(pseudoautosomal inheritance),通过基因定位可与常染色体遗传相区别。还有一些 X 连锁遗传病在临床上仅观察到女性患者,这可能是由于疾病表型严重可导致男性胚胎死亡,而只有女性胚胎能够存活并出生,这被称为 X 连锁致死(X-linked lethal),临床上只存在正常女性、患病女性和正常男性,他们的比例接近 1∶1∶1。

图 6-5 是一个 X 连锁隐性遗传病的典型系谱图,其特征如下:①人群中男性患者远较女性患者多见,系谱中往往只观察到男性患者;②双亲表型正常时,男性子代可能发病,致病基因很可能来自母亲,母亲是携带者,女儿虽然不发病,但也可能是携带者;③如果家系中出现女性患者,其父亲很可能也是患者,母亲则是携带者或患者;④突变基因不存在父传子现象,男性患者的兄弟、外祖父、舅父、姨表兄弟、外甥、外孙等也有可能是患者;⑤在完全外显的情况下,男性的患病率为有害突变的频率,女性的患病率为有害突变频率的平方。

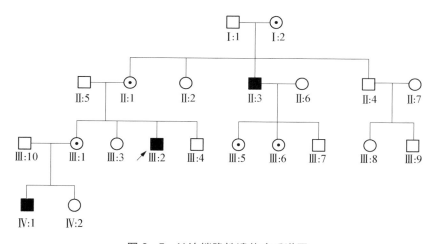

图 6-5　X 连锁隐性遗传病系谱图

二、X 连锁隐性遗传病的临床实例和发病风险估计

历史上有一个著名的英国维多利亚女王血友病(hemophilia)家系,波及欧洲多个国家的王室成员,这件事把欧洲许多王室都搅得惶恐不安,所以当时把血友病称为"皇室病"。血友病的遗传机制是什么? 它就属于典型的 X-连锁隐性遗传病。血友病是临床上常见的以自发性出血倾向或创伤后出血不止为明显特征的遗传性出血性疾病,常见的受累组织包括黏膜、肌肉、皮下、关节和重要脏器等,严重者甚至会危及生命。血友病常见的亚型为血友病甲(血友病 A)和血友病乙(血友病 B),遗传学病因分别为位于 Xq28 的 $F8$ 基因或位于 Xq27 的 $F9$ 基因的突变导致相应的凝血酶活性降低或缺失。血友病常常表现为女性为表型正常的携带者,而男性发病,女性很少有发病的报道。血友病甲在男性群体中发病率约为 1/5 000,是血友病乙的 6 倍,估计我国约有 10 万名血友病患者。其他常见的 X 连锁隐性遗传病见表 6-6。

表 6-6　常见的 X 连锁隐性遗传病

疾病中文名	疾病英文名	表型 MIM 编号	致病基因	基因 MIM 编号
黏多糖贮积症Ⅱ型	mucopolysaccharidosisⅡ	309900	*IDS*	300823
鸟氨酸氨甲酰转移酶缺乏症	ornithine transcarbamylase deficiency	311250	*OTC*	300461
无汗性外胚层发育不良	anhidrotic ectodermal dysplasia 1, X-linked	305100	*EDA*	300451
贝克肌营养不良	Becker muscular dystrophy	300376	*DMD*	300377
进行性假肥大性肌营养不良	Duchenne muscular dystrophy	310200	*DMD*	300377
肌管性肌病	myotubular myopathy, X-linked	310400	*MTM1*	300415
重症联合免疫缺陷	severe combined immunodeficiency, X-linked	300400	*IL2RG*	308380
先天性肾上腺发育不良	adrenal hypoplasia, congenital	300200	*NR0B1*	300473
眼白化病Ⅰ型	ocular albinism, typeⅠ	300500	*GPR143*	300808
威斯科特-奥尔德里奇综合征	Wiskott-Aldrich syndrome	301000	*WAS*	300392
色盲	color blindness, deutan	303800	*OPN1MW*	300821
鱼鳞病	Ichthyosis, X-linked	308100	*STS*	300747

　　X 连锁隐性遗传病患者主要为男性,男性的 X 染色体只传递给女儿,Y 染色体只传递给儿子,因此,男性不能将致病突变传递给男性后代,但他的所有女儿都是突变携带者。女性携带者可将突变传递给儿子而使其患病。因此,X 连锁隐性遗传的一般传递方式是,男性患者通过携带者女儿再将其传播给男性孙代。女性携带者与正常男性婚配,子代中的男性有 50% 的患病风险,女性有 50% 的概率为表型正常的携带者。若男性患者与正常女性婚配,所有子代表型都正常,女儿均为携带者。在 X 连锁隐性遗传性状代际间传递过程中,如果用 X_H 代表决定某种显性性状的基因,用 X_h 代表其相应的隐性等位基因,$X_H X_h$ 与 $X_H X_H$ 的表型正常,双等位基因突变的 $X_h X_h$ 为患者,那么在完全显性的情况下,不同婚配类型的子代发病风险估计见表 6-7。

表 6-7　X 连锁隐性遗传病在不同婚配类型家庭的子代发病风险估计

亲代基因型	子代基因型	子代患病风险估计
$X_H Y \times X_H X_H$	$X_H X_H$, $X_H X_H$, $X_H Y$, $X_H Y$	正常(100%)
$X_H Y \times X_H X_h$	$X_H X_H$, $X_H X_h$, $X_H Y$, $X_h Y$	女儿:正常(50%)、表型正常携带者(50%) 儿子:正常(50%)、患者(50%)
$X_H Y \times X_h X_h$	$X_H X_h$, $X_H X_h$, $X_h Y$, $X_h Y$	女儿:表型正常携带者(100%);儿子:患者(100%)
$X_h Y \times X_H X_H$	$X_H X_h$, $X_H X_h$, $X_H Y$, $X_H Y$	女儿:表型正常携带者(100%) 儿子:正常(100%)
$X_h Y \times X_H X_h$	$X_H X_h$, $X_h X_h$, $X_H Y$, $X_h Y$	女儿:表型正常携带者(50%)、患者(50%) 儿子:正常(50%)、患者(50%)
$X_h Y \times X_h X_h$	$X_h X_h$, $X_h X_h$, $X_h Y$, $X_h Y$	女儿:患者(100%);儿子:患者(100%)

第六节　影响单基因病分析的因素

　　和多基因病相比,单基因病的基因型和表型间因果关系明确,遗传学特征突出,但基因功能和临床表型的评价指标多数情况下为连续变量,加之突变基因的功能还受互作基因、遗传背景、环境因素等影响,这都增加了单基因病相关基础研究和临床应用的复杂性。

一、线粒体遗传病

　　生物体的性状不仅受核基因的控制,同时还受细胞质基因等因素的调控,虽然核基因是控制性状发育的主要因素,但细胞质基因对个体发育也有重要的影响。染色体外基因不随同染色体的复制和分裂而均匀地分配到两个子代细胞,而是在细胞质中随机地传递给子代,因而其传递规律不符合孟德尔的独立分配定律和自由组合定律,这种遗传方式被称为非孟德尔遗传(non-Mendelian inheritance)。除了染色体 DNA 外,在细胞质中的线粒体(mitochondria)、质体、内共生体等细胞器内也存在一些 DNA 分子,其遗传规律不同于核基因,这是由于细胞器的分离规律不同于染色体分离规律所致,这种遗传方式被称为核外遗传(extranuclear inheritance)。人类最重要的核外遗传病是线粒体基因遗传病。

(一)线粒体 DNA 的结构特点

　　线粒体作为真核细胞的能量代谢中心,提供各种生命活动所需要的能量供细胞利用,因此,线粒体被称为细胞的动力工厂。线粒体是真核细胞核外含有 DNA 和转录翻译系统、能够进行独立复制的细胞器。线粒体存在于红细胞以外的所有组织细胞中,因此线粒体 DNA(mitochondrial DNA,mtDNA)也被称为第 25 号染色体或 M 染色体。线粒体是一种闭合环状的双链 DNA 分子,有 16 569 bp,其外环富含 G,为重链(H),内环富含 C,为轻链(L),两条链均具有编码功能。线粒体基因排列紧凑,无内含子,部分区域还出现基因重叠。mtRNA 分为编码区和非编码区,编码区共有 37 个基因,22 个编码线粒体内的 tRNA、1 个编码 12S rRNA、1 个编码 16S rRNA、13 个编码与氧化磷酸化有关的蛋白质。这 13 条多肽包括属于呼吸链复合体 III 亚基的细胞色素 b(Ctyb)、属于复合体 V 的 3 个亚基(COX I、COX II、COX III)、复合体 I 的 7 个亚基(ND1、ND2、ND3、ND4、ND4L、ND5、ND6)和复合体 IV 的 2 个亚基(ATPase6 和 ATPase8)(图 6 - 6)。非编码区即线粒体基因组的控制区,也称 D - loop 区,它位于 mtDNA 的 tRNA pro 和 tRNA phe 之间,占 mtDNA 的 6% 左右,含有重链复制起始位点、双链转录的启动子及 4 个高度保守的序列。

(二)线粒体 DNA 的遗传学特征

　　1. 多拷贝　和核基因组相比,mtDNA 非常小,但有多个拷贝,其拷贝数存在明显的器官和组织差异。哺乳动物每个细胞中有 1 000～10 000 个拷贝,实验室研究常用的

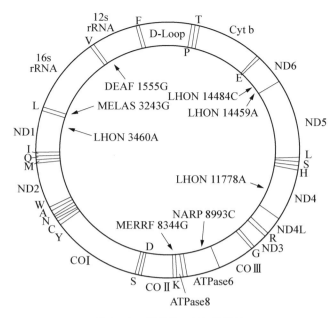

图 6-6　线粒体 DNA 的结构

引自:http://www.mitomap.org/MITOMAP

Hela 细胞约含有 8 000 个拷贝,分布于约 800 个线粒体中。

2. **高突变率**　线粒体是细胞进行氧化磷酸化的主要场所,同时又是活性氧产生的主要部位。mtDNA 是裸露的环状双螺旋分子,不断暴露于含有大量活跃氧分子的基质中,线粒体的高度氧化应激环境和 mtDNA 修复机制的不完善,使 mtDNA 易于遭受损伤;加之又缺少组蛋白保护,致使 mtDNA 比核 DNA 突变率高 5~20 倍。一旦 mtDNA 受损,易造成编码氧化磷酸化酶复合体亚基的基因突变,从而影响呼吸链氧化磷酸化酶复合体的结构和功能,导致电子漏增加,产生大量活性氧,加重靶细胞损伤。

3. **复制分离**　即在细胞分裂和复制过程中,mtDNA 随机进入子代细胞的现象。mtDNA 在由母体向子代传递过程中存在一个大幅度的拷贝数削减,可从 100 000 个锐减到不足 100 个拷贝,这个过程被称为遗传瓶颈(genetic bottleneck)。遗传瓶颈使后代组织和细胞只含有卵母细胞的少数 mtDNA 拷贝,限制了传递的 mtDNA 的种类和数量,使突变 mtDNA 杂合体向突变纯合或野生纯合转变,并造成子代个体间的异质性。如果保留下来的线粒体携带某种突变,那么这个突变基因在发育完成后的个体中就会占有一定的优势。同时,细胞分裂过程中,核的分裂是均等的,而细胞质的线粒体则随机进入不同的子代细胞,结果一部分组织中可能只含有正常线粒体,另一部分可能只含有基因变异的线粒体,还有一部分可能含有多种线粒体。如果有些干细胞接受大量的突变型线粒体,随后形成的成体组织细胞就有可能携带高比例的突变型线粒体,产生相应的表型异常(图 6-7)。正是由于受精过程与细胞分裂期间线粒体与细胞核的传递方式不同,以及每个线粒体含有多个 mtDNA 拷贝,导致线粒体的遗传方式不同于经典孟德尔遗传。

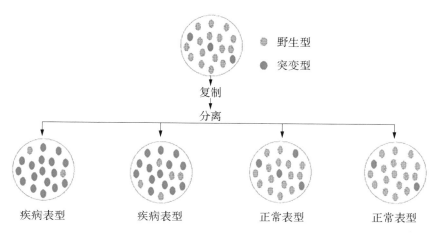

野生型

突变型

复制

分离

疾病表型　　　疾病表型　　　正常表型　　　正常表型

图 6-7　异质性 mtDNA 的复制分离

4. 线粒体遗传病为母系遗传　与核基因组不同,mtDNA 具有独特的遗传规律。mtDNA 位于细胞质中,在精子中位于尾部的中段,精卵结合时并不能进入卵细胞,受精过程中精子提供的主要是核 DNA,受精卵的细胞质绝大部分来自卵子,而且卵子内的 mtDNA 拷贝数远大于精子,这导致受精卵中的 mtDNA 几乎均是母亲提供的。线粒体遗传是一种典型的核外遗传,因受精卵中的线粒体绝大部分为母源,所以又称为母系遗传(material inheritance),只有女性能将其 mtDNA 传递给下一代。但是,在某些情况下也可以观察到父源和母源的 mtDNA 同时传递给子代的现象。另外,大量的维持线粒体结构和功能的生物大分子仍由核基因负责编码,线粒体的功能仍受核基因组的影响,如线粒体 DNA 耗竭综合征 1 型(mitochondrial DNA depletion syndrome 1, MIM 603041)和线粒体病有相似症状,其临床特征包括上睑下垂、进行性眼外肌麻痹、胃肠道运动障碍、弥漫性白质脑病等,但它的致病基因是位于 22q13.33 的 *TYMP*,并表现为常染色体隐性遗传特征。

5. 异质性和阈值效应　异质性(heteroplasmy)是指一个细胞或组织中含有两种或两种以上类型 mtDNA 的现象。和异质性相对应的是同质性(homoplasmy),是指同一组织或细胞中的 mtDNA 都是相同的。异质性可表现为同一个体不同组织,同一组织不同细胞,同一细胞不同线粒体内有不同类型的 mtDNA。异质性的产生原因既可能是 mtDNA 发生突变,也可能是受精卵中的 mtDNA 存在异质性并被随机分配于子代细胞中。在 mtDNA 存在异质性的细胞中,野生型 mtDNA 对突变型 mtDNA 有补偿作用,若突变型 mtDNA 数量较少,则 mtDNA 突变携带者并不一定出现异常表型。能使异质性细胞或组织产生性状异常的突变型 mtDNA 的最少数量称为阈值(threshold)。只有突变型 mtDNA 达到或超过阈值,才会出现因能量供应障碍而产生的相应表型。不同突变 mtDNA 的阈值是不同的,另外,组织或细胞对能量的依赖程度、核基因的遗传背景等也对阈值的大小有明显影响,因此,mtDNA 的阈值具有很大的个体差异。

（三）线粒体遗传病

mtDNA 的突变形式包括单碱基突变、插入和重复、拷贝数变异等，线粒体疾病可累及多种组织和器官，对能量需求高又含有更多突变型 mtDNA 的细胞所受影响更为严重，在临床上能量需求高的脑和骨骼肌是最常累及的器官，表现为肌病、心肌病、肌痉挛、耳聋、失明等。人类首先识别的线粒体疾病是莱伯遗传性视神经病变（Leber hereditary optic neuropathy，LHON）。目前已发现位于 mtDNA 的 50 多种点突变和 100 多种基因重排与人类疾病相关，到 2022 年 4 月为止，OMIM 数据库已收录的线粒体基因病有34 种。卵细胞线粒体的数目很多，mtDNA 突变并非涉及所有 mtDNA，导致线粒体疾病存在非常强的表型异质性，如 A3 243G 突变常见表型为 MELAS，但是在某些家系主要表型为糖尿病和耳聋，而在另一些家系又表现为心肌病，研究还显示 0.5%～1.5% 的糖尿病患者携带此突变。另外，线粒体基因病也存在母亲表型正常的散发患者，这提示新生突变存在的可能性。线粒体遗传病的表型受多种因素影响，在高加索人群中，LHON患者失明的发生率在男性中为 80%～90%，而女性只有 8%～32%，这提示性别可以影响 LHON 的发生、发展。

LHON 是一种较常见的线粒体疾病，首发症状为视物模糊，随后几个月内出现无痛性、完全或几乎完全失明，发病年龄通常为 20～30 岁，已发现位于 mtDNA 的许多位点突变与 LHON 有关，大约 50% 的 LHOH 可检测到 mtDNA 11 778 位点的 G→A 突变，该突变使 NADH 脱氢酶亚单位 4 中第 340 位精氨酸变成了组氨酸，从而影响线粒体的能量生成。LHON 是在人类中发现的第一种线粒体遗传病，迄今尚未发现有男性患者将此病传给后代的例外情况。肌阵挛性癫痫伴破碎红纤维综合征（myoclonic epilepsy associated with ragged red fibers，MERRF），也是常见的线粒体疾病，常见病因为患者mtDNA 的 tRNA 基因 8 344 位点存在 A→G 突变，以肌阵挛癫痫和共济失调为主要临床特征，常伴发耳聋、智力减退、肌无力等。线粒体脑肌病伴高乳酸血症和卒中样发作（ mitochondrial encephalomyopathy with lactic acidosis and stroke-like episodes，MELAS），该病有脑病、肌肉组织病变和乳酸中毒等临床特征，主要是由于患者mtDNA 的 tRNA 基因 3 243 位点存在 A→G 突变。线粒体脑肌病（Kearns-Sayre syndrome，KSS）的常见临床表现是进行性眼外肌麻痹和视网膜色素变性，该病患者的mtDNA 存在大片段缺失，最常见的缺失片段是位于第 8 468 位和 13 446 位碱基之间的 4 977 bp。其他的线粒体遗传病还有共济失调并发色素性视网膜炎（neurogenic muscle weakness, ataxia, and retinitis pigmentosa，NARP）、周期性呕吐综合征（cyclic vomiting syndrome）等。

图 6-8 是一个线粒体遗传病典型系谱图，具有以下遗传学特点：①不出现典型孟德尔遗传的分离比，突变型 mtDNA 占比越高的母亲，其子代患病概率也越高；②母亲的表型决定了子代的表型；③遗传物质在细胞器上，不受核移植的影响；④核外因子不能进行遗传作图；⑤遗传瓶颈的存在使有些突变的线粒体基因组不能传递给子代；⑥线粒体遗传病有时也不完全符合母系遗传方式。

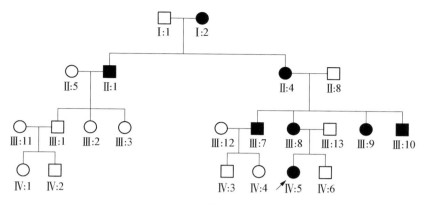

图6-8　线粒体基因病系谱图

二、分析单基因病时应该注意的重要问题

(一) 表现度

表现度(expressivity)是指某一基因决定的相应性状和疾病表型在个体中的表现程度,或者是一种致病基因的表达程度,分为轻度(mild)、中度(moderate)和重度(severe)。同一基因型的个体或同一个体的不同组织,在不同遗传背景和环境因素的影响下,表现程度可产生显著的差异。如 Alagille 综合征典型的症状有肝内胆管发育不全、周围肺动脉狭窄、典型的面部特征、脊柱前弓分裂和不融合、无脊柱侧突、角膜后胚胎环等。它的临床症状极其多样化,即使是同一个家系的患者也是如此,一些患者可能伴有威胁生命的先天性心脏病或肝衰竭,而有些患者仅仅表现出一些轻微的症状。

(二) 外显率

外显率(penetrance)指某一显性基因杂合子或隐性基因纯合子在一个群体中产生相应表型的比例,一般用百分率(%)表示。外显率等于 100% 时称为完全外显(complete penetrance),低于 100% 时称为不完全外显(incomplete penetrance)。如基因检测某一群体后发现50 人携带常染色体显性遗传病先天性肝内胆管发育不良征的致病基因 *JAG1* 突变,其中 48 人具有临床表型,则该人群中 *JAG1* 突变的外显率为 $48/50 \times 100\% = 96\%$,为不完全外显,这些未外显的个体称为顿挫型(form fruste)。顿挫型虽然没有明显表型,但仍可将突变传递给后代。大部分单基因病都表现为不完全外显,不完全外显的存在是显性遗传病被误判为隐性遗传病的重要原因之一,特别是在小家系中更为突出。外显率不是绝对的,可随着判断标准的不同而变化。外显率和表现度的区别在于,外显率阐述的是相关表型是否出现,是个"质"的问题,而表现度是在出现相关表型的前提下的表现程度,是一个"量"的问题。

(三) 共显性

共显性(codominance)也称为并显性,是指一对等位基因,彼此间没有显性和隐性的区别,在杂合状态时,两种基因都能表达,分别独立地产生基因产物,这种遗传方式称为共显性遗传或并显性遗传。如人类 MN 血型,在人类的 MN 血型系统中有 MM、NN 和

MN 型 3 种血型,分别由基因型 $L^M L^M$、$L^N L^N$ 和 $L^M L^N$ 决定。MM 型个体的红细胞膜表达 M 抗原,NN 型个体的红细胞膜表达 N 抗原,而 MN 型个体的红细胞膜上既有 M 抗原又有 N 抗原,也就是两种基因在同种组织中都得到了表达。ABO 血型的遗传是另一个共显性遗传的实例,ABO 血型的基因位于 9q34.2,这一基因座存在 A、B 和 O 3 种复等位基因。A 对于 O 为显性、B 对于 O 也为显性、基因 A 和 B 为共显性,基因型 AA 和 AO 的个体在红细胞膜表面均表达抗原 A,这类个体的血型为 A 型;基因型 BB 和 BO 的红细胞膜表达抗原为 B,相应血型为 B 型;而基因型 OO 则只有 H 物质的产生而不产生抗原 A 和 B,这类个体的血型为 O 型;AB 基因型个体的红细胞膜表面同时表达抗原 A 和抗原 B,相应血型被定义为 AB 型。

(四)延迟显性

延迟显性(delayed dominance)是指在杂合子个体的生命早期,致病基因不表达或虽然表达,但尚不足以引起明显的临床表现,只有达到一定年龄后才表现出相应表型。如亨廷顿病(Huntington disease, MIM 143100),脊髓小脑性共济失调 Ⅰ 型(spinocerebellar ataxia 1, MIM 164400)等。亨廷顿病又称亨廷顿舞蹈症,常于 30～40 岁时发病,也有 10 岁左右发病或 60 岁以后发病的案例。可见患者大脑基底神经节变性、广泛的脑萎缩等病理学改变。延迟显性遗传病一般都是在达到婚龄和育龄以后才逐渐发病,预防此类遗传病的发生非常困难,故应加强婚育遗传咨询。

(五)遗传异质性

在遗传学中基因型决定表型,但表型相同的个体可能具有不同的基因型,即一种性状可以由多个不同的基因控制,这种现象称为遗传异质性(genetic heterogeneity)。遗传异质性又可进一步分为等位基因异质性(allelic heterogeneity)和基因座异质性(locus heterogeneity)两类。等位基因异质性是指同一基因座上发生的不同突变,表现为罹患同一疾病的不同患者可携带不同的致病突变。基因座异质性是指不同基因座的致病突变所导致的表型效应相同或相似。如先天性听障有常染色体隐性遗传、常染色体显性遗传和 X 连锁隐性遗传等多种遗传方式,每种遗传方式都存在多个致病基因。已知的非综合征性耳聋基因有 133 个,包括 51 个常染色体显性遗传基因、77 个常染色体隐性遗传基因和 5 个 X 连锁基因。因此,常可见到隐性遗传听障夫妇的子代并没有发生听障,可能原因之一是由于父、母的致病基因属于不同的基因座,假设父、母的致病基因分别为 aa 和 bb,在 A 和 B 两个基因座的基因型分别为(aaBB)和(AAbb),则 aaBB×AAbb=AaBa,即子代全部为隐性致病基因 a 和 b 的杂合子而不出现听障表型;而表型正常的有害突变携带者婚配(Aa×Aa)的子代则有 25% 的概率为听障儿(aa)。遗传异质性是遗传病的普遍现象,随着对人类遗传学认知的不断深入,实验技术、分析手段愈加精细,将会在越来越多的遗传病例中观察到遗传异质性,如并指除 Ⅰ 型外,还有 Ⅱ 型、Ⅲ 型、Ⅳ 型和 Ⅴ 型,由不同的基因突变导致。成骨不全除 Ⅰ 型外,还有呈常染色体显性遗传的 Ⅱ 型至 Ⅳ 型,并且还有表现为常染色体隐性遗传模式的成骨不全。白化病除 Ⅰ 型外,还有酪氨酸酶阳性的 Ⅱ 型,都属于常染色体隐性遗传。血友病除甲型外,还有乙型,都属于 X 连锁隐性遗传。除此以外还有很多,如遗传性肾炎、抗生素 D 佝偻病等。

（六）基因多效性

基因多效性（pleiotropy）是指一个基因可以决定或影响多个性状的形成和维持。生命是一个非常复杂的系统，各种基因的表达、调控和作用发挥是相互关联、互相依赖的，并受多种生理和环境因素的影响。任何细胞类型即使完成一个很简单的生化过程，也需要协调细胞内多种分子的共同参与，这种协调过程通常是以复杂网络和相互作用的形式实现的，因此，一个基因的改变常可引起一系列表型改变。例如，苯丙酮尿症是一种遗传性代谢病，患者由于苯丙氨酸羟化酶基因突变，表现出智力发育障碍，毛发淡黄、肤色白皙，甚至汗液和尿液有特殊腐臭味等多种症状。

（七）遗传早现

遗传早现（genetic anticipation）是指有些遗传病（通常为显性遗传病）在世代间传递过程中存在发病年龄逐代提前和疾病症状逐代加重的现象。呈常染色体显性遗传的强直性肌营养不良（myotonic dystrophy）是最先被注意到的有遗传早现现象的遗传病，其临床症状有肌强直、肌无力、消瘦、上睑下垂等。该病大多数患者在青少年或成年后发病，也可发生于新生儿和幼童，且儿童患者症状更为严重，包括两侧面瘫和颌肌虚弱、肌张力减退、新生儿呼吸窘迫、喂食困难、畸形足、智力低下等。系谱分析常可见祖父一代患者轻微受累，父母这一代患者呈现中度肌病，子女一代患者严重受累且有智力低下，发病年龄也逐代提前。据1948年Penrose的统计，亲代患者平均发病年龄为38岁，子女患者平均发病年龄只有15岁，两代患者发病年龄提前23年。

（八）遗传印记

按照孟德尔遗传定律，当一个基因从亲代传给子代，无论这个基因来自父方或母方，所产生的表型应该是相同的。有时临床上却发现同一基因的变异，由于亲代来源不同，传给子女时却可产生不同的表型效应，像这样由双亲性别决定基因功能的现象，称为遗传印记（genetic imprinting）。遗传印记现象已在人类和其他哺乳动物中得以确认，可能是由于基因在生殖细胞分化过程中某些等位基因受到不同修饰的结果。

已知的印记基因调控机制主要涉及两种模型：绝缘子模型和lncRNA模型。*Igf2/H19*基因簇是典型的绝缘子模型（图6-9a），母源染色体上未被甲基化的印记控制元件（imprinting control element，ICE）通过招募CTCF蛋白并与之结合形成绝缘子，阻碍了来自下游的增强子信号，使得*Igf2*和*Ins2*无法表达。同时增强子激活邻近的H19 lncRNA的启动子，使之能够转录表达。而在父源染色体中，甲基化的ICE无法与CTCF蛋白结合形成绝缘子，下游的增强子可以作用于*Igf2*和*Ins2*，因此*Igf2*和*Ins2*仅在这条染色体上表达，*H19*的启动子由于发生了甲基化而被沉默。lncRNA模型是更加常见的印记基因调控模型，以*Igf2r*基因簇在胎盘中的表达情况为例（图6-9b），该基因簇中有*Mas1*、*Igf2r*、*Slc22a1*、*Slc22a2*、*Slc22a3*等基因，其中*Mas1*和*Slc22a1*在胎盘中不表达，其余3个基因受*Arin* lncRNA的调控。*Arin*的启动子处于ICE内，父源染色体ICE区域没有甲基化印记，*Arin*能够表达，转录生成的lncRNA顺式沉默上述3个基因，而在母源染色体中则相反，ICE被甲基化，直接沉默*Arin*，从而使这3个基因得以表达。

(a) 绝缘子模型

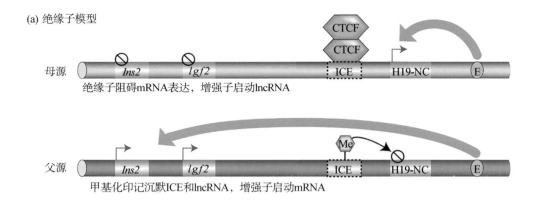

(b) lncRNA 模型

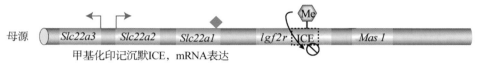

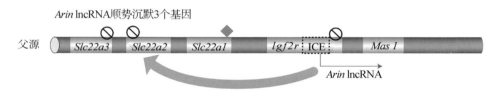

图 6-9 印记基因调控机制的两种模型

改编自 BARLOW DP, BARTOLOMEI MS. Genomic imprinting in mammals [J]. Cold Spring Harb Perspect Biol, 2014,6(2):a018382.

印记基因病通常有如下 3 个方面的遗传学病因:①染色体片段的微小缺失,指染色体内携带印记表达基因的片段丢失而相应的等位基因虽然存在但不表达,进而引起疾病的发生。②单亲二体(uniparental bisomy,UPD),指两条同源染色体都来源于同一亲代。单亲二体的形成需要两次错误事件的发生,由于减数分裂的不分离使得卵子或精子的同源染色体均被保留而生成二体型配子,它与正常单体型配子受精后形成三体合子,染色体数量异常的胚胎大部分会自然流产,但有时存在着 3 条同源染色体的受精卵及胚胎可通过三体挽救再丢失一条染色体恢复二倍体。但是,三体挽救过程中丢失染色体是随机的,胎儿细胞保留的一对染色体存在概率都来源于父亲或母亲,形成单亲二体。单亲二体可以是单亲异二体(heterodisomy),也可以是单亲同二体(isodisomy)。单亲异二体的染色体继承自同一亲本的两条同源染色体,因第一次减数分裂的不分离造成;单亲同二体的染色体则来自同一亲本的同一条染色体,因第二次减数分裂的不分离造成。完全的单亲同二体病例比较少见,由于基因重组,通常同时存在单亲同二体片段和单亲异二体片段。③印记突变,印记基因突变可导致印记基因不能正常激活或者关闭,从而导致印记基因病的发生。

对于某些不能用经典孟德尔定律解释的遗传现象,用遗传印记可以得到合理解释。例如,亨廷顿病患者的发病年龄一般在30~50岁,但10%左右的患者在20岁以前发病,且病情严重,这些患者的致病基因均为父源遗传;若为母源遗传,则子女发病年龄不会提前,并且症状加重现象也不明显,仅表现为舞蹈样动作。人类的胚胎发育也有类似现象,拥有父源两套染色体的受精卵发育成葡萄胎,而拥有母源两套染色体的受精卵则发育成卵巢畸胎瘤。

(九) 从性遗传

从性遗传(sex-influenced inheritance)是指位于常染色体的基因所控制的性状,表型受性别影响而显示出男女性别比例或表现程度的差别。从性遗传与性连锁遗传的表现都与性别有密切关系,但它们是两种截然不同的遗传方式,性连锁遗传的基因位于性染色体,而从性遗传的基因位于常染色体,可表现为显性或隐性性状。遗传性脱发(hereditary alopecia)为常染色体显性遗传病,是一种从头顶中心向周围扩展的进行性、对称性脱发,男性显著多于女性,杂合子男性也会出现早秃,而杂合子女性常不出现早秃,这是因为脱发基因的表达受雄性激素的调控。其他的遗传性疾病如甲状腺肿瘤、风湿性关节炎、胆石症、周期性偏头痛及三叉神经痛、腹股沟疝、先天性幽门狭窄、膀胱癌、内耳眩晕症、哮喘、畸形足、胃溃疡及十二指肠溃疡等也都属于从性遗传。

(十) 限性遗传

限性遗传(sex-limited inheritance)指一种遗传性状或遗传病的致病基因位于常染色体,但由于性别限制,只在一种性别中得以表现,而在另一性别中完全不表现,且这些基因都可以向后代传递的遗传方式。例如子宫阴道积水(hydrometrocolpos),是由常染色体隐性基因决定的,突变纯合子女性可以表现相应的症状,男性即使为纯合子也不表现该性状,但可向后代传递。限性遗传可能主要与解剖结构的性别差异有关,也可能受性激素分泌性别差异的影响。

(十一) 表型模拟

表型模拟(phenocopy)又称拟表型,指由于环境因素的作用使个体的表型恰好与某一特定基因所产生的表型相同或相似。如常染色体隐性遗传的先天性听障,与氨基糖苷类抗生素所引起的听障有相同的表型。再如呈X连锁显性遗传的抗维生素D佝偻病患者因不能利用维生素D而发生佝偻病,如果食物中长期缺乏维生素D也会引起佝偻病,这种由于食物中长期缺乏维生素D引起的佝偻病也属于拟表型范畴。显然,拟表型是由于环境因素的影响,而非生殖细胞中基因本身发生的改变所致。因此,这种听障并不遗传给后代。

(邢清和)

参考文献

[1] 陈竺. 医学遗传学[M]. 北京:人民卫生出版社,2011.

[2] 夏家辉. 医学遗传学[M]. 北京:人民卫生出版社,2004.

［3］ BARLOW DP，BARTOLOMEI MS. Genomic imprinting in mammals［J］. Cold Spring Harb Perspect Biol，2014,6(2):a018382.

［4］ BERLETCH JB，MA W，YANG F，et al. Escape from X inactivation varies in mouse tissues ［J］. PLoS Genet，2015,11(3):e1005079.

［5］ GILBERT MA，BAUER RC，RAJAGOPALAN R，et al. Alagille syndrome mutation update: comprehensive overview of JAG1 and NOTCH2 mutation frequencies and insight into missense variant classification［J］. Hum Mutat，2019,40:2197 - 220.

［6］ KARCZEWSKI KJ，FRANCIOLI LC，TIAO G，et al. The mutational constraint spectrum quantified from variation in 141,456 humans［J］. Nature，2020,581(7809):434 - 443.

［7］ LUO S，VALENCIA CA，ZHANG J，et al. Biparental inheritance of mitochondrial DNA in humans［J］. PNAS，2018,115(51):13039 - 13044.

［8］ MANDAL AK，MITRA A，DAS R. Sickle cell hemoglobin［J］. Subcell Biochem，2020,94:297 - 322.

［9］ MIGEON BR. X-linked diseases: susceptible females［J］. Genet Med，2020,22(7):1156 - 1174.

［10］ NUSSBAUM RL，MCINNES RR，WILLARD HF. Genetics in Medicine［M］. 6th ed. Amsterdam: Elsevier，2004.

第七章　染色体异常与疾病

　　染色体异常(chromosome abnormalities),又称染色体畸变(chromosome abbreviation),指染色体的数目和(或)结构发生改变。与 DNA 单位点或单基因变异不同的是,染色体异常涉及范围较大,一般大于 4 Mb,因此该类变异通常可以在光学显微镜下直接被观察到。同时,染色体异常涉及的基因往往较多,其致病表型通常累及多个器官和系统,呈现疾病综合征,临床表型通常比单基因遗传病严重。由染色体异常引起的疾病称为染色体病,目前已报道的染色体异常超过 3 000 种,确认的染色体病超过 100 种。在人类不良妊娠中约 60%的胚胎存在染色体异常,0.5%～0.7%的新生儿携带染色体异常。

　　染色体病可以分为两大类,一类为染色体数目异常引发的疾病,包括整个染色体组或整条染色体的增加或减少,引发的疾病如唐氏综合征(Down syndrome,又称 21 三体综合征)、特纳综合征(Turner syndrome)等;另一类为染色体结构异常引发的疾病,包括染色体区段缺失、易位、倒位、插入等多种类型,引发的疾病如猫叫综合征(cri du chat syndrome,又称 5p 部分单体综合征)等。染色体结构异常导致的异常基因表达也与肿瘤的发生有关,如 22 号染色体长臂与 9 号染色体易位产生的费城染色体可引发慢性粒细胞白血病(chronic myelocytic leukemia,CML),*EML4 - ALK* 基因融合可导致肺癌。从临床表型来看,染色体病患者多有先天性多发畸形、生长和智力落后。绝大多数患者为散发,部分患者的染色体异常是由表型正常(畸变染色体无症状携带)或有生育能力的表型异常父母遗传而来。

　　本章将从染色体的数目异常和结构异常两个部分对染色体病的发生机制和常见诊断方法及其在遗传检测中的应用进行介绍。为了方便理解,这里我们再回顾一下前文中提到的重要概念"染色体核型",指一个体细胞中的全部染色体,按其大小、形态特征顺序排列所构成的图像。染色体核型反映了各个染色体的长度、带型和着丝粒位置,因而核型分析是判断个体染色体是否存在异常的基础。

▌第一节　染色体数目异常

一、染色体数目异常的类型

　　染色体数目异常指细胞染色体发生整倍或非整倍的增加或减少。在所有的染色体疾病中,染色体数目的异常是从核型中最容易识别出来的。人类正常体细胞为二倍体

(2n),包含两个染色体组共 23 对染色体;成熟精子和卵子分别携带一个染色体组(1n)各 23 条染色体,配子受精过程可以让胚胎的染色体组重新回到二倍体。单个体细胞中一条或多条染色体的拷贝数增加或减少被称为染色体非整倍体变异,整个染色体组的个数的增加或缺失被称为染色体整倍体变异。

(一)染色体非整倍性变异

染色体非整倍性变异是临床上最常见的染色体异常类型,包含亚二倍体、超二倍体和假二倍体 3 种。

亚二倍体为体细胞中染色体缺失 1 条或多条,导致染色体总数目小于 46 条。其中,缺失的染色体被称为单体型。临床上亚二倍体缺失发生在 21 号、22 号和 X 染色体上,其核型分别为 45,XX(XY),-21、45,XX(XY),-22 和 45,XO。如果是一对同源染色体同时缺失,则称为缺体型,人类缺体型未见存活报道。

超二倍体为体细胞中染色体增加了 1 条或多条,导致染色体总数目大于 46 条。其中,增加的染色体被称为三体型/多体型,以三体型最为常见。除 17 号染色体外,人类其余常染色体均有三体型报道。由于多出来的染色体对胚胎发育中的有丝分裂过程造成了严重干扰,因此绝大部分三体型导致胚胎自然流产,能存活的三体仅包括 21 三体、18 三体、13 三体 3 种,但携带这些核型的个体多数伴随严重畸形、智力障碍等严重缺陷,难以发育到性成熟期。因此在高危怀孕人群中进行基因筛查对于优生优育尤为重要。三体型以上的非整倍体变异常见于性染色体中,如四体型(48,XXXX、48,XXXY 及 48,XXYY)和五体型(49,XXXXY 或 49,XXXYY)等。

假二倍体为体细胞中染色体总数仍为 46 条,然而细胞中不止一条染色体的数目发生了异常,其中有的数目增加,有的数目减少,增加和减少的染色体数目相等,使得染色体总数不变。这种看似正常,但核型异常的状态,称为假二倍体。

此外,一些个体内还可能同时存在两种或两种以上核型的细胞系,这种个体被称为嵌合体。嵌合体个体可以是正常细胞和染色体异常细胞的嵌合,也可以是不同染色体异常之间的嵌合。嵌合体的致病性与染色体异常细胞所占比例和变异类型有关。

(二)整倍体变异

整倍体变异指整个染色体组的增加或减少。在正常情况下,人单倍体(1n)无法进行胚胎发育,而全身范围内的多倍体变异也往往是致命的。其中,三倍体(3n)是与表型异常相关的最常见整倍体变异,它通常由两个精子与一个卵子受精/精细胞减数分裂过程错误(双雄受精),或卵母细胞减数分裂错误(双雌受精)引起。据估计,大约 2% 的人类受精卵为三倍体(69XNN,N 为 X 或 Y),但绝大多数的三倍体胎儿在孕 10~20 周自然流产。据临床数据估计,孕 12 周的胚胎中有约 1/3 500 的三倍体存活,孕 16 周降低为 1/30 000,孕 20 周后仅为 1/250 000。只有极少数能存活到足月,受累的胎儿体型小,同时携带多器官畸形,能存活的三倍体个体也通常为 2n/3n 的嵌合体。

生殖细胞发育过程中的各种错误都可能引起三倍体,现有证据提示双精子受精或卵母细胞第一次减数分裂错误的发生频率更高。三倍体胚胎有两类不同的表型:第一类是胎儿生长相当好,头正常或略小,胎盘大且为葡萄胎。这类胚胎中多出的染色体组一般来自父亲。第二类,胎儿在宫内生长相对缓慢,头相对大,胎盘小而非囊性。这类胚胎中多出的染色体组一般来自母亲。这些研究表明父亲和母亲的基因型对胚胎发育的贡献是不同的。

四倍体(4n)是由核内复制产生的,即染色体分裂两次,而细胞只分裂一次。目前人四倍体或更多倍体胚胎未见成活的案例,但四倍体是许多体细胞中的正常现象,包括再生肝脏和骨髓等。

生殖细胞中染色体的变异常常会引起胚胎发育障碍,在存活个体中较为少见,因此我们对其整体发生率的估算可能不完全准确。然而,染色体异常特别是非整倍体变异在恶性肿瘤细胞中经常出现,在实体瘤和非实体瘤中的发生率分别高达90%和35%～60%。这一现象被称为染色体不稳定性,染色体不稳定性与癌症的转移、耐药和疾病进展等表型均相关,具体的内容将在第九章中进行介绍。

二、染色体数目异常的发生机制

染色体数目整倍性异常的原因前文已经提到,为双雄受精、双雌受精或核内复制,而染色体非整倍体变异则通常是由染色体分离中的错误引起的,包括"染色体不分离"和"染色体丢失"两种类型。

染色体不分离,即配子发生的减数分裂过程或受精卵早期卵裂的有丝分裂过程中同源染色体或姐妹染色单体的不分离,引起子代细胞中染色体的不均等分配(图7-1)。

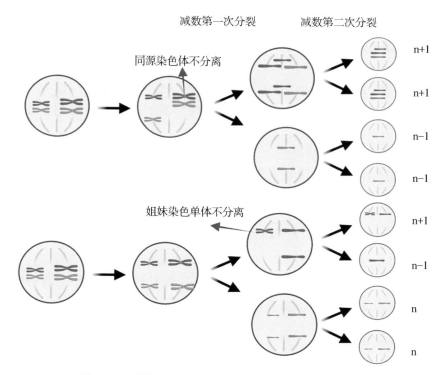

图 7-1　减数分裂中"不分离"导致的配子染色体异常

具体来看：①在精细胞/卵细胞的发生过程中,若精原/初级卵母细胞在减数第一次分裂过程中出现配对染色体的不分离,则会导致未分离的同源染色体同时进入一个子细胞,使得全部形成的配子均发生染色体数目异常,一半为 24 条染色体(n+1),另一半为 22 条染色体(n-1)。与正常配子受精后,形成超二倍体或亚二倍体。②在精细胞/卵细胞的发生过程中,若精原/初级卵母细胞在减数第二次分裂过程中一个细胞出现姐妹染色体单体不分离,则会导致形成的配子中一半存在染色体数目异常,即 1/4 为(n+1),1/4 为(n-1)。它们与正常配子受精后,受精卵为二倍体、超二倍体、亚二倍体。③在受精后胚胎发育过程中,体细胞有丝分裂过程中姐妹染色单体的不分离可以引起正常、三体和单体细胞的嵌合体。染色体不分离的发生在雌性配子中发生比例更高,且与母体年龄的增长有关。

染色体丢失,又称染色体分裂后期延迟,指在细胞有丝分裂过程中某一条或多条染色体未能与纺锤丝相连,因而在移向两极时行动迟缓或不能移动,使得滞后的染色体滞留在细胞质中,不能融入新的细胞核。后期延迟伴随着滞后染色体的丢失,在分裂产生的两个子细胞中均没有增加的染色体拷贝。后期延迟是导致胚胎嵌合体的主要原因,会导致一个整倍体和一个亚二倍体细胞群的嵌合体形成,嵌合比例与染色体丢失发生的胚胎发育时期有关。在对小鼠的研究中发现,胚胎原核期,即双亲配子细胞融合与着床之间的时期是丢失父源 X 染色体的敏感期,推测人类 X 染色体相关疾病也在这一时期高发。尽管父源 X 染色体容易丢失,后期延迟的发生却更多地与母体细胞的基因表达有关。一项基于体外受精(in vitro fertilization)后胚胎移植成活情况的研究发现,母体细胞中极样激酶 4(Polo-like kinase 4,PLK4)的基因多态性与染色体后期延迟及受精卵着床比例相关,其中关联性最强的 SNP 点 rs2305957 的次要等位基因将染色体丢失的风险提高了 1.244 倍($P=5.99\times10^{-15}$,95%CI：1.179~1.311),该变化等同于母体年龄增加 1.8 岁带来的风险,而父源中携带相同基因型则不会对胚胎产生类似影响。

从分子机制上看,无论是染色体不分离还是染色体丢失,非整倍体变异的发生都源于细胞分裂过程中动粒与纺锤体微管的不正确连接。动粒是真核细胞染色体中位于着丝粒两侧的盘状特化结构,能与微管形成稳定的连接,正确的连接会在纺锤体产生的力与姐妹染色单体黏连蛋白的内聚力间产生张力,平衡和调节染色体的移动。此外,正常的细胞分裂过程中,纺锤体组装检查点(spindle assemble checkpoint,SAC)负责识别并纠正微管和动粒的附着缺失,等待所有动粒都连接到纺锤体后才开启分裂后期的染色体分离。然而,当基因突变或其他原因导致了纺锤体功能、动粒结构、姐妹染色单体的黏连蛋白或 SAC 的功能受损时,就会发生染色体分配失调,导致染色体非整倍体异常。图 7-2 展示了一些可能产生分裂错误的纺锤体-动粒连接方式。

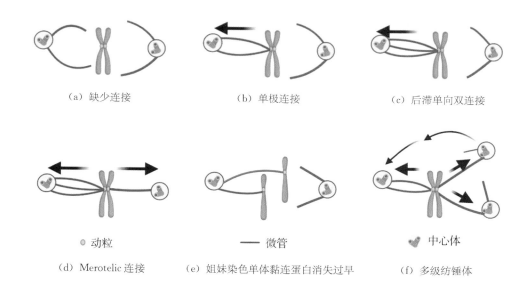

（a）缺少连接　　　　　　　（b）单极连接　　　　　　（c）后滞单向双连接

● 动粒　　　　　　　—— 微管　　　　　　 🐛 中心体

（d）Merotelic 连接　　　（e）姐妹染色单体黏连蛋白消失过早　　　（f）多级纺锤体

图 7-2　引起染色体数目缺失的分子机制

注：（a）缺乏纺锤体微管-动粒附着连接。（b）单极连接（monotelic attachment），即一个姐妹染色单体缺乏与纺锤体的连接。（c）后滞单向双连接（syntelic attachment），指两个姐妹染色单体都连接到同一个中心体上，这种连接是高度不稳定的，容易断开。在 a～c 中，未连接纺锤体微管的动粒通常会被 SAC 识别，并且在错误被纠正之前停止向后期的进展。而若 SAC 功能缺失，上述错误无法纠正，则会导致染色体分离错误。（d）姐妹染色单体中的一个动粒正常，另一个连接在两个中心体发出的微管上。这种连接通常较为稳定，容易逃脱 SAC，并进而导致染色单体的后期延迟，产生染色体丢失。（e）缺乏姐妹染色单体黏连蛋白，干扰双极性连接的建立。（f）多级纺锤体，由于中心体增多而导致多发性的分离错误。箭头表示染色体被拉的方向。前面提到的 PLK4 就是一个重要的动粒蛋白。

三、常见的染色体数目异常与疾病

（一）常染色体数目异常

1. 唐氏综合征　是人类最常见的染色体变异综合征，60％患儿在胎内早期即流产，而在新生儿中的发病率约为 1/700。该疾病在 1866 年由英国医生 John Langdon Down 命名，他对患者相似的面部特征和生理疾病等典型体征进行了总结和归纳。唐氏综合征患者存在相似的面容特征：宽扁脸、眼距宽、眼裂较小、眼睑斜裂、虹膜斑点；鼻根低平，舌头相对较大且有皱纹，常伸出口外，出牙延迟且常错位；头骨前后径较短，囟门闭合晚，外耳小而低等。同时，患者普遍身材矮小，关节过度弯曲，伴有严重智力障碍，肌张力低等，有些患者也会伴有先天性心脏病或脐疝、十二指肠闭锁、癫痫、白血病和早发性老年痴呆（30 岁前）等症状。从表型上即可较容易地进行疾病诊断。

然而直到 1959 年，法国科学家 Lejeune 等才揭开了唐氏综合征的致病原因。他们利用秋水仙素和低渗溶液处理 9 例唐氏综合征患儿的成纤维细胞，对其染色体进行核型分析（图 7-3）。发现所有患儿细胞染色体数目都为 47，多了一个小的近端着丝粒染色体，经比对可知这一增加的染色体拷贝为 21 号染色体，即唐氏综合征是由 21 号染色体三体导致的。

通过细胞遗传学和分子生物学研究，确认唐氏综合征的症状与 21 号染色体长臂末端部位，特别是与 21q22 附近约 400 kb 区段有关（图 7-4），部分基因还存在多效性。例如,唐氏综合征细胞黏附分子(Down syndrome cell adhesion molecule,DSCAM)编码基因在脑组织中表达,参与神经系统分化;同时该分子在胚胎 7.5～10 周的胎儿的心脏组织中有表达,其过度表达也与先天性心脏病高发有关。唐氏综合征患者患慢性粒细胞白血病的风险比正常人高 20 倍,这与 *AML* 基因的高表达有关,更详细的基因定位可参考斯蒂利亚诺斯(Stylianos E. A)等 2004 年的综述论文。

后续多年的研究发现,从核型上可以将唐氏综合征分为标准型、易位型和嵌合体型3 种类型。

(1) 标准型:约占全部病例的 95%。患者体细胞染色体为 47 条,有一个额外的 21号染色体,核型为 47,XX(XY),+21,如上述标准核型图(图 7-3)。

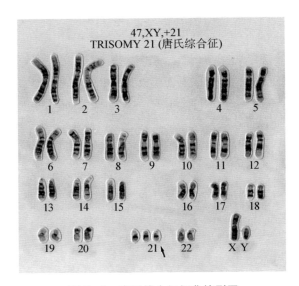

图 7-3 唐氏综合征经典核型图

引自:Down syndrome human karyotype 47,XY,+ 21. Wessex Reg. Genetics Centre. Attribution 4.0 International(CC BY 4.0),https://wellcomecollection.org/works/wmcdanw6.

(2) 易位型:约占全部病例的 4%,患者的染色体总数为 46 条,其中包含一对正常的21 号染色体,又同时携带一条 21 号染色体与其他常染色体易位产生的异常染色体,因而增加了 21 号染色体的拷贝数。

21 号染色体的易位通常为罗伯逊易位(robertsonian translocation,rob),即为发生在近端着丝粒染色体 D 组(第 13、14、15 号染色体)和 G 组(第 21、22 号染色体)之间的着丝粒融合。通常,患者亲代中有平衡易位染色体携带者,进而导致一半的配子 21 号染色体拷贝数增加,引发子代疾病。与唐氏综合征发生相关的最常见的易位发生在 21 号和 14 号染色体间,而与表型强烈关联的 21 号染色体长臂区域的串联重复也会导致唐氏综合征。染色体结构变异(易位和重复)的发生机制将在下一节中做具体介绍。

(3) 嵌合体型:约占全部病例的 1%,患者体内同时携带正常细胞和 21 三体细胞,其临床表型比一般的唐氏综合征患者轻,具体严重程度与正常细胞所占百分比有关。

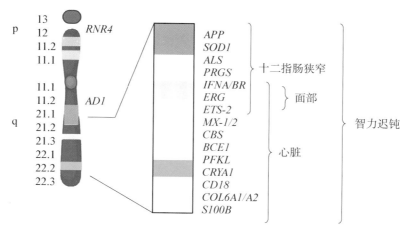

图 7 – 4 唐氏综合征表型与 21 号染色体的区域定位

　　唐氏综合征患者由于整条染色体增加导致基因表达异常,因此通常身体较弱,婴幼儿时期常反复患呼吸道感染,伴有先天性心脏病者常因此早期死亡,一般寿命也仅在 20 岁左右。随着社会福利和医疗水平的提高,患者的生存期逐渐延长,10%～20%的患者寿命超过 40 岁,但男性患者通常无生育能力,女性患者部分可生育,其子女有一半的可能性遗传疾病。但绝大多数唐氏综合征患儿的染色体变异是新发而非遗传的,患者父母核型正常,而仅在生殖细胞(特别是卵细胞)中发生错误。研究表明,已生育一胎唐氏综合征的患儿的父母第二胎再生产唐氏儿的风险仅比同龄父母高 1.5%。而母亲的生育年龄则与发病更加相关,其发病风险随着年龄的增长而显著增加。

　　2. 其他常染色体疾病　1960 年后,Patau 等陆续发现了产后活婴中携带的其他常染色体数目异常,即爱德华综合征(Edwards syndrome,又称 18 –三体综合征)和帕塔综合征(Patau syndrome,又称 13 –三体综合征),这两种综合征一般症状比 21 –三体更为严重。

　　18 –三体综合征患儿的临床症状为:生长、运动和智力发育迟滞及多发性畸形。头长、枕部凸出、眼球小、耳郭畸形(动物耳);特殊握拳状、摇椅样足;30%有通贯手、指弓形纹增多;多数伴有先天性心脏病、肠息肉、腹股沟疝或脐疝、肾畸形、隐睾等症状。18 –三体对胚胎存活和胎儿预后影响较为严重,其中约 95%胎儿流产,在存活新生儿中发病率为 1/8000～1/6000。存活个体出生后 30%寿命不足 1 个月,90%寿命不足 1 年,只有极个别活到儿童期。从核型分类来看,标准型占 80%(47,XX(XY),+18),嵌合型占 10%(46,XX(XY)/47,XX(XY)+18),易位型占 10%,易位主要发生在 18 号染色体与 D 组染色体间。

　　13 –三体综合征患儿的临床特征为:严重的生长和智力发育障碍,严重的中枢神经系统发育缺陷;小头畸形、虹膜缺损、偶有独眼或无眼畸形;耳低位伴耳郭畸形、唇裂/腭裂;多指、特殊握拳状;伴有各种类型心脏病,胃肠道畸形;肾畸形、隐睾/双阴道、双角子宫。因此,13 –三体综合征患儿预后很差,99%以上胎儿流产,在存活新生儿中发病率为

1/12 000～1/5 000。存活个体出生后 45％寿命不足 1 个月,90％寿命不足 6 个月。从核型分类看,标准型占 80％,易位型占 18％,嵌合型发生比例较低,但寿命较长个体多为正常细胞占大比例的嵌合体患者。如图 7–5 所示。

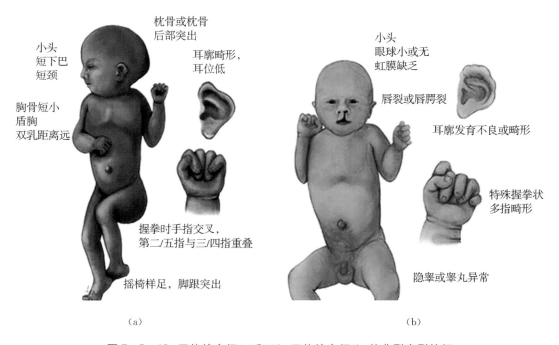

图 7–5　18–三体综合征(a)和 13–三体综合征(b)的典型表型特征

翻译自:http://www.cram.com/flashcarcls/step–3–3347545

　　除上述 3 种疾病外,其他的人类常染色体非整倍体胎儿也可以受孕成功,但绝大多数在胚胎期或胎儿期自然流产,几乎没有成活个体产出。不过在人群中还是观察到携带各个染色体三体的嵌合体。在嵌合体个体中,三体细胞系的存活通常是由正常二倍体细胞系来支持的,其中一些二倍体细胞来源于正常的受精和无错误的卵裂过程,而另一些二倍体细胞则是三体细胞系通过"三体营救"恢复产生的。三体营救指携带某条染色体三体的受精卵细胞在卵裂过程中发生后期延迟导致染色体丢失,而丢失的染色体刚好为之前发生三体的染色体,从而使得整个染色体组的数目和组成恢复正常的过程。如果三体营救导致三体中剩下的两条染色体来自同一个亲本,则被称为单亲二倍体(uniparental disomy,UPD)。但由于精子和卵细胞发育过程中一些特定染色体印记改变而导致基因表达的改变,因此单亲二倍体也可能导致两个等位基因在一个或多个位点失活,从而引发新的表型异常。目前研究已知 7 号、11 号、14 号和 15 号染色体受到印记的影响较严重,最著名的例子是 15 号染色体的单亲二倍体中,30％的普拉德-威利(Prader-Willi)患者发生母亲 UPD,而快乐木偶综合征(Angelman syndrome)患者中父系 UPD 占 5％。

　　常染色体数目异常目前没有有效治疗手段,只能通过特异性的器官支持提高患者生存率,因此可以通过高风险人群的孕期筛查和终止妊娠来避免患儿出生给家庭带来的负担。

（二）性染色体数目异常

人类性染色体数目异常同样最早报道于 20 世纪 60 年代。在这个染色体核型技术高速发展的时期,Jacobs 等首先鉴定出克兰费尔特综合征(Klinefelter syndrome,简称克氏综合征,又称精曲小管发育不全),患者的染色体核型为 47,XXY,随后 Ford 等发现特纳综合征,患者的染色体核型为 45,XO,随后还发现了 47,XXX 及 47,XXY 等多种染色体核型的携带者。

1. 克氏综合征　克氏综合征是男性不育的主要原因之一,发病率为 1/1 000～1/650。患者主要临床特征为:身材高大、睾丸发育障碍和不育。患者通常在儿童期无异常,在青春期后由于睾酮水平低而导致睾丸发育不良,生精小管玻璃样化,缺乏精子形成能力;第二性征发育不良,喉结不明显,部分患者乳房发育。同时多数患者存在语言困难和阅读障碍,伴随轻度智力障碍。

因为患者不育,所以克氏综合征多数为新发病例,最常见的核型为 47,XXY。应用 X 染色体连锁的 Xg 血型发现,引起克氏综合征的染色体不分离中,40％发生在父源的生殖细胞,全部发生在第一次减数分裂;50％发生在母源的第一次减数分裂;10％发生在母源的第二次减数分裂。同时也有 15％的患者为 47,XXY/46,XY 的嵌合体。激素替代疗法可以有效改善青春期患者的症状和疾病进展,但由于不能治疗已经闭锁的性腺细胞和已经增大的乳房,所以对成人患者效果有限。

2. 特纳综合征　特纳综合征是目前唯一可正常存活的亚二倍体变异,发病率约为 1/2 000。患者主要临床特征为:出生时体重低、身体生长迟滞、成年时身材矮小;颈短,有蹼;盾状胸,乳距宽;性腺发育不全,卵巢呈条索状,仅含结缔组织,几乎无卵泡,故而原发性闭经;第二性征发育不良,成年外阴幼稚,阴毛稀少,乳房不发育;不育。患者智力通常在正常范围,部分呈现轻度智力障碍,胎儿 99％会出现自发流产,但存活个体通常寿命不受影响。同时,研究表明 X 染色体中 *SHOX* 基因表达不足是患者生长迟滞的主要原因,而控制正常卵巢功能的基因分别位于 Xp 和 Xq。

特纳综合征绝大多数为新发病例,通常不会在家族中遗传。临床患者可有不同核型,最常见的核型为 45,XO,其中约 80％患者细胞中的 X 是母源的,而 X 染色体的丢失源于父亲精子形成的减数分裂过程中的染色体不分离,形成缺乏 X 染色体的精子;嵌合型占 30％,其发生源于胚胎早期发育时期的 X 染色体不分离或染色体丢失。另一种较为常见的核型是 X 等臂染色体,包括长臂重复和短臂重复两种,核型为 46,X,i(X)(p10)和 46,X,i(X)(q10)。雌激素替代治疗可以改善该疾病的症状。

从上述两个代表性疾病中可以看出,与常染色体非整倍体数目异常不同,性染色体的数目异常往往对胚胎发育的干扰较小。患者表型障碍一般仅存在于依赖于性激素的生长发育,其他系统和器官的畸形不常见或不严重。同时,性染色体数目异常者的智力缺陷也不严重,虽然患者群体平均智力低于正常水平,但有一些先证者智力正常或略高于平均值。

这种现象发生的原因可能与 X 染色体的剂量补偿效应有关。由于正常女性体细胞中有 2 条 X 染色体,而男性只有 1 条 X 染色体,因而为了保证 X 连锁基因在男性和女性中的表达量相对平衡,女性中只有一条 X 染色体具有活性,另一条 X 染色体会发生异染色质化固缩成一个小而致密的球形结构,即巴氏小体。巴氏小体的大多数基因是不活跃的,因此男性和女性的 X 染色体表达产物水平相当。雌性个体体细胞中两条 X 染色体中的一条被失活的现象称为剂量补偿效应。正常女性体细胞中携带一个巴氏小体,男性不携带巴氏小体。

剂量补偿效应碰巧使得 X 染色体非整倍体变异患者受益,因为通常体细胞中超过一个的 X 染色体拷贝均会被失活,例如,在 47,XXY 患者中可观察到 1 个巴氏小体,因而 X 染色体数目增加的患者异常表型不严重。然而,由于人类 X 染色体上的一些基因在 Y 染色体上也有活跃的拷贝,正常进化中也保留了巴氏小体中部分基因的表达,因此性染色体数目的变化会导致一些生殖系统相关异常表型。通常,多一条 X 染色体就会增加一分身体和智力发育迟滞的严重程度。表 7-1 中简单介绍了各种 X、Y 染色体数量异常的症状和表型。

表 7-1　人类性染色体数目异常的表型和发病情况

性别表型	核型	表型/症状	发病率
男性	47,XXY	克氏综合征,表现为身材高大、性腺发育不良,无精子;常发生语言发育迟滞和阅读障碍	1/1 000～1/650(男婴),但仅 25% 被确诊
男性	48,XXXY	克氏综合征变体,症状同上,此外运动发育稍迟滞	1/50 000(男婴)
男性	49,XXXXY	克氏综合征,症状同上,同时伴有轻度或中度智力障碍,桡尺骨骨性连接	1/100 000～1/85 000(男婴)
男性	47,XYY	与正常男性无明显差别,身材高大,但语言运动技能发育稍迟滞,部分易发生行为异常或躁狂	1/1 000(男婴)
男性	48,XXYY	严重智力障碍,严重语言和运动发育障碍,但对视觉和数字较为敏感;雄激素水平低,部分不育	1/18 000
女性	45,XO	特纳综合征	1/2 000(女婴)
女性	47,XXX	超雌综合征(XXX 综合征),与正常女性无明显差别,通常身材较高大,轻度智力障碍,易出现情绪障碍或精神类疾病,偶发不孕	1/1 000(女婴),但仅 10% 被确诊
女性	48,XXXX	超雌综合征,生长、神经、运动、语言发育迟滞	极少
女性	49,XXXXX	Penta-X 综合征,生长、神经、运动、语言发育迟滞,身材较矮小	极少

注:发病率参考 https://thefocusfoundation.org/x-y-chromosomal-variations。

第二节　染色体结构异常

一、染色体结构异常的类型

染色体结构异常是指由外界刺激或内部压力引发的细胞染色体断裂后的错误修复

产生的染色体结构上的改变,包括染色体缺失、重复、易位、倒位、环状染色体等多种类型(图 7-6)。并非所有的染色体断裂都会导致结构变异。由于染色体断端具有"黏性",因此若断裂片段在原断裂位置重新接合(reunion),则染色体恢复正常,通常不引起遗传效应;若断裂片段未发生接合或与错误的染色体位置连接,则引起染色体结构异常。染色体结构异常通常不涉及染色体数目改变,只累及 1～2 条染色体。

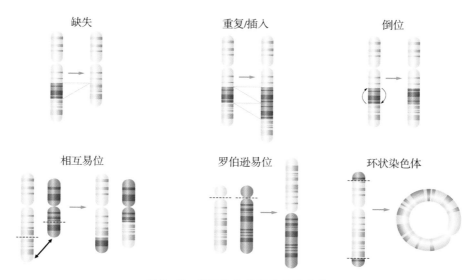

图 7-6　常见染色体结构异常分类

染色体结构异常也可以根据断裂发生时染色体是否发生复制分为染色体型和单体型变异。当断裂发生于 G_1 期,染色体断裂将通过 S 期的复制影响到两条姐妹染色单体,形成染色体型异常。当断裂发生于 G_2 期,染色体断裂则通常只影响已完成复制的两条姐妹染色单体中的一条,形成单体型异常。

(一)染色体结构异常的表示方法

染色体结构异常的表示方法有两种:简式和繁式。两种表示方式均会首先书写染色体总数(如 46),加一个逗号,接着书写性染色体组成(如 XX),然后再加一个逗号,其后写明染色体的异常。不同之处在于,简式中,染色体结构的变异只用断裂点来表示,如 46,XX,del(1)(q21),而繁式中则会注明染色体改变了的带纹组成,如 46,XX,del(1)(pter→q21:)。常见的染色体结构异常符号含义见表 7-2。

表 7-2　染色体结构异常常用符号及其意义

标记	含　义	标记	含　义
A - G	染色体组名称	i	等臂染色体
1 - 22	常染色体号	p	短臂
/	嵌合体	q	长臂

续　表

标记	含　义	标记	含　义
→	从……到……	h	次缢痕
ace	无着丝粒片段	r	环状染色体
cen	着丝粒	rob	罗伯逊易位
add	染色体增加了一段序列	Ph	费城染色体
del	缺失	rea	重排
dup	重复	rcp	相互易位
inv	倒位	：	断裂
ins	插入	：：	断裂后重接
der	衍生染色体	；	重排中用于分开染色体
dic	双着丝粒染色体	＋	增加
fra	脆性部位	－	减少
ter	末端	（）	括号内为结构异常染色体号
t	易位	？	染色体结构不明或有疑问

（二）染色体结构异常的分类及发生机制

1. 缺失（deletion，del）　染色体缺失指单条或多条染色体部分片段的缺失。其发生通常是由于染色体断裂片段未与原断端相接，也未与有着丝粒的其他染色体相连，因而在细胞增殖过程中无法复制和传递，导致该染色体片段丢失。染色体缺失也可由倒位产生。染色体缺失包括末端缺失和中间缺失两种类型，末端缺失指缺失的区段位于染色体某臂的外端，中间缺失指缺失的区段位于染色体某臂的中间。

2. 重复（duplication，dup）　染色体重复指染色体的部分片段出现多个拷贝的现象，增加的区段叫作重复片段，根据重复片段的插入方向，可以分为正位重复（tandem duplication）和倒位重复（reverse duplication）。

3. 倒位（inversion，inv）　染色体倒位指染色体片段以倒序连接到原有位置的变异。通常是由于一条染色体发生两处断裂，两断裂点中间片段旋转 180 度后重接，因而造成染色体上基因顺序的重排。倒位包括臂内倒位（paracentric inversion）和臂间倒位（pericentric inversion）两种，两者的区别为倒位的片段是否位于染色体同一臂上，即倒位区段是否包含着丝粒。由于无遗传物质的丢失，倒位通常对个体表型无影响，但倒位携带者在配子形成过程中同源染色体联会时会形成倒位环，可产生染色体缺失或重复的配子，导致下一代出现疾病表型。

染色体臂间倒位是常见的染色体异常之一，在人群中发生的概率为 1％～2％，其中最常见的是 9 号染色体臂间倒位。已有报道在亚洲人群中，9 号染色体臂间倒位在新加坡胎儿中发生率为 1.2％，韩国新生儿中发生率为 1.9％，日本人群中发生率为 1.95％，中国新生儿中发生率为 0.82％。

4. 易位（translocation，t）　染色体易位指染色体片段的位置转移，这一现象既可发生在非同源染色体间，亦可发生在同一条染色体的不同位置，主要包含以下两种类型。

(1) 相互易位(reciprocal translocation)：为两条非同源染色体分别发生一次断裂，而染色体断端及断裂片段交叉互换后重新接合起来的现象。相互易位只改变易位片段在染色体上的位置，不发生遗传物质的丢失，是一种平衡易位。相互易位对个体本身一般无严重影响，但会引起其配子染色体异常。易位携带者的生殖细胞生成过程中会在第一次减数分裂中期时形成四射染色体(quadriradial chromosome，简称四射体)。在不考虑自由组合和连锁交换的情况下，四射体可以产生 18 种类型的配子，其中只有 1/18 的概率为正常核型，1/18 的概率携带平衡易位，其余 16/18 均含有异常染色体而可引起子代疾病。

(2) 罗伯逊易位：这是发生于近端着丝粒染色体的一种易位形式。当两个近端着丝粒染色体在着丝粒部位或在着丝粒附近部位发生断裂后，两者的长臂在着丝粒处接合在一起，形成一条由长臂构成的衍生染色体，几乎包含两条染色体的大部分甚至全部基因，而另两个小的断臂则构成一个很小的染色体，仅含极少量的基因，往往在减数分裂过程中极易丢失。

临床研究发现，大多数相互易位发生在父系染色体上，而大多数罗伯逊易位发生在母系染色体上。

5. 插入(insertion，ins) 两条染色体发生三处断裂，其中一条染色体的断片插入另一条染色体中，形成染色体插入。当插入片段与原来方向相同时，即断片的近侧段仍靠近着丝粒者称正位插入(dir，ins)；反之为倒位插入(inv，ins)。

6. 环状染色体(ring chromosome，r) 一条染色体的长短臂同时各发生一次断裂后，两断端彼此重新连接。

7. 等臂染色体(isochromosome，i) 由于细胞分裂后期时着丝粒产生错误的横裂。一条衍生染色体的两个臂在形态、遗传结构上完全相同，称为等臂染色体。

8. 双着丝粒染色体(dicentric chromosome，dic) 两条染色体分别发生一次断裂后，两个具有着丝粒的染色体的两臂断端相连接，即可形成一条双着丝粒染色体。细胞内染色体的数目减少一条，并产生缺失。

二、染色体结构异常与疾病

(一) 5p 部分单体综合征

5p 部分单体综合征(猫叫综合征，CdCS)，由患者 5 号染色体短臂部分缺失导致，是人类最常见的染色体缺失综合征之一，发病率为 1/50 000～1/15 000。该病患者在婴儿期由于喉部发育不良或未分化导致哭泣时发出高音单色猫样的哭声。CdCS 患者的核型异常中，80％为单纯缺失，核型为 46，XX(XY)，del(5)(p15)；10％为不平衡易位，少数为环形染色体和嵌合体。

CdCS 患儿在婴幼儿时期的哭声似小猫叫，为喉部畸形、松弛所致。猫叫样哭声随年龄增长而消失；出生时面如满月，后为长脸，生长、智力发育迟缓，小头，低耳位，眼距宽，外眼角下斜，内眦赘皮，腭弓高，下颌小，50％先天性心脏病。

该病的发生原因为患者的双亲之一在形成生殖细胞的过程中，第 5 号染色体有断裂现象,产生带有第 5 号染色体短臂缺失的生殖细胞,此细胞受精后发育形成 5p 综合征。

(二) 22q11.2 缺失综合征

22q11.2 缺失综合征(22q11.2 deletion syndrome,22q11.2 DS)是 22 号染色体连续基因缺失引发的疾病,大多数个体携带 3.0 Mb 缺失,约 5% 的患者为 1.5 Mb 缺失杂合子,约 2% 患者为 2 Mb 的缺失杂合子,其他的为低拷贝数重复序列(low copy number repeat,LCR)B-D 缺失或较小缺失。22q11.2DS 的患者多为新发突变导致染色体缺失,只有约 10% 遗传于杂合子亲本。

22q11.2 DS 患者表现高度可变的疾病特征,即使同一家系内携带相同突变的不同个体,其表型也存在差异。先天性心脏病是 22q11.2 DS 最常见的临床表型之一,约 64% 患者有心脏缺陷,包括室间隔缺损、房间隔缺损、主动脉弓异常等表型,心脏疾病也是 22q11.2 DS 患者死亡的主要原因。22q11.2 DS 的另一主要临床表现为腭部异常,约 67% 患者发生腭咽闭合不全或黏膜下腭裂,而明显的腭裂和唇腭裂的发生率较低。此外,还有部分患者表现出严重的喂养困难、免疫缺陷、自身免疫性疾病、甲状旁腺功能低下、特征性面部特征、听力损失、泌尿生殖系统发育不全等多系统异常,精神分裂症、自闭症、焦虑和抑郁障碍在 22q11.2 DS 患者中也更为常见。

(三) Xq28/MeCP2 重复综合征

Xq28 重复综合征是 X 染色体 0.5~8 Mb 的重复导致的疾病。Xq28 综合征的发病存在显著的性别差异,主要患者为男性,其外显率为 100%,即携带该突变的全部男性均发病。Xq28 重复综合征患者通常表现为严重的神经精神发育障碍和免疫系统发育障碍,婴儿期多发性肌张力减退导致出现吞咽困难和胃食管反流,严重者甚至需要进行胃底折叠或永久性胃造口术。幼儿期表现出严重智力障碍、反复发作的呼吸系统感染(约 75% 的病例)及癫痫(约 50% 的病例)。超过一半的男性患者由于反复的感染或神经功能恶化而在 25 岁之前死亡。

由于女性体内存在 X 染色体随机失活机制,因此女性对 Xq28 的重复并不敏感。个别情况下呈现疾病表型的女性携带者通常伴随 X 染色体拷贝数的额外增加,或其他原因导致的 X 染色体失活异常。

Xq28 综合征患者的重复片段通常包含 *MeCP2*、*SLC6A8*、*L1CAM*、*FLNA* 等多个基因,但通常认为表观调节因子 CG 结合蛋白 2(MeCP2)是该疾病发生的主要因素,其证据为某些患者仅携带包含 *MeCP2* 在内的两个基因的微小重复也表现出发育迟缓、癫痫、痉挛和反复肺部感染,提示 *MeCP2* 的重复可能是患者发病的核心基因。

(四) 与染色体数目异常同时存在的疾病

在一些疾病中,染色体结构异常和数目异常往往同时发生,如唐氏综合征中,约 4% 为易位型患者,最常见的核型为 46,XX(XY),-14,+t(14q21q),即患者细胞少了一条正常的 14 号染色体,多了一条由 14 号和 21 号染色体经罗伯逊易位形成的异常染色体。这种易位可以是新发生的,也可以由患者的双亲之一遗传而来。在后者中,双亲之一为 14/21 易位携带者,其核型为 45,XX(XY),-14,-21,+t(14q21q)。易位携带者与正常人所生的子女中,1/6 核型正常,1/6 为 14/21 易位携带者,1/6 为 14/21 易位型唐氏综合征，3/6 因三体或单体而流产。临床观察发现，女性的 45，XX，－14，－21，＋t(14q21q)易位更容易发生传递，10%～15% 的携带者会将其遗传给子代，而将此易位传递下来的男性携带者不足 1%。这也表明卵子发生中的检查点并不像精子发生中那样严格。

又如，特纳综合征中一种较为常见的核型是 X 等臂染色体，分别为 X 染色体长臂的重复，或者是其短臂的重复，核型为 46，X，i(X)(p10)和 46，X，i(X)(q10)。

（五）肿瘤

肿瘤细胞遗传学研究发现，癌症样本中存在复杂且多变的染色体变异，提示染色体重排可能是导致肿瘤发生的因素之一。

费城染色体(Ph chromosome，又称 Ph 染色体)，是第一种被发现与癌症相关的染色体异常，目前被认为是慢性粒细胞白血病(CML)发病的主要原因。1960 年，诺埃尔(Nowell)和亨格福德(Hungerford)发现 CML 患者第 22 号染色体长臂比正常人短，随后 Rowley 等通过分带染色方法发现，变短的 22 号染色体其实并没有缺失，而是易位到了 9 号染色体上(图 7－7)，研究人员将易位的染色体命名为 Ph 染色体。进一步研究发现，Ph 染色体的形成导致 9 号染色体断裂位置的 *ABL* 基因和 22 号染色体断裂位置的 *BCR* 基因组合成了 *BCR－ABL* 融合基因。该融合基因编码一种相对分子质量为 210 kD 的蛋白质，它是一种酪氨酸激酶，该蛋白的表达引起了髓系粒细胞的无限增殖，继而导致慢性粒细胞白血病。90% 以上的 CML 携带 t(9；22)，其余 10% 多数携带隐匿性 9/22 染色体重排，因此 Ph 染色体也成为 CML 诊断的标志性染色体变异。

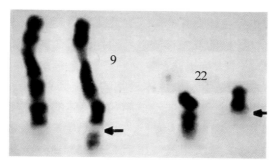

图 7－7　费城染色体核型图

在 Burkitt 淋巴瘤中也存在 3 种常见的染色体易位——t(8；14)，t(8；22)和 t(2；8)，这些易位均可导致致病基因 *c－MYC* 的体细胞重排。*c－MYC* 编码调控细胞生长和细胞周期转录因子。在 t(8；14)易位中，*c－MYC* 被转移到免疫球蛋白重链位点的增强子区域附近，驱动了 B 淋巴细胞中该基因的高表达；t(2；8)和 t(8；22)易位的 *c－MYC* 基因被分别转移到了 IgK 或 IgL 增强子的附近，具有相似的表达增强效果。因此，CML 和 Burkitt 淋巴瘤的致病机制可以用两个不同的、重要的、可推广的模型来解释：在 CML 中，融合基因的形成导致新的嵌合蛋白功能的致病性增益；在 Burkitt 淋巴瘤中，基因调控环境的改变驱动其错误表达，从而导致正常蛋白功能的致病性增益。

第三节　染色体病的预防、筛查与诊断

一、染色体异常的诱发机制

前文中已对染色体数目和结构异常引发的常见疾病及其发生机制进行了介绍,指出染色体数目异常主要由配子生成过程中染色体不分离引起,而结构异常源于染色体断裂和重新连接,故而染色体异常通常为新发而仅有一部分结构异常遗传自父母。那么是什么诱发了染色体的变异呢? 目前研究认为可能存在以下几种原因。

1. 环境因素　包括物理因素和化学因素。物理因素包括核辐射、γ 射线、X 射线等。化学因素包含药物、化学物质、农药和食品添加剂等。例如,抗肿瘤药物和免疫抑制剂类药物通常会产生直接的 DNA 损伤,继而可导致染色体结构畸变;抗癫痫药物苯妥英钠、维拉帕米、卡马西平、苯巴比妥等可引起人淋巴细胞多倍体细胞数增高,并伴随明显的胚胎致畸作用。农药中的有机磷和砷制剂等都是染色体变异的诱变剂,长期接触苯、甲苯的人群中出现染色体数目异常和发生染色体断裂的频率高于一般人群。部分食品添加剂如硝基呋喃基糖酰胺、环己基糖精也对染色体有损伤。

虽然环境因素被公认为导致染色体变异的重要因素,但是其具体影响效力尚不明确,一般认为是通过累积作用发挥效应的,单一一次危险因素的接触不会直接导致染色体病的发生。同时,环境因素诱发染色体畸变发生的危害程度也与变异细胞的范围和位置有关,多数情况下,发生染色体变异的体细胞会随着新陈代谢逐步被正常细胞更替,但一些变异也可能导致恶性肿瘤的发生;同时,若变异发生在生殖细胞或胚胎发育早期,则子代/胚胎的染色体病患病率大幅提高。

2. 生物因素　病毒感染是引发染色体异常的重要因素之一。临床观察中发现,孕期多种病毒的感染均可以穿过胎膜屏障造成胎儿染色体的异常,这些病毒包括单纯疱疹病毒、带状疱疹病毒、风疹病毒、麻疹病毒、水痘-带状疱疹病毒、腺病毒、腮腺炎病毒、劳斯(Rous)肉瘤病毒等。例如,有病例报告显示 EB 病毒(epstein-barr virus)感染可导致儿童淋巴细胞的染色体异常。在一项研究中,4 名儿童感染者发生 7 号染色体的单体缺失,另 1 名儿童发生了 t(3;5)(q27;q33)的染色体易位,他们都不同程度地出现了骨髓细胞过度增殖现象(即白血病)。

研究发现,上述病毒可以直接对染色体造成损伤,导致染色体开放性断裂或结构变异,麻疹病毒、黄热病毒、仙台病毒等还可以直接引起断裂的染色体降解;此外,在先天性和慢性感染风疹病毒的胎儿中也观察到有丝分裂停止的现象,裂谷热病毒非结构 NS 蛋白可以与宿主细胞着丝粒周围的微卫星 DNA 相互作用,引发染色体分离障碍。

3. 母亲怀孕年龄　在众多的染色体病中我们观察到,母亲怀孕年龄的增长显著提高了子代染色体异常的发生概率,高龄产妇(35 岁以上)被广泛认为是增加非整倍体风险的最关键因素。以唐氏综合征为例,该疾病在存活新生儿中总发病率约为 1/700,若

母亲怀孕年龄为 20～25 岁,生产胎儿患病率为
1/2 000;怀孕年龄为 30 岁,患病率为 1/900;怀
孕年龄为 35 岁,患病率为 1/365;怀孕年龄为 40
岁,患病率为 1/100,即唐氏综合征的患病风险
随着母亲怀孕年龄的增长而显著上升(图 7-
8)。此外,18-三体,13-三体,克氏综合征等的
患病风险也与母亲怀孕年龄相关。总体来看,临
床中染色体异常在 30 岁以下妇女中的发生率为
2%～3%,而在 40 岁以上的女性中,非整倍体卵
母细胞的比例显著增加到 35%以上。

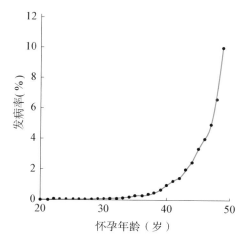

图 7-8　母亲怀孕年龄与新生儿中
唐氏综合征发病率

　　为什么母亲怀孕年龄对染色体异常的发病
率影响如此之大? 通常认为这是由于女性在胎
儿期(6～7 月龄)所有的卵原细胞都已完成第一
次减数分裂,形成大量初级卵母细胞储存在体
内,并长期处于休止期或核网期,一直到青春期才陆续复苏开始排卵。这些初级卵母细
胞持续受到内外环境的作用和影响,累积风险产生染色体变异的概率提高。

　　此外,随着年龄的增长,卵母细胞逐渐衰老,更容易在细胞减数分裂中发生错误。基
于青年和老年小鼠的卵母细胞转录组对比研究发现,衰老会引起纺锤体装配检查点功能
的退化,使染色体错误分离逃脱监控;还能够引起着丝粒内聚力相关蛋白 Rec8 及其保护
蛋白 SGO2 的表达量下降,导致着丝粒内聚力不足,姐妹染色单体早熟分离。此外,衰老
还可能影响卵母细胞中重要染色质区域的表观遗传修饰。例如,从老年小鼠获得的卵母
细胞在减数分裂中期Ⅱ阶段展现出更高的 H4 组蛋白乙酰化水平,高龄女性中获得的卵
母细胞也显示出 H4 组蛋白乙酰化的异常。这种异常组蛋白乙酰化模式破坏了染色体
分离,进而导致非整倍体变异。除了整体组蛋白乙酰化水平的变化外,衰老还与一些
DNA 甲基转移酶的显著改变有关。

　　4. 遗传因素　除直接遗传自父母的染色体异常外,一些 DNA 复制相关基因的变异
也会影响细胞基因组的稳定性,如第一节中提到的 *PLK4* 基因多态性提高了胚胎发育
早期有丝分裂后期中染色体丢失的风险;一些自身免疫性疾病(如甲状腺原发性自身免
疫抗体增高)与家族性染色体异常之间也有密切的相关性。

二、染色体变异的检测方法

　　几十年来,检测染色体变异的技术在不断发展,从染色体核型分析,到染色体微阵列
分析(chromosomal microarray analysis,CMA),到二代测序,其检测分辨率已提高几个
数量级,并促进了许多疾病相关遗传标志物的鉴定。

(一) 核型分析

　　核型分析是最初、最传统、最常用的检测染色体异常的方法。核型分析的基础是 20
世纪 50 年代末建立的染色体分离技术,即利用秋水仙素将细胞有丝分裂阻断在分裂中

期,通过低渗溶液破裂细胞、分离染色体,最后使用甲醇和冰醋酸将染色体固定。

显带技术是染色体分离后,利用不同染料对染色体进行染色以反映染色体核型的方法。经过染色后,染色体不同区域着色深浅不同,在光学显微镜下呈现明暗相间的带纹。由于各染色体均有特异性的带型,因而可以直接判断各条染色体的数目和结构是否发生改变。其中,利用吉姆萨(Gimesa)溶液的 G 显带技术是最常用的染色方法,前文中的核型图就是这种染色的结果。此外还有 R 显带、Q 显带等。显带技术成本低、效率高,近几十年来,基于 G 显带的中期染色体核型分析一直是确定染色体异常的金标准,但显带技术灵敏度和分辨率较低,无法检测出小于 4 Mb 的细微染色体病变,难以提供染色变异的精准定位。

荧光原位杂交技术(fluorescence in situ hybridization,FISH)是将荧光标记(而非同位素标记)的探针与间期细胞或中期染色体制备物杂交,以确定感兴趣的特定基因组片段的存在、位置及数量的方法。该方法可以极大地提高染色体变异的诊断分辨率,通常能达到 40～250 kb,被认为是检测亚显微染色体失衡和重排检测的替代方法。其原理是将 DNA 或 RNA 探针用地高辛/生物素标记,与染色体切片杂交,再通过荧光素偶联的抗体与探针杂交,对序列进行定性、定位和定量分析。通过 FISH 可检测到的染色体微缺失疾病包括威廉姆斯-伯伦(Williams-Beuren)综合征(7q11.23 微缺失)、普拉德-威利/快乐木偶(Prader-Willi/Angelman)综合征(15 号染色体短臂微缺失)、史密斯-马盖尼斯(Smith-Magenis)综合征(17p11.2 3.2 Mb 杂合性缺失)、神经纤维瘤病 Ⅰ 和迪格奥尔格(DiGeorge)综合征等。此外,利用 FISH 还可检测发育障碍有关隐蔽易位等染色体亚端粒异常。

FISH 灵敏度高,但通量低,其检测受限于探针数量,需要目的明确地检测一个或几个候选染色体基因座,因此可以与核型分析互相补充联合应用。同时,在 FISH 基础上又发展出多色荧光原位杂交技术,如光谱核型分析(spectral karyotyping,SKY)、多重FISH 和彩色显带 FISH 等,实现一次成像可同时区分 24 条染色体,使复杂染色体变异的筛查成为可能。

（二）染色体微阵列分析

CMA 是基于高通量芯片的染色体变异检测技术,兼具检测通量和检测灵敏度的优势,通常可以进行全基因组水平扫描,在检测染色体微重复、微缺失等小片段非平衡易位的变异上有突出优势,分辨率比 FISH 更高,被称为“分子核型分析”。

CMA 的发展起源于分子生物学研究的飞速进步,研究人员发现了越来越多的染色体片段拷贝数变异(copy number variation,CNV)在遗传或非遗传性疾病(如癌症)的发生、发展中起作用,并有迫切的需求需要开展相关的高精度检测。CNV 是大小介于单碱基变异和染色体异常之间的一种广义上的染色体结构变异,通常大小为 1 kb～3 Mb;但与染色体结构变异不同的是,多数 CNV 可以作为一种遗传多态性广泛存在于人群中,只有一部分 CNV 会致病,但也可能导致严重的出生缺陷(表 7-3)。目前,CMA 已经被公认是发育障碍或先天性异常患者的一线临床检测工具,被应用到多种特定的染色体区域(如 15q11-q13),整个染色体及全基因组所有染色体的亚端粒区。2010 年,国际细胞基因组芯片标准化联合会(International Standards for Cytogenomics Arrays Consortium)、美国医学遗传学与基因组学学院(American College of Medical Genetics and Genomics, ACMG)推荐将 CMA 作为不明原因的发育迟滞、智力障碍、多发性畸形等疾病的一线细胞学检测方法。CMA 技术对先天性和发育异常个体的诊断产生了重大影响,在各类芯片平台的帮助下,这些患者中拷贝数变化的平均检出率为 12.2%～17.1%,而此前 G 显带技术的检出率仅为 3%。

表 7 - 3 部分 CNV 与其引起的疾病表型

基因区域	CNV 类型	表 型
1q21. 1	Del/Dup	多发性先天畸形,白内障(del);先天性心脏病(del/dup)
2q11. 2	Del/Dup	智力障碍,先天性心脏病(del);发育迟滞,巨人症,肢端肥大(dup)
2q13	Del	智力障碍,发育迟滞,焦虑,肌张力减退
7q36. 1	Del	发育迟滞,喂养困难
8p23. 1	Del/Dup	智力障碍,发育迟滞,先天性心脏病,行为异常
10q11. 21 - q11. 23	Del/Dup	智力障碍,发育迟滞,多发性先天畸形,癫痫
10q22 - q23	Del/Dup	智力障碍,行为异常,多动症
15q13. 3	Del/Dup	发育迟滞,癫痫,
15q24	Del/Dup	智力障碍,多发性先天畸形
16p11. 2	Del/Dup	大头畸形(del)/小头畸形(dup),语言发育迟滞,先天性肾脏和尿路畸形
16p11. 2 - p12. 2	Del	智力障碍,发育迟滞,面部畸形
16p12. 1	Del/Dup	发育迟滞,多发性先天畸形,精神神经障碍
16p13. 11	Del/Dup	智力障碍,多发性先天畸形,精神神经障碍,癫痫
17q12	Del/Dup	智力障碍,肾脏缺陷,糖尿病,癫痫
17q21. 31	Del/Dup	智力障碍,发育迟滞
Distal 22q11. 23	Del/Dup	智力障碍,多发性先天畸形(del);智力障碍(dup)
Xp11. 22 - p11. 23	Dup	智力障碍,语言发育迟滞,脑电图异常

注:dup,重复;del,缺失。

CMA 芯片基于设计原理分为以下两大类。

1. 比较基因组杂交芯片(array-based comparative genomic hybridization, aCGH) 其原理是将待测样本 DNA 与染色体正常的对照样本 DNA 分别进行不同的荧光标记,并与芯片上固定探针进行竞争性杂交,获得特定位置定量的拷贝数检测结果。目前,商业化的 aCGH 单张芯片上的探针数从 44 k 到 1 M 不等,可以满足低至 2 kb 精度的 CNV 检测。

2. 单核苷酸多态性微阵列芯片(single nucleotide polymorphism array, SNP array) 其原理是基于待测样本与 SNP array 上固定的探针进行单杂交,通过比较不同信号强度来判断每个位置的拷贝数。SNP array 的优势在于除了能够检出 CNV 外,还能够检出大多数的单亲二倍体和一定比例的嵌合体。

除了检测通量和灵敏度的优势,CMA 能够更加客观地界定染色体变异发生的位置和大小,但它不能检测出染色体平衡易位、倒位及复杂性的重排,平衡易位的检测仍然需要利用染色体核型分析。此外,CMA 还会检测出许多临床意义不明的 CNV,因而在应用到产前诊断时可能会导致孕妇和家属在妊娠选择上的困惑。我国在 2014 年发布了相应专家共识,明确该技术的适用范围和遗传咨询规范。

(三) 新一代测序技术

新一代测序技术(next generation sequencing,NGS,二代测序技术)指利用高通量并行测序平台对指定的基因组范围进行序列测定的方法。通过对靶标基因、全外显子或全基因组的 NGS 检测,可以开展包括单核苷酸变异(single nucleotide variant,SNV)、单基因、染色体短片段插入/缺失(insertion or deletion,indel),CNV 和染色体大片段异常在内的多种染色体或基因疾病的检测。

其中,全基因组测序(whole genome sequencing,WGS)是对个体整个基因组进行打断测序,并通过拼接获得遗传信息的方法。WGS 不直接搜寻具体的疾病相关基因,而是通过研究均匀分布于整个基因组的基因序列信息,对其进行分析后发现,与疾病相关的基因座位可以用于未知病因疾病的筛查。在染色体疾病诊断方面,低深度的全基因组是第一代无创产前诊断技术(non-invasive prenatal testing,NIPT)的基础。该技术在样本建库时对染色体不进行区分,而在得到测序数据后通过生物信息学分析识别其原始位置,判断胎儿是否存在 21 -三体、18 -三体、13 -三体等染色体数目异常。然而,由于这 3 条染色体的 DNA 序列占比不到 8%,使用全基因组测序的方式检测会导致大量测序数据浪费,严重阻碍了检测成本降低。

全外显子组测序(whole exome sequencing,WES)指利用序列捕获技术将全基因组外显子区域 DNA 捕获,对其富集后再进行高通量测序的基因组分析方法,主要用于研究编码蛋白功能区域的遗传突变。与 WGS 数据类似,利用 WES 数据同样可分析 SNV,indel,CNV 等遗传变异,但 WES 数据在检测外显子区域 SNV 和 indel 方面已应用较为成熟,在 CNV 分析上仍具有很大的局限性,主要原因在于 WES 测序中的前序捕获阶段会将 DNA 片段破碎得较小,针对外显子区域捕获到的序列稀疏且不均匀,最终导致测序数据的偏倚和覆盖范围有限。

靶向测序(target sequencing)指针对特定的目标基因进行捕获和测序,目前在遗传学诊断领域广泛用于单基因遗传病的检测,也是第二代 NIPT 的基础。二代 NIPT 基于多重 PCR 同时扩增位于 21、18、13 及其他染色体上的数千个位点,达到目的片段富集和定量分析的目的,可将 21、18、13 号染色体 DNA 序列占比从不足 8% 提升至 70% 以上,并将目的片段的平均测序深度提高至 500× 以上,单个样本所需测序通量从 6～10 M reads 降低至 1.5 M reads,实现测序成本显著降低。

以上技术对比见表 7 - 4。

表 7 - 4　染色体结构变异的检测技术发展

技　术	出现时间	分辨率
核型检测（无带）	1950—1960	10～20 Mb,视染色体长度而定（识别染色体时经常出错）
显带技术	1970	5～10 Mb
FISH	1980—1990	<1 Mb
染色体微阵列分析	2000	100 kb
新一代测序技术	2000 末	可达碱基对级

三、染色体异常与遗传咨询

　　染色体异常是导致人类自然流产的重要原因之一。自然流产指自然状态下发生的、非人为造成的妊娠中止现象。临床确认的妊娠中自然流产率约 15%,其中孕早期流产（妊娠不足 12 周）占 80%,而早期流产的胚胎中一半以上携带染色体异常;在人类全部妊娠中,自然流产的发生率高达 75%。大部分胚胎在着床后很快就停止发育,仅表现为月经过多或月经延期,即早早孕流产;早早孕流产中胚胎染色体异常发生率超过 80%。复发性流产(recurrent miscarriae,RM)指与同一性伴侣连续 2～3 次的妊娠发生自然流产,发生率约 1%,而近 5.5% 复发性流产夫妇中,其中一方携带平衡易位重排、相互易位或罗伯逊易位等染色体结构异常,该携带比例为正常人群的 10 倍。

　　此外,染色体异常也是导致人类重大出生缺陷的重要原因之一。我国是出生缺陷高发国家,每年出生缺陷儿约 90 万例,占每年自然增长人口的 5.6%,其中,染色体病和基因组病导致的严重遗传病约占出生缺陷儿的 37%,患儿通常表现为智力低下、生长发育迟缓、多发畸形等。这类疾病难以治愈,给家庭和社会造成巨大负担。

　　为了避免染色体异常导致的不良妊娠、降低出生缺陷的发生率,基于上述染色体异常的诱发风险因素,结合染色体病的发病机制,对不同的人群进行孕前诊断、产前筛查和产前诊断势在必行。

（一）孕前诊断

　　孕前诊断指在怀孕前对待孕夫妇进行基因检测,以判断其结合有无严重遗传性疾病（包括单基因遗传病、多基因遗传病、染色体病）的发病风险。通常需要进行孕前诊断的对象有:①患有严重遗传病/先天畸形或有相关家族史的夫妇;②曾生育过有出生缺陷患儿的夫妇;③不明原因反复流产的夫妇;④多年不育的夫妇;⑤长期接触易致突变的物理、化学环境者;⑥患有癫痫、肿瘤、精神类疾病等慢性病,需要长期服药者;⑦本人或近亲明确携带异常染色体者。对已经生育过一胎、有出生缺陷患儿的家庭进行孕前诊断,能够明确疾病的发生原因和遗传方式,确定后代的再发风险。

　　孕前诊断能够对有疾病风险的人群进行优生优育指导,包括:后续产前诊断随访;使用第三代试管婴儿技术受孕（单精子注射到卵细胞中,成胚胎去滋养层细胞进行基因筛查后再移植到子宫内）或不宜生育。

（二）产前筛查与产前诊断

1. 传统产前筛查　产前筛查即通过简便、经济和较少创伤的检测方法，从孕妇群体中发现疑似孕有先天畸形和遗传性疾病胎儿的高危孕妇，以待后续明确诊断或排除。目前开展的产前筛查主要针对可出生的 3 种染色体变异综合征展开，即 21-三体，18-三体和 13-三体，采用的方法通常为血清学筛查＋超声筛查的方式，结合孕妇年龄、体重、孕周等计算发病风险。

血清学筛查指通过对母体血清中的特异性标志物的含量进行检测，判断染色体病发生风险。目前常用的血清标志物有：妊娠相关蛋白 A（pregnancy associated plasma protein A，PAPP-A）、游离人绒毛膜促性腺激素（free β-hCG）、甲胎蛋白（alpha fetoprotein，AFP）、游离雌三醇（unconjugated estrion，uE3）等。其中，PAPP-A＋free β-hCG 为传统的二联检测法，适用于孕早期（$11\sim13^{+6}$ 周）；β-HCG＋AFP＋uE3 为准确率更高的三联检测法，适用于孕中期（$15\sim20^{+6}$ 周）。

PAPP-A 是一种类胰岛素样生长因子结合蛋白，由胎盘滋养细胞和蜕膜产生，从孕 28 天产生持续增长至孕期结束。当出现异常妊娠时，孕早期 PAPP-A 水平明显低于同周龄孕妇，是孕早期最为敏感的指标，但在孕中期上升到正常水平。

β-HCG 是由胎盘细胞合成的人绒毛膜促性腺激素，在受精后进入母体血液，含量持续上升至第 8 周，然后缓慢降低浓度直到第 $18\sim20$ 周后保持稳定。怀有唐氏综合征患儿的孕妇其血清 β-HCG 水平呈强直性升高，为同周龄母亲的 $2.3\sim2.4$ 倍。

AFP 是由胎儿肝细胞及卵黄囊合成的一种白蛋白，在妊娠期间具有免疫调节功能，预防胎儿被母体排斥。孕中期孕妇体内的 AFP 主要源于胎儿，而怀有染色体异常患儿的孕妇，其血清 AFP 水平通常为同周龄正常孕妇的 70%。

uE3 是由胎儿胎盘合成的，因此随着胎龄的增加，胎儿胎盘功能逐渐增强，游离雌二醇和三醇的合成也增加，至分娩后锐减。测定孕妇血清 uE3 可检测孕中期胎儿生长状态。而受 DS 的母体血清 uE3 水平低于正常的 30%。

超声检测是直接通过高分辨力彩色多普勒超声技术对孕早期和孕中期的胎儿进行畸形排查的方法，除了直观地观察其五官、四肢、内脏的完整性，还可以通过胎儿颈部透明带厚度综合预测染色体病风险。

然而，传统产前筛查更着重于检测的简便性和广谱性，存在一定的假阳性率（表 7-5），因而报告结果为高风险还需要进行遗传学诊断确诊，不能直接做出终止或保留妊娠的建议。

表 7-5　传统产前筛查对唐氏综合征的检出率和漏检率

检测指标	孕期	检出率	假阳性率
颈部透明层厚度（NT）测量	孕早期	77%	4%
血清筛查 PAPP-A＋free-hCG	孕早期	65%	4%
NT＋PAPP-A＋free-hCG	孕早期	85%	5%

续　表

检测指标	孕期	检出率	假阳性率
AFP＋hCG	孕中期	56%	5%
AFP＋hCG＋uE3	孕中期	65%	5%
AFP＋hCG＋uE3＋inhibinA	孕中期	75%	5%
NT＋AFP＋hCG＋uE3＋inhibinA	孕早中期联合	89%	5%

　　2. 产前诊断　又称宫内诊断或出生前诊断,是指直接或间接对胎儿的遗传物质进行检测以诊断其是否携带异常染色体或其他可能导致严重出生缺陷的遗传因素,以指导生育,降低严重遗传病、先天畸形和智力障碍等患儿的出生。产前诊断技术通常通过介入性手术的方法获得胎儿细胞进行培养后的核型分析或直接进行 CMA 检测。采用的标本通常为绒毛膜穿刺获得的胎儿绒毛细胞,羊膜腔穿刺获得的羊水中的胎儿细胞,或脐带血穿刺获得的胎儿血细胞。这些"有创"手段会带来一定的流产和感染风险,虽然致流产风险只有 0.5%～1%,但也给了孕妇和家属一定的心理负担,使得一些家庭错过产前诊断的时机。

　　高风险胎儿的无创产前检测(non-invasive prenatal testing,NIPT)技术成为连接传统产前筛查和介入性产前诊断的重要桥梁。该方法采集孕妇外周血 5～10 ml,分离母体外周血血浆中的游离 DNA 片段(包括胎儿游离 DNA)并进行二代测序,结合序列比对,就可以得出游离 DNA 的染色体来源,计算胎儿患染色体非整倍体的风险。此技术能同时检测 21-三体、18-三体及 13-三体,还可发现其他染色体非整倍体及染色体缺失/重复。NIPT 只需要采集孕妇的血液而不需对胎儿进行直接的细胞采集,因此被称为"无创"检测。

　　NIPT 的基础为孕妇外周血内胎儿游离 DNA(cell-free fetal DNA,cffDNA)的发现。1997 年,香港中文大学卢煜明教授首次在孕妇体内检测到 cffDNA,后续研究发现,cffDNA 在整个孕期长期稳定存在于孕妇外周血中,其含量占母体总游离 DNA 的 3%～13%。cffDNA 的来源为胎盘的滋养层细胞,一般以 75～205 bp 的小片段形式游离于母体中,从妊娠 4 周左右开始被检出,在孕 10～21 周处于一个稳定的高峰值,后继续升高至分娩结束。如果胎儿为唐氏综合征患者,则母体血浆中来自胎儿的 21 号染色体游离 DNA 片段会有 50% 的上升,并引起外周血中全部 21 号染色体来源片断数量的增加。

　　我国卫生计生委于 2016 年制定了《孕妇外周血胎儿游离 DNA 产前筛查与诊断技术规范》,目前我国境内的 NIPT 的筛查目标疾病为 3 种常见的胎儿染色体非整倍体异常,即 21、18、13 非整倍体异常筛查,不能用于其他染色体异常和神经管畸形筛查。适宜检测的孕周为 12^{+0}～22^{+6} 周。适宜的检测人群:血清学初筛显示胎儿染色体非整倍体风险值介于高风险切割值与 1/1 000 之间的孕妇;有介入性产前诊断禁忌者;20^{+6} 周以上,错过血清学检测最佳时间者。根据大数据估算,目前 NIPT 对 21-三体的检测准确率为 99%,假阳性率 0.1%,18-三体、13-三体的检测准确率达 90% 以上,与传统血清学筛查相比体现出较大优势。

然而,NIPT 也有其明确的局限性。首先,只有 cffDNA 占母体游离 DNA 的 4% 以上才能被检出,而重度肥胖孕妇外周血中 cffDNA 浓度通常较低,因此不建议使用该方法筛查;第二,NIPT 对于性染色体数目异常和 CNV 检测的准确性较低;第三,NIPT 对双胎/多胎的孕前筛查检测不够准确。

美国医学遗传学与基因组学学会在 2016 年发表的"关于胎儿染色体非整倍体无创产前筛查"强调,尽管抱有美好的愿望,然而在目前的技术水平上,NIPT 只能作为一项筛查技术而非诊断技术,检测提示高风险者仍然需要通过羊水穿刺或绒毛膜取样等介入性检测技术进行临床诊断。因此,以下人群不适用于 NIPT 筛查:①夫妻一方有明确的染色体异常,特别是罗伯逊易位者;②1 年内接受过异体输血、移植手术者;③胎儿超声提示器官结构发育异常者;④有基因病家族史或高度提示胎儿罹患基因病者;⑤孕期合并肿瘤者。

孕前诊断、产前筛查和产前诊断构筑成了我们国家降低出生缺陷发生的一道有效屏障,对提高人口素质,降低社会和家庭负担起到了不可或缺的作用。而对染色体疾病的深入了解和更精确检测技术的开发则将在未来为无创产前筛查向无创产前诊断的进步做出巨大贡献。

(秦胜营　怀　聪　魏慕筠)

参考文献

[1] 贺林. 今日遗传咨询[M]. 北京:人民卫生出版社,2019.

[2] AMIR R, VAN D, WAN M, et al. Rett syndrome is caused by mutations in X-linked MECP2, encoding methyl-CpG-binding protein 2 [J]. Nat Genet, 1999,23(2):185 - 188.

[3] ANTONARAKIS SE, LYLE R, DERMITZAKIS ET, et al. Chromosome 21 and down syndrome: from genomics to pathophysiology [J]. Nat Rev Genet, 2004,5(10):725 - 738.

[4] BANDYOPADHYAY R, HELLER A, KNOX-DUBOIS C, et al. Parental origin and timing of de novo robertsonian translocation formation [J]. Am J Hum Genet, 2003,71(6):1456 - 1462.

[5] BRINKMANN B. Human genetics, in problems and approaches [M]. 3rd ed. Berlin: Springer, 1997,7(3):94 - 94.

[6] CHUNDURI NK, STORCHOVÁ Z. The diverse consequences of aneuploidy [J]. Nat Cell Biol, 2019,21(1):54 - 62.

[7] FERGUSON-SMITH MA. Human chromosome aberrations, in Brenner's encyclopedia of genetics [M]. 2nd ed. Pittsburgh: Academic Press, 2013:546 - 549.

[8] MCCOY R, DEMKO Z, RYAN A, et al. Common variants spanning PLK4 are associated with mitotic-origin aneuploidy in human embryos [J]. Science, 2015,348(6231).

[9] ROWLEY J. A new consistent chromosomal abnormality in chronic myelogenous leukaemia identified by quinacrine fluorescence and giemsa staining [J]. Nature, 1973,243(5405):290 - 293.

[10] ZINKSTOK J, BOOT E, BASSETT A, et al. Neurobiological perspective of 22q11.2 deletion syndrome [J]. Lancet Psych, 2019,6(11):951 - 960.

第八章　复杂疾病的遗传基础

单基因病和染色体病较为罕见。比较常见的复杂疾病，受到多种基因和环境因素的相互作用，包括心血管疾病和神经系统疾病等。对复杂疾病的分子机制的理解，将指导疾病精确诊断并促进药物开发。本章将系统介绍复杂疾病的普遍特征、疾病的遗传学研究进展和基因与环境的交互作用。

▌第一节　复杂疾病的普遍特征

一、复杂疾病的基础概念和特点

（一）概述

前面的章节介绍了单基因突变或染色体异常引起的疾病，对特定基因突变/染色体异常引起疾病的机制的理解，促进了对特定患者的分子诊断、风险评估及有效治疗的发展。然而在人类遗传性疾病中，单基因病和染色体病仅仅占据了一小部分。绝大部分引起社会经济负担的是较常见的复杂疾病，如心血管疾病、神经退行性疾病、精神疾病、糖尿病、癌症等。复杂疾病的发病原因包括遗传学因素，以及复杂的多基因与环境因素的相互作用。

（二）遗传异质性、基因多效性和表型异质性

遗传异质性（genetic heterogeneity）是指不同的遗传机制可以产生单一或类似的表型。包括两种类型：等位基因异质性（allelic heterogeneity）指同一基因的不同等位基因变异可以引起类似表型；基因位点异质性（locus heterogeneity）指不同基因位点的不同突变可以引起类似的表型。

关于基因位点异质性，如只需要单一突变就可以导致成骨不全（osteogenesis imperfecta）。由于基因位点异质性，在 2 个或多个基因位点的单个突变都可以导致这一疾病；有些患者携带一种突变，而另外的患者携带另一种突变。家族性阿尔茨海默病（Alzheimer's disease，AD）也可以由 3 种不同基因（*APP*，*PS1*，*PS2*）上的不同突变引起。关于等位基因异质性，比如 *DMD* 基因上发生不同的突变可以引起症状严重的 Duchenne 肌营养不良，也可以引起症状较轻的 Becker 肌营养不良。

基因多效性（pleiotropy）是指一个基因可以影响多个看似不相关的表型性状。这样的基因称为多效性基因。发生在多效性基因上的突变可以同时引起多种性状。这是由于基因编码的产物可以被多种细胞利用，参与多种生化过程，在多种信号通路中调控不

同的效果，导致多个性状的改变。比如，马方综合征(Marfan syndrome，OMIM 154700)是由 *FBN1* 基因突变导致的，该基因编码原纤维蛋白1，是形成结缔组织的细胞外微纤维的主要成分。已发现 *FBN1* 基因上的 1 000 多种不同突变可以导致原纤维蛋白功能异常，与结缔组织逐渐伸长和减弱有关。由于这些纤维存在于人体的不同组织中，因此该基因突变可对多个人体器官(包括骨骼、心血管、神经、眼睛和肺部)产生广泛影响。

复杂疾病的表型受到基因和环境因素的复杂调控，个体之间表现出很大的表型差异。即使在携带同一种基因突变的患者中，往往也表现出很大的表型异质性(phenotype heterogeneity)。比如，在携带 $C9orf72-G_4C_2$ 重复突变的肌萎缩侧索硬化和额颞痴呆患者中表现出不同的发病年龄(22～74 岁)和病程(0.5～22 年)，提示其他遗传或环境因素对表型具有调节/修饰作用。

二、复杂疾病的遗传学模型和遗传力

(一) 复杂疾病的多因素模型

人类表型性状(trait)受到多个基因叠加作用影响时，称其为多基因(polygenic)；在此基础上，当环境因素也影响表型性状时，称其为多因素(multifactorial)。许多数量性状(quantitative trait)(如血压、身高、智商)是多因素的。由于表型性状受到多基因和环境因素共同影响，这些性状在人群中往往遵循正态分布。多因素疾病受到基因和环境因素的共同影响，也称为复杂疾病(complex disease)。复杂疾病在医疗体系中占主导地位，因此对于复杂疾病的研究至关重要。

那么什么是多因素的概念？以身高(一种常见的数量性状)来做例子。假设身高由单个基因的 2 个等位基因型 A 和 a 决定(非现实情况)。A 等位基因型使人长得高；a 等位基因型使人长得矮。那么个体可以携带 3 种基因型(AA，Aa 和 aa)，对应 3 种不同的表型：高，中，矮。假设 A 和 a 等位基因频率是 0.5，那么在一个人群中，身高的分布会如图 8-1(a)中那样。进一步，如果假设身高由两个基因位点决定(更接近现实情况)。第二个基因位点对应 2 个等位基因型：B 对应高，b 对应矮；它们同 A 和 a 等位基因型分别影响身高这个性状。那么现在人群中有 9 种可能的基因型：aabb，aaBb，aaBB，Aabb，AaBb，AaBB，AAbb，AABb 和 AABB，存在 5 种表型，代表不同的身高高度[图 8-1(b)]。这种情况下，人群中的身高分布相比于单基因的情况更接近正态分布。如果再进一步，扩展到许多基因和环境因素影响身高，每个因素都具有微小的效应。那么有许多种可能的表型，每一个都有细微的区别，而身高总体分布趋向正态分布[图 8-1(c)]。全基因组关联分析(genome wide association study，GWAS)已经在超过 400 个基因位点上鉴定了超过 700 种基因变异，证明身高是一个涉及多基因/多因素的性状。这些影响数量性状的位点称为数量性状位点(quantitative trait loci，QTL)。除了身高，血压和智力也是多因素数量性状，受遗传和环境因素的共同影响，在人群中血压和智力也符合正态分布。

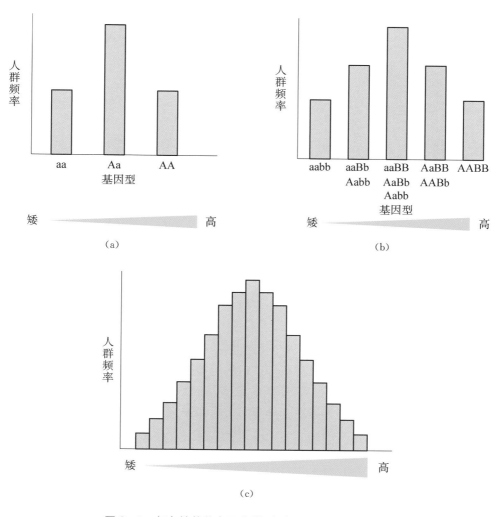

图 8-1　复杂性状的多因素模型：人群中身高的分布图

在多基因对表型的影响中，根据效应大小，可分为主效基因（major effect gene）和微效基因（minor effect gene）。多个微效基因的效应累加在一起形成明显的表型效应，称为叠加效应（additive effect）。在某些情况下，表型性状可以受到主效基因和多因素背景（其他多个微效基因和环境因素）的共同影响。以身高为例，其受到单个主效基因和多因素的调节（图 8-2）。假设存在一个主效基因的基因型（AA，Aa，aa）及一个多因素的背景，携带 AA 基因型的人更高，携带 aa 基因型的人较矮，携带 Aa 基因型的人身高中等。多因素背景使得携带某一个基因型的身高表型发生波动。3 个基因型的身高分布有一定的叠加，多因素的额外作用使得整体身高分布趋向正态分布。

许多疾病由主效基因和多因素遗传共同导致。在一些复杂疾病的罕见亚型中，疾病可以由单基因遗传（综合其他遗传和环境因素影响疾病风险）所引起，比如阿尔茨海默病、心脏病等。虽然这些疾病亚型往往只能解释一小部分的患者，鉴定和研究复杂疾病

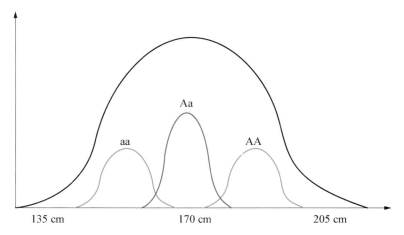

图 8-2　主效基因与多因素共同影响复杂表型（身高）

主效基因的遗传学机制仍然十分重要，其对于理解疾病的病理生理过程和寻找治疗方法具有重要意义。

（二）易感性和阈值模型

在复杂疾病中，携带相关基因变异个体的患病风险称为易感性（susceptibility）。遗传和环境因素共同作用影响某一个体患某种疾病的可能性称为易患性（liability）。由易患性导致的多基因疾病发病最低限度（即最低的致病基因数量）称为发病阈值（threshold）。这样，阈值将群体连续分布的易患性变异分为 2 个部分：正常和患病群体（图 8-3）。

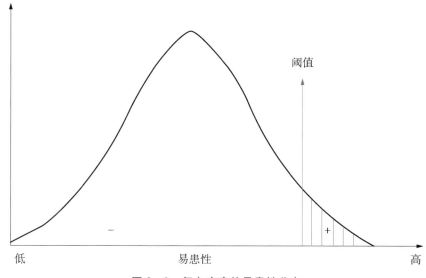

图 8-3　复杂疾病的易患性分布

许多疾病表现为有或者无的表型，然而并不符合单基因疾病的形式。这些患者可能符合易患性分布（liability distribution）（图 8-3）。那些位于阈值左侧的人具有较小的发病风险(也就是说,他们具有较少的可以导致疾病的遗传或环境因素)。那些接近阈值右侧的人具有更多发病相关的遗传和环境因素,因此更有可能发病。对于那些有或无的复杂疾病而言,需要达到易患性的阈值,疾病才会发生。

　　阈值模型的一个疾病例子是幽门狭窄(pyloric stenosis),通常在新生儿出生 6 个月内发病,主要由变窄或阻塞的幽门(胃的下部和小肠连接的区域)所导致。幽门狭窄主要引起慢性呕吐、便秘、体重减轻和电解质紊乱(脱水)。该疾病是新生儿中第二常见的需要手术的疾病。在中国活产儿中幽门狭窄的患病率为 0.3‰~0.5‰;白人活产儿中患病率约为 3‰;在男性中比女性更常见。这种性别间的发病率差异反映了阈值模型中的两个阈值:男性低阈值,女性高阈值。男性较低的阈值意味着仅需要较少的致病因素即会引起疾病发生。此外,许多先天缺陷疾病也符合这一模型,包括唇腭裂(cleft lip and palate)、马蹄足(equinus foot)、神经管缺陷(无脑和脊柱裂)和某些先天性心脏病。

(三) 再发风险

　　在一个家系中,一个先证者的遗传性状或疾病在其他家族成员中再次发生的概率称为再发风险。单基因疾病再发风险的估计可以比较准确(对于常染色体显性疾病,再发风险为 50%,对于常染色体隐性疾病,再发风险为 25%)。复杂疾病再发风险的估算更复杂。因为不清楚多少遗传因素影响了疾病的发生,多少环境因素起了作用。对于大多数复杂疾病,可以使用经验风险(基于直接观测数据的风险)。为了估计经验风险,需要研究许多家系(包括孩子是先证者)。需要调查每个先证者的亲属,来计算多少人发展为相关疾病。比如,北美神经管缺陷先证者中的 2%~3% 的兄弟姐妹也患有神经管缺陷。因此,一个孩子患有神经管缺陷的父母的再发风险为 2%~3%。对没有致死性或严重衰弱的疾病,如唇腭裂,还可以估计患病父母的后代的再发风险(表 8-1 列出了一些常见先天缺陷疾病的再发风险)。经验性再发风险只适用于某一种疾病,因为疾病的风险因素互不相同。复杂疾病再发风险的人群差异很大,因为环境因素及等位基因频率在人群中往往不同。再发风险有以下特点。

表 8-1　先证者的一级、二级和三级亲属的再发风险

疾　病	人群患病率	一级亲属	二级亲属	三级亲属
唇腭裂	0.001	0.04	0.007	0.003
马蹄足	0.001	0.025	0.005	0.002
先天性髋关节脱位(congenital hip dislocation)	0.002	0.005	0.006	0.004
先天性幽门狭窄(congenital pyloric stenosis, male)	0.005	0.05	0.025	0.0075

　　(1) 如果多于一个家族成员患病,再发风险更高。比如,一个人发生室间隔缺损(ventricular septal defect,一种先天性心脏缺陷),其兄弟姐妹的再发风险是 3%;如果 2 个兄弟姐妹发病,再发风险增加到约 10%。这种再发风险增加不代表家族的风险增加,

实际上意味着我们现在对于家族真实的疾病风险有了更多的认识。

（2）如果先证者的疾病表现更严重，再发风险更高。这也与阈值模型相符合，因为更严重的表型提示患者处于阈值模型中的极限末尾。因此，先证者的亲属具有更高的风险遗传到致病基因。比如，双边唇腭裂患者的亲属比单边唇腭裂有更高的再发风险。

（3）如果先证者是患病的可能性较小的性别，再发风险较高。这是因为易感性较弱性别的个体通常在阈值模型中处于较为极端的位置。

（4）疾病的再发风险通常在亲属关系更远的亲属中下降更快。对于单基因病来说，每一级亲属关系的再发风险可以减少达50％，在复杂疾病中，每一级亲属关系中再发风险减少的速度更快。这表明，许多遗传因素和环境因素必须结合在一起才能产生复杂性状；所有必需的疾病风险因素，不太会在较远的亲属中均存在而引起疾病发生。

（5）如果多基因疾病的群体发病率（f）是 $0.1％ \sim 1％$，遗传力（heritability）为$70％ \sim 80％$，那么患者一级亲属的再发风险为$\sqrt{f}$。如果某种疾病的 f 大于 $1％$ 或者遗传力大于 $80％$，则患者一级亲属的再发风险要高于$\sqrt{f}$。如果某种疾病的 f 低于 $0.1％$ 或者遗传力小于 $70％$，则患者一级亲属的再发风险低于$\sqrt{f}$。可见复杂疾病的再发风险与疾病的遗传力高低有关。

（四）遗传力

生物医学研究中的一个核心问题是，在某个特定表型性状中所观察到的差异是由环境因素还是遗传因素引起的？遗传力是一个统计学概念（用 H^2 表示），用来描述一个性状中有多少差异是由遗传变异引起的。对于某一性状遗传力的估计，只针对在某个环境下的某一人群，它随着时间和环境的改变而改变。

遗传力从 0 到 1 不等。遗传力为 0 时，提示几乎所有的性状变异都来自环境因素。比如政治趋向的遗传力为 0，因为它们不受遗传因素影响。遗传力接近 1 提示几乎所有的性状变异来自遗传因素的影响。许多单基因病，如苯丙酮尿症（PKU）具有高遗传力。大多数复杂性状（如智力和复杂疾病）具有中等大小的遗传力，提示这些性状的差异受到遗传和环境因素的综合影响。

遗传力可以通过双胞胎研究来估算。同卵双胞胎携带几乎完全一样的 DNA 序列，而异卵双胞胎分享了约 50％的 DNA。假设他们在同样的环境下长大，如果一个性状在同卵双胞胎中比异卵双胞胎更相似，说明遗传因素对于调节性状起到了更重要的作用。双胞胎研究通常包括比较同卵和异卵双胞胎的表型。如果一对双胞胎的两个人都有同一性状（比如唇裂），称其为一致的（concordant）。如果他们不具有同一性状，称其为不一致的（discordant）。如果一个性状完全由基因决定，同卵双胞胎应该总是一致的，而异卵双胞胎应该具有更少的一致性。对于一些受性别影响的性状，应该用同一性别的异卵双胞胎来比较同卵和异卵双胞胎的一致性比例。

数量性状（如血压和身高）不适合使用一致率估计，需要使用组内相关系数，该系数从 -1 到 1 不等，并计算样本中性状同质性的程度。比如说，如果我们希望检测身高性状在双胞胎之间的相似程度，首先要分别估计同卵双胞胎和异卵双胞胎的组内相关系数。如果性状是完全由基因决定的,预期会看到同卵双胞胎的相关系数是1。相关系数为0意味着同卵双胞胎在性状方面的相似性没有比随机的更大。因为异卵双胞胎共享一半的DNA,我们预期完全由基因决定的性状的相关系数为0.50。

表8-2列出了一些疾病/性状的一致率和相关系数。传染性疾病(如麻疹)的一致率在同卵和异卵双胞胎中类似。这是因为大多数传染性疾病不太会受到基因的显著影响。精神分裂症的一致率在同卵和异卵双胞胎中不同,提示一定的遗传因素起到了作用。一个简单公式可以根据双胞胎的相关系数和一致率来估算遗传力:

$$H^2 = \frac{C_{MZ} - C_{DZ}}{1 - C_{DZ}}$$

C_{MZ}是同卵双胞胎的一致率(或组内相关系数),C_{DZ}是异卵双胞胎的一致率(或组内相关系数)。在这个公式中,那些很大程度上由遗传因素决定的性状导致遗传力接近1.0(即C_{MZ}接近1,而C_{DZ}接近0.5)。随着同卵和异卵一致率之间的差异变小,遗传力逐步接近零。其他亲属的相关系数和一致率(比如父母和孩子之间)也可以用来计算遗传力。

表8-2　双胞胎的疾病/表型一致率和遗传力

疾病或表型	一致率(concordance rate)		遗传力
	同卵双胞胎	异卵双胞胎	
双相情感障碍(bipolar)	0.4~0.6	0.04~0.08	0.7
单相情感障碍(unipolar)	0.54	0.19	0.7
酒精成瘾(alcoholism)	>0.6	<0.3	0.6
自闭症(autism)	0.58	0.23	0.7
舒张压(diastolic blood pressure)	0.58	0.27	0.62
收缩压(systolic blood pressure)	0.55	0.25	0.6
体重指数(body mass index)	0.95	0.53	0.84
身高(height)	0.94	0.44	0.8
智力(IQ)	0.76	0.51	0.5
皮纹(dermatoglyphics)	0.95	0.49	0.92
唇裂与腭裂(cleft lip and palate)	0.38	0.08	0.6
马蹄足(equinus foot)	0.32	0.03	0.58
1型糖尿病(type 1 diabetes)	0.3~0.7	0.05~0.1	0.8
2型糖尿病(type 2 diabetes)	0.35~0.6	0.15~0.2	0.6
麻疹(measles)	0.95	0.87	0.16
多发性硬化(multiple sclerosis)	0.28	0.03	0.5
心肌梗死,男性(myocardial infarction,male)	0.39	0.26	0.26
心肌梗死,女性(myocardial infarction,female)	0.44	0.14	0.6
精神分裂症(schizophrenia)	0.4~0.6	0.1~0.16	0.7
脊柱裂(spina bifida)	0.72	0.33	0.78
帕金森病(parkinson's disease)	0.11	0.04	0.34

续　表

疾病或表型	一致率（concordance rate）		遗传力
	同卵双胞胎	异卵双胞胎	
阿尔茨海默病，男性（alzheimer's disease，male）	0.45	0.19	0.58
阿尔茨海默病，女性（alzheimer's disease，female）	0.61	0.41	0.45

注：数量性状采用 correlation coefficients 来计算遗传力。

修改自：JORDE LB，CAREY JC，BAMSHAD MJ. Medical Genetics［M］. 6th ed. Philadelphia：Elsevier，2020.

对于遗传力的理解需要避免一些误区：①遗传力并不表示由遗传因素决定性状的比例，或由环境因素决定的比例。因此，遗传力为 0.7 并不意味着该性状的 70% 是由遗传因素引起的。这意味着人群中超过 70% 的性状变异是由于个体之间的遗传差异所导致。②了解某个性状的遗传力并不能告诉我们是哪些基因或环境因素影响了性状，也并不能说明它们在决定性状中有多重要。③遗传力并不提供任何有关改变性状难易程度的信息。

遗传力对于理解那些由许多因素影响的复杂性状具有特殊的价值。遗传力可以为研究人员理解遗传因素和环境因素对复杂性状的影响程度提供初步的线索；并为研究这些因素如何影响这些性状提供基础。

三、基因变异类型与功能解读

复杂疾病的风险受到不同类型基因变异的影响，比如单核苷酸变异（SNV），插入/缺失（insertion-deletion，indel）、结构变异（structural variant），后者包括重复突变（repeats）和拷贝数变异（CNV）。

SNV 是指在基因组某个位置的单个核苷酸发生了改变。SNV 可以在一个人群中是罕见的，但在另一个人群中是常见的。如果 SNV 发生在蛋白质编码区，它可以不改变氨基酸（同义突变，synonymous variant），这是因为多个密码子可以编码同一种氨基酸。SNV 也可能导致氨基酸的变化，根据该氨基酸变异在蛋白质结构和功能中的作用，它可以导致致病突变，称其为错义突变（missense variant）。如果 SNV 造成了终止密码子的形成，引起蛋白质过早截断（premature truncation），往往会导致蛋白质功能损失。这种 SNV 变异称为无义突变（nonsense variant）或终止获得性变异（stop gain variant）。

Indel 是指在基因组中一小段 DNA（通常<50 bp）插入或者缺失。在蛋白质翻译过程中，mRNA 序列以 3 个碱基为一组被读取（对应 1 个氨基酸）。如果 indel 的长度不是 3 的倍数，就会导致移码变异（frameshift）。移码变异会改变剩余碱基的阅读框，导致剩余的基因无法正确翻译。这种移码 indel 变异一般会显著改变蛋白质产物的翻译，导致特定 mRNA 的衰变。

结构变异是一类基因组上较大片段（>50 bp）的重组，包括缺失（deletion）、复制（duplication）、插入（insertion）、反转（inversion）、易位（translocation），也可以是几种类型的组合（图 8 - 4）。CNV 是一种可以导致特定 DNA 片段拷贝数变化的重复或缺失。

串联重复变异(tandem repeats)通常由 3～6 个碱基的重复构成,在正常人中通常小于 20～30 个重复,但在患者中这类串联重复可以高达上百次或者超过上千次(如 *C9orf72*,详见后续章节)。绝大多数串联重复突变与神经系统疾病有关(表 8 - 3),比如,*ATXN2* 的 CAG 串联重复导致脊髓小脑性共济失调 2 型(spinocerebellar ataxia type 2),*FXN* 的 GAA 串联重复导致弗里德赖希共济失调(friedreich ataxia,FRDA)等。结构变异还与许多疾病有关,如心肌疾病、肌萎缩侧索硬化、智力障碍等。

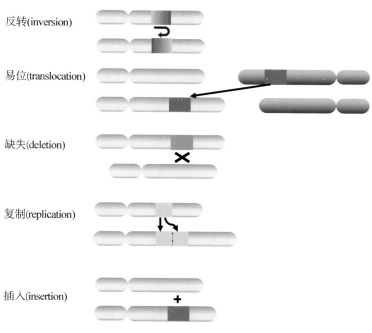

图 8 - 4　不同类型的结构变异

表 8 - 3　短串联重复(STR)突变导致的疾病

染色体	起始位置	基因	重复序列单元	重复次数疾病风险阈值	疾病(英文名)	疾病(中文名)
chr3	63898360	*ATXN7*	GCA	37	spinocerebellar ataxia 7	脊髓小脑性共济失调 7 型
chr3	128891419	*CNBP*	CAGG	75	myotonic dystrophy 2	强直性肌营养不良 2 型
chr4	3076603	*HTT*	CAG	36	Huntington disease	亨廷顿病
chr4	41747989	*PHOX2B*	GCN	24	central hypoventilation syndrome	中枢性低通气综合征
chr5	146258290	*PPP2R2B*	GCT	55	spinocerebellar ataxia 12	脊髓小脑性共济失调 12 型
chr6	16327864	*ATXN1*	TGC	39	spinocerebellar ataxia 1	脊髓小脑性共济失调 1 型

续　表

染色体	起始位置	基因	重复序列单元	重复次数疾病风险阈值	疾病（英文名）	疾病（中文名）
chr6	170870994	TBP	GCA	47	spinocerebellar ataxia 17	脊髓小脑性共济失调 17 型
chr9	27573526	C9ORF72	GGCCCC	90	ALS; frontotemporal dementia, FTD	肌萎缩侧索硬化；额颞叶痴呆
chr9	71652202	FXN	GAA	66	Friedreich ataxia	弗里德赖希共济失调
chr12	7045879	ATN1	CAG	49	dentatorubro-pallidoluysian atrophy	齿状核红核苍白球丘脑下部萎缩
chr12	50898784	DIP2B	GGC	75	mental retardation, FRA12A type	精神发育迟缓，FRA12A 型
chr12	112036753	ATXN2	GCT	32	spinocerebellar ataxia 2	脊髓小脑性共济失调 2 型
chr13	70713515	ATXN8OS	CTG	74	spinocerebellar ataxia 8	脊髓小脑性共济失调 8 型
chr14	92537353	ATXN3	GCT	61	spinocerebellar ataxia 3	脊髓小脑性共济失调 3 型
chr16	87637893	JPH3	CTG	66	Huntington disease-like 2	类亨廷顿病综合征 2 型
chr18	53253386	TCF4	CTG	40	corneal dystrophy, Fuchs endothelial	富克斯角膜内皮营养不良
chr19	13318672	CACNA1A	CTG	21	spinocerebellar ataxia 6	脊髓小脑性共济失调 6 型
chr19	46273462	DMPK	CAG	50	myotonic dystrophy 1	强直性肌营养不良 1 型
chr20	2633379	NOP56	GGCCTG	650	spinocerebellar ataxia 36	脊髓小脑性共济失调 36 型
chr21	45196324	CSTB	CGCGGGGCGGGG	40	Unverricht-Lundborg disease	进行性肌阵挛性癫痫
chr22	46191234	ATXN10	ATTCT	500	spinocerebellar ataxia 10	脊髓小脑性共济失调 10 型
chrX	66765158	AR	GCA	38	spinal and bulbar muscular atrophy	脊髓延髓性肌萎缩
chrX	146993568	FMR1	CGG	55	fragile X-associated tremor/ataxia syndrome	脆性 X 相关震颤/共济失调综合征
chrX	146993568	FMR1	CGG	200	fragile X syndrome	脆性 X 综合征
chrX	147582158	FMR2	GCC	200	mental retardation, FRAXE type	精神发育迟缓，FRAXE 型
chrX	147582151	AFF2	GCC	200	fragile XE syndrome	脆性 XE 综合征

根据细胞类型,基因变异也可以分为生殖细胞突变(germline variants)和体细胞突变(somatic variants)。生殖细胞突变发生在卵子或精子中,可以从父代传递到子代。体细胞变异只在特定的细胞中存在,而不会遗传给下一代。体细胞变异是个人在某个时间点获得的,通常由环境因素或者细胞分裂的错误造成。某些体细胞变异可以导致疾病(如癌症)的发生。

不同类型基因变异对正常蛋白质功能的影响如何? 从它们对蛋白质功能的影响来看,可以分为功能获得性(gain of function,GoF)、功能失去性(loss of function,LoF)和显性负性变异(dominant negative variant)(图 8-5)。GoF 突变有时产生一个全新的蛋白质产物,或更常见的是表达更多的蛋白质,或错误的表达模式(指在错误的组织中或错误的发育阶段表达)。GoF 突变会引起显性疾病发生,如 Charcot-Marie-Tooth、亨廷顿病。LoF 突变可以发生隐性疾病,通常该类突变引起蛋白质产物减少 50% 的表达,不过剩余 50% 的蛋白质通常可以维持正常的功能,因此此类变异的杂合子通常是无症状的。而纯合子往往表达很少或者不表达正常蛋白质,会表现出疾病症状。有些情况下,50% 的蛋白质水平不足以维持正常的功能,即单倍剂量不足(haploinsufficiency)。显性负性变异产生的蛋白质不仅本身异常,还可以抑制正常等位基因型翻译的蛋白质的功能。通常来说,显性负性变异发生在那些编码多聚体蛋白质(蛋白质由多个亚基组成)的基因中。比如,I 型胶原蛋白由 3 个螺旋亚基组成,由单个变异产生的异常螺旋可以与其他螺旋结合,使它们扭曲并产生严重受损的三螺旋胶原蛋白。

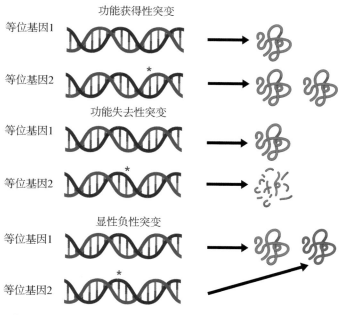

图 8-5 根据对蛋白质功能的影响划分的不同基因变异类型

注:功能获得性突变产生一种新的蛋白质,或增加蛋白质产物的水平;功能失去性突变减少了蛋白质产物;显性负性变异产生一种不正常的蛋白质产物,并干扰另一个等位基因表达的正常蛋白质。

如果基因变异发生在非编码区，那么对蛋白质功能的影响又如何？人类基因组约98％的区域是非编码区，理解非编码区变异对于基因功能的调控作用是一项十分艰巨的任务。目前认为有些基因变异可以调节基因表达，称为表达数量性状位点（expression quantitative trait locus，eQTL）；另外一些基因变异可以调节 RNA 剪切，称为剪切数量性状位点（splicing quantitative trait locus，sQTL）。人类基因组-组织表达协作组计划（GTEx）研究了人类 49 种不同组织的基因型和转录组性状的关系，为研究基因型在人体组织中对转录功能的影响和启示调控机制在疾病发生中的作用提供了强大的工具。此外，一些基因变异可以影响 DNA 甲基化修饰水平，比如，一些单核苷酸多态性（SNP）位于 CpG 位点可以改变 CpG 结构，从而影响甲基化修饰，这些位点可能与一些疾病表型（如发病年龄）有关。SNP 体现了单个核苷酸在群体中的变化程度，SNV 和 SNP 并不完全一致，它有可能是 SNP（但在单个个体中我们并不知道其在群体中的多态性情况）。

四、探索复杂疾病的遗传学因素的方法

（一）连锁和交换

连锁（linkage）是指在同一个染色体上，如果基因和基因标志物由于物理位置互相靠近而倾向于一起向子代传递（遗传）。同源染色体有时在前期 I 交换其 DNA 的一部分，称为交换（cross over）。平均每条染色体在减数分裂时会经历 1～3 次交换。连锁不平衡（linkage disequilibrium）是指两个连锁位点之间的非随机关联。基因位点之间的连锁不平衡通过重组随着时间的流逝而减少。

同一条染色体上基因/基因标志物彼此间是连锁在一起的，构成一个连锁群（linkage group）；同源染色体上基因连锁群不一定是固定的，在生殖细胞形成过程中，同源染色体配对联会时会发生交换，使基因连锁群发生重组。同源染色体上两对基因之间的重组率与基因间的距离有关，距离越远发生交换的概率越大，重组率越高。

（二）连锁分析

连锁分析（linkage analysis）是利用连锁交换规律来检测疾病基因的染色体位置（基因定位）的方法。通过对全基因组基因标志物的扫描及连锁分析，分析寻找与致病基因相连锁的基因标志物，可以提示致病基因大致位置。在传统的家系研究中，连锁分析是一种有力的工具。在同胞对分析中，针对多个患病的同胞兄弟姐妹，利用基因多态性标志物开展全基因组扫描及连锁分析，寻找同胞中共享基因组片段高于预期值（随机共享值）的基因标志物片段。阳性片段被认为可能带有致病基因。

统计学估计两个基因位点是不是有可能位于一个染色体上的邻近位置，并一起遗传下去；这种统计学估计称为 LOD（logarithm of the odds）分数。LOD 代表比例的对数（以 10 为底）。LOD 分数 3 分以上提示这两个位点连锁在一起（染色体上彼此接近）。LOD 分数为 3 表示遗传连锁的概率是 1 000∶1。

（三）关联分析

关联研究是一种基于统计学方法寻找复杂疾病相关基因的方法。通常可以比较等位基因基因型的频率在病患组与对照组之间的差别，计算其显著性。传统上，一般针对

候选基因开展病例-对照(case-control)研究。即研究者选择与某些疾病可能相关的候选基因,在病例和对照两个群体样本中分析这个基因上多个等位基因的基因型的频率差异。

　　GWAS 利用微阵列技术可以在全基因组水平检测上百万个基因位点的基因型,并在大样本量的病例-对照人群中开展研究。每个基因变异位点的等位基因频率在病例和正常人组中进行统计学比较,来分析显著性差异。如果发现某个 SNV 的频率显著不同,它不一定就是导致疾病风险的那个位点,相关风险基因可能位于该位点邻近的位置,或者处于基因功能调控区域。该 SNV 本身可能引起疾病风险,或者与它处于连锁不平衡的邻近位点导致了疾病。

　　GWAS 对于研究复杂疾病比较有价值,如糖尿病、心脏疾病和神经系统疾病等。因为复杂疾病可能涉及多个基因变异位点及环境因素的影响,传统的连锁分析方法难以找到相关风险基因位点。GWAS 是一种无偏差的方法,因此 GWAS 的结果常常会揭示一些新的之前未知的生物功能通路。对于 GWAS 研究要特别注意人群层化的影响。由于基因位点频率在不同人群中有较大区别,一般建议在同一人群中开展 GWAS 研究;或者需要对统计学结果开展人群层化的矫正分析。此外,GWAS 研究比较适合研究常见变异(等位基因频率大于 0.01),不适宜研究罕见变异。

　　随着下一代基因测序技术的发展,全外显子测序(whole exome sequencing,WES)技术可以检测人类基因组编码区(占基因组 1%～2%)的基因变异,而全基因组测序(whole genome sequencing,WGS)技术可以检测几乎整个人类基因组上的基因变异。这些测序技术的发展为研究复杂疾病和单基因病提供了强大的工具。那么如何在基因组水平几万个 SNV 里寻找疾病相关的基因变异呢?针对复杂疾病,常见变异和罕见变异均可能影响疾病风险。对常见变异,可以利用关联分析方法来研究基因变异与疾病风险的关系。对罕见变异,可以利用一些过滤方法来帮助鉴定和发现疾病相关的基因,包括:①利用基因变异人群数据库(如 gnomAD)信息,根据等位基因频率挑选罕见的基因变异;②预测变异的功能效果挑选那些错义突变,或移码突变,或无义突变;③根据核苷酸序列在不同物种间的保守性来预测基因变异的功能影响,可以利用一些生物信息学工具(如 Polyphen,SIFT)开展预测分析;④利用 CADD(combined annotation dependent depletion)分数整合多种注释信息来预测基因变异的有害性;⑤利用家系信息来分析特定变异与疾病表型的分离情况。此外,针对父母-孩子的三人家系开展全外显子测序研究,也可以鉴定新发基因变异在复杂疾病(如精神分裂症和自闭症)中的风险。

五、复杂疾病的遗传学分子机制和应用

(一)复杂疾病的罕见亚型

复杂疾病与单基因病的差别在于复杂疾病通常可以由不同位点的多个基因突变(locus heterogeneity)导致。有时,复杂疾病的一些罕见亚型是由单个基因突变引起的。这些基因(主效基因)上的突变一般具有较高的疾病外显率。通过对复杂疾病的罕见亚型的研究,可以揭示部分疾病的具体致病分子机制。表 8-4 列出了一些主要的复杂疾

病的罕见亚型(孟德尔遗传亚型)。

表 8 - 4 复杂疾病的孟德尔遗传亚型

	孟德尔遗传亚型	蛋白质(基因)	突变的作用机制
心脏疾病	家族性高胆固醇血症	LDL receptor (*LDLR*)	升高 LDL 水平
		apolipoprotein B (*APOB*)	升高 LDL 水平
		proprotein convertase subtilisin/kexin type 9 (*PCSK9*)	功能获得性突变增加 LDL 水平,功能失去性突变减少 LDL 水平
	丹吉尔病	ATP-binding cassette 1 (*ABC1*)	减少 HDL 水平
	家族性扩张型心肌病	cardiac troponin T (*TNNT2*)	减少肌节产生的力
		titin (*TTN*)	扰乱肌节
		cardiac β-myosin heavy chain (*MYH7*)	减少肌节产生的力
		β-sarcoglycan (*SGCB*)	扰乱肌节功能和信号传导
		δ-sarcoglycan (*SGCD*)	扰乱肌节功能和信号传导
		dystrophin (*DMD*)	在心肌细胞中扰乱肌节功能
	家族遗传性肥厚型心肌病	cardiac β-myosin heavy chain (*MYH7*)	减少肌节产生的力
		cardiac troponin T (*TNNT2*)	减少肌节产生的力
		myosin-binding protein C (*MYBPC*)	肌节损伤
	长 QT 综合征	cardiac potassium channel α subunit (*KCNQ1*)	延长心电图 QT 间期,心律失常
		cardiac potassium channel α subunit (*KCNH2*)	延长心电图 QT 间期,心律失常
		cardiac sodium channel (*SCN5A*)	延长心电图 QT 间期,心律失常
		ankyrin B anchoring protein (*ANK2*)	延长心电图 QT 间期,心律失常
		cardiac potassium channel β subunit (*KCNE1*)	延长心电图 QT 间期,心律失常
		cardiac potassium channel β subunit (*KCNE2*)	延长心电图 QT 间期,心律失常
高血压	假性醛固酮增多症(Liddle 综合征)	renal epithelial sodium channel subunits (*SCNN1B*,*SCNN1G*)	严重高血压,低肾素和醛固酮抑制
	戈登(Gordon)综合征	WNK1 or WNK4 kinase genes	血清钾水平高和肾盐增加重吸收
	糖皮质激素可治疗性原醛症	fusion of genes that encode aldosterone synthase and steroid 11β-hydroxylase	早发高血压伴血浆肾素抑制,醛固酮水平正常或升高
	表观盐皮质激素过多综合征	11 β-Hydroxysteroid dehydrogenase (11β-HSD2)	早发高血压,低钾和肾素醛固酮水平低
糖尿病	青少年起病的成年型糖尿病 1 型(MODY1)	hepatocyte nuclear factor-4α (*HNF4A*)	减少胰岛素分泌
	青少年起病的成年型糖尿病 2 型(MODY2)	glucokinase (*GCK*)	破坏糖代谢,导致轻微高血糖

续　表

孟德尔遗传亚型		蛋白质（基因）	突变的作用机制
	青少年起病的成年型糖尿病 3 型（*MODY3*）	hepatocyte nuclear factor-1α（*HNF1α*）	减少胰岛素分泌
	青少年起病的成年型糖尿病 4 型（MODY4）	insulin promoter factor-1（IPF1）	减少胰岛素基因转录
	青少年起病的成年型糖尿病 5 型（MODY5）	hepatocyte nuclear factor-1β（*HNF1β*）	β 细胞功能缺失导致胰岛素分泌不足
	青少年起病的成年型糖尿病 6 型（MODY6）	neuroD transcription factor（*NEUROD1*）	减少胰岛素分泌
阿尔茨海默病	家族性阿尔茨海默病	amyloid-β precursor protein（*APP*）	改变 amyloid-β 前体蛋白切除位点,产生较长的 amyloid 片段
	家族性阿尔茨海默病	presenilin 1（*PS1*）	改变 amyloid-β 前体蛋白切除,产生较大的长 amyloid 片段
	家族性阿尔茨海默病	presenilin 2（*PS2*）	改变 amyloid-β 前体蛋白切除,产生较大的长 amyloid 片段
帕金森病	家族性帕金森病（常染色体显性）	leucine-rich repeat serine/threonine-protein kinase 2（*LRRK2*）	减少 GTPase 活性
	家族性帕金森病（常染色体显性）	α-synuclein（*SNCA*）	形成 α-synuclein 聚集体
	家族性帕金森病（常染色体隐性）	Parkin（*PARKIN*）	α-synuclein 降解异常
渐冻症（ALS）	家族性 ALS	C9orf72	重复突变,功能获得性和功能失去性
	家族性 ALS	superoxide dismutase 1（*SOD1*）	神经毒性,功能获得性
	年轻型 ALS（常染色体隐性）	alsin（*ALS2*）	可能功能失去性
	家族性 ALS	TAR DNA binding protein 43（*TARDBP*）	形成 TDP－43 异常蛋白聚集体
	家族性 ALS	fused in sarcoma（*FUS*）	形成 FUS 异常蛋白聚集体
癫痫	良性新生儿癫痫,1 型和 2 型	voltage-gated potassium channels（*KCNQ2*,*KCNQ3*）	减少 M 电流增加了神经元兴奋性
	全身性癫痫和高热惊厥＋1 型	sodium channel β1 subunit（*SCN1B*）	钠电流持续性导致神经元过度兴奋
	常染色体显性遗传夜间额叶癫痫	neuronal nicotinic acetylcholine receptor subunits（*CHRNA4*,*CHRNB2*）	增加的胆碱能刺激以响应神经元兴奋性
	全身性癫痫和高热惊厥＋3 型	GABAA receptor（*GABRG2*）	失去突触抑制导致神经元兴奋性

修改自:JORDE LB, CAREY JC, BAMSHAD MJ. Medical Genetics [M]. 6th ed. Philadelphia:Elsevier, 2020.

比如,阿尔茨海默病(AD)是一种常见的神经退行性疾病。其中有小部分(约 3%)患者是家族性患者(familial AD),他们中的许多人携带 3 个致病基因(*APP*,*PS1*,*PS2*)中的一个。这几个基因都会影响 β 淀粉样蛋白的产生,这些蛋白会聚集在一起,成为阿尔茨海默病的标志性病理特征。对 AD 的遗传学研究进展会在后续章节详细介绍。

另一个例子是家族性高胆固醇血症(familial hypercholesterolemia,FH),与心脏疾病风险密切相关,FH 解释了约 5% 的 60 岁以下心肌梗死患者。它是一种常染色体显性疾病,在人群中约 1/500 是相关基因变异的杂合子(heterozygotes),其血清胆固醇水平大约是正常水平的 2 倍(300~400 mg/dL),导致动脉粥样硬化大大加速,并在皮肤和肌腱中出现独特的胆固醇沉积。

导致 FH 的基因主要有 3 个:*LDLR*、*APOB*、*PCSK9*,这 3 个基因上的突变可以解释约 40% 的 FH 患者的病因。目前已经鉴定出 *LDLR* 上约有 3 000 个突变(约 2/3 是错义突变和无义突变,其余是插入缺失突变)。根据它们对受体活性的影响,可以把 *LDLR* 突变分为 5 类:Ⅰ类突变导致无法产生蛋白质产物;Ⅱ类突变导致蛋白质产物无法离开内质网,最终被降解;Ⅲ类突变蛋白质产物可以移动到细胞表面,但是无法和 LDL 正常结合;Ⅳ类突变蛋白质不能把 LDL 转移进细胞;Ⅴ类突变蛋白质在进入细胞后不能和 LDL 颗粒解离,受体无法回到细胞膜因而被降解。这些突变可以减少有效 LDL 受体数量,导致 LDL 摄入减少,增加循环胆固醇水平。*APOB* 编码载脂蛋白-100(负责转运体内胆固醇分子)。此外,一小部分 FH 患者是由于 *PCSK9*(编码一种降解 LDL 受体的关键酶)突变导致的。*PCSK9* 基因的功能获得性突变可以减少 LDL 受体数目,导致疾病发生。而 PCSK9 功能失去性突变,导致非常低的循环 LDL 水平。这个发现引导了抑制 PCSK9 活性的药物开发(见后续章节:保护性变异),说明了医学遗传学研究对于理解细胞生物机制、开发治疗性药物的重要性。LDL 受体缺陷研究所揭示的受体介导细胞内吞过程是一种重要的体内细胞过程。与此同时,通过阐明胆固醇合成和摄入是如何被改变的,引导了开发治疗高胆固醇血症的治疗方法。

(二) 遗传因素在复杂疾病中的作用

复杂疾病受到遗传和环境多因素的影响,有一些基因变异对非孟德尔遗传的复杂疾病风险有较大的作用效应。比如,晚发性 AD 是一种复杂疾病,但是它也包括较强的遗传作用。遗传因素本身也可以非常复杂并有许多异质性,因为没有一个单一的模型可以解释疾病的传递模式,此外基因变异和环境因素之间可能存在复杂的相互作用。

APOE 和 *TREM2* 是 2 个重要的与晚发性 AD 风险关联的基因,对疾病风险具有较大的作用效应。它们在临床基因诊断和药物开发中的意义虽不如 *APP*/*PS1*/*PS2* 这些符合孟德尔遗传模式的 AD 致病基因,但是它们在临床试验设计和分析中仍然有重要价值。比如,在一个Ⅱ期临床试验中,Aβ 特异性抗体(bapineuzumab)对 AD 的作用在携带不同 *APOE* ε4 等位基因的患者亚组中进行评估。分析表明,与安慰剂组相比,*APOE* ε4 阴性受试者比阳性受试者对药物的反应好,后者表现出较差的 Aβ 病理学指标且更早发生症状。

除了 *APOE* 和 *TREM2*,还有许多作用效果较小的风险基因。大规模 GWAS 和国际阿尔茨海默病基因组计划已揭示了超过 20 个风险基因(*OR* 1.1~1.2),其中许多风险基因与 Aβ 通路和 Tau 病理相关。此外,这些 AD 风险基因集中在 3 个生物功能通路:胆固醇与脂代谢、免疫系统和炎症反应、胞内体循环。相关基因包括 *CLU*、*SORL1*、*ABCA7*、*BIN1*、*CD33* 等(后续章节中会有介绍)。

　　单个关联基因在复杂疾病临床应用中的价值是有限的。整合多个易感性位点的多基因风险分数(polygenic risk score,PRS)也许可以增加疾病预测的准确性。由于绝大多数与复杂疾病相关的基因变异仅对疾病风险有微小作用,从单个位点角度,它们在预测疾病风险方面价值有限。但如果通过将这些基因变异的预测效果进行整合(如 PRS),有可能可以在人群中鉴定出一部分高疾病风险人群。对于每个个体,不同的疾病相关变异受到其增加的疾病风险加权(例如,将疾病风险增加 5% 的基因变异可能具有的权重为 0.05,而将疾病风险增加 10% 的基因变异的权重为 0.10)。将所有疾病相关变异的加权效果加合在一起就形成了针对每个个体的 PRS。

　　GWAS 已经揭示了几百个基因变异和几乎所有复杂疾病的关联(如神经退行性疾病、心脏疾病、癌症、糖尿病、精神疾病)。一些研究利用 PRS 分组冠状动脉疾病(CAD)临床试验中的参与者,发现在安慰剂组中 PRS 高风险的人与 CAD 高风险有关,在治疗组(PCSK9 抑制剂)中 PRS 高风险组具有更好的治疗效果。

　　PRS 评估受到遗传背景差异的影响。因此,在一个人群中得到的 PRS 不适用于评估另一个人群中的疾病风险。此外,在把 PRS 应用于广泛的临床评估之前,还需要通过更多的实验来进行验证。通过合理的评估和验证,PRS 有潜力用于鉴定人群中哪些人具有较高风险、需要更早的筛查和个体化的干预治疗。

(三)复杂疾病的表型修饰因素

　　复杂疾病受到遗传因素和环境因素的共同作用影响,其疾病相关的表型(如发病年龄、生存时间)也表现出很大的个体差异性。与表型差异有关的因素(如遗传学和表观遗传学因素)称为表型修饰因素。在神经退行性疾病(如 AD 和 ALS)中,一些研究揭示了相关表型修饰因素。

　　AD 患者具有巨大的发病年龄差异,比如,在 *PS1* p. Gly206Als 突变患者中,发病年龄从 22～77 岁不等。通过基因组连锁分析和外显子测序研究,在 *PS1* 突变携带者及晚发性 AD 患者中,多个基因位点(位于 *SNX25*、*PDLIM3*、*SORBS2*、*SH3RF3*)与发病年龄显著相关。

　　此外,*APOE* ε4 基因型对 AD 发病年龄具有剂量效应,每个 ε4 等位基因型对应更晚的 AD 发病年龄;平均发病年龄从 84 岁减少到 68 岁。*APOE* ε4 对发病年龄的修饰作用也体现在更大的家系研究中。一项针对 387 个常染色体显性 AD 家系的研究表明,一些其他因素(如父母发病年龄、家族成员平均发病年龄及相同突变携带者的平均发病年龄)是更强的预测发病年龄的因素。此外,在一项针对携带 *PS1* p. E280A 突变的哥伦比亚家系的研究中,全基因组测序揭示了一个保护性单倍型(haplotype),这个单倍型携带 *CCL11* 基因的一个错义突变,对应 10 年更晚的发病时间。

　　基因和环境的相互作用及表观遗传学变化也可能导致个体间疾病表型的显著不同。肌萎缩侧索硬化(ALS)是第三大神经退行性疾病。ALS 患者往往表现出不同的表型

（如发病年龄和生存时间）。在携带相同致病突变的患者中也表现出很大的表型差异，比如，$C9orf72$ 的 G_4C_2 重复突变患者具有不同的病程（$0.5 \sim 22$ 年）和发病年龄（$27 \sim 74$ 岁）。在同卵双胞胎中也存在发病年龄的显著不同，比如，携带 $C9orf72$ 或 $SOD1$ 突变的同卵双胞胎发病年龄差距可达 17 年。提示反映遗传因素和环境因素相互作用的表观遗传变异（如 DNA 甲基化修饰）可影响 ALS 患者的表型异质性。DNA 甲基化水平变化受较强的基因调控，比如有些 SNP 可调节 CpG 的形成（即两个等位基因分别对应于 CpG 或非 CpG 序列，简称 CpG－SNP）。以往对基因组水平 CpG－SNP 甲基化组的研究揭示了位于 $C6orf10/LOC101929163$ 区域的 rs9357140 位点可以调节 DNA 甲基化水平，并与 $C9orf72$ 患者发病年龄显著相关，提示功能性基因多态性位点（如 CpG－SNP）对 ALS 表型的修饰作用。

这些研究表明，复杂疾病患者（至少在某些携带主要致病基因的亚型）中，表型的差异可能受到一些遗传学因素（微效基因）和表观遗传学因素（如 DNA 甲基化修饰）的调节。在异质性更高的散发性患者中，要鉴定这样的表型修饰因素需要大样本量来进行验证，具有一定的挑战性。最近的一些研究提示了与 ALS 生存时间有关的遗传学修饰因素（rs139550538 和 rs2412208）及表观遗传学修饰因素。对于复杂疾病表型修饰因素的研究为理解相关疾病的发病机制和药物开发提供了理论基础，并可以指导临床试验研究。

（四）保护性基因变异

研究疾病的保护性基因变异与研究风险性变异同样重要，但前者往往容易被忽视。理解健康状态是如何在个体水平免受疾病侵扰，可能提示了他们携带了某些保持健康的基因变异。目前约 90％ 的治疗性药物在临床试验阶段失败，因此需要一些新的方法或思路，比如，通过理解这些保护性基因变异的作用，来开发新型有效的药物。

通过整合下一代测序技术（如全外显子测序和全基因组测序）及高通量基因分型技术革新了针对复杂疾病的基因变异研究。这些技术为在个体水平探究保护性基因变异提供了工具。那么我们是否可以探索大自然设计的进化机制来预防疾病发生？这样的策略可以开发新的疾病靶点，并革新传统的药物开发管线。进一步理解保护性基因变异的作用机制将为开发更有效的精准医疗药物提供基础。

保护性基因变异具有以下特点：①保护性基因变异通常通过破坏蛋白功能来起作用，如功能失去性作用（LoF）。②保护性基因变异已经在一些复杂疾病中被鉴定，包括阿尔茨海默病和心脏代谢疾病，通常位于一些已知致病基因上。③许多保护性基因变异是罕见变异；通常发现这些保护性变异的研究需要跨人群的大样本量；或者是一些特殊的奠基者人群（这些人群比一般人群更可能携带罕见变异）。④发现 LoF 保护性基因变异促进了药物开发，这些药物可以针对一些表型模拟基因的 LoF 或者敲除效果；一个成功的例子是开发 $PCSK9$ 的抑制剂。

传统上，科学家通过研究一些极端临床表型发现了保护性基因变异，如人类免疫缺陷病毒（human immunodeficiency virus，HIV）。在一项临床研究中发现，一些人虽然长时间或可重复地暴露在反转录病毒环境中，但没有 HIV 感染。在另一项临床研究中发现，一些人表现出延迟的获得性免疫缺陷综合征（acquired immunodeficiency syndrome，

AIDS)相关病理进展。针对这些极端表型的个体,研究者发现了 chemokine-binding co-receptors(一种细胞表面蛋白)是一种 HIV 进入细胞宿主的必要蛋白,并发现编码 *CCR5* 基因上的一个 32 bp 缺失可以保护宿主免于 HIV‐1 感染。*CCR5* 杂合子变异可以延迟 AIDS 疾病进程,而纯合子变异可以完全免疫对 HIV‐1 的感染。这些发现促进了抗反转录病毒药物的开发,马拉维若(maraviroc)(CCR5 受体阻断剂)在 2017 年获得 FDA 批准用于治疗 HIV 感染。此外,最近的研究提示了在患者造血干细胞中开展 *CCR5* 基因编辑的安全性,为可能的基因治疗提供了理论基础。

　　另一个例子是家族性FH,通常患者具有高水平的 LDL‐胆固醇,与心血管疾病的风险有关。之前研究表明 *PCSK9* 的 GoF 突变增加了疾病风险。科学家们在低 LDL‐胆固醇水平的人中针对 *PCSK9* 基因开展测序,发现了 2 个 LoF 突变(*PCSK9* Y142X 和 C679X)(图 8‐6)。进一步的 GWAS 研究证实了 LoF 突变与低 LDL‐胆固醇水平的关系。此外,*PCSK9* LoF 突变携带者具有较低的心血管疾病风险。针对 FH 和心血管疾病,开发抑制 *PCSK9* 作用的药物取得了成功:两个人类单克隆抗体药物(evolocumab 和 alirocumab)在 2015 年获得了 FDA 批准。

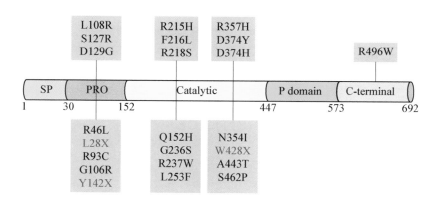

图 8‐6　*PCSK9* 基因的功能获得性和功能失去性突变示意

注:一些基因变异增加 LDL‐C 水平:*S127R*,*F216L*,*D374Y*;一些变异减少 LDL‐C 水平:*R46L*,*G106R*,*Y142X*,*L253F*,*A443T*,*C679X*。黑色字体显示的是错义突变位点;紫色字体显示的是无义突变位点。PRO,propeptide;SP,signal peptide。

修改自:HARPER AR,NAYEE S,TOPOL EJ. Protective alleles and modifier variants in human health and disease [J]. Nat Rev Genet,2015,16(12):689‐701.

　　新的基因芯片和测序技术的发展促进了对保护性变异的鉴定。比如,GWAS 研究发现了多个 *IL23R* 罕见保护性变异(如 R381Q)。这些保护性位点可以预防一些自身免疫性疾病,如炎症性肠病(IBD)、牛皮癣和强直性脊柱炎。IL23R 的 R381D 变异通过在 CD4 和 CD8 T 细胞中的 LoF 改变来起到保护作用,提示了 IL‐23、IL‐17、IL‐22 信号通路在自身免疫性疾病中的重要作用。科学家们靶向这个通路成功开发了多个药物,比如阿达木单抗(adalimumab)和依奇珠单抗(ixekizumab)用于治疗自身免疫性疾病,苏金单抗(secukinumab)用于治疗牛皮癣。

二代测序技术(NGS)技术(WGS 或 WES)的快速发展可以有效研究低频率和罕见的基因变异(许多保护性变异是罕见的),也促进了对保护性变异的鉴定。以 AD 为例,在 2012 年的一项研究中,利用 1795 个冰岛人 WGS 数据及 71732 个冰岛人的基因组水平基因型数据,科学家们发现了 *APP* A673T 罕见变异是一个保护性变异($OR=0.19$)。通过细胞系、小鼠和人类多功能干细胞水平的研究发现,A673T 变异可以减少 β 淀粉样蛋白聚集。一些针对 APP 的小分子抑制剂(模拟 LoF 位点的作用)之前已进入临床试验阶段(BACE1 抑制剂)。

此外,动脉粥样硬化主要由高血脂引起。一些调节心血管风险的基因(编码 LDL 胆固醇,甘油三酯和脂蛋白)可以携带 LoF 突变,并调节脂代谢。比如,*NPC1L*(调节肠道胆固醇吸收)的 LoF 保护性变异可以减少约 50% 的心血管疾病风险。*APOC3* 罕见 LoF 突变的携带者可以减少约 40% 的心肌梗死发病率。*APOC3* 基因在富含三酰甘油的脂蛋白降解中会减弱脂蛋白脂肪酶的活性,从而在血液中维持高水平的三酰甘油。此外,*LPA*(调节脂蛋白水平)的 LoF 突变可以减少约 20% 的疾病风险。相关的保护性基因变异信息可以参考表 8-5。

表 8-5　保护性基因变异

| 基因 | LOF | | GOF | | 对药物开发的影响 | 参考文献 |
	基因变异	表型效果	基因变异	表型效果		
PCSK9	多种	降低 LDL-C 水平	多种	增加 LDL-C 水平	多种 *PCSK9* 抑制剂药物用来治疗高胆固醇血症,包括依洛尤单抗(Repatha;Amgen),阿莫罗布单抗(Praluent;Regeneron/Sanofi)和伯考赛珠单抗(Pfizer)	PMID:12730697;PMID:16554528
CCR5	CCR5 △32	抵抗 HIV-1 感染和进程			马拉维若(Selzentry 和 Celsentri;Pfizer),一种 *CCR5* 阻断剂	PMID:8751444;PMID:18832244
SCN9A	多种,如 R896Q	先天性对疼痛不敏感	多种,如 T2573A	先天性疼痛疾病,如红斑性肢痛症	多种钠通道阻滞剂的止痛药正在开发中,如 TV-45070(Xenon)	PMID:20635406;PMID:14985375
SOST	多种,如 W124X	骨密度增加(硬化症)			硬化素抑制剂药物用于治疗骨质疏松症,如罗莫单抗(Amgen/Celltech)	PMID:11181578;PMID:24382002;PMID:25196993

续　表

基因	LOF		GOF		对药物开发的影响	参考文献
	基因变异	表型效果	基因变异	表型效果		
MSTN	G378A	肌肉肥大（力量）			开发 MSTN 抑制剂用于退化性肌肉疾病,比如针对进行性假肥大性肌营养不良的 II 期临床试验(PF - 06252616,Pfizer)	PMID:15215484
APOC3	R19X;IVS2 + 1G → A;A43T	降低甘油三酯和减少心肌梗死风险	多种	增加甘油三酯水平	利用 RNA 干扰敲减 APOC3（ALN - AC3;Alnylam)减少了68%甘油三酯水平。药物:Volanesorsen(Isis Pharmaceuticals)	PMID:24941081;PMID:24941082
LPA	c. 4974 - 2A＞G c. 4289 + 1G＞A	降低心血管疾病风险	多种,包括 rs10455872 和 rs3798220	增加心血管疾病风险	IONIS - APO（a）Rx（Ionis pharmaceuticals）正在 II 期临床试验	PMID:25078778;PMID:20032323;PMID:26210642
IL23R	多 种,如 R381Q	减少克罗恩病,银屑病和强直性脊柱炎风险			正在开发多种 IL - 17 和 IL - 23 拮抗剂药物;例如苏金单抗(Cosentyx;Novartis)已获准用于中重度银屑病的治疗	PMID:17068223;PMID:18369459;PMID:20062062
APP	A673T	减少阿尔茨海默病风险	多 种,如 V717I	早发性阿尔茨海默病	BACE1 抑制剂,如 elenbecestat（Biogen）	PMID:16914872
TYK2	P1104A;A928V;I684S	降低类风湿关节炎,系统性红斑狼疮的风险		T 细胞急性淋巴细胞白血病的风险增加	Sareum 的 TYK2 小分子药物开发项目	PMID:25849893
NPC1L1	多 种,如 p. L71 RfsX50	降低冠状动脉疾病的风险			依泽替米贝(Zetia;Merck),通过抑制 NPC1L1 降低 LDL - C 水平	PMID:25390462

注:修改自 Nat Rev Genet. 2015,16(12):689 - 701.

　　复杂性状和复杂疾病涉及遗传因素,以及复杂的遗传与环境因素的相互作用。一些基本模型(如多因素模型、阈值模型)可以解释一部分的复杂性状和复杂疾病。而大部分复杂疾病患者的病因难以被清晰地解释。家系中的再发风险、双胞胎研究和遗传力计算均提示遗传因素在复杂疾病中的作用。本节还介绍了基因变异的主要类型,以及分析复杂疾病遗传学因素的主要方法。一些复杂疾病罕见亚型可以由多个单基因上的基因变异导致,为理解复杂疾病的分子机制提供了重要线索。GWAS 和基因组测序研究发现了一些基因变异与复杂疾病的显著关联。复杂疾病的表型具有高度异质性,对表型修饰因素及保护性基因变异的研究,为理解复杂疾病的机制和启示药物开发提供了重要基础。除了学习复杂疾病遗传学研究的基本概念,还需要注意一些容易忽视的环节:①重视研究罕见的疾病表型,尤其是极限表型患者;②重视研究罕见基因变异和保护性基因变异。

第二节　复杂疾病的遗传学研究进展

一、神经退行性疾病

(一) 阿尔茨海默病

阿尔茨海默病(AD)主要表现为进行性的记忆和认知功能缺失,最终导致完全丧失自理能力;AD 是一种严重的神经退行性疾病,而且是一种最主要的痴呆症(占 50%～75%)。全球 AD 患者的数量超过 4 400 万人,造成了极大的社会经济负担。AD 的病理特征表现为严重的神经元丢失、细胞外淀粉样蛋白 β(Aβ)的聚集,以及神经元内神经原纤维缠结(由高磷酸化的 Tau 蛋白组成)。

绝大多数 AD 不是单基因引起的。3%～5% 的 AD 患者是早发性的(65 岁前发病),他们可能由单基因突变引起。只有约 1% 的 AD 患者是常染色体显性疾病,针对此类 AD 患者的遗传学研究鉴定了许多高外显率(penetrance)的突变位于 3 个基因:*APP*、*PS1*、*PS2*。*PS1* 和 *PS2* 编码 2 个类似的蛋白质:衰老蛋白 1 和衰老蛋白 2,它们参与 γ-分泌酶对淀粉样前体蛋白(APP)的切割。PS1 或 PS2 的功能获得性突变会影响 APP 的切割,从而使其产生的淀粉样蛋白产物积累过多并沉积在大脑区域。*APP* 基因突变可以破坏 APP 蛋白上正常的分泌酶切割位点,导致较长 APP 蛋白质亚型产物的积累。唐氏综合征的个体携带了 3 个拷贝的 *APP* 基因,更多的 APP 拷贝导致了淀粉样蛋白的沉积;因此在唐氏综合征患者中经常发生早发性 AD。鉴定这些致病基因为理解 AD 疾病发生的分子机制提供了基础,并促进了分子诊断和药物开发。

在常见的晚发性 AD 患者中,一个重要的风险基因是 *APOE*。APOE 蛋白参与胆固醇和其他脂类的转运,并参与神经元生长、组织损伤修复、神经再生、免疫调节,以及脂肪分解酶激活。*APOE* 基因在一个基因位点包含 3 个不同的等位基因型(ε2、ε3 和 ε4)。*APOE* ε4 等位基因型会增加家族性和散发性 AD 患者的发病风险,但不足以百分之百引起疾病。*APOE* ε4 杂合子携带者的发病风险增加了 2～4 倍,而 *APOE* ε4 纯合子携带者的发病风险增加了 5～10 倍。只有 20%～25% 的一般人群携带 ε4 等位基因型,而 AD 患者中 ε4 携带者达到 40%～65%。*APOE* ε2 等位基因型具有一定的保护作用($OR=0.6$),并延迟疾病发生。ApoE 与 Aβ 蛋白结合可以实现可溶性 Aβ 和 Aβ 聚集体的清除,而 ApoE ε4 在介导 Aβ 清除方面效率较低。随着下一代基因测序技术的发展,鉴定低频率的罕见基因变异成为可能。最近的研究在晚发性 AD 患者中鉴定出多种 *TREM2* 罕见错义突变可增加 AD 的风险。在欧洲人群中最常见的 R47H 变异将 AD 的风险增加了 3 倍。R47H 变异对疾病的风险作用与 APOE ε4 等位基因型的效果大致相当;但是,R47H 变异的频率显著低于 *APOE*(MAF 约为 0.3%),提示 *TREM2* 变异对群体水平的影响比 *APOE* 要小。在亚洲人群中没有发现 *TREM2* 变异的致病风险,体现了种群的差异性。

此外,大规模 GWAS 和下一代基因测序技术发现了超过 20 个 AD 风险基因(表 8-6),但是它们对于 AD 的风险作用较小。这些基因包括 *CLU*、*SORL1*、*ABCA7*、*BIN1*、*CD33* 等。CLU 是一种分子伴侣蛋白,可能通过脂质转运、炎症或者内吞作用影响 Aβ 的聚集及从大脑中清除,进而参与 AD 发病机制。*SORL1* 的常见和罕见变异均可能与 AD 风险有关。SORL1 可能通过与 APOE 的相互作用影响 Aβ 通路。ABCA7 可以在海马神经元和小胶质细胞中表达。对于 ABCA7 影响 AD 风险的机制还不清楚,有可能涉及与 APOE 一起影响脂代谢、或影响免疫系统清除 Aβ 聚集体。BIN1 涉及网格蛋白介导的内吞作用,可能通过影响 Tau 病理特征来调控 AD 风险。CD33 是一种免疫细胞表面受体,在先天免疫和后天免疫系统中促进细胞交流和调节细胞功能;可能通过影响小胶质细胞的 Aβ 吞噬作用来调控 AD 风险。

表 8-6 AD 相关的基因

基因	染色体位置	受影响蛋白质	相关表型/疾病	遗传模式
ABCA7	19p13.3	ATP 结合盒,亚家族 a 成员 7(ATP-binding cassette, subfamily a, member 7)	阿尔茨海默病(AD)	关联,晚发性
APP	21q21.3	β-淀粉样蛋白 A4 前体蛋白(amyloid beta A4 precursor protein)	AD,脑淀粉样血管病(cerebral amyloid angiopathy)	常染色体显性,常染色体隐性,早发和晚发性
ADAM10	15q21.3	ADAM 金属肽酶结构域 10(ADAM metallopeptidase domain 10)	AD	
APOE	19q13.32	载脂蛋白 E(apolipoprotein E)	AD,海蓝组织细胞增生症(sea-blue hystiocyte disease),黄斑变性(macular degeneration)	常染色体显性,常染色体隐性,晚发性
BIN1	2q14.3	桥连整合因子 1(bridging integrator 1)	AD	关联,晚发性
CD2AP	6p12.3	CD2 相关蛋白(CD2-associated protein)	AD	关联,晚发性
CD33	19q13.41	CD33 抗原(CD33 antigen)	AD	关联,晚发性
CLU	8p21.1	簇集素(clusterin)	AD	关联,晚发性

续　表

基因	染色体位置	受影响蛋白质	相关表型/疾病	遗传模式
CR1	1q32.2	补体受体 1（complement compo-nent；receptor 1）	AD	关联,晚发性
CSF1R	5q32	集落刺激因子 1 受体（colony-stim-ulating factor 1 receptor）	HDLS 及痴呆	常染色体显性,早发和晚发性
DNMT1	19p13.2	DNA 甲基转移酶 1（DNA methyl-transferase 1）	HSN1E 及痴呆	常染色体显性,早发性痴呆
ITM2B	13q14.2	膜内在蛋白 2B（integral membrane protein 2B）	痴呆	常染色体显性,早发和晚发性
MS4A4E	11q12.2	跨膜 4 结构域亚家族 A 成员 4E（membrane-spanning 4-domains, subfamily A, member 4E）	AD	关联,晚发性
MS4A6A	11q12.2	跨膜 4 结构域亚家族 A 成员 6A（membrane-spanning 4-domains, subfamily A, member 6A）	AD	关联,晚发性
PICALM	11q14.2	磷脂酰肌醇结合网格蛋白装配蛋白（phosphatidyli-nositol binding clathrin assembly protein）	AD	关联,晚发性
PLD3	19q13.2	磷脂酶 D 家族成员 3（phospho-lipase D family, member 3）	AD	关联,晚发性
PSEN1	14q24.2	衰老蛋白 1（presenilin 1）	AD,扩张型心肌病（dilated cardiomyo-pathy），FTD,皮克病（Pick disease），反常性痤疮（acne inversa）	常染色体显性,早发性
PSEN2	1q32.13	衰老蛋白 2（presenilin 2）	AD,扩张型心肌病	常染色体显性,早发性
SORL1	11q24.1	分拣蛋白相关受体（sortilin-related receptor）	AD	常染色体显性,晚发性
TREM2	6p21.1	骨髓细胞表达触发受体 2（trigge-ring receptor expressed on mye-loid cells 2）	AD,多囊性脂膜性骨增生伴硬化性白质脑病（Nasu-Hakola disease）（痴呆和精神病症状）	关联,晚发性
TYROBP	19q13.12	酪蛋白酪氨酸激酶结合蛋白（tyro protein tyrosine kinase-binding protein）	多囊性脂膜性骨增生伴硬化性白质脑病（痴呆和精神病症状）	常染色体显性,年轻发病

注：HDLS：hereditary diffuse leukoencephalopathy with spheroids,遗传性弥漫性脑白质病变合并球状轴索；HSN1E：hereditary sensory and autonomic neuropathy type 1E,遗传性感觉和自主神经 1E 型病变。

（二）帕金森病

帕金森病（Parkinson's disease，PD）是仅次于 AD 的第二常见神经退行性疾病,主要影响运动控制系统。PD 的典型症状包括摇晃、僵硬、缓慢和行走困难。这些症状的主要原因是黑质中的多巴胺神经元死亡。PD 在全世界影响了约 620 万人。大部分 PD 患者是散发的,约 10% 患者是家族性的。至少有 7 个基因上的突变可以在一些罕见的家族性 PD 患者中导致疾病发生。包括 SNCA、LRRK2、VPS35 上的突变导致常染色体显性的 PD 亚型,而 PARKIN,PINK1,DJ - 1 和 ATP13A2 上的突变导致常染色体隐性的 PD 亚型。

SNCA 的突变非常罕见,主要包括 3 种错义突变(p. A53T、p. A30P、p. E46K)。这些突变可以使 SNCA 蛋白形成 B-sheet,然后形成有毒性的寡聚体和原纤维。因此一般认为 SNCA 的错义突变通过 GoF 的机制来导致 PD 发生。另外,SNCA 编码的 α-突触核蛋白是一种路易小体(Lewy body)的主要成分,路易小体是 PD 的一个主要病理特征(虽然不是所有的 PD 患者都具有路易小体病理特征)。

LRRK2 突变是最常见的导致晚发性常染色体显性和散发性 PD 的突变。目前最常见的 LRRK2 突变是 p. G2019S,在不同人群中占 1%(欧洲人群)～40%(阿拉伯人群)不等。LRRK2 突变导致 PD 发生的具体机制还有待阐明,一些研究表明相关突变会影响其激酶活性。VPS35 上的突变主要是错义突变,比如 p. D620N 在多个研究中被鉴定。其突变可能影响了内质网的功能缺陷。

PARKIN 基因的纯合突变是导致早发性 PD(发病年龄<21 岁)的最常见突变。黑质区域显示神经元丢失和神经胶质增生,但是常常缺乏路易小体。PARKIN 的突变类型包括 SNV 和基因外显子缺失。3 号外显子的缺失是 PARKIN 中最常见的突变。

PINK1 基因突变是第二常见的导致常染色体隐性早发性 PD 的原因。大多数 PINK1 突变是错义或无义突变,最常见的是 p. Q456X 突变。PINK1 是一个蛋白质激酶,超过一半的突变影响了该激酶活性。研究表明,PINK1 和 PARKIN 蛋白质从线粒体网络中感知和选择性消除受损线粒体,提示线粒体功能在 PD 发病机制中的重要作用。

DJ - 1 的突变较罕见。突变的 DJ - 1 蛋白质常常不能正常折叠,不稳定、且容易被蛋白酶降解,从而使得 DJ - 1 的神经保护作用受损。ATP13A2 的纯合子和复合杂合子突变可导致常染色体隐性的非典型 PD,称为 Kufor-Rakeb 综合征。该综合征起病早,疾病进展迅速,伴有痴呆、核上性眼肌麻痹和锥体束征。

大多数 PD 患者的发病受到微效基因的影响。GWAS 和功能实验鉴定了其他一些基因上的变异与 PD 疾病风险的显著关联,包括 UCHL1、PARK 16、GAK、MAPT、GBA、NAT2、INOS2A、HLA - DRA 和 APOE。其中 GBA 是一个值得注意的 PD 风险基因。GBA 突变可以增加 PD 发病风险,并在 8%～14% 的 PD 患者中被发现。GBA 基因编码溶酶体酶 β-葡萄糖脑苷脂酶,在糖脂代谢中起重要作用。β-葡萄糖脑苷脂酶的功能丧失突变引起葡萄糖脑苷脂的积聚,从而导致涉及肝脏、血液、骨髓、脾脏、肺和神经系统的多种症状,称为戈谢病(Gaucher disease)。

(三)肌萎缩侧索硬化和额颞痴呆

肌萎缩侧索硬化(ALS)是第三大神经退行性疾病,影响了约 4.5/100 000 的人口;主要表现为脑和脊髓的运动神经元的退化,通常在 3～5 年内由于呼吸麻痹导致死亡。额颞痴呆(FTD)是仅次于 AD 的第二大常见早发型痴呆,主要表现为痴呆、行为问题和言语异常。这两种疾病表型都可以在同一个家庭或者同一个人体上发生。

与 AD 和 PD 类似，一小部分 ALS 患者(约 10%)是家族性患者，约 90% 是散发性患者。基因突变是导致 ALS 发生的重要因素，目前至少 25 个基因(包括常见的 *C9orf72*、*SOD1*、*FUS* 和 *TARDBP*)上的突变可导致 ALS 发生。导致家族性 ALS 的基因突变影响了一些蛋白质，包括 SOD1(过氧化物歧化酶 1)、TDP - 43(TAR DNA-binding protein of 43 kilodalton，一种 DNA/RNA 结合蛋白)、FUS(fused in sarcoma，核酸结合蛋白)。*SOD1* 是第一个被鉴定的 ALS 致病基因(1993 年)，*MAPT* 是第一个被鉴定的 FTD 致病基因(1998 年)。之后一些其他基因突变在 ALS 中被发现，比如 *TARDBP* 和 *FUS*；而另一些基因突变只在 FTD 患者中被发现，如 GRN。近几年的研究揭示了许多基因上的突变可以导致 ALS 和 FTD 发生(表 8 - 7)，包括 *VCP*、*SQSTM1*、*UBQLN2* 和 *C9orf72* 等。

表 8 - 7　ALS 和 FTD 相关基因

基因	染色体位置	受影响蛋白质	相关表型/疾病	遗传模式
ALS2	2q33.1	Alsin 蛋白(alsin)	ALS	常染色体隐性，年轻发病
ANG	14q11.2	血管生成素(angiogenin)	ALS	常染色体显性，晚发性
ARHGEF28	5q13.2	Rho 鸟嘌呤核苷酸交换因子 28(rho guanine nucleotide exchange factor 28)	ALS，FTD	常染色体显性，常染色体隐性，晚发性
ATXN2	12q24.12	共济失调蛋白(ataxin 2)	ALS	常染色体显性，晚发性
CENPV	17p11.2	着丝粒蛋白 V(centromere protein V)	ALS	关联，晚发性
CHMP2B	3p11.2	CHMP 家族成员 2B(CHMP family member 2B)	ALS，FTD	常染色体显性，晚发性
C9orf72	9p21.2	鸟嘌呤核苷酸交换因子 C9orf72(guanine nucleotide exchange C9orf72)	ALS，FTD	常染色体显性，晚发性
DAO	12q24.11	D - 氨基酸氧化酶(D-amino acid oxidase)	ALS，精神分裂症(schizophrenia)	常染色体显性，晚发性
DCTN1	2p13.1	动力蛋白激活蛋白 1(dynactin 1)	ALS，远端型遗传性运动神经病 7B 型(distal hereditary motor neuronopathy type 7B)，佩里综合征(Perry syndrome)	常染色体显性，晚发性
FIG4	6q21	FIG4 同系物，包含 SAC1 脂质磷酸酶结构域(FIG4 homolog, SAC1 lipid phosphatase domain containing)	ALS，腓骨肌萎缩症(CMT disease)，耳畸形相关综合征(Yunis-Varon syndrome)	常染色体显性，晚发性；常染色体隐性，婴儿发病

基因	染色体位置	受影响蛋白质	相关表型/疾病	遗传模式
FUS	16p11.2	核酸结合蛋白（fused in sarcoma）	ALS，FTD，特发性震颤（essential tremor）	常染色体隐性，常染色体显性，晚发性
GRN	17q21.31	颗粒体蛋白前体（granulin precursor）	FTD，神经元蜡样脂褐质沉积症（neuronal ceroid lipofuscinosis-11）	常染色体显性，晚发性；常染色体隐性，年轻发病
HNRNPA1	12q13.13	异质性胞核核糖核蛋白 A1（heterogenous nuclear ribonucleoprotein A1）	ALS，包涵体肌病伴早期发作佩吉特病伴/不伴 FTD（inclusion body myopathy with early-onset Paget disease with/without FTD）	常染色体显性，晚发/早发性
HNRNPA2B1	7p15.2	异质性胞核核糖核蛋白 A2/B1（heterogenous nuclear ribonucleoprotein A2/B1）	包涵体肌病伴早期发作佩吉特病伴/不伴 FTD	常染色体显性，早发性
MAPT/STH	17q21.31	微管相关蛋白 tau（microtubule-associated protein tau）	ALS，FTD 伴帕金森，PD，AD，皮克病，核上性麻痹（sup-ranuclear palsy），tau 蛋白病（tauopathy）	常染色体显性，晚发/早发性
NEFH	22q12.2	神经丝蛋白，重链多肽（neurofilament protein, heavy polypeptide）	ALS	常染色体显性，晚发性
OPTN	10p13	视神经磷酸酶（optineurin）	ALS，glaucoma	常染色体隐性，常染色体显性，早发性
PFN1	17p13.2	组装抑制蛋白 1（profilin 1）	ALS	常染色体显性，早发性
PRPH	12q13.12	外周蛋白（peripherin）	ALS	常染色体显性，晚发性
SETX	9q34.13	塞纳他辛（senataxin）	ALS，脊髓小脑共济调 1 型	常染色体显性，常染色体隐性，年轻发病
SIGMAR1	9p13.3	Sigma 非阿片类细胞内受体 1（sigma nonopioid intracellular receptor 1）	ALS，FTD	常染色体隐性，常染色体显性，早发性
SOD1	21q22.11	超氧化物歧化酶 1（superoxide dismutase 1）	ALS	常染色体显性，常染色体隐性，不同发病年龄
SQSTM1	5q35.3	Sequestosome 1 蛋白（sequestosome 1）	佩吉特骨病（Paget disease of bone），ALS，FTD	常染色体显性，晚发性
TAF15	17q12	TAF15 RNA 聚合酶 Ⅱ，TATA 盒结合蛋白相关因子（TAF15 RNA polymerase Ⅱ，TATA box binding protein associated factor）	ALS，软骨肉瘤（chondrosarcoma）	NA

基因	染色体位置	受影响蛋白质	相关表型/疾病	遗传模式
TARDBP	1p36.22	Tar DNA 结合蛋白（Tar DNA-binding protein）	ALS，FTD	常染色体显性，晚发性
UBQLN2	Xp11.21	泛素 2（ubiquitin 2）	ALS，FTD	X 连锁，年轻和晚发性
UNC13A	19p13.11	unc-13 蛋白同系物 A［Unc-13 homolog A（C. elegans）］	ALS	关联，晚发性
VAPB	20q13.33	囊泡相关膜蛋白（VAMP）相关蛋白 B 和 C［vesicle-associated membrane protein（VAMP）-associated protein B and C］	ALS，脊髓性肌萎缩（Finkel 型）	常染色体显性，晚发和早发性
VCP	9p13.3	含缬酪肽蛋白（valosin-containing protein）	ALS，FTD，包涵体肌病伴早期发作佩吉特病伴/不伴 FTD	常染色体显性，早发性
CHCHD10	22q11.23	卷曲螺旋结构域蛋白（coiled-coil-helix-coiled-coil-helix domain containing 10）	ALS，FTD，线粒体肌病	常染色体显性，晚发性
TBK1	12q14.2	TANK 结合激酶 1（TANK binding kinase 1）	ALS，FTD	常染色体显性，晚发性
ANXA11	10q22.3	膜联蛋白 A11（annexin A11）	ALS	常染色体显性，晚发性
TIA1	2p13.3	TIA1 细胞毒性颗粒相关 RNA 结合蛋白（TIA1 cytotoxic granule associated RNA binding protein）	ALS，FTD	常染色体显性，晚发性
NEK1	4q33	NIMA 相关激酶 1（NIMA related kinase 1）	ALS	常染色体显性，晚发性
KIF5A	12q13.3	驱动蛋白重链异构体 5A（kinesin heavy chain isoform 5A）	ALS，CMT2，痉挛性截瘫（Spastic paraplegia 10）	常染色体显性，成年发病
SPG11	15q21.1	Spatacsin 蛋白（spatacsin）	隐性青少年 ALS（recessive juvenile ALS）；遗传性痉挛性截瘫（hereditary spastic paraplegia）	常染色体隐性，年轻发病
TUBA4A	2q35	微管蛋白 alpha-4A 链（tubulin alpha-4A chain）	ALS，FTD	常染色体显性，晚发性
CCNF	16p13.3	细胞周期蛋白 F（cyclin-F）	ALS，FTD	常染色体显性，晚发性
MATR3	5q31.2	基质蛋白 3（matrin-3）	ALS	常染色体显性，晚发性
DNAJC7	17q21.2	DnaJ 同源亚家族 C 成员 7（DnaJ homolog subfamily C member 7）	ALS	关联

FUS 上的基因突变包括错义突变和小片段插入缺失；可以解释约 5% 的家族性 ALS 患者。15 号外显子（包括一个细胞核定位信号）和 6 号外显子［编码一个富含 Gly

低复杂度区域(prion-like)]是突变发生的集中区域。FUS 蛋白对于 mRNA/microRNA 代谢有重要作用。正常情况下 FUS 蛋白位于细胞核,而突变的 FUS 蛋白滞留在细胞质,破坏了其正常细胞核功能。对 ALS 患者的脑组织进行病理研究发现,FUS 突变引起了 FUS 在细胞核和细胞质中的异常聚集体,导致运动神经元损伤。

TARDBP 基因突变可以解释约 3% 的家族性 ALS 患者,大部分是错义突变,并影响 6 号外显子区,其中最常见的是 TARDBP p. Ala382Thr。TARDBP 编码 TDP-43 蛋白,正常情况下位于细胞核,负责调节基因表达和剪切。TARDBP 突变导致蛋白质移动到细胞质,破坏了其正常的细胞核功能。TDP43 的病理特征是高磷酸化和泛素化,并且是大多数 ALS 病例的神经元和神经胶质细胞中内含物(inclusion)的主要成分。脑组织病理分析发现,TDP-43 内含物是一种常见的神经退行性病理特征(包括在 FTD 中)。

C9orf72 一号内含子的 G4C2-六核苷酸重复突变是导致西方人群中 ALS 和 FTD 的最常见的基因突变。C9orf72 突变可以解释 24%～37% 的家族性患者,和 6%～7% 的散发性患者(白人)。C9orf72 突变的外显率接近 100%。在正常人中,C9orf72 的六核苷酸重复次数为 2～30 次,而在 ALS 或 FTD 患者中,该重复次数可以达到几百和几千次。对于中等长度(30～100 重复)*C9orf72* 重复的携带者,他们可能发病或者不发病,可能是一种预突变。*C9orf72* 重复的大小影响了其 5′区和重复本身的 DNA 甲基化修饰水平,进而影响 *C9orf72* 基因的表达。C9orf72 的致病机制包括 GoF 机制(重复突变导致 RNA foci 和二肽重复蛋白的形成)和 LoF 机制(C9orf72 的单倍型剂量不足,重复突变导致正常的 *C9orf72* 基因表达下调)。C9orf72 的正常功能涉及免疫系统功能。最近的研究表明,GoF 和 LoF 机制可能共同作用导致了疾病的发生,对 *C9orf72* 中等大小重复和大重复携带者的脑组织病理和遗传学的研究也提示两种机制协调作用的致病机制。*C9orf72* 突变在中国等东亚人群中十分罕见,体现了人群异质性。

SOD1 基因突变可以解释约 20% 的家族性 ALS 患者和 2% 散发性患者。目前有超过 185 个 *SOD1* 基因突变与 ALS 有关,主要是错义突变,最常见的是 D90A 突变(西方人群)和 H46R 突变(中国人群)。不同的错义突变对应不同表型,比如,A4V、H43R、L84V、G85R、N86S 和 G93A 携带者具有较快的疾病进程和生存时间,而 G93C、D90A 和 H46R 携带者具有较长的生存时间。*SOD1* 突变引起的毒性 GoF 机制可能是其致病机制。SOD1 的错误折叠可能导致线粒体功能异常、氧化应激、胞内体运输和兴奋性毒性。

GRN 基因的杂合突变可以导致 FTD。在家族性 FTD 患者中,GRN 突变携带者的频率约为 10%。大多数 GRN 突变是 LoF 突变导致无义介导的 mRNA 衰变(nonsense-mediated mRNA decay)。对 GRN 突变携带者的脑组织研究发现,神经细胞和神经胶质细胞中带有 TDP-43 病理特征。

MAPT 基因编码的微管相关 Tau 蛋白起稳定和促进微管组合的作用。目前报道了超过 44 种 *MAPT* 的基因突变,包括错义、缺失和无义突变。致病突变聚集在 9～13 号外显子。在 FTD 患者中,*MAPT* 突变可以解释约 10% 的家族性患者和少量(<3%)的散发患者。*MAPT* 突变导致 Tau 蛋白异常,形成 Tau 细丝和有毒的聚集体(aggregates);或者影响了 10 号外显子选择性剪接,导致丝状内含物增加,与神经退行性病变有关。

除了上述致病基因,近几年通过大规模人群样本的全外显子测序研究,科学家们发现了一些新的 ALS 风险相关基因(如 TBK1、NEK1、TIA1、ANXA11、DNAJC7 等,表 8-7)。ALS 和 FTD 的遗传学研究和相应的分子机制研究提示,ALS 和 FTD 是一个疾病综合征的两个方面。ALS 和 FTD 有一些共同的致病基因,说明有一些共同的疾病发生机制,比如,在运动神经元中的 RNA 代谢异常,以及在皮层和运动神经元中的蛋白质清除异常(自噬功能)。

二、神经精神疾病

(一)精神分裂症

精神分裂症(schizophrenia,SCZ)影响了全球约 1% 的人口。它是一种严重的精神疾病,通常在青少年晚期或年轻的成年人中发病,其特点是思维、情感和社会关系异常,常与妄想思维和异常情绪有关。双胞胎研究和家系研究提示,遗传因素在精神分裂症中起重要作用。同卵双胞胎的疾病一致率为 40%～60%,而异卵双胞胎的一致率在 10%～16%,遗传力约为 0.7(表 8-2)。

GWAS 研究结合候选基因研究揭示了一个候选基因 ERRB4(NRG1 受体)在非洲裔美国人中与精神分裂症显著关联。此外,GWAS 和外显子测序研究鉴定了精神分裂症和超过 200 个基因组区域的基因多态性之间的显著关联。其中一个强显著的关联信号提示位于 MHC 区域与精神分裂的关联;该关联区域在多个独立的 GWAS 研究中被鉴定。

此外,一些罕见(<1%)和大片段(>100 kb)的 CNV 也与精神分裂症疾病风险有关,如 1q21.1、2p16.3(NRXN1)、15q11.2、15q13.2、6p11.2 和 22q11.21 区域。其中,位于 22q11.21(22qDS)的 3 Mb 缺失会导致腭心面综合征(velo-cardio-facial syndrome,VCFS),它是一个已知的最大的 SCZ 风险因素之一(30% 的 22qDS 携带者发展为精神症状,其中 80% 最终表现为 SCZ)。22qDS 是仅有的一个在正常人中没有被鉴定出来的 SCZ 风险 CNV。其他与 SCZ 相关的 CNV 包括 1q21.1 缺失(病患中频率/正常人中频率:0.24/0.02),2p16.3(NRXN1)缺失(0.10/0.02),15q13.2 缺失(0.20/0.02),16p11.2 重复(0.35/0.03),和 15q11.2 缺失(0.65/0.22)。然而对于绝大多数 SCZ 患者而言,它们的遗传学基因还是未知的。

(二)双相情感障碍

双相情感障碍(bipolar disease,BP)是一种情绪障碍,表现为情绪升高、浮夸、高风险的危险行为、亢奋期(躁狂)与抑郁期交替出现、对通常令人愉快的活动的兴趣降低、有自杀性风险(10%～15% 自杀率)。BP 的发病率为 0.8%,发病年龄与 SCZ 类似。双胞胎研究表明遗传因素对 BP 有风险作用。同卵双胞胎的一致率为 40%～60%,异卵双胞胎的一致率为 4%～8%,其遗传力约为 0.7(表 8-2)。疾病风险在患者亲属中显著升高。目前针对 BP 的遗传学机制还不是十分清楚。最近的一项 GWAS 荟萃分析发现了 30 个基因位点与 BP 风险显著相关。这些位点主要涵盖了那些编码钾离子和钙离子通道、神经递质转运体和突触元件的基因。离子通道调节药物是目前主要使用的情绪稳定药物,提示这些发现在生物功能上的合理性。

（三）孤独症谱系障碍

孤独症谱系障碍(autism spectrum disorder，ASD)是一种高度可遗传、高度异质性的复杂的神经发育障碍性疾病，表现为社交互动和沟通能力受损，重复和刻板的行为。ASD 在全球的发病率约为 1%（儿童）。ASD 在男性中比女性更常见(3～4 倍)，通常在3 岁前被诊断。双胞胎研究提示 ASD 的遗传力约为 0.7，说明遗传学因素是 ASD 发病的重要风险因素。约 10% 的 ASD 患者也是孟德尔病患者，包括脆性 X 综合征(1%～2% 患者)，雷特综合征(0.5% 患者)，结节性硬化症(1% 患者)和神经纤维瘤病 1 型(<1% 患者)。ASD 患者中最常见的细胞遗传学异常是母体传递的染色体 15q11‑q13 重复(1%～3% 患者)，该区域在 Prader‑Willi 和 Angelman 综合征中是缺失的。此外，约1% 的 ASD 患者携带一段 600 kb 的 16p11.2 的重复/缺失。

一些常见基因突变与 ASD 疾病易感性有显著关联。最近的一项 GWAS 荟萃分析（包括 18 381 名 ASD 患者和 27 969 名正常人）鉴定了 5 个基因位点与 ASD 疾病风险显著相关，提示了一些 ASD 相关基因(*PTBP2*，*KCNN2*，*KMT2E*，*MACROD2*)。其中*PTBP2* 的新生罕见变异在多个 ASD 研究中被报道；PTBP2 蛋白是一个剪切调控蛋白；调节 PTBP1 和 PTBP2 的表达可以调节神经再生和神经分化中的可变剪切。

三、糖尿病

（一）1 型糖尿病(type 1 diabetes，T1D)

糖尿病是一种常见的复杂疾病，在全球影响了超过 3.8 亿人口，有两种主要类型：1型糖尿病（占 5%～10%）和 2 型糖尿病（占 80%～90%）。T1D 在白人中的发病率约为0.2%；在亚洲人群中发病率较低（中国人中每年发病率约为 0.001%）。T1D 通常在儿童或者青少年时期起病。主要病因是自身免疫系统异常破坏胰岛组织的 β 细胞正常分泌胰岛素的功能。同卵双胞胎中 T1D 一致率为 30%～70%，异卵双胞胎中一致率为5%～10%，遗传力约 0.8（表 8‑2），提示遗传因素在 T1D 中到重要的作用。

位于 6 号染色体上的主要组织相容性复合体(major histocompatibility complex，MHC)基因座是一个主要的 T1D 遗传因素。这个区域横跨约 3 Mb，包括超过 200 个已知基因（许多与免疫系统功能有关）。在 MHC 中，编码 Ⅰ 类和 Ⅱ 类人白细胞抗原(HLA)的基因具有高度多态性。HLA 基因座解释了 40%～50% 的 T1D 遗传学易感性。HLA‑DQ 多肽第 57 位缺乏一个天冬氨酸，与 1 型糖尿病易感性密切相关。那些在第 57 位没有该天冬氨酸的人（带有一个纯合的其他氨基酸：丙氨酸、丝氨酸或缬氨酸）患 T1D 的风险增加了 100 倍。天冬氨酸的变化改变了 Ⅱ 类 HLA 分子的结构，从而改变了其结合并把肽段呈递给 T 细胞的能力，直接影响了自身免疫反应，并破坏了 β 细胞正常分泌胰岛素的功能。

此外，一个位于胰岛素基因 5′区的串联重复多态性也与 T1D 风险有关，该重复次数的差异可能改变了胰岛素基因的转录，影响了疾病易感性。GWAS 研究提示不少于 50个基因座与 T1D 易感性有关，大多数具有较小的作用效应(effect size)。其中 *CTLA4*基因编码一个抑制性 T 细胞受体，该基因的等位基因多态性影响 T1D 的风险。另一个

基因 *PTPN22* 与 T 细胞功能调节有关。值得注意的是，*HLA - DRB1*，*CTLA4* 和 *PTPN22* 均与其他自身免疫系统疾病（如类风湿关节炎）有关。

（二）2 型糖尿病（type 2 diabetes，T2D）

T2D 在一些高收入国家中影响了 10%～20% 的人口。与 T1D 不同，T2D 发病年龄更晚（一般在 35 岁以后），通常有胰岛素抵抗（细胞利用胰岛素的能力下降），更有可能伴随肥胖，通常 T2D 患者的胰岛素分泌功能并没有完全丧失。同卵双胞胎的 T2D 一致率为 35%～60%，异卵双胞胎一致率为 15%～20%，遗传力约为 0.6（表 8 - 2），提示遗传因素在 T2D 疾病风险中的作用。T2D 患者一级亲属的再发风险为 15%～40%。

目前，连锁分析和 GWAS 分析鉴定了超过 250 个基因座与 T2D 易感性有关。有些在多个独立人群中被验证。其中最显著的一个是 *TCF7L2* 基因，其编码一个转录因子蛋白，与胰岛素分泌有关。*TCF7L2* 的一个基因变异可以增加 T2D 50% 的发病风险。*PPARG* 基因上的常见变异也与 T2D 相关（增加约 25% 风险），该基因编码一个核受体，与脂肪细胞分化和糖代谢有关；该受体是一个常见的糖尿病药物噻唑烷二酮类（thiazolidinediones）的药物靶点。*KCNJ11* 的基因变异增加了约 20% 的 T2D 风险；该基因编码一个钾离子通道，对于葡萄糖诱导的胰岛素释放具有重要作用。其他在多个研究中被发现的关联基因包括 *CDKAL1*（增加约 20% 风险）、*SLC30A8*（增加约 20% 风险）、*CDKN2A/2B*（增加 12%～35% 风险）、*TCF7L2*（增加约 37% 风险）、*KCNQ1*（增加约 22% 风险）。

此外，一些罕见变异也与 T2D 的易感性有关。一项针对冰岛人群的 WGS 研究揭示了 *PAM* 和 *PDX1* 基因的罕见变异与 T2D 风险有关。拉丁裔人群的全外显子测序研究发现一个 *HNF1A*[c.1522G＞A（p.E508K）] 罕见变异与 T2D 相关。这些都说明常见变异和罕见变异均可能与复杂疾病发生相关。

（三）青少年起病的成年型糖尿病（maturity-onset diabetes of the young，MODY）

糖尿病存在一种较罕见的孟德尔亚型是 MODY（占 1%～5%），通常发病年龄早于 25 岁，遵循常染色体显性遗传模式。MODY 与肥胖没有关联。约 50% 的 MODY 患者由 *GCK* 基因突变导致；该基因编码葡萄糖激酶（转化葡萄糖到 6 磷酸葡萄糖的一个限速酶）（表 8 - 4）。另外，40% 患者由其他 5 种基因上的突变导致，包括 *HNF1α*、*HNF1β*、*HNF4α*、*IPF1* 和 *NEUROD1*，这些基因编码转录因子，调节胰岛发育和胰岛素，相关突变通常导致胰岛组织 β 细胞异常。

四、心血管疾病

（一）冠心病

冠心病（coronary artery disease，CAD）是主要的致死因素之一。在中国，至少有 1100 万 CAD 患者，死亡率超过 1‰，给社会造成了巨大的经济负担。动脉粥样硬化引起的 CAD 是导致心肌梗死的主要原因。男性比女性有更高的 CAD 风险。家系研究提示了遗传因素在 CAD 中的作用，如女性先证者（proband）的男性一级亲属比一般人群的 CAD 风险要高 7 倍。

CAD 存在一些孟德尔亚型(少部分患者)。比如一些家族性高胆固醇血症(FH)患者可以由 *LDLR* 基因突变导致,是一种常染色体显性遗传性疾病。*APOB* 基因突变也可以导致 FH,并增加 LDL 胆固醇水平。绝大部分 CAD 是复杂疾病。CAD 的发生涉及动脉粥样硬化、血管变窄、血栓形成,最终导致心肌梗死。多种遗传因素可以影响 CAD 发生。许多与脂类代谢和转运相关的基因(包括编码脂蛋白的基因)与 CAD 有关(表 8-8)。一些与炎症反应相关的基因与 CAD 有关,在动脉粥样硬化过程中起重要作用。大规模人群样本的 GWAS 研究提示超过 100 个基因位点与 CAD 有关。此外,环境因素(如饮食、锻炼和肥胖等)也与 CAD 风险相关。

表 8-8 脂蛋白基因与 CAD 风险

基因	染色体位置	蛋白质功能
apolipoprotein A - I	11q	HDL 元件;LCAT 辅助因子
apolipoprotein A - IV	11q	乳糜微粒和 HDL 元件;可能影响 HDL 代谢
apolipoprotein C - III	11q	与高甘油三酯血症有关
apolipoprotein B	2p	LDL 受体的配体;与 VLDL, LDL, IDL,乳糜微粒形成有关
apolipoprotein D	2p	HDL 元件;LCAT 辅助因子
apolipoprotein C - I	19q	LCAT 激活
apolipoprotein C - II	19q	脂蛋白脂肪酶激活
apolipoprotein E	19q	LDL 受体的配体
apolipoprotein A - II	1p	HDL 元件
LDL receptor	19p	循环 LDL 颗粒的吸收
lipoprotein (a)	6q	胆固醇转运
lipoprotein lipase	8p	脂蛋白脂质的水解
hepatic triglyceride lipase	15q	脂蛋白脂质的水解
LCAT	16q	胆固醇酯化
cholesterol ester transfer protein	16q	促进脂蛋白之间及胆固醇酯和磷脂之间的转移

注:HDL:high-density lipoprotein(高密度脂蛋白);IDL:intermediate-density lipoprotein(中间密度脂蛋白);LCAT:lecithin cholesterol acyltransferase(卵磷脂胆固醇酰基转移酶);LDL:low-density lipoprotein(低密度脂蛋白);VLDL:very-low density lipoprotein(极低密度脂蛋白)。
修改自:JORDE LB, CAREY JC, BAMSHAD MJ. Medical Genetics [M]. 6th ed. Philadelphia:Elsevier,2020.

(二)心肌病(cardiomyopathy)

心肌病表现为心脏肌肉细胞形态异常,导致心脏功能不全。心肌病是一种常见的心脏衰竭,每年导致约 1 万例死亡(美国)。肥厚型心肌病是其中一种主要形式,在中国约有 100 万患者。约一半的肥厚型心肌病患者是家族性的,并由常染色体显性基因突变导致(这些基因编码心脏肌节成分)。其中,最常见的突变基因编码 β-肌球蛋白重链(β-myosin heavy chain)(35%家族性患者)、肌球蛋白结合蛋白 C(myosin-binding protein C)(20%患者)和肌钙蛋白 T(troponin T)(15%患者)(表 8-4)。

扩张型心肌病较为少见,表现为心室增大和心肌收缩受损,导致心脏跳动受损。扩张型心肌病患者中约 1/3 是家族性,大多数是常染色体显性突变,也有 X 连锁和线粒体基因突变。最常见的突变基因编码 titin(编码细胞骨架蛋白)。其他的突变基因编码其他细胞骨架蛋白,包括肌动蛋白、心肌肌钙蛋白 T、结蛋白和肌养蛋白聚糖-肌聚糖蛋白复合体(dystroglycan-sarcoglycan complex)的成分(表 8 - 4)。GWAS 研究提示 *BAG3* 和 *HSPB7* 基因位点与扩张型心肌病风险显著关联。

长 QT 间期综合征可以由多个基因突变导致(表 8 - 4),表现为患者心电图中特征性的 QT 间隔延长,提示心脏复极延迟。基因突变和药物(阻断钾离子通道)可以导致该疾病,使患者发展为心律不齐。常染色体显性罗马诺-沃德综合征(Romano-Ward syndrome)主要由编码钾离子通道蛋白的 LoF 基因突变(*KCNQ1*,*KCNH2*,*KCNE1*,*KCNE2* 或 *KCNJ2*)导致,也可以由钠离子或钙离子通道基因(*SCN5A* 和 *CACNA1C*)的 GoF 突变导致。*KCNQ1*、*KCNH2* 和 *SCN5A* 突变可以解释约 75% 的长 QT 间期综合征患者。常染色体隐性长 QT 间期综合征较为罕见,表现为更长的 QT 间隔,以及心脏猝死和感觉神经性耳聋的发生率更高。这些发现有助于对长 QT 间期综合征的临床精确诊断,并促进针对离子通道的药物开发。

(三) 脑卒中(stroke)

脑卒中是一种复杂疾病,死亡率和发病率高,表现为由于突然而持续的血液损失造成的脑损伤。主要分为缺血性脑卒中(80%～90%)或出血性脑卒中(约 20%)。脑卒中在美国是第四位致死因素,在中国是第一位致死因素。脑卒中聚集在家系中;如果父母患脑卒中,其孩子的患病风险增加 2～3 倍。提示遗传因素在脑卒中中起重要作用。少部分脑卒中也可以由单基因病引起,如镰状细胞病、MELAS(一种线粒体脑肌病)和伴皮质下梗死和白质脑病的常染色体显性遗传性脑动脉病(cerebral autosomal dominant arteriopathy with subcortical infarcts and leukoencephalopathy,CADASIL)(一种以脑卒中和痴呆反复发作为特征的疾病,由 *NOTCH3* 基因突变导致)。

血液凝块是导致脑卒中的常见原因,因此研究编码凝血因子的基因突变与脑卒中的易感性顺理成章。蛋白 S 和蛋白 C(凝血因子抑制剂)的遗传变异与脑卒中有关。此外,凝血因子 V 的一个变异(factor V Leiden 等位基因)增加了静脉血栓的风险(详见下一章节)。其他相关基因包括 *PHACTR1*(大血管疾病),*PITX2* 和 *ZFHX3*(心源性栓塞性卒中)。其他脑卒中风险因素包括高血压、肥胖、糖尿病、吸烟等。

人类绝大部分疾病是复杂疾病,给社会造成了巨大的经济负担。本节介绍了一些主要复杂疾病的遗传学研究进展,包括神经退行性疾病、精神疾病、糖尿病和心血管疾病。复杂疾病中家族性患者往往占一小部分(如 AD、PD 和 ALS/FTD 中占 3%～10%)。一定比例的家族性患者发病是由一些基因上的突变导致的(复杂疾病的罕见类型)。在大部分的散发性患者中,疾病的发生受到许多微效基因的作用,以及复杂的遗传与环境的相互作用(如糖尿病和心血管疾病等)的综合影响。罕见变异和常见变异均可以与复杂疾病的风险相关。理解复杂疾病的遗传学因素为疾病精确诊断、早期干预、精准治疗和药物开发提供了重要基础。此外,针对复杂疾病罕见类型的研究有助于理解复杂疾病的普遍性规律和机制。

第三节　基因与环境的交互作用

一、基因与环境的交互作用概述

（一）基因与环境交互作用如何影响复杂疾病的发生

1. 概念　绝大多数复杂疾病由遗传因素和环境因素的共同影响所导致。基因与环境的交互作用是指一个或多个基因及一个或多个环境因素的共同作用效果，通常这个效果不能被单个因素所解释。基因和环境的交互作用可以影响疾病性状的表现。在遗传易感人群中研究环境因素的影响，有助于加强理解环境因素与疾病的关系。利用易感性/保护性基因的信息来研究疾病相关的生物通路，以及与该生物通路相关的环境因素，有助于理解该疾病的分子机制。对于这些生物通路的理解，有助于理解哪些环境因素引起了疾病发生。此外，理解基因与环境相互作用可以指导疾病发生前的个体化预防（如预测疾病发生风险），以及疾病发生后的个体化精准治疗（如药物基因组学）。

2. 基因与环境相互作用的基本模型

（1）定性模型（qualitative model）：假设有两类基因型（例如某个基因变异的携带者与非携带者）和两种环境因素的情况（例如暴露与未暴露于该环境因素），那么遗传-环境的相互作用存在 4 种排列组合的可能，可以表述为图 8-7 所示。可以看到，在这一简单模型下，基因与环境相互作用的效果在疾病中的相对风险（relative risk）也不同。如果存在许多类别的环境因素暴露（3 个或 3 个以上），以及多种遗传因素类别（如等位基因的 3 种

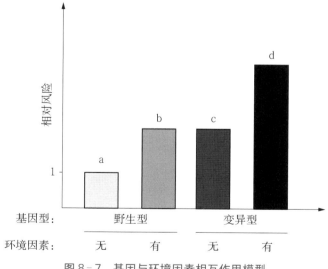

图 8-7　基因与环境因素相互作用模型

注：a：携带野生型位点且没有暴露在风险环境中的人具有最低的相对风险；b：携带野生型位点，但暴露在风险环境因素中的人具有中等大小的相对风险；c：携带一个风险基因变异的人具有中等大小的相对风险；d：携带易感基因变异位点并暴露在风险环境因素中的人具有最高的相对风险。

基因型)或不同遗传模式(隐性、显性),那么其组合和对相对风险的影响会更加多样和复杂。

(2)统计学模型(statistical model):如何评估基因与环境相互作用的统计学显著性。在最简单的二分法(环境因素暴露和基因型)的情况下,一种较常用的方法是检验与相互作用乘法模型的偏离。这包括测试基因与环境联合作用的相对风险在统计学上是否与所预期的单独环境因素或单独遗传因素的相对风险乘积有显著差异(图 8-7)。另一种常用的检测基因与环境相互作用的方法使用发生比例差异(rate difference)而不是相对风险,并测试基因与环境因素的共同效应与所预期的相互作用加法模型(比如,将图 8-7b 和 8-7c 中的发生率相加得到图 8-7d 的发生率,即单独因素的加和)的偏离。人们通常认为这种叠加效应模型评估相互作用对公共卫生的影响要更加合理。这两种模型为评估基因与环境相互作用的统计分析提供了多种比较的方法。

(3)生物学合理性:除了利用统计学的方法检测相互作用显著性,还需要在生物学角度理解候选基因与环境相互作用的合理性。在具有大量基因型和许多环境因素变量的数据集中筛选大量潜在的基因与环境相互作用,大大增加了在常规统计学意义上发现假阳性结果的机会。由于大多数研究的效力(power)不够强大,无法检测到适当效应大小的相互作用,因此需要用较小的 p 值来抵消此问题,进而导致鉴定到"显著性"的真阳性的相互作用的可能性非常低。一种比较有吸引力的方法是靶向那些在同一生物学途径中相互作用的基因产物和环境因素。此外,也可以将分析集中在那些可能改变基因功能的基因变异上。但是定义生物学合理性局限于之前的研究发现,可能会遗漏一些新的未知信息。

3. 基因与环境相互作用的案例　有一些基因与环境因素的相互作用在多个研究中被鉴定(表 8-9)。比如在 AD 患者中,APOE 的 ε4 等位基因型与认知功能下降有关。研究表明,在那些 ε4 等位基因型携带并伴随未治疗的高血压(高血压本身也是痴呆的风险因素)的人中(图 8-8 中 APOE4$^+$/HT$^+$组,TICS:telephone interview for cognitive status,是一种检测认知功能的测试方法),认知功能下降的程度更高。因此对于那些高血压患者,可以对其进行 APOE 基因型筛查,对于那些 ε4 基因型携带者更有必要进行降血压的治疗。

表 8-9　基因与环境因素相互作用的案例

基因	变异	环境因素	相互作用的影响	参考文献
皮肤色素合成引起白皙皮肤的相关基因(如 MC1R)	不同变异	阳光或紫外线 B	皮肤白皙的人暴露在更高阳光照射下具有更高的皮肤癌风险	PMID:15372380
CCR5	Δ-32 缺失	HIV	携带该缺失的人具有更低的 HIV 感染率和更慢的疾病进程	PMID:9252328
MTHDFR	Ala222Val 变异	叶酸摄入	在低叶酸摄入状态下,Ala222Val 纯合子具有结直肠癌和腺瘤的不同风险	PMID:10064332
NAT2	快速 vs 慢速乙酰化的 SNP	煮熟肉类的杂环胺	在快速乙酰化的状态下,红肉摄入与结直肠癌风险相关	PMID:9699660

续　表

基因	变异	环境因素	相互作用的影响	参考文献
F5	莱登(Leiden)血栓形成的变异	激素替代	在服用外源性类固醇激素的因子V莱登突变携带者中,静脉血栓栓塞风险增高	PMID：7500751
UGT1A6	缓慢代谢的 SNP	阿司匹林	在缓慢代谢类型的人中,预防性使用阿司匹林的益处增加	PMID：15770010
APOE	ε4 等位基因	胆固醇摄入	在 ε4 基因携带者中,响应饮食中胆固醇的变化,血清胆固醇水平过度变化	PMID：7616113
ADH1C	Δ-2 等位基因	酒精摄入	乙醇摄入和心肌梗死反向相关;在缓慢氧化的 Δ-2 等位基因携带者中风险更高	PMID：11207350
PPARG2	Pro12Ala	脂肪摄入	在 Pro12Ala 携带者中,饮食脂肪摄入和肥胖具有更强的相关性	PMID：14506127
HLA-DPB1	Glu69	职业性铍暴露	在暴露在铍环境的工人中,Glu69 等位基因携带者更有可能发展成慢性铍肺病	PMID：12516537
TPMT	Ala154Thr 和 Tyr240Cys	硫嘌呤药物	携带低活性 TPMT 等位基因的纯合子携带者中,硫嘌呤药物摄入更有可能产生严重的毒性	PMID：11259360
ADRB2	Arg16Gly	哮喘药物	Arg16Gly 纯合子携带者,对沙丁胺醇的呼吸道反应更大	PMID：10903223

注：ADH1C：乙醇脱氢酶 1C；ADRB2：β2 肾上腺素受体；CCR5：趋化因子(CC 基序)受体 5；APOE：载脂蛋白 E；F5：凝血因子V；HIV：人类免疫缺陷病毒；HLA-DPB1：II 类主要组织相容性复合体,II 级,DPβ-1；MC1R：促黑素受体 1；MTHFR：5,10-亚甲基四氢叶酸还原酶(NADPH)；NAT2：N-乙酰基转移酶 2；PPARG2：过氧化物酶体增殖物激活受体-γ；TPMT：硫嘌呤甲基转移酶；UGT1A6：UDP 葡糖醛酸基转移酶 1 家族多肽 A6。
修改自：HUNTER DJ. Gene-environment interactions in human diseases [J]. Nat Rev Genet，2005，6(4)：287-298.

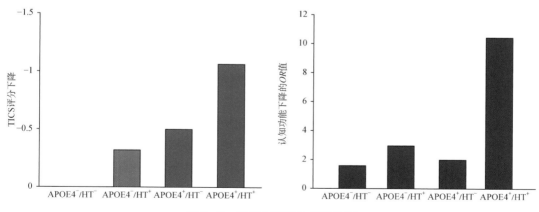

图 8-8　基因与环境的相互作用

注：左图代表不同组合时 TICS 评分下降的情况；右图代表不同组合时认知功能下降的 OR 值。
修改自：HUNTER DJ. Gene-environment interactions in human diseases [J]. Nat Rev Genet，2005，6(4)：287-298.

　　另一个例子是静脉血栓形成(venous thrombosis)中的基因-环境相互作用。在高血凝状态,静脉或动脉血栓形成不当,可导致危及生命的血栓形成并发症。遗传因素和环境因素都会影响高血凝状态。例如特发性脑静脉血栓形成(idiopathic cerebral vein thrombosis),该疾病是在脑静脉系统中形成血凝块,在没有去除感染或肿瘤的情况下引起脑静脉的闭塞。该疾病主要影响年轻人(影响<1/100 000 人口,具有高死亡率:5%~30%)。3 个因素导致凝血系统异常凝结并增加脑静脉血栓形成的风险:①凝血因子 V 的一个错义变异(factor V Leiden allele, FVL);②凝血因子凝血酶原基因的 3′UTR 中的变异;③口服避孕药的使用(环境因素)。

　　FVL 的 Arg506Gln 变异在白人中频率为 2.5%(在其他人群中更罕见)。该突变影响了用于降解凝血因子 V 的切割位点,从而使蛋白质更稳定并能够在更长的时间内发挥其促凝血作用。FVL 的杂合子携带者(约占白人的 5%)增加了 7 倍的脑静脉血栓形成风险,而纯合子携带者的风险增加了 80 倍。此外,凝血酶原的 g. 20210G>A 变异增加了凝血酶原的 mRNA 水平,导致该蛋白水平升高。该杂合子携带者可以增加 3~6 倍脑静脉血栓形成风险。口服避孕药(含合成雌激素)可能通过增加凝血因子的水平,增加了 14~20 倍的血栓形成风险。使用口服避孕药并且携带 FVL 的杂合子,只是增加少量的血栓形成风险;但是在凝血酶原基因杂合子携带者中,使用口服避孕药会使脑静脉血栓形成的相对风险增加 30~150 倍。这 3 个因素本身会增加发生异常高血凝状态的风险,同时具有 2 个或所有 3 个因素会进一步增加风险。因此,在将来可能需要针对特定的患者群体开展血栓形成性筛查。

(二) 双胞胎和寄养研究

　　1. 双胞胎研究区分基因与环境因素　鉴定遗传和环境因素的相互作用可以更好地理解疾病的病因,并帮助规划公共卫生策略。通过改变不良的生活方式(如避免吸烟),可以最有效地预防遗传力影响相对较小的疾病(如肺癌)。当一种疾病发生具有相对较强的遗传因素时,除了改变生活方式以外,还可以加强家族史的检查。

　　同卵和异卵双胞胎为区分环境和遗传因素对表型的影响提供了绝好的研究机会。同卵双胞胎是在胚胎发生早期由单个受精卵分裂成两个受精卵而产生的。同卵双胞胎开始时在每个位点具有相同的基因型,因此通常认为他们具有相同的基因序列。异卵双胞胎来自两个同时受精的受精卵。从基因上讲,异卵双胞胎与所有兄弟姐妹一样,在所有基因座上平均共享一半的等位基因。

　　双胞胎中疾病的一致率和不一致率,提示了遗传因素在疾病中的作用。复杂疾病中,同卵双胞胎的疾病一致率一般小于 100%,提示非遗传因素也起到了作用。这些非遗传因素包括环境因素影响(如病毒感染、饮食),以及其他因素影响(如体细胞突变、衰老),或双胞胎之间的表观遗传变化。

　　同卵双胞胎和同性别异卵双胞胎拥有一样的子宫内环境,并通常由同一父母在家庭中共同抚养。因此,比较同卵双胞胎和同性别异卵双胞胎之间疾病的一致率,反映的是经历相同的产前和产后环境后的疾病发生情况。同卵双胞胎比异卵双胞胎有更大的疾病一致率提示了遗传因素对于疾病的作用。

2. 寄养研究　在少数情况下,双胞胎有时在出生时会分开并被安置在不同的家庭中寄养,这提供了在不同环境中抚养双胞胎的观察机会。寄养研究提供了另外一种研究遗传因素对多因素疾病作用的方法。寄养研究主要集中于精神疾病、药物滥用和饮食失调,这些疾病往往受到家庭内部环境因素的强烈影响。例如,在肥胖研究中,在同一个家庭抚养的同卵和异卵双胞胎与寄养的双胞胎中测量的体重指数(BMI)比较,尽管同卵或异卵双胞胎的平均 BMI 相似,无论是一起抚养还是分开寄养,同卵双胞胎之间 BMI 的成对相关性(pairwise correlation)要比异卵双胞胎高得多。同卵与异卵双胞胎之间的相关性差异与一起抚养/分开寄养没有关系,提示了遗传因素对体重有非常重要的影响,因此对肥胖及其并发症的风险也有很大影响。

3. 双胞胎研究的局限性　双胞胎研究往往被认为是一种"天然实验",用来鉴定遗传和环境因素的相对影响。但也需要意识到该研究的一些局限性:①我们往往假设同卵和异卵双胞胎的环境因素是一样的,事实上同卵双胞胎可能比异卵双胞胎具有更加类似的环境(人们对待同卵双胞胎更加一致;而他们也往往倾向寻找类似的环境)。更相似的环境因素使得同卵双胞胎具有更高的表型一致率,从而夸大了遗传因素的影响。②受精卵发生分裂后,同卵双胞胎胚胎细胞的有丝分裂期间可能会发生体细胞突变。因此,同卵双胞胎可能并不是遗传上的"完全相同",尤其是如果其中一对双胞胎在发育早期发生体细胞突变,该突变可能存在于多个组织和器官中,影响表型和疾病发生。③DNA 甲基化修饰可以影响特定基因转录,DNA 甲基化谱在同卵双胞胎中随着年龄的增长而变得越来越不同(衰老的影响);当双胞胎的生活方式明显不同时(如抽烟与否),这种差异更加明显。

二、基因与环境的交互作用的研究方法

(一)遗传流行病学与候选基因研究

疾病风险因素的流行病学研究依赖于人群研究来测量疾病患病率或发病率,并鉴定在患有或未患有疾病的个体中是否存在某些风险因素(如遗传、环境)。遗传流行病学(genetic epidemiology)关注遗传因素和环境因素如何相互作用以增加或降低疾病易感性。遗传流行病学研究通常利用 3 种不同的设计:病例-对照研究(case-control),横断面研究(cross-sectional)和队列(cohort)研究。在病例-对照研究中,选择患病和不患病的个体,鉴定并比较两组中个体的基因型和环境因素暴露情况。在横断面研究中,在人群中随机选择一些样本,把他们分成患病和无病两组,鉴定和比较两组中个体的基因型和环境因素暴露情况。在队列研究中,选择一个人群样本,并观察一段时间以判明其中个体是否发病;鉴定并比较他们的基因型和环境因素暴露情况;选择队列可以随机进行,也可以选择性地挑选某些携带特定基因型或暴露在某一环境因素中的个体。

传统研究基因与环境交互作用的方法是研究候选基因(单个基因)与某一个环境因素的效应。遗传流行病学中主要是基于家系的研究方法,此外也可开展独立个体的关联分析。

1. 基于家系/双胞胎的基因与环境交互作用研究　通过比较同卵双胞胎和异卵双胞胎之间的疾病一致率,可用来分析遗传-环境相互作用。分析多代谱系可能会对某个

突变随时间变化的外显率提供初步评估,提示生活方式和环境的变化对基因外显率的影响。例如,在一项针对 333 名携带 *BRCA1* 突变(导致早发性乳腺癌)的北美妇女(主要来自高风险的乳腺癌和卵巢癌家庭)的研究中,发现疾病外显率在最近的出生队列中增加了,提示环境/生活方式因素的影响。这种方法的局限性在于:只适用于对外显率相对较高的基因突变进行评估。将环境数据整合到谱系或其他基于家庭的设计中(例如,使用同胞对或患者-父母设计的研究),可以直接估计特定的基因与环境相互作用。

2. 基于独立个体的关联分析 许多标准的检验单独的遗传或环境因素效应的关联分析方法也可以用来分析基因-环境交互作用,比如回顾性病例-对照研究、前瞻性队列研究等。在回顾性病例-对照研究中,在确诊病例后可以获取环境和生活方式因素的数据,以及用于 DNA 和生物标志物研究的临床样本。在前瞻性队列研究中,环境和生活方式数据是在研究开始时(基线)获得的。DNA 和生物标志物样品在理想情况下也可以从基线获得,或者在没有大量样本的前瞻性队列研究中,也可以在诊断后从存活的队列成员中获得 DNA 样本。此外,当基因型与环境因素在目标人群中互不相关时,也可开展无对照的病患组研究(case-only),即只在患者中鉴定基因和环境的相互作用。在无对照病患组研究中,选择的病例应尽量能够代表整个人群的情况,以保证研究结果的真实性和可推广性。

值得注意的是,研究基因与环境相互作用中的最大局限性来自样本量。为了有足够的效力检测到与中等的基因型相对风险(1.5~2)的相互作用,需要至少几千例病例和对照样本。这在许多遗传流行病学研究中是难以达到的。

(二)基因组水平相互作用研究

全基因组尺度相互作用研究可以检测环境因素与许多独立的 SNP 之间的相互作用。典型的方法包括两个步骤,首先通过基因水平或生物通路水平的分析来筛选基因组,然后利用候选 SNP 来分析基因-环境的相互作用。基因组水平相互作用研究目前集中在精神疾病(如抑郁症)。此外,多基因风险分数(polygenic risk score,PRS)也可以用来估计个体的遗传风险,并检测 PRS 与环境变量的相互作用。PRS 可以仅局限在那些基因组水平显著的基因变异上。由于复杂疾病是多因素疾病,全基因组相互研究中针对每个 SNP 的分析常常会导致没有足够的样本量来检测出这些 SNP 微小的效应。PRS 提供了另外一种途径来有效分析多基因效果与环境因素的相互作用。虽然全基因组相互作用研究方法克服了先前对候选基因研究的一些缺陷,但小样本量和有限的环境因素检测方法导致目前很少有可重复的全基因组水平的重要的相互作用研究结果。

三、基因与环境交互作用的重要应用

理解基因与环境相互作用对于指导个体化治疗和疾病预防预测具有重要意义。这里我们关注 2 种环境因素:药物和病毒。对于这 2 类环境因素与基因的相互作用的认识,在医学研究和临床诊疗中有诸多应用。

(一)药物基因组学

每个个体对药物的反应是不同的。药物基因组学(pharmacogenomics)是指研究个体所携带的基因变异对药物代谢、药物效果和药物毒性的影响。在中国，每年有 250 万人因错误用药而损害健康，其中 20 万人因为药物问题而死亡。药物基因组学的研究成果可以直接指导临床医生针对个体患者的相关基因情况来给予合适的药物，进行有效而安全的药物治疗，并避免严重的药物不良反应。

人体对药物的反应包括对药物的吸收、转运、代谢和排出，对这些过程的研究称为药代动力学（pharmacokinetics）。此外，药效学（pharmacodynamics）是研究药物对机体的作用和相关规律的学科。基因变异可以从药代动力学和药效学两个角度影响药物反应。表 8 - 10 列出了一些典型的药物与基因的相互作用。

表 8 - 10　药物与基因相互作用的案例

基因	酶/靶点	药物	临床反应
CYP2D6	cytochrome P4502D6	Codeine	失活突变的纯合子不能把 Codeine 代谢成吗啡，没有麻醉效果
CYP2C9	cytochrome P4502C9	Warfarin	携带一个变异的杂合子需要更低剂量的 warfarin 来维持抗凝作用
VKORC1	vitamin K epoxide reductase	Warfarin	携带一个变异的杂合子需要更低剂量的 warfarin 来维持抗凝作用
NAT2	N-acetyltransacetylase 2	Isoniazid	慢速乙酰化多态性的纯合子对异烟肼毒性易感
TPMT	thiopurine-S-methyltransferase	Azathioprine	失活突变的纯合子如果使用标准剂量的 azathioprine 会发展成严重的毒性
ADRB2	β-adrenergic receptor	Albuterol	携带一个变异的纯合子如果使用 aluterol 后情况变差
KCNE2	potassium channel，voltage-gated	Clarihromycin	携带一个变异的杂合子对于心律失常更易感
SUR1	sulfonylurea receptor 1	Sulfonylureas	携带一个变异的杂合子对于磺酰脲类药物刺激的胰岛素分泌更加不敏感
F5	coagulation facotor Ⅴ（Leiden）	Oral contraceptives	携带一个变异的杂合子增加了静脉血栓的风险

修改自：JORDE LB，CAREY JC，BAMSHAD MJ. Medical Genetics [M]. 6th ed. Philadelphia：Elsevier，2020.

细胞色素 P450 是一种重要的药物代谢蛋白。6 个细胞色素 P450 基因（CYP1A1、CYP1A2、CYP2C9、CYP2C19、CYP2D6 和 CYP3A4）编码的蛋白质与约 90% 的常见药物代谢有关。这些基因的变异可以影响药物代谢的活性。比如，CYP2D6 是一种主要的细胞色素，可以代谢 70 多种药物。CYP2D6 的错义突变可以降低细胞色素药物代谢酶活性，而剪切或移码突变可以导致酶的失活。另外，发生在该基因上的拷贝数变异（比如 CYP2D6 * 1XN）可以增加酶的蛋白水平。不同的基因变异或它们的组合使得该药物代谢酶可以分为 3 种类型：正常代谢、慢速代谢和快速代谢。过慢或者过快的代谢类型都可能产生一些不良的效果。比如,CYP2D6可以把可待因(一种弱麻醉药)转化为吗啡(强镇痛作用),对于慢速代谢者(比如携带了LoF突变)疗效比较弱,而对于快速代谢者,可以因为低剂量的可待因而中毒。细胞色素P450基因的变异频率在不同人群中可能是不同的,比如一种CYP2D6的慢速代谢类型在白人中比较常见,但在亚洲人群中十分罕见。因此,针对不同种群的患者需要考虑他们药物代谢酶的遗传异质性,并指导个体化用药。

药物基因组学可以根据个人携带风险基因变异位点的情况来预测个体对药物的反应,或者是否可能产生严重的药物不良反应(adverse drug reaction,ADR)。许多药物会产生严重的不良反应(约15%的药物),因此利用药物基因组学来预测个人对药物的反应可以提高药物使用的安全性和有效性。目前,针对几百个基因变异位点有许多临床检测方法,可以帮助预测ADR。例如,硫嘌呤药物(如6-巯基嘌呤、硫唑嘌呤)可以抑制机体的免疫系统,通常用于治疗急性淋巴细胞白血病和预防器官移植排斥反应,硫嘌呤甲基转移酶(TPMT)是一种失活硫嘌呤药物的酶。TPMT上超过40种基因变异(最常见的是TPMT * 3A和TPMT * 3C等位基因型)可以降低酶活性,使其不能有效失活硫嘌呤药物。携带这些变异的患者在使用硫嘌呤药物时,药物会在体内滞留更长的时间,并损伤骨髓(造血毒性,hematopoietic toxicity),造成不正常出血,并增加感染风险。因此需要在使用硫嘌呤药物前检测这些基因变异位点。

药物基因组学还可以指导个体化药物治疗。比如,依伐卡托可以选择性地改善囊性纤维化跨膜受体(CFTR)通道活性,因此该药物适合在一部分携带具有降低CFTR活性的基因突变的患者中使用并改善肺功能。此外,ACE基因含有一个190 bp的插入缺失变异;那些携带纯合子插入变异的患者对ACE抑制剂反应更好(治疗高血压)。

(二)传染性疾病

在传染性疾病中(如病毒感染),我们经常会看到群体之间或个体之间感染率的差异,有些差异有时是遗传因素的差异导致的。一个典型的例子是HIV感染中,CCR5(编码一个HIV受体蛋白的基因)上的一个32 bp的缺失,可以阻断(纯合子中)或者减缓(杂合子中)HIV病毒的感染。这一发现提示了病毒(环境因素)与遗传因素之间的相互作用,并鉴定了CCR5受体在人类感染HIV过程中的重要作用。基于这些发现,一些趋化因子受体拮抗剂药物正在被开发用来治疗AIDS(见前文:保护性变异)。

此外,遗传因素与新冠病毒(SARS-CoV-2)感染和患者疾病严重程度也有密切关系。一项最近的研究(包括1 610名患者和2 205名正常人)确定了两个基因组区域与严重的COVID-19表型(呼吸衰竭)相关:3号染色体上的一个区域(3p21.31基因簇,包含6个基因),以及9号染色体上的一个区域(决定了ABO血型)。另一项研究(COVID-19 host genetics initiative)在3 199名COVID-19患者中揭示了一个主要遗传风险因素与严重的病毒感染和住院显著关联。该序列是一个遗传自数万年前的尼安德特人的基因组区域(大小约50 kb,约50%南亚人群和约16%的欧洲人群携带了该序列)。

基因与环境相互作用是导致复杂疾病发生和表型差异的重要因素之一。本节介绍了基因与环境交互作用的简单模型(定量模型和统计学模型);双胞胎和寄养研究可帮助鉴定区分基因与环境因素;基因与环境的交互作用的研究方法,包括候选基因方法和基因组水平的研究。基因与环境交互作用在药物基因组学和传染病学等领域有诸多重要应用。深入理解基因与环境交互作用的机制,为理解疾病和表型多样性提供了基础,并促进开展个体化疾病预防和精准治疗。

（张　　明）

参考文献

[1] 陈竺. 医学遗传学[M]. 3 版. 北京:人民卫生出版社,2015.

[2] 邬玲仟,张学. 医学遗传学[M]. 北京:人民卫生出版社,2016.

[3] HARPER AR，NAYEE S，TOPOL EJ. Protective alleles and modifier variants in human health and disease [J]. Nat Rev Genet，2015,16(12):689 – 701.

[4] HUNTER DJ. Gene-environment interactions in human diseases [J]. Nat Rev Genet，2005,6(4):287 – 298.

[5] JORDE LB，CAREY JC，BAMSHAD MJ. Medical Genetics [M]. 6th ed. Philadelphia：Elsevier，2020.

[6] LUO LQ. Principles of neurobiology [M]. 2nd ed. New York：Garland Science，2020.

[7] NUSSBAUM RL，MCINNES RR，WILLARD HF. Thompson & Thompson：Genetics in medicine [M]. 8th ed. Philadelphia：Elsevier，2016.

[8] THOMAS D. Gene-environment-wide association studies：emerging approaches [J]. Nat Rev Genet，2010,11(4):259 – 272.

第九章　肿瘤遗传学

肿瘤是一类严重影响人类健康的复杂恶性疾病,其发病根源在于细胞中控制增殖、凋亡、分化的一些关键基因的变异。依据其在癌症发生、发展中的作用,这些关键基因可被划分为致癌基因和抑癌基因,其变异可由内源性和外源性因素引起。内源性因素包括碱基自发脱氨、活性氧等,外源性因素包括各种致癌化合物、致癌病毒、电离辐射等。此外,约 10% 的肿瘤是由患者继承了一些癌基因(oncogene)、抑癌基因的遗传突变引起的。

在细胞生物学层面上,癌基因、抑癌基因参与一些重要的生物学过程,包括各种信号通路、细胞周期调控、DNA 损伤修复、表观遗传调控等。这些过程的失控造成细胞数目的异常增加,导致肿瘤的发生。

针对肿瘤的细胞生物学特征及其基因突变,目前已发展了多种治疗方法,包括放疗、化疗、靶向治疗、免疫治疗等。蛋白靶向降解技术、双特异性抗体、溶瘤病毒疗法等新技术也在进一步拓展肿瘤精准治疗的范围。

▍第一节　癌基因和抑癌基因

一、肿瘤的概念

肿瘤或癌症是一类细胞过度增多引起的复杂疾病。在日常语境中,"肿瘤"与"癌症"这两个术语通常不做严格区分,一般用于泛指各种实体肿瘤和白血病等血液系统恶性疾病。

从严格的医学定义上讲,"肿瘤"与"癌症"存在较大不同。"肿瘤"指的是形成实体肿块的疾病类型,包括各种良性和恶性肿瘤。这一概念下所涵盖的"良性肿瘤"既包括可在后期发展为恶性肿瘤的早期肿瘤,也包括子宫肌瘤等不会发展为恶性肿瘤的疾病。"癌症"从属于恶性肿瘤中的一部分,仅指上皮细胞来源的恶性肿瘤。

在科学写作和日常使用中,癌症(cancer)和肿瘤(tumor)有时有不可避免的宽泛使用。例如,白血病既不是肿瘤也不是癌症,但是抑制白血病的基因在学术论文中仍被统称为"tumor suppressor(抑癌基因)"。与此相类,为叙述方便起见,本章中也使用"肿瘤"的宽泛概念,指代实体瘤和血液系统恶性疾病。

二、肿瘤的基本细胞学原理

在生物学水平的层面,肿瘤从本质上说是源自人体内某些细胞的数目不受控制的恶性增加。从机制上讲,这种不受控的细胞数目增加的来源主要包括 3 种:细胞增殖失控、细胞分化失常和细胞凋亡受阻,其中,细胞增殖失控是绝大多数肿瘤的诱因。

首先,在正常情况下,机体内的细胞增殖过程受到各种信号通路和生物学过程的严格调控。正常细胞的增殖是在细胞内外信号的共同作用下有序发生的。然而,由于一些关键基因的突变,原本应当处于静息状态的细胞开始不受控制地不断增殖,导致肿瘤。

其次,细胞分化是指由具有长期分裂能力的干细胞和祖细胞,在多次分裂过程中,逐渐失去分裂潜能,并一步步特化成下游的各种功能型细胞的过程。它是人类机体维持正常功能的重要机制。例如,血液系统的干细胞和祖细胞通过复杂的分化过程,形成淋巴细胞、血小板、红细胞、单核细胞等具有不同功能的下游细胞。这些分化过程受到各种信号通路、激酶活性、转录因子和表观遗传机制的精确调控。当某些重要基因发生突变时,这样的"分化树"有可能阻滞于其中某一步,或被改变分化走向,阻滞于另一种类型的细胞。这一方面造成下游重要功能性细胞的缺失,另一方面使得"分化树"中的某类细胞异常增多,它们会与正常的造血细胞竞争生存空间和细胞因子,抑制正常的造血机能,最终导致患者发生严重的血液系统失衡,危及生命。

最后,细胞凋亡的异常也会导致一些特殊类型的肿瘤的发生。这类肿瘤较为典型的例证是滤泡型淋巴瘤。正常情况下,淋巴细胞的存活期较短,在其生命周期的末端发生凋亡。然而,一些淋巴细胞中由于参与细胞凋亡的基因发生异变,导致其不再凋亡。这些淋巴细胞渐渐积累,形成缓慢发展的滤泡型淋巴瘤。在疾病进程的末期,这些不死的淋巴细胞还可能获得其余关键突变,促使细胞迅速增殖,转化为急性淋巴瘤,导致患者死亡。

由此可见,肿瘤在细胞水平上体现为细胞数目不受控地恶性增加。在基因水平上,这种增加是由于控制细胞增殖、分化、凋亡的重要基因异变。这些与肿瘤相关的重要基因通常分为两类:促进肿瘤的被称为癌基因,它们在肿瘤中高度激活;抑制肿瘤的则被称为抑癌基因,它们在肿瘤中失去活性。

三、癌基因

原癌基因(细胞癌基因)是指存在于生物正常细胞基因组中的癌基因。正常情况下,存在于基因组中的原癌基因所表达的蛋白受到细胞内外因素的精确调控,并发挥重要的生理功能。但在某些条件下,如病毒感染、化学致癌物或辐射作用等,原癌基因可被异常激活,转变为癌基因,诱导细胞发生癌变。癌基因大致包括以下几个类别。

(一)促进细胞增殖的癌基因

细胞增殖是由一系列细胞周期控制因子驱动的过程。因此,这些细胞周期因子本身的异常激活就可以促进肿瘤的形成。这一范畴中较为主要的癌基因包括细胞周期激酶 CDK4/6,以及激活它们的配体蛋白 Cyclin D1。这些基因在肿瘤中经常发生拷贝数扩增,从而使肿瘤细胞处于高度增殖状态。此外,人体内存在许多信号通路,它们被激活后,可以调控 Cyclin D1 等细胞周期因子的表达,最终启动细胞增殖。这些信号通路中也存在一些重要的癌基因,它们的异常激活是癌症发生的重要原因(图 9 - 1)。例如,Wnt 通路的 β - catenin 是肝癌的最主要癌基因之一。

(二)阻碍细胞分化的癌基因

对于血液等一些具有复杂分化过程的系统,细胞分化过程中的异常也是肿瘤发生的重要原因。一些癌基因可以通过扰乱细胞分化导致肿瘤的发生。需要指出的是,细胞分化的过程同时也是细胞逐渐丧失增殖能力的过程,因此,许多扰乱细胞分化的癌基因也会在一定程度上同时促进细胞的增殖。从属于这一范畴的癌基因包括导致慢性粒细胞白血病的 $BCR - ABL$,以及导致急性早幼粒细胞白血病的 $APL - RARa$ 等。

(三)阻止细胞凋亡的癌基因

如前所述,滤泡型淋巴瘤的成因是细胞凋亡受阻。细胞凋亡是一个多基因参与的过程,其中与肿瘤关系较为密切的癌基因包括 $Bcl - 2$ 和 $Mcl - 1$。前者是滤泡型淋巴瘤的癌基因,后者则促进肺癌等多种实体肿瘤的发生。

(四)其他类型有助于维持癌细胞活力的癌基因

在很多方面,肿瘤细胞的状态与正常细胞存在显著不同。它们往往需要更多的脂类、核苷酸等的合成以保证细胞的迅速增殖;癌细胞中一般也会产生更多的氧自由基。为了适应这些需求,有些类型的肿瘤中还会发生基因突变,激活相应的功能基因,保证癌细胞的存活。例如,一部分肺癌中发生癌基因 $NRF2$ 的突变,后者可以通过上调过氧化物歧化酶的一系列基因,缓解氧自由基对于肿瘤细胞的压力,从而促进肿瘤的发生。

在细胞增殖过程中,为了保证染色体末端的稳定性,端粒酶的活性也是至关重要的。近期的研究发现,许多肝癌样本中,端粒酶 $TERT$ 基因的启动子序列发生突变,使得它们的表达水平异常升高,从而保证肝癌细胞高速增殖的需要。

四、抑癌基因

生物体内的细胞数目受到严格调控。因此,不仅存在促进细胞增多的基因,也存在阻碍细胞无序增多的基因;后者有可能在肿瘤中失去功能,从而允许细胞数目增多,导致肿瘤。这一类基因被称作抑癌基因(tumor suppressor)。它们主要包括以下几类。

(一)抑制细胞增殖的抑癌基因

如前所述,细胞增殖一方面有 CDK 等细胞分裂的执行基因参与,另一方面也决定于 Wnt 等各种信号通路是否通知细胞开始增殖。这两个过程中都有重要的抑癌基因。例如,$INK4A$ 是一个拮抗 CDK 功能的抑癌基因,而 APC 则是降低 Wnt 通路活性的一个抑癌基因(图 9 - 1)。

(二)参与细胞分化的抑癌基因

转录因子和表观遗传调控对于细胞分化至关重要,它们决定了细胞从分化树上的一个状态到另一个状态的过渡。在血液系统恶性疾病中,许多参与表观遗传调控的抑癌基因(如 $CREBBP$、$KMT2D$ 等)发生失活突变,促进了白血病和淋巴瘤的发生。

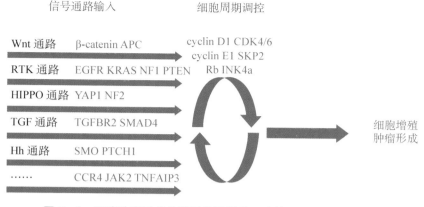

图 9-1　影响肿瘤形成的重要信号通路及癌基因和抑癌基因效应

注:红色:癌基因效应;绿色:抑癌基因效应。

(三) 参与细胞凋亡的抑癌基因

在细胞凋亡过程中,*BIM* 是一个重要的促凋亡基因。在肿瘤细胞中,一些癌基因的激活会引发巨大的凋亡压力,而 BIM 的失活可以维持这些肿瘤细胞的存活,从而允许肿瘤的发生。

(四) 参与 DNA 修复的抑癌基因

肿瘤是由基因变异引起的,而基因变异源自 DNA 修复过程中的错误。生物体内有多种 DNA 修复的途径,它们各自有多个基因参与。这些基因失活后,细胞无法有效修复 DNA 损伤,从而允许基因突变逐渐积累,直至获得引发肿瘤发生的重要基因突变。例如,参与碱基错配修复的基因 *MSH2*、*MSH6*、*MLH1* 等抑癌基因的失活会导致多发性结直肠癌,而参与同源重组修复的基因 *BRCA1*、*BRCA2* 等失活后会大幅增加乳腺癌和卵巢癌的发病率。

(五) 参与其他细胞活动的抑癌基因

如前所述,癌基因 *NRF2* 的激活可以帮助细胞应对氧自由基,促进肿瘤发生;与此相应,负责 NRF2 降解的 *KEAP1* 是一个抑癌基因。在一些细胞中,*KEAP1* 的失活使得 NRF2 活性异常增高,从而引发肺癌等肿瘤。

五、癌基因和抑癌基因的变异在肿瘤发生过程中的协同作用

通常认为,由于制衡机制的存在,细胞中仅仅发生一个关键癌基因或抑癌基因的突变是不足以引发肿瘤的。在实验模型中,单个癌基因的激活往往导致细胞凋亡或细胞衰老,所以需要更多的关键基因异变才能发生肿瘤。因此,绝大多数肿瘤样本中存在两个或以上的影响癌基因或抑癌基因的关键突变。

最常见的情况是,一个肿瘤中同时观察到癌基因的激活与抑癌基因的失活。例如,癌基因 *C-MYC* 的激活会引发巨大的细胞凋亡压力,细胞中如果同时发生抑癌基因 *p53* 的失活,则细胞凋亡不再发生,有利于肿瘤的形成。

如前所述,在分子机制上,许多抑癌基因和癌基因相互制衡。例如,抑癌基因 INK4A 所编码的蛋白能够拮抗细胞分裂过程中 CDK 功能,而抑癌基因 *APC* 和 *KEAP1* 所编码的蛋白则分别负责 β-catenin 和 NRF2 蛋白的降解。因此,一个细胞如果抑癌基因 *KEAP1* 失活,间接地造成癌基因 NRF2 的激活,如果进一步再发生抑癌基因 *p53* 的突变,则可以促进肿瘤的发生。因此,两种抑癌基因的突变组合也可以引发肿瘤。与此类似,一些肿瘤中可能出现两种癌基因突变(如 *MYC*+*Bcl2*),而不存在抑癌基因的突变。

六、影响癌基因、抑癌基因变异的促瘤概率的各种修饰因素

癌基因和抑癌基因的突变在可能在各种细胞中随机发生,发生突变的细胞的原始状态会显著影响这些突变的促瘤概率。如果这些突变发生在具有高度增殖趋势的干细胞、祖细胞等类型的细胞中,那么它们将促进细胞进一步无序增殖,产生肿瘤的概率显著增加。如果这些突变发生在分化终末期的各种功能性细胞中,由于这些细胞本身基本不具有分裂倾向,产生肿瘤的概率会明显降低。

在婴幼儿和少年时期,人体内一些组织器官中的细胞的分裂能力极强,当发生促进肿瘤的关键基因突变时,细胞癌变的可能性会显著增加。因此,一些类型的肿瘤,如白血病、脑胶质瘤等在婴幼儿和青少年时期容易发生。在成年阶段,人体内的细胞分裂处于低水平的维持状态,肿瘤发生率相对较低。随着年龄的增长,各种因素诱发的基因突变在细胞中逐渐积累。老年人体内细胞中的突变数目更多,更有可能发生肿瘤。统计表明,60 岁以上是肿瘤的高发期,应当有规划地进行各种检测,这有助于肿瘤的早发现、早治疗。

不健康的生活和饮食习惯,如吸烟和亚硝酸盐的摄入等,使得致癌化合物的摄入增加,这会显著加速体内基因突变的积累,造成肿瘤发病年轻化。因此,自我防护对于预防肿瘤具有非常重要的意义。

肿瘤的发生还受到性别因素的影响。统计显示,男性肿瘤发病率比女性约高 50%。一方面,男性与女性之间在激素类型、烟酒习惯等方面的不同影响了肿瘤类型和发生概率。另外,近期研究显示,男女之间的遗传差异也影响肿瘤发生率。例如,一些抑癌基因(如 *UTX* 等)存在于 X 染色体上,通常情况下,女性的两条 X 染色体中有一条染色体失活。但是,X 染色体上的一些区段上的基因,包括 UTX 等会逃脱 X 染色体的失活机制。这就意味着,女性的两条 X 染色体上的一些抑癌基因都能够表达并发挥功能。而男性只有一条 X 染色体,那么位于 X 染色体上的抑癌基因只有一个拷贝能够发挥抑癌功能。这一现象被称为"逃脱 X 染色体失活的抑癌基因",它导致男性比女性在一定程度上具有更高的癌症易感性。

七、癌基因和抑癌基因的常见变异类型

在肿瘤中,癌基因的活性增高,而抑癌基因的活性降低,这些变化可以通过影响基因的 DNA 本身或影响基因表达水平而实现。

在 DNA 层面上,基因的点突变(point mutation)、扩增或缺失、染色体重排会影响基因序列本身,而 DNA 的甲基化状态会影响一些基因的表达。

（一）点突变

点突变是指基因序列上一个或几个碱基的序列或数量发生改变,主要包括以下几种类型。首先,一些基因的编码区在突变后会提前生成 TGA 等终止密码子,称为"无义突变"。其次,一些基因的编码区会缺失或插入一定数量的碱基,当这些碱基的数量不是 3 的整数倍时,会造成阅读框架的改变,称为"移码突变"。这些改变后的阅读框架通常会在几十个碱基后出现位置提前的终止密码子。上述的"无义突变"和"移码突变"发生后,所生成的 RNA 上由于带有位置提前的终止密码子(premature stop codon),在大多数情况下会被细胞中的 RNA 质量监控机制识别并降解。这会导致发生了上述两种类型突变的基因不能合成蛋白,造成基因失活。抑癌基因的点突变主要通过上述的"无义"和"移码"两种方式造成抑癌基因失活。

点突变的另一种常见结果是,基因仍能完整表达,但是所生成的蛋白的突变位点的氨基酸发生了改变,成为"错义突变"。这些"错义突变"有可能造成原癌基因的异常激活,或抑癌基因的失活。在肿瘤中,比较重要的点突变的例子包括原癌基因 *KRAS* 上的 G12C、G12D,*BRAF* 上的 V600E,抑癌基因 *p53* 上的 R249S 等。一些点突变还可以通过干扰 mRNA 剪切来导致 *APC* 等抑癌基因的失活。

此外,如果一个基因上减少或增加了 3 的整倍数的碱基,所生成的新的蛋白也有可能具有显著不同的活性。这也是癌基因 β-catenin、EGFR 激活的重要途径之一。

值得指出的是,在肿瘤中,点突变除了影响基因的编码区段,还可以通过基因启动子的高频突变,引起癌基因的异常表达。例如,在相当比例的脑胶质瘤、膀胱癌和肝癌中,端粒酶 *TERT* 的启动子发生突变,导致 *TERT* 的异常表达,促进肿瘤发生。

（二）基因扩增或缺失

在肿瘤细胞的基因组中通常可以观察到一些特定染色体区段的扩增或缺失,造成相应的基因在肿瘤细胞中拷贝数显著增多,或拷贝数降低。癌基因可以通过这种染色体区段扩增的方式在肿瘤中被激活,而抑癌基因可以通过染色体区段缺失的方式在肿瘤中失去活性。

在人类肿瘤中,扩增最为频繁的癌基因是 *C-MYC*,缺失最为频繁的抑癌基因包括 *CDKN2A*、*Rb* 和 *PTEN*。

需要指出的是,在肿瘤形成的过程中,细胞中染色体区段的扩增或缺失并不是一个精准发生的事件。因此,在同一段染色体上,位于癌基因附近的一些基因可能被附带扩增。相应的,一些重要抑癌基因附近的基因会在许多肿瘤中被附带删除。因此,不能因为某个基因在许多肿瘤样本中扩增或缺失,就认为该基因是癌基因或抑癌基因。

（三）染色体重排

除了点突变和基因扩增,一些癌基因还可以通过染色体重排的方式被激活。其中的分子机制主要包括：①染色体重排后,癌基因被转移到一个转录活性很高的区域,造成癌基因的过量表达。这是染色体重排导致肿瘤的最主要原因。这些转录活性较高的区域既可能是在多种细胞中都持续表达的管家基因,如参与膜泡运输的网格蛋白 clathrin 等;也可能是在特定类型的细胞中高度转录的区域,例如,B 细胞中与抗体表达相关的一些染色体区段的转录活性非常高,当癌基因 $C-MYC$、$Bcl-2$、$CyclinD1$ 通过染色体重排位于这些染色体区段后,就会引发各种类型的 B 细胞淋巴瘤。②染色体重排后,癌基因和另一个基因融合形成新的活性增强的特殊蛋白。例如,如果癌基因所编码的蛋白需要形成二聚体才能被激活,而与它融合的蛋白本身具有二聚体倾向,那么这两个基因重排后所形成的融合蛋白就有可能激活癌基因的活性。又如,如果一个癌基因所编码的蛋白必须定位于细胞中的特定区域,如定位于 DNA 附近才能发挥功能,而与其融合的蛋白如果能够提供这种定位时,癌基因也可以被激活。

(四) 癌基因和抑癌基因的异常表达

基因表达受到 DNA 甲基化水平、组蛋白修饰等表观遗传因素的影响。在一些肿瘤中,重要的抑癌基因、癌基因的 DNA 或组蛋白的甲基化水平发生变化,导致相应基因的异常表达,从而促进肿瘤的发生。

需要指出的是,肿瘤中基因的表达量在很大程度上受该基因拷贝数的影响。如前所述,一些基因会伴随着癌基因或抑癌基因,在许多肿瘤样本中被附带扩增或删除,导致这些基因表达水平异常升高或降低。因此,不能因为某个基因在许多肿瘤样本中过表达或低表达,就认定这个基因对肿瘤的发生发展起重要作用。

(五) 某些病毒基因能促进肿瘤

病毒感染与一些类型的肿瘤高度相关。如 EB 病毒(epstein-barr virus,EBV)、人乳头瘤病毒(human papilloma virus,HPV)等能够表达促进肿瘤的蛋白,可能通过模拟细胞中的一些信号转导蛋白来诱使细胞增殖,或通过拮抗细胞内的 Rb 和 $p53$ 等抑癌基因,间接导致细胞增殖。例如,一些亚型的 HPV 病毒基因编码的 E6 蛋白能够降解细胞中的 p53 蛋白,引起宫颈癌等肿瘤。一些病毒如 HBV 等可能通过插入到基因组中的特定位置,引起癌基因的高表达,或通过长期炎症增加癌症发生的概率。接种相应的病毒疫苗可以大幅减少此类肿瘤的发生。此外,肿瘤在发生过程中受到免疫系统的监控,AIDS 患者由于感染 HIV 造成免疫功能低下,因此易患一些类型的肉瘤和淋巴瘤。

▌第二节　遗传不稳定性与肿瘤

一、肿瘤形成过程中 DNA 损伤的来源

肿瘤中基因突变的产生有内源性和外源性两种因素。由于组成 DNA 的碱基在化学上有一定的不稳定性,细胞内时常会发生碱基脱氨、水解等反应,如果发生这些变化的碱基没有被精确修复,就会造成基因突变。这是肿瘤中基因突变的内源性因素。外源性因素则包括各种能够导致肿瘤的化学、物理及微生物等因素。认识这些突变因素将有助

于理解肿瘤发生的规律,从而加深对肿瘤预防和治疗的认知。下面对一些重要的突变因素作简要叙述。

（一）碱基脱氨

在组成 DNA 的 4 种碱基中,C、A、G 3 种碱基上都有连在芳香环上的氨基(-NH2)基团,这些基团可以自发地、或在细胞内的相关脱氨酶的催化下从碱基上脱离。这一化学反应如果没有被准确修复,将造成基因突变。胞嘧啶(C)上的脱氨反应对于肿瘤基因突变的贡献尤其显著。

据估算,每个细胞中每天发生 100 次左右的 C 脱氨反应,这也是细胞中最为频繁的 DNA 损伤形式之一。如图 9-2 所示,当 C 被脱氨后,会形成 U 碱基。由于 U 碱基不是 DNA 的常规成分,它会被切除。在其后的修复过程中如果出现错误,可能造成 C 转变成 T 的突变。值得注意的是,当这样的 C 碱基脱氨反应发生在 CG 序列时,生成突变的可能性将显著增加。这是因为,CG 序列中一定比例的 C 被甲基化,甲基化的 C 碱基发生脱氨后直接变为 T 碱基,后者是 DNA 的正常成分。这种情况下,当细胞中的突变识别、修复机制出现差错时,其中的一些 T 碱基有可能被保留,造成 C 转变成 T 的突变。当这样的脱氨反应发生在基因的负链(模板链)时,则会造成基因正链(编码链)的 CG 序列上发生 G 转变成 A 的突变。

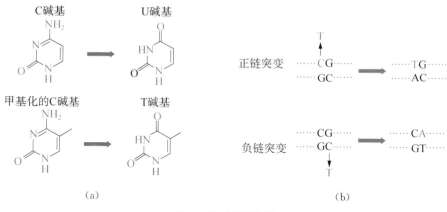

图 9-2 碱基脱氨

注:(a)胞嘧啶及甲基化胞嘧啶自发脱氨;(b)甲基化胞嘧啶在正链(编码链)、负链(模板链)发生脱氨所造成的突变结果。

对于肿瘤基因组的研究发现,尽管 CG 序列仅占所有序列的 1/16,但该序列上发生 C 转变成 T 和 G 转变成 A 的数量占肿瘤所有突变的 30% 左右,这体现了碱基自发脱氨对于肿瘤中基因突变的巨大贡献。

由于碱基脱氨是一个自发过程,它所造成的突变会随着年龄不可避免地增加。因此,老年人体内的细胞会积累相对更多的此类突变,并增加患癌的概率。

需要指出的是,碱基脱氨对于癌基因和抑癌基因的影响有很大不同。首先,不同的氨基酸有其各自的三联子序列,能够最频繁提供 CG 序列的 CGX 所对应的 4 个三联子都编码精氨酸(arginine,缩写为 R,编码序列包括 CGA、CGT、CGG、CGC 等)。因此,肿瘤基因组中发生精氨酸编码突变的机会异常高。尤其当精氨酸的编码子是 CGA 时,所产生的 C 到 T 的突变会形成终止密码子 TGA。如前所述,当这一现象发生在抑癌基因上时,就会造成抑癌基因失活。对于大多数的抑癌基因而言,精氨酸变成终止密码子是它们在肿瘤中失活的最常见的原因之一。

与此相比,脱氨反应很难造成癌基因的激活。这是因为,癌基因的激活通常只发生在蛋白的特定位点上,如前述的 KRAS G12、BRAF V600 等。这两个激活位点的氨基酸的三联子并不提供 CG 序列,因此很难通过 C 碱基脱氨发生激活突变。事实上,除了 *IDH1/2* 等少数几个特例,绝大多数癌基因上的激活突变都无法通过 CG 序列上的脱氨生成。因此,碱基自发脱氨这一类内源性因素对于癌基因的激活的贡献非常小。

(二) 外源性致癌因素

上述的细胞内源性的脱氨反应在很大程度上是不可避免的。与之相比,导致癌基因激活的许多外源性致癌因素是可防可控的。外源性致癌因素包括环境中的物理、化学、生物等类型的因素,保持良好的个人生活习惯可以显著降低对外源性致癌因素的暴露水平。

物理致癌因素包括紫外线和电离辐射,它们可以直接攻击 DNA,或通过产生的氧自由基间接攻击 DNA,引发突变并诱导细胞癌变。化学致癌因素可以通过空气、食物、水源、药物等途径进入人体,损伤 DNA。生物因素包括一些可以致癌的细菌和病毒。此外,长期不愈的炎症也会有一定比例发展为癌症。

生活环境中存在许多种类的化学致癌物质,其中黄曲霉素、苯并芘和亚硝胺是传统公认的最强的 3 种致癌物质。黄曲霉素来源于发霉的玉米、花生和陈米等;苯并芘来源于吸烟、熏制食物、烧烤食物及焦糊食物;亚硝胺是亚硝酸盐和胺类物质的化学反应产物,其摄入和生成与吸烟和不新鲜的食物有关。日常饮食中,亚硝酸盐的主要来源包括腌渍蔬菜、隔夜菜、采摘后长时间暴露于高温的蔬菜,以及培根、香肠等肉类加工过程中作为添加剂使用。一些食物,如熏制、腊制的肉类、鱼类中可以检出亚硝胺。上述 3 种最强致癌物质都可以通过生活习惯的调整,显著减少摄入量,降低患癌危险。其余重要的化学致癌因素包括:①石棉、无机砷,以及六价铬等重金属污染物;②二噁英、苯、二甲苯、乙醇、甲醛等有机致癌物质;③马兜铃科药用植物中的马兜铃酸;④槟榔中的槟榔碱;⑤室内花岗岩装修中可能存在的放射性氡气;⑥炒菜时产生的油烟等。其中,值得注意的是,近期对马兜铃酸的致癌性的研究发现,它是肾癌、肝癌、膀胱癌的重要诱因之一。

生物致癌因素包括一些致癌细菌和病毒。在胃癌的发生过程中,胃幽门螺杆菌的感染是一个重要因素。一些病毒如 HPV、EBV 等在感染人类细胞后,病毒本身能够驱动细胞增殖,而另一些病毒如肝炎病毒等所引起的长期不愈的炎症可能逐渐发展为肝癌。长期炎症导致肿瘤的机制包括但不限于:①在长期炎症状态下,炎症反应会产生很多活性氧自由基,后者可造成 DNA 损伤和基因突变;②长期炎症过程中,细胞不断死亡,不断刺激机体发生代偿性增殖,也为肿瘤的发生提供了机会;③长期炎症还会抑制抗肿瘤T细胞的活性。除病毒和细菌外,其余原因引起的组织长期损伤或炎症也可诱发肿瘤。例如,习惯性肠炎、肠易激综合征患者易患肠癌,长期过烫饮食所引发的食道损伤可能发展为食道癌。

二、遗传不稳定性与肿瘤易感性

当细胞中的 DNA 被内源性或外源性因素损伤后,依据损伤类型的不同,细胞中有碱基切除修复、核酸切除修复、碱基错配修复、同源重组修复等多种修复方式。这些机制协同作用,减少基因突变的概率并阻止肿瘤发生。在一些遗传病家系中,某些重要的DNA 修复基因发生突变,显著增加了细胞中的基因突变概率,导致肿瘤高发。这类现象被称为遗传不稳定性和肿瘤易感性。

例如,BRCA1 和 BRCA2 是参与同源重组修复的重要基因,从父母继承了 BRCA1或 BRCA2 失活突变的患者,其体内细胞的基因突变修复能力受损,一生中发生乳腺癌或卵巢癌的概率大幅提升。再如,碱基错配修复通路中 MSH2 等基因的突变则会导致肠癌的高发。常见遗传不稳定性和所影响的 DNA 修复通路,以及相关的易感肿瘤类型总结见表 9-1。

表 9-1　常见参与 DNA 修复的肿瘤异常易感基因及其易感的肿瘤类型

DNA 修复通路	所涉肿瘤易感基因	易感肿瘤类型
同源重组修复	BRCA1、BRCA2、RAD51C 等	乳腺癌、卵巢癌等
碱基错配修复	MSH2、MSH6、MLH1 等	肠癌等
范科尼贫血通路	FANCC、FANCD2、FANCG 等	白血病等
碱基切除通路	XPC、XPD、XPG 等	皮肤癌等

由于肿瘤是细胞异常增多引起的,因此还有一系列的遗传肿瘤家系,其发病的原因并不是 DNA 修复机制出现问题,而是因为患者继承了一些突变,这些突变破坏了阻止细胞增殖的一些重要抑癌基因。这些基因失活后,细胞的增殖趋向增强,引发肿瘤。例如,NF1 基因的失活会增强细胞的增殖能力,导致神经纤维瘤,携带 PTEN 基因遗传突变的患者具有较高的乳腺癌、甲状腺癌和子宫内膜癌风险,而携带 p53 突变的李-佛美尼(Li-Fraumeni)综合征患者约有 50% 在 30 岁前罹患肿瘤。此外,染色体区段 8q24 上的一个 SNP 位点可以增强多种肿瘤风险,该 SNP 可能通过影响癌基因 C-MYC 基因的增强子(enhancer)驱动肿瘤发生。

与上述现象相关的是,肿瘤中的突变有生殖细胞突变(germline mutation)和体细胞突变(somatic mutation)之分。前者指的是从父母遗传而来的基因突变,如前文讨论的肿瘤遗传易感的突变,这些突变存在于患者的肿瘤与非肿瘤组织中。体细胞突变则指在肿瘤发生过程中,在肿瘤组织中新生成的突变,这些突变不存在于同一个患者的正常组织中。

综上所述,肿瘤中的基因突变是内源性因素、环境因素、遗传因素综合作用的结果。目前认为,约10%的肿瘤是由于遗传易感性引起的;50%～60%的肿瘤可以通过减少对于环境致癌因素的暴露进行有效预防,其中约30%左右的肿瘤可以通过戒烟或减少二手烟而预防。但是,某些类型的肿瘤,如一些脑胶质瘤、部分类型的白血病,可能是由碱基脱氨等不可防控的内源性机制引发的。因此,既要在日常生活中对环境中的致癌因素进行自我防护,最大限度地降低肿瘤发生的可能,也要有计划地进行常规体检,从而对肿瘤早发现、早治疗。

▌第三节　常见肿瘤的遗传改变

一、主要肿瘤相关基因及其判定

通过近期的大规模肿瘤基因组测序研究,人们对于肿瘤中常见的癌基因、抑癌基因有了较为深入的理解。目前认为,全基因组近20 000个蛋白质编码基因中,300～500个基因的异变是肿瘤发生的重要诱因。这些基因的列表可参见COSMIC(Catalog Of Somatic Mutations in Cancer)网站。

值得一提的是,肿瘤中的基因突变是一个相对随机的过程,因此,一些编码序列非常长的基因更有可能积累更高频率的突变,而这类基因在肿瘤测序研究中的高频突变本身不一定具有促进肿瘤的意义。上述网站中所列举的基因排除了一些属于此类的高频突变基因,但是仍有一些存在争议的基因,如 *LRP1B*、*CSMD3* 等基因被纳入列表。这些基因的突变是否能够导致肿瘤,还有待进一步研究。下面对一些重要癌基因、抑癌基因所参与的信号通路、生物学过程,以及它们的分子机制进行简要讨论。

二、影响肿瘤发生的重要信号通路和生物学过程

生物体内存在多个重要的信号通路和生物学过程,它们的活性将决定是否启动细胞增殖。这些信号通路和生物学过程中一些关键基因的突变会造成肿瘤的发生。目前已知的与肿瘤密切相关的信号通路和生物学过程包括细胞周期调控、受体酪氨酸激酶通路、Wnt、TGF、HIPPO、VHL-HIF通路等,这些通路中的主要癌基因、抑癌基因总结见图9-1。

三、重要肿瘤相关基因的生物学功能

(一) INK4A-CyclinD1-CDK4/6-Rb和C-MYC

在肿瘤的发生过程中,细胞的增殖是由细胞周期控制系统启动的,因此,细胞周期调控基因中有相当多的重要癌基因、抑癌基因。细胞周期存在几个检查点,其中的G_1/S检查点对于肿瘤的发生尤为重要。正常情况下,当细胞的内外环境允许细胞增

殖时,CyclinD1-CDK4/6复合物的活性被启动,这一复合物对 Rb 的磷酸化导致 Rb 的失活,从而解除 Rb 对转录因子 E2F1 的抑制作用。在这种情况下,E2F1 可以激活一系列重要基因的表达,包括 CyclinE、C-MYC、DHFR 等,这些基因的表达将促进细胞增殖。

在肿瘤中,一系列的基因异变可以干扰上述过程,从而使细胞的增殖不再受到内外环境的有序调控。比如,INK4A(inhibitor of CDK4)是一个重要的抑制 CyclinD1-CDK4/6 功能的蛋白,在 20%～30% 的肿瘤中,通过缺失 INK4A 基因,或 INK4A 的失活突变来解除对于 CyclinD1-CDK4/6 活性的抑制。功能上与 INK4A 相似的抑癌基因,包括 INK4B、INK4C、INK4D,在许多肿瘤中也存在基因缺失。其次,CyclinD1-CDK4/6 的促增殖活性是通过其对 Rb 的抑制而实现的,因此也有相当一部分的肿瘤通过缺失 Rb 基因来促进细胞增殖。事实上,INK4A 和 Rb 是肿瘤基因组中发生缺失频率最高的抑癌基因之一。再次,CyclinD1、CDK4、CDK6 这 3 个基因在很多肿瘤中存在基因拷贝扩增,这也是肿瘤干扰 INK4A-CyclinD1-CDK4/6-Rb 调控过程的主要手段之一。

此外,转录因子 C-MYC 的活性增高后,可以通过超级增强子(super enhancer)的机制启动基因组中约 1/3 的基因的表达,包括 CyclinD1、CDK4/6 等,来促进细胞增殖。C-MYC 基因是肿瘤基因组中扩增最为频繁的癌基因,在 10%～20% 的肿瘤中存在扩增。

(二) EGFR/HER2

除了上述细胞周期调控的内源性机制以外,许多信号通路可以通过激活 MYC、CyclinD1 等基因的表达,导致细胞周期的启动和细胞增殖。例如,EGFR、HER2 在肿瘤中发生突变或基因扩增,会导致下游信号通路的激活,促进细胞增殖。这 2 个基因分别是肺癌和乳腺癌的重要癌基因。

(三) NF1-KRAS-BRAF

当 EGFR、HER2 等上游信号被激活后,经过一系列的分子事件活化 KRAS。KRAS 是一个小 GTP 磷酸酶蛋白,当它与 GDP 结合时,处于失活状态,与 GTP 结合时则处于激活状态,将信号传递给下游的 BRAF 等蛋白,最终促进细胞增殖。因此,KRAS 的 GTP/GDP 结合状态是细胞增殖的一个重要决定因素。细胞中存在一些基因,如 NF1 等,它们的作用是适时地水解与 KRAS 结合的 GTP,降低 KRAS 的活性。因此,当 NF1 发生突变失活时,KRAS 会长期处于高活性状态,持续促进细胞增殖,引发癌变。另一方面,当 KRAS 本身发生 G12D、G12V 等类型的突变时,会阻滞 GTP 水解反应,从而将自己锁定在高活性状态,导致细胞癌变。KRAS 是最为重要的癌基因之一,其突变在肠癌、胰腺癌中高频发生。NF1 的突变在脑胶质瘤中频率较高,而 KRAS 下游的 BRAF 的激活突变常见于黑色素瘤中。

(四) PI3K-PTEN-AKT

EGFR、HER2 等上游信号被激活后,除了 KRAS-BRAF 通路,另一个重要的下游事件是 PI3K 的激活。PI3K 激活后,将细胞中的磷脂酰肌醇(phosphatidylinositol, PI)

从二磷酸形式（PIP$_2$）转化为三磷酸形式（PIP$_3$）。PIP$_3$ 可以招募 PDK1、活化 AKT 激酶，从而激活下游一系列有利于细胞增殖、存活的生物学事件。在乳腺癌、卵巢癌等中，PI3K 较为频繁地发生激活突变，AKT 的突变则见于一部分乳腺癌中。在上述信号通路中，存在一个重要的抑癌基因 *PTEN*，其作用是将 PIP$_3$ 水解，逆转成 PIP$_2$ 形式，从而限制 AKT 的活性。PTEN 基因的失活突变和基因缺失常见于子宫内膜癌、脑胶质瘤、前列腺癌、甲状腺癌等。

（五）APC 与 β‐catenin

Wnt 信号通路的异常是消化系统肿瘤发生的一个重要原因。当细胞中没有 Wnt 信号通路的激活信号时，细胞会组装出一个含有 APC 蛋白的复合体，该复合体将转录因子 β‐catenin 泛素化，导致其降解。当上游信号被激活后，APC 复合体发生解体，β‐catenin 得以积累，从而启动 c‐Myc、Cyclin D1 等的表达，促进细胞增殖。这一信号通路在肿瘤中最为常见的突变是 β‐catenin 的激活突变和 APC 的失活突变，此外，在一些肿瘤中也存在 APC 复合体中的关键因子 Axin1 或 Axin2 的缺失。上述 3 个基因的突变多发于肠癌、肝癌、胃癌等消化系统的肿瘤。

（六）ARF‐Mdm2‐p53

p53 是目前公认的最为重要的一个抑癌基因，也是肿瘤中突变最为频繁的基因。p53 参与 DNA 损伤反应、细胞周期、细胞凋亡等一系列重要生物学过程的监控，*p53* 的失活可以配合多种癌基因的激活突变，允许肿瘤的发生。

由于基因突变对生物体存在巨大的潜在负面影响，细胞中除了多种 DNA 修复途径，还存在一系列机制，限制带有 DNA 损伤的细胞的存活和增殖。这其中 p53 是最为重要的一个节点。当细胞中出现 DNA 损伤后，会发生一系列的信号转导事件，导致 p53 的激活。作为一个转录因子，p53 会激活一些参与 DNA 修复的蛋白的转录，同时启动 p21 的表达，后者抑制 CDK 活性，阻止带有 DNA 损伤的细胞继续增殖。如果在一定时间内，上述 DNA 损伤不能被有效修复，p53 也在细胞中随着时间逐渐积累，并启动细胞凋亡蛋白 PUMA、NOXA 等的表达，后者引发细胞死亡，从而限制了带有基因突变的细胞在机体中的积累。此外，癌细胞中由于遗传不稳定性的存在，有时会发生异常的有丝分裂，p53 也会对这一事件进行监察，并启动细胞凋亡过程。由于 p53 的重要作用，在接近半数的肿瘤中都会出现 p53 的突变。这些突变主要发生在 p53 与 DNA 的结合位点，使 p53 不能发挥转录因子的作用。也有一部分突变通过影响 p53 的三维结构，使其不能与 DNA 有效结合。

在细胞中，p53 的活性调控主要是通过蛋白质降解实现的。在正常状态下，p53 被 Mdm2/Mdm4 降解，活性维持在较低水平上。当细胞中发生 DNA 损伤时，p53 被 ATM 和 CHEK2 激酶磷酸化，这导致 Mdm2/4 不再能够高效降解 p53，从而激活 p53 的抗肿瘤效应。由此可见，当肿瘤中 Mdm2 活性增强时，p53 的抑癌活性也会受到抑制。在一小部分肿瘤中，Mdm2 的编码基因发生扩增。此外，Mdm2 的上游存在一个抑制基因 *ARF*，该基因的失活可以解放 Mdm2 的活性，促进肿瘤发生发展。

值得指出的是，ARF 蛋白和前述的 INK4A 蛋白都由 *CDKN2A* 这一基因编码，两

个蛋白由 *CDKN2A* 这一基因的不同阅读框产生(图 9 - 3)。*CDKN2A* 的缺失是肿瘤中最为频繁的基因缺失事件。通常认为,p53 的功能性失活对于绝大多数肿瘤都是必需的,这其中,接近半数是由 p53 本身的突变造成的,其余部分则可通过 Mdm2 的扩增、ARF 的缺失等方式完成。这也进一步体现了 p53 对于抑制肿瘤的重要意义。

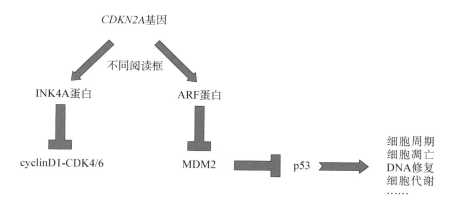

图 9 - 3　重要抑癌基因 *p53* 和 *CDKN2A* 的抑癌机制

四、主要肿瘤类型中的常见基因突变

不同组织器官的肿瘤常见的癌基因、抑癌基因的分布存在一定差异。这既反映了各个组织器官的细胞增殖过程中对于不同信号通路的需求上的差异,也取决于致癌突变的形成过程。

首先,对于不同组织类型的细胞来说,各个信号通路对于它们的促增殖效果是不同的。例如,某些转录因子的激活或是表观遗传调控蛋白的失活影响血液系统中某些细胞的增殖、分化过程,相应的,这些突变可能在一些类型的淋巴瘤和白血病中经常出现。例如,TNFAIP3、MYD88 参与血液系统细胞的信号转导过程,其突变也主要见于淋巴瘤等血液系统恶性疾病。与此类似,Wnt 通路的信号活性对于肝脏、胃肠道细胞的增殖较为重要,这些器官的肿瘤中也会高度富集 Wnt 通路的各种突变。

此外,不同组织经常接触的致癌因素也有所不同,这会导致各个器官中通常被激活、失活的癌基因、抑癌基因也存在较大差异。例如,当黄曲霉素进入人体后,会在肝细胞中被氧化成为能够攻击 DNA 的中间产物,当该中间产物攻击到 p53 的 R249 的编码位置时,会生成 R249S 突变,导致 p53 失活和肝细胞癌变。因此,这一突变最常见于肝癌。类似的,吸烟时吸入的苯并芘会导致肺癌中 KRAS G12V 等高频致癌突变。

在上述两个因素及其他一些因素的共同影响下,不同组织器官的肿瘤中常见的癌基因、抑癌基因存在一定差异。各种肿瘤类型的最主要癌基因、抑癌基因可查询 COSMIC 网站,一些主要肿瘤类型的相关信息见表 9 - 2。

表 9 - 2　主要肿瘤类型中发生高频异变的癌基因、抑癌基因列表

肿瘤类型	突变、扩增、删除、重排的主要基因
肝癌	β - Catenin，TP53，AXIN1，TERT，ARID2，MYC
肺癌	EGFR，KRAS，TP53，PIK3CA，STK11，KEAP1，NRF2，RB1，PTEN，ALK，RET，ROS1，MYC，SKP2，CDKN2A
结直肠癌	KRAS，BRAF，TP53，APC，PIK3CA，FBXW7，SMAD4，RNF43，KMT2D，MYC
脑胶质瘤	IDH1/2，TP53，PTEN，EGFR，ATRX，NF1，BRAF，PDGFRA，CDKN2A
白血病	JAK3，FLT3，NPM1，CALR，DNMT3A，TET2，IDH1/2，KIT，NRAS，RUNX1，ABL，RARA，KMT2A
乳腺癌	PIK3CA，TP53，CDH1，ESR1，BRCA1/2，HER2，PTEN，MYC
卵巢癌	TP53，KRAS，PIK3CA，ARID1A，PTEN，BRCA1/2，MYC
胰腺癌	KRAS，TP53，GNAS，SMAD4，CDKN2A，RNF43

五、相同信号通路在不同肿瘤中的作用

总体而言，一个基因是促进癌症还是抑制癌症，在大多数类型的肿瘤中是一致的。但值得注意的是，近期的研究中也发现了一些特例。这是因为细胞增殖分化是一个高度特异的过程，某些通路(如 Notch 通路)对于一些组织类型的细胞是促增殖作用，对另一些组织类型的细胞则可能有抑制作用。因此人们在近来的肿瘤测序中发现了这样的现象：Notch 通路有利于 T 细胞增殖，在 T 细胞白血病中发生高频激活突变；另一方面，Notch 通路抑制头颈、食管的细胞增殖，该通路在头颈癌、食管癌中经常发生失活突变。

▌第四节　肿瘤的治疗

一、肿瘤疗法的基本分类

对于一些类型的早期肿瘤，可以通过手术切除的方法达到治愈。目前，肿瘤的早筛手段还存在一定的局限性，这也是目前肿瘤领域的一个重要发展方向。随着各种肿瘤影像学检测技术、血液蛋白检测技术、血液和粪便中肿瘤 DNA 的测序技术的不断改进，以及这些技术的可及性的提高，更多的患者在将来可能实现早期诊断和根治性治疗。

对于无法进行手术的患者，通常采用放疗、传统化疗、靶向治疗和免疫治疗等疗法。放疗是用电子、质子、重离子等类型的高能射线轰击肿瘤，直接或间接地大规模破坏肿瘤细胞的 DNA，从而杀灭肿瘤细胞。传统化疗则是通过各种化学药物，对细胞增殖过程中的几个重要的基本生物学过程进行攻击。这类药物或者抑制肿瘤细胞中的碱基合成，导致肿瘤细胞无法复制 DNA；或者干扰有丝分裂纺锤体使肿瘤细胞无法分裂；或者破坏肿瘤细胞的 DNA 使其死亡。虽然这类药物的不良反应较强，但由于其攻击的是细胞增殖

中难以绕过的基本过程,并且对一定比例的患者可以实现治愈,所以其仍是目前肿瘤治疗的重要手段。随着研究方法的改进,对于这类药物的药效机制的理解也在进一步深入,未来这些传统化疗药物的临床使用依然有优良的发展前景。

在分子层面上,一些重要癌基因的活化、抑癌基因的失活是肿瘤形成的根本原因,它们可为肿瘤治疗提供精准的、具有针对性的靶向治疗方式,在此分别简要举例介绍。

二、针对肿瘤中异常激活的癌基因的治疗

(一) 激酶抑制剂和抗体

肿瘤中一些与细胞增殖密切相关的激酶活性的异常增强是肿瘤发生的重要原因,针对这些激酶的抑制剂也是最早发展的靶向治疗手段之一。与肿瘤发生有关的促癌激酶主要包括酪氨酸激酶,如 BCR-ABL、EGFR、HER2、ALK 等,以及这些酪氨酸激酶的下游激酶,如 PI3K、AKT、mTOR,BRAF 等,以及周期蛋白依赖性激酶 CDK4/6。针对这些激酶的抑制剂在一些肿瘤中显示了较好的疗效。

BCR-ABL 是一个常见于慢性粒细胞白血病患者,由染色体重排产生的融合促癌蛋白。这一蛋白的产生使血液系统的分化被阻滞于一个异常的干细胞状态。针对这一蛋白的化学抑制剂伊马替尼是第一个通过靶向化学抑制剂攻克肿瘤的例证,在抗癌史上是一个突破。这一化学抑制剂通过竞争性地结合于 BCR-ABL 激酶的活性口袋,使其不能结合 ATP 并发挥激酶作用,从而抑制慢性粒细胞白血病。这一抑制剂需要长期服用。在一部分患者的癌细胞中,BCR-ABL 会发生 T315I 等类型的突变,导致伊马替尼不再能够与 BCR-ABL 结合,从而导致耐药和疾病复发。针对这些突变,新一代的 BCR-ABL 抑制剂(如达沙替尼等)可以克服耐药性,并延长患者生命。

EGFR 突变是不吸烟的肺癌患者发生肿瘤的主要原因。厄洛替尼和吉非替尼可对大部分 EGFR 突变的肺癌显示良好的治疗作用,但是通常在 1~2 年内,EGFR 会发生 T790M 的耐药突变。针对这一突变,新一代的 EGFR 抑制剂奥西替尼可以克服耐药性并延长患者生命。近期研究进一步显示,对于 EGFR 突变的肺癌患者,在 T790M 突变出现前直接使用奥西替尼,也可以取得显著疗效。此外,奥西替尼也可用于中早期 EGFR 突变小细胞肺癌手术后的维持治疗,将肿瘤复发转移风险降低超过 80%。这些结果都显示了靶向药物在肿瘤治疗中的有效性。

对于 EGFR、HER2 这样的受体酪氨酸激酶来说,由于它们位于细胞表面,除了化学抑制剂外,也可以用靶向这些激酶的抗体进行抗癌治疗。HER2 单抗赫赛汀是最早成功的肿瘤靶向治疗抗体,用于乳腺癌的治疗。靶向 EGFR 的西妥昔单抗目前常用于肠癌的治疗。值得指出的是,如果 EGFR 下游信号通路 KRAS 发生激活突变,靶向 EGFR 的抗体无法抑制肿瘤。因此,在肠癌靶向治疗的基因检测中,KRAS 的基因突变情况是决定是否使用西妥昔单抗治疗的标准。

在 EGFR、HER2 激酶的下游,PI3K-AKT 通路被激活,导致 mTOR 激酶复合体活性增高。目前在肿瘤治疗中,这 3 个激酶的抑制剂在一些肿瘤中显示了一定的疗效。有趣的是,近期研究发现,PI3K 发生激活突变的肿瘤对 PI3K 抑制剂阿培利司(alpelisib)的整体响

应率较为一般,那些在同一个 *PI3K* 基因上发生 2 个激活突变的一小部分肿瘤对这一抑制剂的响应更好。这可能是由于后者的肿瘤细胞中 PI3K 的活性更强,肿瘤细胞对 PI3K 的依赖性也相对更高。这也体现了人们对于肿瘤靶向治疗认知的不断加深。

CDK 作为最早发现的细胞增殖调控蛋白,其对于肿瘤细胞的重要性很早就被认识。但 CDK 抑制剂的临床发展相对较为滞后,直到几年前才发现 CDK4/6 抑制剂与雌激素受体抑制剂联用,可以显著提高雌激素受体阳性乳腺癌患者的治愈率。在这一发现的基础上,CDK4/6 这一靶点也成为许多其他类型肿瘤靶向治疗的重要研究方向。

目前在肿瘤治疗中,已有较好临床效果的激酶靶点还包括 ALK、RET、ROS1、FGFR、NTRK、c-KIT、VEGFR、JAK2、BTK 等。激酶抑制剂在机制上可分为几类。最早期的抑制剂如伊马替尼、厄洛替尼等在化学结构上都是 ATP 的类似物,通过与激酶活性口袋的竞争性结合抑制激酶靶点。这样的抑制存在几个技术问题:首先,抑制方式是可逆的;其次,激酶的天然底物 ATP 在细胞中的浓度非常高,有时竞争性抑制剂较难发挥作用;再次,各个激酶的活性口袋附近的结构有一定相似性,这为设计高选择性、低毒性的抑制剂增加了难度。后期研究中,人们发展了不可逆抑制剂,以及针对酶活区域以外的关键调控区域的变构抑制剂。例如,EGFR 的第三代抑制剂奥西替尼就是 EGFR 的不可逆抑制剂,而目前针对 BCR-ABL 的变构抑制剂也已进入临床开发阶段。

(二) 性激素相关药物

对于乳腺和前列腺而言,雌激素受体 ER 和雄激素受体 AR 均是促进细胞增殖的重要因素。因此,一部分乳腺癌患者的肿瘤细胞依赖于 ER 活性,而前列腺肿瘤细胞依赖于 AR 活性。在临床治疗中,通过干扰雌激素受体和雄激素受体,可以分别抑制相应患者的肿瘤,在宽泛意义上,这样的治疗手段也可以被认为是靶向性的治疗。他莫昔芬是雌激素受体的化学拮抗剂,在雌激素受体阳性的乳腺癌患者中治疗有效率可以达到 50% 左右,对于雌激素受体阴性的患者疗效较差。氟维司群是一类新的雌激素受体拮抗剂,通过抑制雌激素受体治疗乳腺癌。

在前列腺癌的治疗中,最为重要的手段是阻碍雄激素的合成,或抑制雄激素受体的活性,达到抑制肿瘤的目的。雄激素的合成有几个途径,早期的雄激素拮抗剂主要干扰雄激素合成的经典通路,前列腺癌患者使用一段时间后会出现耐药。后期研究发现,当经典通路被阻断后,肾上腺来源的雄激素合成通路仍可以为前列腺癌细胞提供雄激素来源,针对后一种合成通路的新药阿比特龙显著延长了前列腺癌患者的生存期。

值得注意的是,近期的研究发现,一小部分乳腺癌实际上是受雄激素受体驱动的,这些特殊的乳腺癌患者可能获益于针对雄激素的拮抗剂。

(三) Bcl2 抑制剂

滤泡型淋巴瘤的主要病因是细胞中 Bcl2 发生基因重排,在淋巴细胞中高表达后,导致淋巴细胞不再适时凋亡。针对这一类型的淋巴瘤,Bcl2 的小分子抑制剂维奈托克(Venetoclax)可以恢复淋巴细胞的凋亡,获得较好的临床疗效。由于很多肿瘤治疗手段也通过细胞凋亡清除肿瘤,Bcl2 抑制剂与一些传统化疗药物的联用也可以加强化疗药物杀灭肿瘤细胞的效率,目前此类治疗方案正在多种类型的淋巴瘤和白血病中开展临床试验。

（四）砒霜、全反式视黄酸

急性早幼粒细胞白血病（acute promyelocytic leukemia，APL）主要是由 *PML - RARa* 基因的重排引起的。这一融合事件导致视黄酸受体 RARa 的活性失控。上海交通大学医学院的王振义教授首创使用全反式视黄酸调节 RARa 受体活性，对 APL 达到了近 90% 的治愈率。另一方面，哈尔滨医科大学的张亭栋教授发现砒霜对于 APL 的疗效极好，后期研究表明，砒霜可以通过共价修饰 PML - RARa 融合蛋白上的半胱氨酸残基，导致该蛋白的降解。目前，砒霜与全反式视黄酸的联用可以在 APL 患者中取得 97% 的治愈率。虽然伊马替尼被认为是肿瘤靶向治疗的第一个里程碑，但是如果靶向治疗的定义不只局限于激酶抑制剂，APL 的相关疗法实际上是先于伊马替尼的、最早实现的癌症靶向治疗。

（五）KRAS G12C 抑制剂

KRAS 的激活突变是肠癌、胰腺癌的最主要促癌突变，在吸烟引起的肺癌中也较为常见。KRAS 的促癌突变有多种形式，其中 KRAS G12C 占比约 10%。在这种突变中，突变所得到的半胱氨酸（Cys，C）具有一个巯基（- SH），该基团可被亲电的化学基团攻击，针对这一突变的共价抑制剂（如 AMG510 等）通过攻击 G12C 基团，直接靶向肿瘤中的 KRAS G12C 促癌蛋白，在临床治疗中显现了较好的效果。这一抑制剂对于其余类型的 KRAS 突变（如 G12D、G12V 等）无效。但是，AMG150 对于 G12C、砒霜对于 APL 等的疗效表明，肿瘤靶标蛋白上的半胱氨酸残基可能为靶向治疗提供新的有效切入点（图 9 - 4）。

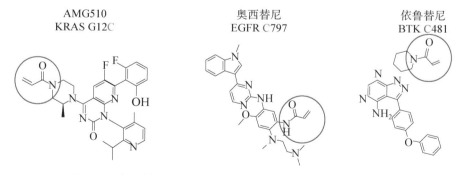

图 9 - 4　相关抗肿瘤药物及其所攻击半胱氨酸巯基的化学基团

注：半胱氨酸残基中的巯基、抗肿瘤药物中攻击巯基的化学基团用红圈标出。

（六）沙利度胺、来那度胺和蛋白水解靶向嵌合体

沙利度胺（thalidomide）在 20 世纪 50 年代开始被用作孕妇的止吐剂，其后发现该药物会导致婴儿畸形,被禁止在孕妇中使用。后期的研究中发现,这一药物及其衍生物来那度胺具有抑制免疫系统的能力,逐渐被用于一些疾病的治疗。此类药物具有一个特性,其既能与蛋白降解复合体 CRBN 结合,又能与细胞中的一些其他蛋白如 IKZF1、IKZF3 等结合,导致该药物进入细胞后,IKZF1/3 迅速被 CRBN 复合体降解。由于 IKZF1/3 蛋白对 B 细胞和浆细胞至关重要,因此,沙利度胺对于 IKZF1/3 的降解可用于多发性骨髓瘤(癌化的浆细胞)的治疗。

有趣的是,对于这一类药物的研究激发了一种全新的制药途径。利用来那度胺与蛋白降解复合体相互作用的特性,将另外的化学基团连于其上,如果这些新的化学基团能够结合细胞中的特定靶点蛋白,就可以诱导靶标蛋白与蛋白降解复合体的相互作用,实现这些靶标蛋白的降解。这一蛋白水解靶向嵌合体(proteolysis targeting chimeras,PROTAC)是肿瘤制药领域的研究热点(图 9-5),大大拓展了肿瘤领域的可攻击靶点范围。此前一些难以抑制的靶点,如 KRAS、C-MYC 等,正成为 PROTAC 技术的重要研究对象。目前,针对雄激素受体 AR 的 PROTAC 降解剂已进入临床试验阶段。

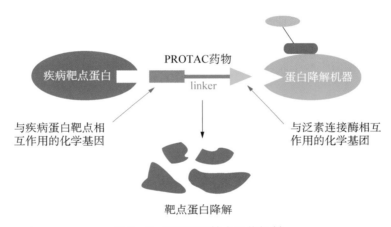

图 9-5　PROTAC 技术工作机制

注:PROTAC 药物一般由 3 个部分构成:与泛素连接酶相互作用的化学基团;与疾病蛋白靶点相互作用的化学基团;以及两者之间的连接基团(linker,如乙二醇等)。

(七) 抗体偶联药物

部分类型的肿瘤中,细胞表面会过表达一些蛋白,这些蛋白既包括促癌蛋白如 HER2 等,也包括一些本身并不促进肿瘤发生、但是在肿瘤细胞表面表达的蛋白,它们都可以作为抗体偶联药物(antibody-drug conjugate,ADC)的递送通道。

在结构上,抗体偶联药物主要由两部分组成,包括特异性识别肿瘤细胞表面蛋白的抗体,以及具有高度细胞毒性的小分子化合物或放射性元素。当这类药物进入患者体内后,会在抗体部分的指导下与肿瘤细胞特异性结合,其后被内吞入肿瘤细胞,产生对肿瘤细胞的靶向杀伤作用。近期,抗体偶联药物在多发性骨髓瘤、乳腺癌、前列腺癌等肿瘤的治疗中取得了较好的临床效果。例如,利用肿瘤细胞表面过表达的 TROP-2 蛋白作为靶点,抗体偶联药物在转移性三阴性乳腺癌、耐药尿路上皮癌患者中都取得了显著效果。

这一领域也是肿瘤制药的热点发展方向之一。

三、针对肿瘤中异常失活的抑癌基因的治疗

目前的肿瘤靶向治疗以异常激活的促癌蛋白为主要靶点,而另一个分支——针对肿瘤中失活的抑癌基因的治疗手段也已在一些肿瘤中取得了较好的疗效。

如前所述,*BRCA1*、*BRCA2* 失活是一些卵巢癌、乳腺癌发生的根源。它们在肿瘤细胞中失活后,细胞不能通过同源重组修复的方式修复 DNA 损伤,这就为靶向治疗提供了一个重要切入点。在日常状态下,细胞中每天都会由于活性氧(ROS)的存在,在基因的 G 碱基上发生氧化反应。这些氧化的碱基会被核酸切除修复机制识别。在该修复机制的前期,PARP1 酶来到 DNA 损伤处并参与修复,当细胞中存在 PARP 酶抑制剂时,PARP1 酶就会被异常地固定于 DNA 上,致使后续的核酸切除修复机制无法完成。在这种情况下,损伤的 DNA 会被转化为 DNA 双链断裂(DNA double strand break),后者需要同源重组修复机制来完成修复。在 *BRCA1/2* 正常的细胞中,这一修复机制可以有效进行,保证细胞存活。然而,对于 *BRCA1* 或 *BRCA2* 失活的肿瘤细胞来说,它们无法修复上述的 DNA 双链断裂。因此,当 *BRCA1* 或 *BRCA2* 失活的肿瘤细胞被 PARP 抑制剂处理后,染色体发生相当多的无法修复的 DNA 双链断裂,最终肿瘤细胞的染色体会破碎成上百个小段,导致肿瘤细胞死亡。

目前,在卵巢癌、乳腺癌、前列腺癌、胰腺癌的临床治疗中,*BRCA1*、*BRCA2* 失活的肿瘤患者使用 PARP 酶抑制剂可以取得非常好的治疗效果。这一治疗方法也可以拓展到其他的同源重组修复能力异常的肿瘤中。由于肿瘤患者体内的正常细胞中的 *BRCA1/2* 和同源重组修复能力属于正常,PARP 抑制剂对于正常细胞没有杀伤能力,因此,PARP 抑制剂的不良反应也较小。

值得指出的是,*BRCA1/2* 生殖细胞突变携带者(germline mutation)的肿瘤可以使用 PARP 抑制剂进行治疗。这是因为,这些带有遗传 *BRCA1/2* 突变的患者,*BRCA1* 或 *BRCA2* 的两个拷贝中通常只有一个拷贝的基因是遗传性失活,另一个拷贝仍能正常发挥作用。这些患者体内的正常细胞中,同源重组修复仍能够有效进行。在这些患者的肿瘤发生过程中,一小部分细胞中的正常拷贝的 *BRCA1* 或 *BRCA2* 也发生突变,这才抑制了同源重组修复,引起细胞癌变。因此,对于大多数带有遗传 *BRCA1/2* 突变的肿瘤患者而言,他们的肿瘤细胞中 *BRCA1/2* 完全失活,但是体内的其他细胞中仍能依靠 *BRCA1/2* 的正常拷贝进行同源重组修复,这就为 PARP 抑制剂的使用提供了一个很好的切入点。

四、其余类型的小分子抗肿瘤药物

除了前述各种药物之外,还有几种类型的抗癌药物,它们不像传统化疗药物那样攻击细胞增殖等生物学过程,但是它们所攻击的靶点也不是严格意义上的肿瘤特异性靶点。比如,蛋白酶体抑制剂、核输出蛋白抑制剂、HDAC 抑制剂、DNMT 抑制剂等,这些抑制剂所攻击的靶点也存在于大多数正常细胞中。在临床使用中,这些药物在一些类型

的肿瘤中显示了疗效。蛋白酶体抑制剂、核输出蛋白抑制剂可用于多发性骨髓瘤的治疗,HDAC 抑制剂用于皮下 T 细胞淋巴瘤的治疗,DNMT 抑制剂用于一些类型的急性粒细胞白血病的治疗。这些药物有时被归入靶向药物的范畴,它们在各自疾病类型中显效的分子机制有一定的研究文献阐明,但仍有待进一步的研究。

五、免疫疗法

免疫系统是人体杀灭外源性异物最重要也最为有效的生物学机制。免疫疗法也日渐成为治疗肿瘤的重要手段。一方面,通过改造 T 细胞,可以使其具有识别肿瘤细胞的能力。另一方面,也可以通过多种手段激活人体内能够识别肿瘤细胞的免疫细胞,达到杀灭肿瘤的目的。

(一) CART 和 CAR-NK 疗法

CART 和 CAR-NK 疗法是利用 T 细胞和自然杀伤(natural killer, NK)细胞,对肿瘤细胞进行杀伤。首先,将一个嵌合蛋白系统表达于 T 或 NK 细胞上,该嵌合蛋白的抗体片段能够识别靶细胞表面的特定靶点蛋白,从而使 T 细胞、NK 细胞与靶细胞相互接触。另一方面,抗体识别并结合于靶细胞后,可以激活嵌合蛋白的胞内信号结构域,引发 T 细胞、NK 细胞的增殖及细胞因子的释放,启动对靶细胞的杀伤作用。

在实际治疗中,目前使用的最为成熟的靶细胞的靶点是 B 细胞表面的 CD19、CD20 蛋白。这些蛋白仅在正常 B 细胞和肿瘤 B 细胞中表达,因此,对于患有 B 细胞来源的淋巴瘤和白血病的患者,可以以 CD19 或 CD20 为靶点,通过 CART、CAR-NK 的方式将患者体内的所有 B 细胞来源的正常和癌变的细胞清除,从而达到非常显著的治疗效果。在一些患者中,可能会发生 CD19 或 CD20 上抗体识别位点的突变,导致治疗失败,可以通过在治疗初期同时纳入多个抗体识别位点等方式减少复发的可能。

CD19、CD20 在 B 细胞中的表达为 CART、CAR-NK 疗法提供了一个相对特异的靶点。这是因为,这两个蛋白基本只在 B 细胞表达,而通过它们杀死人体内所有 B 细胞之后,除了抗体缺乏症以外,B 细胞的缺失并没有更为严重的后果。类似的,多发性骨髓瘤表面的 BCMA 也可以作为 CART 等疗法的切入点,系统性地清除正常浆细胞(plasma cell)和骨髓瘤细胞(癌变的浆细胞),这些细胞的清除并不会危及患者生命。然而,对于其他组织,例如肝脏和肺,目前很难找到能够系统性地清除一类组织细胞(正常和癌细胞)而不致命的方法。针对这一状况,目前临床上正在尝试一些在部分肿瘤中特异高表达的蛋白,如在部分肝脏肿瘤中高表达的 GPC-3 等,作为 CAR 的抗体识别靶点。然而,这样的肿瘤特异靶点较难界定,存在安全隐患,每个靶点在其肿瘤类型中的覆盖率也较低,如何有效拓展 CART、CAR-NK 的肿瘤治疗范围,是目前研究的一个重要方向。

(二) TCRT 疗法

TCRT 疗法也是通过表达外源基因元件,使 T 细胞获得靶向攻击目标细胞的能力。与 CART 不同的是,CART 利用的是抗体-抗原蛋白的相互作用,TCRT 则是利用 TCR(T 细胞受体)与 MHC-抗原肽段复合物的相互作用。

　　人类基因组中的一小部分基因仅在胚胎时期表达,也有一部分仅在睾丸等特殊组织中表达。正常情况下,这些基因的表达在时空上具有高度特异性。由于肿瘤细胞本身的紊乱状态,一些肿瘤可能会表达这类基因,它们因此能够提供一定的肿瘤特异性。这类基因也是目前 TCRT 疗法聚集的主要靶点。这些基因在肿瘤中异常表达后,其所生成的蛋白的部分肽段会与 MHC 结合,并被呈递于细胞表面。当把能够特异性识别上述MHC－肽段复合物的 T 细胞受体表达于 T 细胞后,所产生的 TCRT 细胞就具有了靶向识别并发现肿瘤细胞的能力。目前在临床试验上进展得较为深入的 TCRT 的靶标蛋白包括 NY－ESO－1 和 MAGE－A4 等。

(三) 双靶点特异性抗体

　　双靶点特异性抗体的工作机制与 CART、TCRT 有一定的相似性。这种双特异性抗体一方面识别肿瘤细胞表面特异性表达的蛋白,另一方面识别 T 细胞表面的 CD3。当这类抗体药物进入患者体内后,可以通过桥联的方式引导 T 细胞与肿瘤细胞的接触,激活 T 细胞,杀伤肿瘤。

　　与 TCRT、CART 不同的是,双特异性抗体不需要提取患者 T 细胞在体外进行基因操作并扩增,因此应用较为简便。但是,CART 细胞和 TCRT 细胞在患者体内可以长期存在,双特异性抗体则需要长期给药。

(四) 肿瘤浸润淋巴细胞 TIL 疗法

　　肿瘤在根源上是由基因突变引起的疾病。基因突变的发生较为随机,因此,肿瘤细胞在得到所需要的关键癌基因、抑癌基因突变之前,往往在其余基因上也积累了很多的散发突变。人类肿瘤基因组的测序研究发现,在肿瘤中所出现的基因突变中,接近 95% 是散发于癌基因、抑癌基因以外的突变。这些突变中的一部分可能在肿瘤细胞中表达并被 MHC 呈递,引发 T 细胞对肿瘤细胞的识别。然而肿瘤微环境中存在一些免疫抑制机制,使得这些具有杀伤肿瘤细胞潜能的 T 细胞处于休眠状态,无法大量增殖并杀灭肿瘤。

　　针对这一问题,近年来发展的一个治疗方向是,将肿瘤样本处理后,提取其中的淋巴细胞(包括 T 细胞),在体外培养这些 T 细胞,通过一定的技术手段刺激这些 T 细胞增殖至百亿数量级后,再将其输回肿瘤患者体内。这些数量大大增加的、具有识别肿瘤细胞能力的 T 细胞能够有效杀灭肿瘤。目前,这种肿瘤浸润淋巴细胞(TIL tumor-infiltrating lymphocytes)疗法在一些临床研究中取得了一定疗效。

(五) 肿瘤个体化疫苗

　　如上所述,在肿瘤患者体内存在一定数量的能够识别肿瘤细胞,但是处于休眠状态的 T 细胞。除了上述的将这些细胞提取出来,在体外大量扩增的 TIL 疗法,另一种激活T 细胞的途径是将肿瘤细胞的突变抗原人工合成后,以疫苗的方式注射入患者体内。在这种情况下,那些能够识别肿瘤细胞的 T 细胞可以在肿瘤之外的环境中,与所识别的肿瘤抗原接触、活化并大量增殖,从而逃脱了肿瘤内部微环境对免疫细胞的抑制。

　　为了制备肿瘤个体化疫苗,首先需要获得患者的肿瘤组织和正常组织,对其进行基因测序以发现肿瘤中所发生的基因突变,并进一步通过 RNA 测序,分析这些突变基因哪些在肿瘤细胞中表达。此外,还要预测突变所在的肽段是否能与 MHC 结合,以及突变后的肽段与原始肽段的构象差异是否足以引起 T 细胞的识别。这一系列分析后,有可能为癌症患者预测出肿瘤中能够被 T 细胞识别的突变抗原。此后,选取一定数量的此类抗原,合成相应的 mRNA 或肽段,作为肿瘤患者的"个体化"疫苗注入体内,激活 T 细胞并拮抗肿瘤。

需要指出的是,目前分析和预测个体化疫苗的技术手段仍然有待提高。此外,不同组织类型的肿瘤,其细胞中的基因突变数量是不同的,基因突变数目越多的肿瘤类型,进行上述分析后,就更有可能找到更多的能够激活抗肿瘤效应的突变肽段。例如,黑色素瘤是基因突变最为频繁的肿瘤类型之一,每个肿瘤基因组中有数千到一万个突变。相应的,针对黑色素瘤的个体化疫苗研究也是所有此类研究中疗效最好的,在绝大多数黑色素瘤患者中达到了治愈的效果。目前,针对其余许多类型的肿瘤正在广泛地开展个体化疫苗研究,这将有助于理解肿瘤个体化疫苗疗法的总体治疗有效率。

此外,肿瘤疫苗也可以针对非突变的、在肿瘤中异常表达的基因。例如,HER2 扩增的乳腺癌患者在手术治疗后,通过注射含有 HER2 蛋白序列的肽段疫苗和免疫调节因子 GM-CSF,可将患者的 5 年生存率提高至 100%。

(六) PD-1、PD-L1 抗体疗法

肿瘤微环境中的 T 细胞之所以不能发挥杀伤肿瘤的功能,是因为存在一些阻止 T 细胞激活的抑制机制。在这些抑制机制中,临床应用较为成熟的是 PD-1、PD-L1 机制。

在肿瘤的形成过程中,包括 T 细胞在内的免疫系统起到了至关重要的抑制作用。许多具有潜在成瘤潜能的突变细胞会被免疫系统识别,并消灭于早期阶段。然而,在肿瘤与免疫系统的长期博弈过程中,一些肿瘤细胞会过表达 PD-L1 蛋白,该蛋白与 T 细胞表面的 PD-1 蛋白结合后,会抑制 T 细胞并使其处于低活性状态。因此,临床上可以采用抗体,对癌细胞的 PD-L1 或 T 细胞的 PD-1 进行封闭,从而激活 T 细胞,达到杀伤肿瘤细胞的目的。目前,大约 20% 的肿瘤患者可以受益于这一疗法,其中的一部分可以达到长期治愈的效果。

与肿瘤个体化疫苗相似,PD-1/PD-L1 抗体的潜在疗效也受到肿瘤基因组中突变数量的影响。一般认为,突变负荷较高的肿瘤,PD-1/PD-L1 抗体疗法的治疗效果可能更好。此外,一小部分的肿瘤表现出"微卫星不稳定性",这是源于肿瘤细胞中错配修复机制的失活,而错配机制失活的一个附带结果就是肿瘤细胞中会有很多的基因突变。因此在临床上,微卫星不稳定性也是判断是否使用 PD-1/PD-L1 疗法的依据。例如,PD-1 抗体在肠癌中的总体治疗效果较差,仅在不到 10% 的患者中显效,后续分析表明,几乎所有的受益患者的肠癌都是微卫星不稳定性的类型。总体而言,目前对于 PD-1/PD-L1 的疗效决定机制仍然缺乏全面理解,有待进一步完善。

(七) CD47 疗法

在免疫系统中,T 细胞和 NK 细胞通过裂解等方式杀伤肿瘤细胞,巨噬细胞则能够吞噬肿瘤细胞。因此,肿瘤的形成过程中,也需要逃脱巨噬细胞的监视作用。目前已经

发现，一些类型的肿瘤细胞可以通过表达 CD47 蛋白，向巨噬细胞传递"别吃我（Don't eat me）"信号。当用 CD47 抗体封闭这一信号后，可以重新激活巨噬细胞，吞噬肿瘤细胞。由于衰老的红细胞也大量表达 CD47，CD47 抗体可能会引发巨噬细胞对红细胞的吞噬，导致贫血。在近期披露的一项临床试验中，先期使用小剂量的 CD47 抗体消减体内的红细胞数量，造血系统会补偿性地产生较多的新生红细胞，之后再使用正常剂量的 CD47 抗体。这样的治疗方案在杀灭肿瘤细胞的同时，可将贫血维持在可控水平，在急性髓性白血病和骨髓增生异常综合征的治疗中取得了较好的效果。

（八）其余肿瘤免疫领域的药物靶点

在针对免疫细胞的抑制机制的药物中，最早显示临床疗效的是 CTLA-4 抗体，该抗体的副作用相对较大，目前的临床使用频率小于 PD-1/PD-L1 抗体。在一些肿瘤的治疗中，CTLA-4 和 PD-1 两种抗体的联用相比单个抗体可以进一步提高治愈率。

除了 CTLA-4、PD-1/PD-L1、CD47 以外，多项研究中还确认了一些新的对免疫细胞有抑制作用的治疗靶点，包括 LAG3、TIGIT、Siglec15、TGF-β 等，LAG3 抗体于 2022 年获批使用，针对其余靶点的抗体也已进入临床试验阶段。

对抗肿瘤的另一个免疫疗法途径是通过化合物或细胞因子，直接正向激活免疫系统。在这一方面，最早进入临床的药物包括 α 干扰素和白介素 2（IL-2），但是疗效较为有限。除此之外，其余一些细胞因子（如 IL-18 等）在免疫细胞上存在治疗靶点，但是这些细胞因子也存在其余一些结合靶点，这些额外的靶点或者引发较强的副作用，或者降低细胞因子的有效浓度，导致这些细胞因子的抗肿瘤效果并不理想。在近期的一些研究中，通过对这些细胞因子的序列改造，可以减少它们与额外靶点的作用，这些改造后的细胞因子有可能成为肿瘤免疫治疗的新武器。

正向激活免疫系统的另一个尤为重要的新靶点是天然免疫信号通路。在这一通路中有一个重要节点蛋白 STING，通过设计小分子药物激活 STING 蛋白后，细胞中会表达 I 型干扰素，从而激活免疫系统，达到抑制肿瘤的目的。天然免疫系统已成为肿瘤治疗领域的重要热点，有望为肿瘤免疫疗法提供新的药物。

（九）溶瘤病毒疗法

溶瘤病毒是一类改造过的病毒载体，这类病毒可用于向肿瘤递送一些基因，达到治疗肿瘤的目的。最先获得批准的溶瘤病毒装载了免疫刺激因子的编码基因，获批用于黑色素瘤的治疗。另一个研究思路是，利用溶瘤病毒递送 CD19，使实体肿瘤中的细胞表达 CD19 蛋白，这样就可以利用针对 CD19 的 CART 细胞杀伤肿瘤。

除了免疫相关基因以外，溶瘤病毒还可以通过其他方式攻击肿瘤。例如，脊髓灰质炎病毒以 CD155 为媒介，侵染神经元细胞，而脑胶质瘤中 CD155 的表达显著升高。在临床治疗中，通过对脊髓灰质炎病毒进行改造，使其不仅能够侵染脑胶质瘤细胞，而且获得了在胶质瘤细胞中特异性复制并裂解胶质瘤细胞的能力。这一疗法取得了较好的疗效并已获批临床使用。随着肿瘤研究的深入，溶瘤病毒作为一个独特的基因递送介质，也许可以使更多的治疗途径成为可能。

六、肿瘤精准治疗

随着人们对肿瘤机制的了解不断加深,以及肿瘤治疗手段的发展,精准用药已成为临床肿瘤治疗的重要目标。对于肿瘤样本的基因突变、RNA 和蛋白表达水平的分析可望为精准用药提供方向性的指导。例如,肿瘤中的基因突变可能提示该肿瘤适用于哪种靶向药物,也可能提供肿瘤个体化疫苗的相关信息。

由于肿瘤治疗技术的不断拓展,有时肿瘤中的同一个靶点可能提供多种治疗机会。例如,HER2 是一个在一些类型的乳腺癌中高表达的表面受体,在精准治疗手段上,可以采用:①HER2 化学抑制剂或单克隆抗体;②以 HER2 为媒介,使用抗体偶联药物杀灭肿瘤细胞;③利用 HER2-CD3 双特异性抗体,引发 T 细胞对肿瘤细胞的杀伤;④以 HER2 肽段作为肿瘤疫苗,激发免疫反应清除癌细胞;⑤针对 HER2 的 CAR-T 疗法等。

七、其余类型的肿瘤治疗方法

在肿瘤的治疗中,前面所讨论的手术、放疗、传统化疗、靶向治疗和免疫治疗是最主要的治疗方式。对于一些器官的小型肿瘤,还可以在肿瘤影像学的介导下,对肿瘤进行超声波、微波加热,或灌注液氮、酒精,或堵塞肿瘤血管,从而杀灭或抑制肿瘤。光动力疗法和硼中子俘获疗法则是将光敏药物或含硼药物递送入肿瘤细胞后,再分别使用特定波长的光波或中子射线进行照射,使肿瘤细胞中分别产生大量氧自由基和放射性粒子,从而达到杀伤肿瘤细胞的目的。这些疗法在其所适用的肿瘤类型中都起到了较好的治疗效果。

电场疗法是近年来新发展的一种治疗手段。在这一疗法中,将两个电极贴在肿瘤附近的皮肤上,并以每秒数万次的频率转换正负极,所生产的电场扰动能够抑制癌细胞的增殖。该疗法已获批用于脑胶质瘤的治疗。

随着肿瘤学、影像学和其他技术领域的深入研究,各种早期筛查技术和治疗手段将不断完善,逐渐提高肿瘤的治愈率。

(姜　海)

参考文献

[1] BUGTER JM, FENDERICO N, MAURICE MM. Mutations and mechanisms of WNT pathway tumour suppressors in cancer [J]. Nat Rev Cancer, 2021, 21(1):5-21.

[2] DUNFORD A, WEINSTOCK DM, SAVOVA V, et al., Tumor-suppressor genes that escape from X-inactivation contribute to cancer sex bias [J]. Nat Genet, 2017, 49(1):10-16.

[3] ELINAV E, NOWARSKI R, THAISS CA, et al., Inflammation-induced cancer: crosstalk between tumours, immune cells and microorganisms [J]. Nat Rev Cancer, 2013, 13(11):759-771.

[4] KRÖNKE J, UDESHI ND, NARLA A, et al. Lenalidomide causes selective degradation of IKZF1

and IKZF3 in multiple myeloma cells [J]. Science, 2014,343(6168):301 - 305.

[5] KUENZI BM, IDEKER T. A census of pathway maps in cancer systems biology [J]. Nat Rev Cancer, 2020,20(4):233 - 246.

[6] LIU J, MA J, LIU Y, et al. PROTACs: A novel strategy for cancer therapy [J]. Semin Cancer Biol, 2020,67(Pt 2):171 - 179.

[7] LORD CJ, ASHWORTH A. PARP inhibitors: Synthetic lethality in the clinic [J]. Science, 2017,355(6330):1152 - 1158.

[8] LOWE SW, SHERR CJ. Tumor suppression by Ink4a-Arf: progress and puzzles [J]. Curr Opin Genet Dev, 2003,13(1):77 - 83.

[9] OTT PA, ZHUTING H, KESKIN DB, et al. An immunogenic personal neoantigen vaccine for patients with melanoma [J]. Nature, 2017,547(7662):217 - 221.

[10] OTTO T, SICINSKI P. Cell cycle proteins as promising targets in cancer therapy [J]. Nat Rev Cancer, 2017,17(2):93 - 115.

[11] PARDOLL DM. The blockade of immune checkpoints in cancer immunotherapy [J]. Nat Rev Cancer, 2012,12(4):252 - 264.

[12] SCHEFFNER, MARTIN, HUIBREGTSE, et al., The HPV - 16 E6 and E6 - AP complex functions as a ubiquitin-protein ligase in the ubiquitination of p53 [J]. Cell, 1993,75(3):495 - 505.

第三篇 | 医学分子遗传学技术与研究方法

第十章　分子遗传学常用技术

　　1953 年，Watson 和 Crick 解析了 DNA 双螺旋结构，标志着分子生物学的诞生。随后，一系列理论和技术的突破，奠定了现代分子生物学的基础，遗传学的研究也随之逐步进入了分子时代。例如，Crick 于 1958 年提出遗传信息传递的中心法则；1966 年 Nirenberg 等破译了遗传密码；1972 年 Boyer 和 Berg 创立了 DNA 克隆技术；1975 年 Sanger 和 Gilbert 建立了 DNA 分子的核苷酸测序法；1985 年 Mullis 发明了 PCR 技术。进入 21 世纪后，高通量 DNA 测序技术和生物信息学得到了巨大的发展，人类基因组计划及 ENCODE 等后基因组计划的顺利实施为包括遗传学在内的生命科学研究奠定了坚实的基础。本章将介绍常用分子遗传学技术的原理、关键步骤及应用。

▌第一节　PCR 技术

　　核酸作为遗传物质，携带着与生命活动有关的基本信息。因此，深入地认识核酸的结构组成、碱基排列、生物学功能，是我们了解生命规律的重要环节。利用核酸携带的生物学信息，我们可以鉴定人类自身的致病基因、鉴别病原菌的类型，从而高效、灵活、快速地做出临床诊断并指导用药。

　　人类对核酸的研究已经有近百年的历史，最初，科学家们一直致力于研究核酸提取技术，但体外获得的核酸往往含量很少，远不能满足进一步研究的需要。1985 年，美国科学家 Kary Mullis 发明了聚合酶链反应（polymerase chain reaction，PCR）技术。该技术能以微量生物材料为核酸原料，在短时间内实现 DNA 拷贝数的指数级增长，从而实现人们在体外获得大量特定核酸片段的愿望，因此获得了 1993 年的诺贝尔化学奖。1988 年，Saiki 等从美国黄石国家森林公园的温泉中分离出一株嗜热杆菌，从中提取得到一种耐高温的 DNA 聚合酶，使 PCR 方法的便捷性及扩增效率得到了极大提高。如今，PCR 技术已经成为现代分子生物学研究的基石之一，在基础科研、临床诊断和法医检验等领域发挥着极为重要的作用。

一、PCR 实验原理

　　PCR 技术利用碱基互补配对原则，在含有模板 DNA、引物（primer）、4 种脱氧核苷酸、镁离子等二价阳离子的缓冲体系中，由 DNA 聚合酶催化合成特异的 DNA 片段，其扩增的特异性取决于与靶序列两翼互补的核苷酸引物。PCR 反应包括模板变性（denaturation）、引物退火（annealing）及新生链延伸（extension）3 个步骤组成的重复循环反应。模板 DNA 加热至 94～95℃后,氢键断裂,DNA 充分解离成单链;当反应体系冷却至 55℃左右时,人工合成的一对寡核苷酸引物(20～30 bp)分别与单链 DNA 模板互补,结合到拟扩增片段的两侧末端,形成局部双链;当反应体系温度升高至合适的工作温度(通常 72℃)时,耐高温的 DNA 聚合酶从引物 3′- OH 端起始催化合成与模板链互补的新生链。由于每一循环中合成的产物可作为下一循环的模板,因此,经几次循环,模板 DNA 的拷贝数即按几何级增长(2^n),如 20 个 PCR 循环可使目的基因扩增 2^{20}。但由于反应体系内引物和原料的消耗、酶活力的减弱,当扩增反应进行到 25～40 个循环后,DNA 片段的增加速度会逐步减慢,逐渐进入平台期(饱和期)。

二、PCR 实验设计

(一) DNA 聚合酶选择

在 PCR 反应中,DNA 聚合酶的性能直接影响了扩增效率及扩增产物的特异性和准确性。目前已经发现并应用了多种耐高温的 DNA 聚合酶,根据它们不同的催化特性,可将其运用于不同目的的 PCR 实验中。

1. Taq DNA 聚合酶(DNA polymerase) 由 Saiki 等从水生嗜热菌(*thermus aquaticus*)中提取到的 Taq DNA 聚合酶是目前应用最多的热稳定聚合酶,它的最适反应温度在 75～80℃,在 95℃有 40 分钟的活性半衰期。Taq 酶具有 5′→3′聚合酶活性和 5′→3′外切酶活性,但是没有 3′→5′外切酶校对活性,因此在 PCR 反应中无法校正一些碱基的错配,扩增时的错配率可达到 10^{-4}。

2. Vent 高保真 DNA 聚合酶 从极端嗜热细菌(*thermococcus litoralis*)中分离纯化获得的 Vent DNA 聚合酶热稳定性非常好,它没有 5′→3′外切酶活性,但是有很强的 5′→3′聚合酶活性和 3′→5′外切酶活性。当 PCR 反应中有核苷酸与模板不互补而游离时,Vent 酶可以发挥 3′→5′外切酶活性将其切除,从而实现了碱基配对的校对作用,提高了扩增产物的忠实性。Vent 酶的碱基错误率约为 1/31 000,保真度比 Taq 酶高 5～10 倍。

3. Pfu 高保真 DNA 聚合酶 与 Vent 酶相似,从嗜热古菌(*Pyrococcus furisus*)中提取出来的 Pfu DNA 聚合酶同样无 5′→3′外切酶活性,有 5′→3′DNA 聚合酶活性和 3′→5′外切酶活性,有很好的错配校正能力,进行核酸扩增的保真度比 Vent 酶还高 2～60 倍,因而成为目前最为广泛运用的高保真 DNA 聚合酶。Pfu 酶在克隆构建、定点突变、单核苷酸多态性筛查等对保真性要求较高的 PCR 实验中发挥重要作用。但因其扩增速率远不如 Taq 酶,对长距离模板的扩增效果也不是很好,所以对于一些对保真度要求不高的 PCR 扩增实验,如菌落 PCR、小鼠基因型鉴定等,Taq 酶可能更加适用。

(二) PCR 引物设计原则

短核苷酸引物的序列设计合理性是决定 PCR 反应效率和扩增特异性的关键。一般来说,为了提高扩增效率、减少非特异性扩增,引物的设计应遵循以下几个原则:①引物长度应控制在 15～30 bp 为宜;②碱基尽量随机分布,GC 含量控制在 40%～75%,避免连续数个嘌呤或嘧啶的碱基排列;③上下游引物避免有互补序列,以防形成引物二聚体；④引物内部避免形成二级结构；⑤引物与非特异性扩增区域的同源性不应超过70％；⑥引物5′端对扩增特异性影响不大，可在5′端引入酶切位点、生物素、地高辛等标记；⑦引物3′端最初1、2个碱基影响聚合酶的延伸效率和特异性，3′端碱基最好选用A、G、C，避免出现连续2个以上的T；⑧引物3′端应避免终止于密码子的第三位，并尽量采用简并密码子少的氨基酸的密码子序列。

（三）PCR反应程序设定

常规的PCR反应是由数十个温度循环周期组成的，经过多轮的变性、退火、延伸过程直至达到满足需求的扩增数量。关于PCR反应程序的设定，应注意以下几点。

1. 控制变性温度和时间　要使DNA模板完全解链并且不影响DNA聚合酶的活力。以Taq酶为例，一般会在PCR反应起始时先于95℃变性3～5分钟，再以94℃的变性温度进入循环，每次变性时间不超过30秒。

2. 退火温度的选择决定了PCR反应的特异性和扩增效率　退火温度越高引物结合的特异性越强，但扩增效率会降低；退火温度过低则效果相反。一般来说，PCR实验的退火温度（T_a）比引物的溶解温度（T_m）低5℃，根据引物中的G、C含量，按照公式$T_a = T_m - 5 = 2(A+T) + 4(G+C) - 5$可计算出一个合适的退火温度。退火反应的时间设置在30～60秒为宜。

3. 引物延伸的温度一般设定在72℃　引物延伸的时间取决于待扩增片段的浓度和长度，一般可按照30～60s/kb的参数来设定延伸时长。在完成最后一轮温度循环时，可增加5～10分钟延伸时间，以使反应完全，提高产量。

4. 控制反应循环数　一般PCR反应循环数会设置在25～35的范围内，循环数越多，引入非特异性扩增的概率越大，并且进一步增加循环数可能会使反应进入平台期。因此，应在保证PCR反应得率的前提下，尽可能减少扩增的循环数。

三、定量PCR技术

（一）实时荧光定量PCR

PCR技术实现了在体外大量扩增核酸片段，但由于PCR反应进行到最后会进入一个平台期（饱和期），此时再对扩增产物进行定量则不能很好地反应初始模板之间的数量关系。由此催发了实时荧光定量PCR（quantitative real-time PCR，qPCR）的诞生。qPCR在普通的PCR反应体系内加入了荧光探针或荧光染料，随着反应的进行，荧光亮度会跟随核酸的积累而逐步增加，利用仪器实时检测体系内荧光强度能得到对应的扩增曲线（图10-1）。通过比较达到指数扩增拐点时的循环数（Ct值）可实现对原始模板基因含量的定量比较，该方法具有较高的灵敏度与精确性，操作方便、自动化程度高，为医学临床检验和科学研究提供了有力的帮助。

荧光扩增曲线一般会经历3个阶段。第一阶段：即经历最初的几个循环时，扩增得到的荧光信号较弱，体系检测到的基本为背景信号，此时的荧光信号定义为基线（baseline）。第二阶段：荧光信号进入指数扩增阶段，此时扩增到第n个循环时产物与初始模板量间的关系符合方程$X_n = X_0 \times 2^n$。第三阶段：基因扩增进入平台期（饱和期），荧

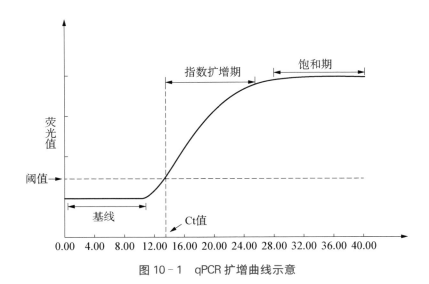

图 10‑1　qPCR 扩增曲线示意

光亮度与初始模板量不再呈线性关系。因此,会将阈值设定在指数扩增阶段的某个位置上,一般阈值的缺省设定是 3～15 个循环的荧光信号标准差的 10 倍。而 Ct 值则指的是荧光信号达到阈值时反应的循环数。通过比较样品与标准品间 Ct 值的差异,即可计算出模板的初始浓度。

根据荧光发光的原理可将实时荧光定量 PCR 分为两类,即染料类和探针类。①染料类。常用的荧光染料有 SYBR Green Ⅰ、Eva Green、LC Green 等。此类染料在游离状态时发射非常微弱的荧光,但它可与双链 DNA 的小沟结合,一旦与双链 DNA 结合,其荧光强度会增加 1 000 多倍,只要在体系内加入过量的荧光染料,检测到的荧光强度将会随着核酸含量的增高而增加。②探针类:在 PCR 体系内引入一个特异的荧光探针,如 Taqman 探针。该探针为一种特殊的寡链核苷酸,其 5′端带有一个报告荧光基团,3′端带有一个荧光淬灭基团。当探针处于游离状态时,荧光报告基团与淬灭基团靠近在一起,荧光被吸收。在 PCR 扩增时,探针结合到对应的核酸序列上,位置在上下游引物之间,遇到 Taq 酶后会利用其 5′→3′外切酶活性将探针水解,从而荧光基团被释放出来并且被检测到。两种方法相比,染料法能够和所有双链 DNA 结合,不用为每个检测特别定制,程序通用性高,因而实验成本较低,能进行较大通量的检测。但是,因为荧光染料能与所有的双链 DNA 结合,由引物错误扩增或引物二聚体产生的荧光会造成实验假阳性。若使用 Taqman 探针法,则每合成一条 DNA 链就会释放一个荧光基团,从而可以更加精确地实现 DNA 定量,但是该方法的实验设计更加复杂,成本也更高。

(二) 数字 PCR

虽然实时荧光定量 PCR 从一定程度上实现了对核酸的定量检测,但其技术原理还是依赖于在扩增过程中实时检测探针或 DNA 染料产生的荧光强度,通过比较样品与标准的 Ct 值,计算得到样品浓度。因此,实时荧光定量 PCR 所获得的是一个“相对”的定量结果。此外,当遇到模板浓度差异过小、基因拷贝数过低等情况时,荧光定量 PCR

检测的灵敏度和精确性就会不足。数字 PCR(digital PCR)是在实时荧光定量 PCR 的基础上的进一步升级,将待测模板进行稀释后分散于独立反应腔内,同时进行大规模平行单分子量级的荧光 PCR 扩增,然后经过严格的数理统计,实现对核酸的精确定量(图 10 - 2)。

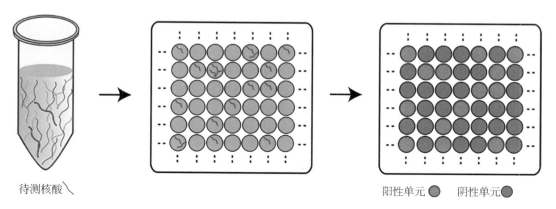

待测核酸

阳性单元 ● 阴性单元 ●

图 10 - 2　数字 PCR 设计原理

数字 PCR 的原理是:将核酸均匀稀释后,使其分布在大量独立反应腔内进行独立扩增,每个反应腔内可能分别包含零个或多个目标序列,并利用探针或者染料对扩增产物进行标记。反应结束后,含有目标序列的反应单元经扩增后其荧光信号强度将达到一定阈值,可视为阳性单元;目标序列含量为零的反应单元则几乎检测不到荧光,视为阴性单元。

假设每个反应单元含有的起始目标序列拷贝数为 x,x=k(k=0,1,2,3,4……)的概率分布函数 p 符合下式中的泊松概率模型,其中 λ 表示反应单元所含有的平均分子拷贝数。所以,只要求得到 λ 的值就能得到精确的核酸定量结果:

$$p(x=k)=\frac{\lambda^{k}}{k!}e^{-\lambda}$$

假设反应单元总数为 M,阴性单元数目为 n,用 P 表示阴性单元出现的比例,再结合上式则可得到以下推导:

$$P=p(x=0)=e^{-\lambda}=\frac{n}{M}$$

因此,在数字 PCR 核酸定量时,只需要通过阴性单元的比例即可确定反应单元的平均分子拷贝数,从而实现目标序列的准确定量。

样品分散是数字 PCR 的关键环节,技术门槛较高。目前商业化的数字 PCR 系统主要包括:芯片式数字 PCR(chamber-based digital PCR,cdPCR)和微滴液式数字 PCR(droplet digital PCR,ddPCR)。最新数字 PCR 技术已经能实现反应单元的自动划分,单元数量可达数百万个,并可将反应单元体积微量化至 5pl。

利用数字 PCR,可实现基因表达分析、核酸拷贝数变异(CNV)、基因突变检测等基因组学研究;可实现肿瘤个体化诊疗、病原检测、无创产检、液体活检等临床医学应用。尤其在原始样本含量极低或者目标序列罕见的情况下,数字 PCR 更是体现出其独特优势。

四、反转录 PCR

反转录 PCR(reverse transcription PCR,RT-PCR)指的是 RNA 的反转录(RT)与 cDNA 的 PCR 相结合的方法。首先在反转录酶的参与下,以 RNA 为模板合成单链的 cDNA,再以 cDNA 为模板进一步做 PCR 扩增。需要注意的是,若 RNA 样品里有微量 DNA 的污染,也会在扩增过程中被放大,影响对 RNA 含量和序列的判断。因此,需要使用无 RNase 的 DNase 处理样品,消除 DNA 污染可能造成的干扰。

RT-PCR 中常用的反转录酶包括禽类成髓细胞瘤病毒(avian myeloblastosis virus,AMV)反转录酶和莫洛尼鼠白血病毒(Moloney murine leukemia virus,MoMLV)反转录酶。AMV 反转录酶工作温度较高(42℃),适合对具有二级结构的 RNA 进行反转录;MoMLV 的 RNase H 活性较低,更适合合成大片段的 cDNA。另外,Tth DNA 聚合酶在 Mn^{2+} 参与下也有反转录酶活性,可一次性完成反转录- PCR 扩增的流程,操作便捷,但是 PCR 反应的错误率较高(约为 1/500)。实验者可根据待测 RNA 的序列结构特征及实验检测目的选择不同反转录酶参与反应。

反转录 PCR 是一种快速、简便地研究 RNA 的方法,相比于传统的 Northern 印迹杂交方法,它的反应灵敏度更高,可检测低丰度的 RNA。从细胞或组织中提取到的 RNA 可通过反转录 PCR 建立 cDNA 文库,其相较于 RNA 更容易保存,在临床检测和科学研究中有广泛应用。例如,从患者身上提取到的致病性病毒 RNA 一般量都很少,也容易降解,利用 RT-PCR 就可以很好地将病毒 RNA 的信息进行大量扩增并长期保存。

利用反转录酶将 mRNA 反转录成 cDNA 后,结合实时荧光定量 PCR 扩增,是目前分析基因表达运用最广的手段。这种方法也被简称为 RT-qPCR,这里的 RT 是 reverse transcription 的缩写。该实验的关键在于设计靶向特定基因编码序列的高度特异性的 PCR 引物,注意两端的引物尽可能位于不同的外显子中(跨内含子),可以排除基因组 DNA 的干扰。通过比较待测目标基因扩增产物的 Ct 值与管家基因扩增产物(内参)的 Ct 值,可以确定样品中该基因的相对表达量。

五、其他 PCR 相关技术

(一) 不对称 PCR

不对称 PCR(asymmetric PCR)的目的是产生大量特定的单链 DNA。通过在反应体系内引入不等量的一对引物,经过多轮扩增后,低浓度的引物单链被耗尽,高浓度的引物单链继续扩增,从而产生大量单链 DNA。单链 DNA 和双链 DNA 可用琼脂糖凝胶电泳分离,回收得到的高纯度单链 DNA 可用于测序等下游分析。

(二) 多重 PCR

多重 PCR(multiple PCR)多用于检测单拷贝基因的插入、缺失、异位等异常变化。

基因组上的一个基因通常横跨几千 kb，而普通的 PCR 扩增大多只能达到 3～4 kb，若用分段扩增的方式来检测突变将十分耗时耗力。多重 PCR 的原理是，在常规的 PCR 体系内引入多对引物，这些引物的靶序列一般存在于多个基因突变的好发区域，且片段大小不一，多重 PCR 反应完成后的所有扩增片段可展现在琼脂糖电泳图谱上。若某段目标序列发生了缺失等变化，则该段对应的扩增产物会消失或长度发生改变，从而判断出基因异常。

（三）巢式 PCR

巢式 PCR（nested PCR）可用于扩增初始浓度很低的模板，提高反应的灵敏度。原理是设计两对引物，第一对引物（外引物）的互补序列在待扩增片段的外侧，第二对引物（内引物）的互补序列在同模板外引物的内侧。由此两对引物分别进行两轮 PCR，可对目标序列进行数倍扩增，同时很好地克服普通 PCR"平台期"的限制及由此产生的非特异性扩增。为了简化操作流程，以及避免二次操作可能带来的污染，可一次性将两对引物都加入体系中，设计时注意使内引物的 T_m 值低于外引物的 T_m 值。设置最初若干循环采用较高的退火温度，使外引物先与模板结合退火延伸，后面再降低退火温度，使内引物以外引物延伸产物为模板进一步扩增，从而得到足够量的目标序列。

（四）锚定 PCR

锚定 PCR（anchored PCR）可用于分析未知序列的基因片段。它的原理是利用 DNA 末端转移酶在未知序列端添上同聚物尾（如 poly dG），然后人工合成与同聚物尾互补的核苷酸引物（含有 poly dC）作为锚定引物，在另一端序列特异性引物的配合下，可扩增出带有多聚物尾的未知 DNA 片段。例如，cDNA 末端的快速扩增（rapid amplification of cDNA ends，RACE）就是一种特殊类型的锚定 PCR，可用于获得全长的 cDNA。

（五）原位 PCR

原位 PCR（in situ PCR，ISPCR）即在固定细胞形态的前提下，引入必需的缓冲液、引物、DNA 聚合酶等，直接在单个细胞内进行 PCR 扩增，然后再加入特异探针进行原位杂交，可用来检测具有某段特定序列的细胞。原位 PCR 多用于细胞涂片、病理组织切片或者致病微生物的原位检测，灵敏、高效且特异性强。

第二节　核酸分子杂交

核酸分子杂交是利用碱基互补配对原则发展而来的一系列方法。其基本原理是：序列互补的两条单链核酸分子在特定温度和离子强度下，能够按照碱基互补配对原则退火形成双链，将带有同位素或化学基团标记的寡核苷酸探针（probe）与待检核酸样品进行杂交，再通过放射自显影或化学发光法即可对样品进行检测。核酸分子杂交反应具有较高特异性和灵敏度，可用于突变位点鉴定、克隆基因筛选、酶切图谱制作、特定基因序列的定量和定位等研究，并且在产前诊断、病原微生物鉴定、肿瘤病因学分析等方面得到广泛应用。

一、核酸分子杂交的类型

（一）液相核酸分子杂交

液相杂交是指在液态环境中将待检样品与寡核苷酸探针孵育的杂交技术。在液体中进行杂交反应的优点是效率比较高，且核酸样品较为稳定，序列结构保持得较为完整。但缺点是杂交反应完成后背景难以去除，导致杂交产物的特异性比较差、杂交信号的分辨率不高，难以满足很多定量研究的要求，因而应用并不广泛。按照不同的杂交物富集方式和信号检测方式，应用较多的液相杂交方法主要可分为以下几种。

1. 液相吸附杂交　探针与靶核苷酸杂交后，杂交物可特异性地吸附到某种固相支持物上，如羟基磷灰石（HAP）、亲和素包被的小球、阳离子磁化的微球体等，通过离心、磁性吸附等方式可连同杂交产物一起洗脱分离出来。

2. 发光液相杂交　在反应体系内加入两种靶序列靠近的探针，一种标记化学发光基团（供体），另一种标记荧光物质。当两种探针靠近时，一种标记物的光可被另一标记物吸收并发出其他波长的光，通过检测器可对杂交信号进行检测。该方法只有两种探针同时杂交到同一个核酸单链才能被检测到，因此在液相杂交中具有较好的特异性。

3. 液相夹心杂交　在核酸样品中加入吸附探针和检测探针，两者与靶序列杂交后形成一个夹心结构。通过吸附探针将杂交物吸附在特定的固相支持物上，而带有特殊标记的检测探针可通过自身荧光或催化发光底物产生信号来进行检测。

4. 复性速率液相分子杂交　根据核酸在液体中杂交的性质，同源 DNA 的复性速率比异源 DNA 要快，因此通过分光光度计测算体系中 DNA 的复性速率可推算反应体系中 DNA 之间的杂交结合程度。

（二）固相核酸分子杂交

固相杂交技术是指将参与杂交反应的其中一条核酸链（待测模板或者寡核苷酸探针）固定在纤维素膜、尼龙膜、乳胶颗粒或微孔板等固态支持物上，另一条链游离在反应溶液中，在反应过程中碱基互补的探针与单链核酸分子之间通过氢键形成双链。固相杂交后游离的片段易于漂洗，背景更易去除，且固定在膜上的杂交产物较为稳定，不容易发生自我复性，因此是目前应用最为广泛的分子杂交技术。常用的 Southern 印迹杂交（Southern blot）和 Northern 印迹杂交（Northern blot）技术就属于此类。另外，用于高通量检测的核酸分子杂交技术——基因芯片本质上也是一种固相杂交。

（三）原位杂交

原位杂交（*in situ* hybridization，ISH）指的是在不进行核酸提取的前提下，保留组织或细胞材料较为完整的形态，通过特殊处理增加细胞的通透性和核酸链开放性，直接使用带标记的寡核苷酸探针对组织细胞进行原位检测。核酸原位杂交可以检测保持完整形态的染色体，实现特定核酸序列在细胞和组织中的定位。原位杂交结合高分辨率显微镜技术，能将对生物材料的观察从器官、组织和细胞水平走向分子水平。核酸原位杂交结合免疫组织化学或细胞免疫荧光技术，可同时检测 DNA、RNA 和蛋白质在细胞中的空间定位及相对表达量。

从实验材料上分,目前应用较为广泛的原位杂交技术主要包括菌落原位杂交及组织和细胞的原位杂交。从信号捕捉技术上分,原位杂交技术又包括辐射性杂交(radiation hybrid,RH)、地高辛(digoxigenin,dig)原位杂交、生物素(biotin)原位杂交和荧光原位杂交(fluorescence in situ hybridization,FISH)等类型。

二、常用核酸分子杂交技术

(一) Southern 印迹杂交

DNA 分子是由两条头尾倒置的脱氧多核苷酸链组成的,其中一条链的碱基与另一条链的碱基之间有氢键连接,以 A - T、G - C 互补。在加热、碱性或尿素、甲酰胺等氢键破坏物作用下,链间氢键断裂,形成两条单链,称为 DNA 变性(denaturation);在合适的条件下,两条碱基互补的单链可以恢复成双链结构,称为 DNA 复性(renaturation)。基于上述原理,英国科学家 Southern 于 1975 年建立了基于 DNA 杂交的 Southern 印迹技术。

Southern 印迹杂交的一般技术流程如下:①提取基因组 DNA。Southern 印迹对基因组 DNA 的纯度及完整性的要求较高。②DNA 酶切。使用多种限制性内切酶组合,将基因组 DNA 切割成小片段以利于杂交。③琼脂糖凝胶电泳。目的是将 DNA 片段进行物理分离,凝胶需经过 0.25 mol/L HCl 溶液处理,促使 DNA 在酸性条件下脱嘌呤。④DNA 转膜。用虹吸转移法、电转移法或真空转移法将 DNA 片段转移到尼龙膜上,转膜液为碱性溶液,可维持 DNA 处于单链状态;转膜完成后需用缓冲液处理中和尼龙膜,并用紫外交联或烘烤法加强核酸与尼龙膜的结合。⑤探针标记与纯化。可用末端标记或缺口平移法标记探针,合成后需经过纯化和变性再用于杂交反应。⑥杂交反应。先用单链的鲑鱼精子 DNA 与尼龙膜预杂交封闭背景信号,随后加入单链 DNA 探针在合适的离子环境下进行杂交,反应结束后用含有特定离子强度的溶液将游离 DNA 探针和非特异性结合洗净去除,留下特异杂交的 DNA 片段用于信号显影。影响 Southern 印迹信号质量的因素较多,如目的 DNA 的含量、滤膜上 DNA 的转移率、探针的大小和探针与目标 DNA 的配对情况等。

通过 Southern 印迹杂交技术可追踪目的基因、分析转基因成功率、筛选基因文库等,并可以检测限制性片段长度多态性、可变串联重复多态性、扩增片段长度多态性等 DNA 变异,应用于遗传病的诊断、癌基因分析、生物体基因分型和法医学案例分析等场景。

(二) Northern 印迹杂交

基因表达的产物为 RNA,Southern 印迹杂交技术不适用于基因表达的分析。Alwine 等于 1977 年建立了一种基于 RNA - RNA 或 DNA - RNA 杂交的技术,可分析样品中总 RNA 含量或者特定 RNA 样品分子大小及丰度。由于其基本原理与 Southern 印迹杂交相似,为了与其相对应,该技术被命名为 Northern 印迹杂交。

Northern 印迹杂交的技术流程与 Southern 类似。两者的区别主要在于 RNA 一般是片段较小的单链分子,因此 RNA 提取后不需要经过酶切处理,转膜时也不需要碱性环境来维持单链状态,只需要用中性溶液即可。另外,Northern 印迹杂交对 RNase 十分敏感,需要用 DEPC 处理所有实验材料,并要全程保持在无 RNA 酶活性的环境下工作。

Northern 印迹杂交被认为是分子生物学中研究基因表达最准确可靠的方法,它可以反映特定 RNA 分子的存在量、分子大小等信息,在基因表达模式分析、组织特异性基因检测、特定 mRNA 丰度检测等方面得到很好的应用。尽管目前在生物医学领域发展出了检测基因表达更加快捷灵敏的技术,如 RT－PCR、核酸酶保护分析等,但由于存在假阳性率高、特异性较差等缺点,Northern 印迹杂交技术仍然不可替代。

(三) 荧光原位杂交技术

FISH 技术最初发展于 20 世纪 80 年代,是目前研究细胞内核酸定位的最重要技术之一。它利用荧光基团或者地高辛、生物素标记的探针,经过变性、退火、复性等步骤,进入固定组织、固定细胞或者显微切片的特定基因组位置,能够直观、准确地实现核酸的原位检测。用于 FISH 的核酸探针长度可设计为几十到几百 nt 不等,较短的 FISH 探针一般用于标记基因组上的重复序列,较长的探针则一般用于定位特定的基因组位点,利用不同颜色的标记探针则可以同时表征基因组上的多个位点。

FISH 技术结合超高分辨率显微成像技术可实现对某段已知序列在基因组中的精确定位,目前已广泛渗入生命科学研究的各个领域,并应用于一些医学检测如观察染色体畸变或染色体数量变化等。目前 FISH 实验获得的荧光信号大多只能用于定位分析,要想通过定量分析荧光信号得到某类核酸含量的信息,还需要发展出能客观分析荧光图像的数字化处理软件。另外,目前针对细胞核酸分子的杂交定位分析大都基于固定后的组织细胞材料,实现在不损伤细胞活性的前提下对活细胞内特定核酸片段进行追踪定位是 FISH 技术的另一个重要发展方向。

(四) 基因芯片技术

20 世纪 90 年代,随着人类基因组计划的提出及基因组学的发展要求,分子生物学、物理化学、微电子学、计算机科学等领域不断发生技术突破和学科融合,高通量的基因鉴定手段逐渐产生。基因芯片(gene chip)技术就是从这时开始兴起的。基因芯片技术属于生物芯片(biochip)家族,并且是其中发展最成熟、应用最广泛的一员,它将与生命体基因相关的信息高度集成,实现对核酸序列的高通量检测和分析。从原理上讲,它采用 cDNA、基因组片段或者特定序列的寡核苷酸作为探针,探针以微阵列的形式被显微打印在固相支持物上。将此芯片与大规模的待测核酸模板引入其中进行杂交,便可同时收集成千上万的杂交信号。所以从本质上讲,基因芯片就是大规模集成的核酸固相杂交技术。根据基因芯片的制备方式可将其分为两类,即原位合成芯片(synthetic gene chip)和 DNA 微阵列(DNA microarray)。前者采用显微光蚀刻技术,引导寡核苷酸在芯片特定部位原位合成,物理集成度高,但合成的探针长度较短(一般 8~20 nt),相对来说生物信息的集成度不高;后者将预先合成好的探针以显微打印的方法精密地打印在支持物表面,虽然物理集成度较低,但探针的类型选择比较灵活。

基因芯片的出现极大地提高了基因检测的效率,同时降低了大规模基因分析的成本。基因芯片的应用基本可以归为两个类型:一是采用短核苷酸片段作为探针,对待测样品的核苷酸序列进行较为精确的分析；二是将两种或两种以上的核酸样品与同一芯片杂交，实现高通量平行分析特定核酸含量的差异。基因芯片技术主要运用于基因表达谱分析、个体病变图谱分析、遗传病基因定位、感染性疾病诊断、药物毒理学测试等医学研究及应用领域。

三、核酸分子杂交实验设计

影响分子杂交实验成败的因素很多，且不同的杂交技术存在较大差别，以下讨论大部分类型杂交技术都需要关注的要点。

（一）探针的选择

探针的好坏是杂交实验成功与否的决定性因素之一，一般通过化学合成，或者通过缺口平移、随机引物标记等方法制备。最初使用最多的为放射性标志物，例如，在探针合成时引入含 ^{32}P 的 dCTP，其灵敏度高、稳定性好，但是产生的实验废料不好处理且可能对研究人员产生伤害。随后逐步发展出了多种非放射性标志物，如地高辛、生物素、荧光素（fluorescein）等，但它们的灵敏度和稳定性不及同位素。大多数杂交实验会采用 DNA 探针，某些特殊情况如检测单链靶序列时可采用 RNA 探针。另外，探针的长度也会影响杂交错配率和复合物的稳定性，从而影响杂交信号强度。一般来说，短的探针更易区分碱基错配，但复合物稳定性也更低；长一些的探针则性质相反。

（二）探针的浓度

无论哪种探针，浓度越高则覆盖率越高，杂交信号越强，但过高的覆盖率会对相邻的探针信号造成干扰。在膜杂交中，标记的探针和非标记探针的用量分别为 5～10 ng/ml 和 25～1 000 ng/ml；在原位杂交中，探针用量应控制在 0.5～5.0 μg/ml。探针结合的效率还会受不同固相支持物非特异性结合特性的影响。

（三）反应最适温度

核酸分子杂交包括 DNA - DNA 链杂交、DNA - RNA 链杂交和 RNA - RNA 链杂交，其中不同核酸的杂交结合能力有强有弱，一般来说 RNA - RNA 杂交结合能力最强，DNA - DNA 结合能力最弱，因此 DNA - DNA 杂交需要比较严格的温度条件，温度过高则双链结合不稳定，温度过低则碱基错配增多，氢键结合更弱。选择合适的杂交反应温度十分重要，一般来说最适宜的复性温度（optimum renaturation temperature，TOR）应比寡核苷酸的 T_m 值低 25℃，此时的杂交反应速率最快。

（四）反应时间选择

杂交反应的时间同样决定了杂交实验的成败。时间过短则杂交不完全，时间过长则会引起非特异性结合。用 Cot 值（单链起始浓度 Co 和反应时间 t 的乘积）计算杂交反应时间，当 Cot＝100 时则杂交反应基本完成。一般杂交反应都要进行 20 小时左右。

（五）杂交促进剂

向杂交反应体系中加入一些惰性多聚体可促进探针的杂交率，常用的杂交促进剂包括硫酸葡聚糖和聚乙二醇（PEG）。另外，硫氰酸胍也可以通过增加疏水性及降低双链 DNA 的 T_m 值起到杂交促进的作用。

第三节　DNA 测序技术

DNA 中蕴含着生命的密码,而阐明 A、T、C、G 4 种碱基的排列顺序是解码的关键。当前,DNA 测序技术已经成为分子遗传学最核心的技术之一,对现代生物医学产生了革命性的影响。本节介绍各类常用的 DNA 测序技术及其应用。

一、第一代测序技术原理及应用

1971 年,华裔分子生物学家吴瑞应用"位置特异性引物延伸"策略成功测定出 λ 噬菌体黏性末端的 12 个碱基序列,虽然该法只能测定 DNA 短序列,但是开辟了 DNA 序列分析的先河。1975 年,生物化学家 Sanger 提出了"加减测序法",测定出了史上第一个基因组序列——全长 1 745 386 个碱基的噬菌体 phiX 基因组序列。1977 年,Sanger 又在此方法的基础上引入双脱氧核苷三磷酸作为链终止剂,发展出了更加快捷准确的"双脱氧测序法"(dideoxy chain-termination method)。同年,Gilbert 和 Maxam 合作报道了"化学降解测序法"(chemical degradation method),利用完全不同的原理实现了对脱氧核糖核酸序列的快速测定。"双脱氧测序法"和"化学降解测序法"的建立标志着第一代测序技术的诞生,打开了基因组学研究的大门。

(一) Sanger 双脱氧测序法

Sanger 双脱氧测序法的基本原理是以单链 DNA 为模板,利用 DNA 聚合酶进行多核苷酸的酶促合成。与普通 DNA 聚合反应不同的是,在反应混合液中除了有模板、引物、酶和 4 种 dNTP,还在体系内掺入了一定比例的 ddNTP($2'$,$3'$-双脱氧核糖核苷三磷酸)。在多核苷酸合成时,若遇到 dNTP 掺入,则链继续延长;若遇到 ddNTP 掺入,由于 ddNTP 脱氧戊糖的 $3'$ 位置 C 没有连接羟基,不能参加后续的 $3'$,$5'$ 磷酸二酯键的合成,于是合成反应停止,链不再延长。这样就得到一系列长度不同的、以 ddN 结尾的片段。根据此原理,若对 4 种双脱氧核苷酸打上不同荧光素标记,则可以在同一管反应中得到可分辨的,以 ddA、ddG、ddC、ddT 结尾的四类混合物片段。在变性条件下,将这些片段进行可分辨单核苷酸长度的凝胶电泳并显影,则能够直接读取 DNA 片段的碱基顺序。

Sanger 法具有测序准确性高、速度快、成本低等优势。随着荧光信号接收系统和计算机信号分析技术的发展,可以利用 Sanger 测序的原理进行自动化测序,极大地提高了测序的效率。1990 年,由美、英、法、德、日、中六国科学家共同参与的人类基因组计划(HGP)正式启动,科学家们经历了 10 余年的共同努力,最终解析出人体 2.5 万个基因 30 亿碱基的序列。Sanger 测序技术正是此项计划的最大"功臣"。不过 Sanger 测序法也有其固有的弊端,即每次反应只能测定一个序列,获得片段序列在 700～1 200 bp,无法满足高通量测序的需要。目前 Sanger 法主要应用于 PCR 产物分析、克隆产物的验证、致病位点的临床检测、微生物的检测及分型等方面。

（二）Maxam-Gilbert 化学降解测序法

化学降解测序法的原理是：首先对待测 DNA 片段（单链或双链均可）的末端做放射性标记，标记方法包括 T4 噬菌体多核苷酸激酶标记 DNA 5′端、末端转移酶标记 DNA 3′端、DNA 聚合酶 Klenow 片段标记 DNA 3′端；然后，分别使用特异性化学试剂修饰某类碱基（G 反应、G＋A 反应、T＋C 反应、C 反应），被修饰的碱基易与其核糖基分离，相邻的磷酸二酯键断裂，从而在特定碱基位点处产生裂解，得到一些长度不一的、拥有共同放射性标记起点的 DNA 片段混合物；随后，利用聚丙烯酰胺凝胶电泳将大小不一的 DNA 链分离开，排布顺序体现了片段长度；最后利用放射自显影技术自下而上识别被标记的分子大小，结合 4 个泳道的数据即可判断出待测 DNA 全部碱基的排布。

化学降解测序法只需要普通的化学试剂和实验器材，且测序的重复性高，在测序发展的初始阶段很容易被普通的科研实验室掌握。但此法对 DNA 的纯度要求很高，并且操作繁琐、化学试剂毒性比较大，此后并没有太多改进，未能成为后期主流的测序技术。目前，在研究一些特殊一级结构的 DNA 及与蛋白质互作的 DNA 序列方面有一定运用。

二、第二代测序技术

人类基因图谱的成功绘制是具有跨时代意义的里程碑式事件，但人们对基因组的修饰、表达、功能及基因组图谱与疾病发生机制之间的联系的认知还有很大的空白，生命科学领域的研究走向了后基因组时代，需要在全基因组层面解析生命现象。一代测序因其资源和时间的巨大消耗无法满足此类科学研究的要求，这催发了人们开始思考如何研发更加快速、低廉的测序手段，第二代测序技术（NGS）应运而生。二代测序技术不断在基因扩增、信号捕捉和系统整合等方面出现多层次、多维度的突破，极大地提高了测序的速度和通量，降低了测序成本，为分子生物学、基因组学和表观遗传学等领域的研究及相关应用开辟了新纪元。

目前已有多个二代测序平台投入使用，其中应用最为广泛的三大 NGS 测序平台包括：Illumina/Solexa 的聚合酶合成测序系统、Roche 的焦磷酸测序系统和 ABI 的连接酶测序系统。第二代测序技术的详细原理参见第十一章。

三、第三代测序技术

第二代测序技术的出现显著提高了 DNA 测序的通量，节约了测序时间，大大提高了人类对基因组的认知深度和研究效率。但是由于第二代测序技术的读长都较短（一般为几百 bp），后续所需的大量基因拼接工作不仅繁琐，而且容易引入错漏。尤其是面对基因组上一些重复序列、家族基因、多拷贝基因簇等区域，仅运用短片段的拼接不易还原基因组的真实情况。另外，第二代测序需要基于 PCR 扩增反应建库，扩增过程中容易引入扩增错误，导致甲基化等信息缺失，并可能产生片段长度和 GC 丰度的偏好性，一些拷贝数很少的片段有可能会在扩增过程中被丢失。这些局限性催生了以单分子测序为特征的第三代测序技术，目标是实现对原始 DNA 模板进行准确、读取长度不受限制的直接读序。

第三代测序技术的特征是：DNA 模板无须经过片段化和 PCR 扩增，直接对每一条DNA 链进行单独测序，能获得 10 kb 以上的超长读长。该方法避免了 PCR 扩增可能引入的误差，节省了基因组拼接的存储和计算成本。目前市场上应用最广泛的单分子测序技术包括基于光信号识别的 Pacific Biosciences SMRT（single molecule real time）单分子实时测序技术和基于电信号识别的 Oxford Nanopore Technologies Nanopore 纳米孔单分子测序技术。第三代测序技术的详细原理参见第十一章。

四、DNA 测序技术的临床应用

（一）DNA 测序技术在肿瘤诊断和治疗中的应用

随着基因测序技术的快速进步，已发现越来越多的基因与肿瘤发生发展相关，例如，与肿瘤耐药相关的 *KRAS* 基因、肺癌病理中常见的 AMP 依赖的蛋白激酶基因、被广泛当作治疗靶点的程序性死亡受体基因（*PD-1*）等。肿瘤相关基因往往存在单核苷酸突变、基因片段缺失、基因片段异位或者拷贝数变异等。利用 Sanger 测序法可以针对一些已知的遗传变异进行检测，利用 NGS 进行全基因组测序或者全外显子测序则可以一次性检测出多种基因的突变类型，并且可以发现一些新的癌相关基因突变。除了检测基因组 DNA 的突变，针对癌组织的转录组测序或者 DNA 修饰图谱测序也可以检测出与癌症发生发展相关的遗传标记，为肿瘤的诊断及个性化治疗提供依据。

（二）DNA 测序技术在遗传病检测中的应用

DNA 测序技术，尤其是高通量测序技术对遗传性疾病的诊断也发挥着不可忽视的作用。已知很多新生儿出生缺陷都与单基因突变有关，包括白化病、耳聋、色盲等罕见病。这些疾病往往发病较早，且很难治愈。通过 DNA 测序，能帮助进行遗传病的产前诊断及早期诊断，从而做到早干预、早治疗，或者可以指导有疾病史的家庭优生优育。

（三）DNA 测序技术在临床药物基因检测中的应用

在临床用药的过程中，往往发现同一种药物对不同个体的疗效或不良反应不一致。研究表明，除了个人的年龄、生活环境、饮食、疾病状态等，一些基因的变异也会改变个体对药物的吸收、分布、代谢的过程，或者有些基因变异可以通过修饰药物自身的作用靶点影响药物的作用效果。基于 DNA 测序技术的药物基因组学（pharmacogenomics）就是研究这方面的内容。

（四）DNA 测序技术在病原微生物检测中的应用

高通量 DNA 测序对公共卫生领域病原微生物的检测也产生了极大影响。传统鉴定待测标本中的病原微生物（如真菌和细菌）往往需要先经过分离培养，再进行形态学观察、抗原检测、核酸检测、毒素检测等。通量较低，耗时较久，产生的信息有限，且仅仅能针对一些已知、易鉴别的病原微生物。而通过 NGS 对病原微生物样本进行序列测定，结合生物信息学分析，可一次性得到准确而全面的病原微生物基因组信息，包括一些新型病原微生物或已知病原微生物的新型突变体。另外，DNA 测序对于一些易产生变异的病原微生物（如病毒）的分型、鉴定也发挥着不可替代的作用。

第四节 DNA 重组技术

DNA 重组技术(DNA recombination technique)建立于 20 世纪 70 年代,该技术的发展与成熟是基于两大理论及技术突破——限制性核酸内切酶的功能证实与基因载体的引入。1950 年开始,美国科学家 Daniel Nathans 与 Hamilton Smith、瑞士科学家 Werner Arber 发现细菌内存在庞大的核酸酶家族,并表现出"分子剪刀"的功能,其可特异性地识别并切割 DNA 分子序列的特定部位,从而获得研究需要的 DNA 片段,使得基因研究成为可能,因而获得了 1978 年诺贝尔生理学或医学奖。随后,Stanley Cohen 与 Herbert Boyer 等利用限制性核酸内切酶,将不同来源的 DNA 分子进行连接,成功产生了具有生物活性的复制型遗传结构(质粒 pSG101),从而确定质粒可作为 DNA 分子的携带载体,并发现重组 DNA 分子可在大肠埃希菌内维持与复制。这些发现为 DNA 分子的体外研究奠定了基础,促进了 DNA 重组技术的迅速发展。如今,DNA 重组技术已成为现代分子生物学最常规的手段之一,有力拓展了人们对生命体基因调控网络的理解与认知,并已经运用到动植物育种、发酵工程、基因治疗等诸多方面。

一、DNA 重组技术原理

DNA 重组技术是根据设计蓝图,在体外重组特定的 DNA 分子,再转入活细胞中进行复制及表达的遗传操作技术。具体而言,DNA 重组技术需先将外源目的 DNA 片段从生物体细胞或组织中分离并获得,再通过限制性核酸内切酶对 DNA 双链(基因载体和/或 DNA 片段)的特异性识别与切割以产生黏性末端或平末端,在 DNA 连接酶的作用下将重新形成磷酸二酯键以形成重组 DNA 分子,然后再通过转化或转染等方式转入受体细胞中,以满足后续目的 DNA 的保存、扩增或表达。

二、DNA 重组技术关键环节

经典的 DNA 重组技术主要包括以下几个关键环节。

(一)目的基因获取

目的基因即为拟研究的基因,成功克隆该基因是研究基因表达与功能的前提,是进行 DNA 重组技术的第一步。根据对特定目的基因序列的了解程度,可选择不同的策略获取目的基因。在目的基因的 DNA 或 cDNA 序列已知的情况下,若不含内含子的基因,只需提取该基因组 DNA,利用相应引物进行 PCR 扩增,若包含内含子的基因则需提取总 RNA,以 RT - PCR 方式获得目的基因。当前主要用于研究的物种的基因组序列及基因注释已经相对清楚,获得目的基因的序列已经比较容易。而当目的基因序列未知时,获取难度远高于已知基因。早期较为常用的方法包括 cDNA 文库筛选、mRNA 差异显示、cDNA 代表性差示分析等。

（二）载体选择

载体(vector)指能够将外源性 DNA(目的 DNA 片段)运载至宿主细胞中的一类工具,以确保外源性 DNA 能够在对应受体细胞内有效扩增或表达。20 世纪 70 年代,Stanley Cohen 等通过构建重组质粒 pSG101,最早证实了质粒可作为携带 DNA 分子的载体,后续又逐步拓展了 λ 噬菌体、单链丝状噬菌体、柯斯质粒载体等具有携带 DNA 分子能力的载体系统。目前能够应用在 DNA 重组技术中的载体种类多样,其来源和功能亦有区别。根据应用需求,可分为克隆载体、表达载体及穿梭载体等。

1. 克隆载体(cloning vector)　指用于目的基因克隆的载体,可有效扩增或保存 DNA 片段,是最简单的一类载体,如 pBR322 质粒载体、pUC18/19 质粒载体等。目前常用的克隆载体多数是由质粒或病毒改造而来的,通常具有以下基本特征。

（1）包含一个复制起始区域及其相关顺式调控元件(即复制子,replicon),以保证其在受体细胞内能够进行高效的自主复制。根据起始复制区组成不同,其复制方式亦不同,包括滚环复制、θ 复制等。

（2）包含一个或多个多克隆位点(multi-cloning site,MCS),以便外源性基因片段的插入,同时需保证外源性 DNA 的插入对质粒载体进入并在受体细胞中复制无关联影响。该克隆位点的基本特点是包含多个限制性内切酶识别位点,以适配多样的 DNA 重组策略。

（3）包含筛选标记(selective marker)。载体需具备易识别的筛选阳性克隆的标记基因,可将成功转化载体的受体细胞筛选出来。目前最广泛使用的是抗生素抗性基因,包括氨苄青霉素抗性基因、卡那霉素抗性基因、新链霉素抗性基因及四环素抗性基因等。

（4）质粒载体需具有较高的拷贝数。根据受体细胞内拷贝数程度,可将质粒载体分为严谨型与松弛型。前者是指在受体细胞内质粒的拷贝数仅有几个,后者的拷贝数则可达到几百个。

2. 表达载体(expression vector)　指使目的基因在受体细胞内超量表达的载体。其基本骨架为克隆载体主要结构与基因表达调控元件的联合,包括转录的启动子与终止子、核糖体结合位点、翻译起始密码子与终止密码子等。以下主要以大肠埃希菌的原核表达系统进行说明。

（1）启动子,指 RNA 聚合酶特异性识别并结合的一段 DNA 序列,可调控基因转录的起始。其位于核糖体结合位点上游的 10～100 bp 处,由调节基因(R)控制。大肠埃希菌启动子主要含有两个保守区域,分别是 - 35 区与 - 10 区,前者包含了可决定细菌 RNA 聚合酶起始转录的关键序列,即 TGTTGACA 序列,后者包含了序列略有差异的 Pribnow box。在大肠埃希菌表达系统中常用的强启动子主要有 Lac 乳糖操纵子的启动子 lacp、T7 RNA 聚合酶专一调控的 T7 启动子等。其中,T7 启动子专一性高,可调动受体细胞几乎所有资源以供目的蛋白表达,是目前已知的最强的大肠埃希菌表达系统启动子。

（2）终止子,指提供转录终止信号的 DNA 序列,一般位于基因的 3′端。终止子是表达载体的重要元件之一,其对于控制 mRNA 长度、提高质粒载体的稳定性及提高转录效率有重要作用。目前已知转录终止子有两类：①Rho 因子作用下使转录终止 mRNA；②依据模板特性产生的发夹结构以终止 mRNA。

（3）核糖体结合位点（RBS），指基因的起始密码子上游 8～11 bp 处的一段 DNA 序列，其转录对应的 SD 序列（Shine-Dalgarno sequence）是 mRNA 与核糖体的识别及结合序列，从而起始其下游蛋白质的翻译。RBS 的配备方式有两种，既可由目的基因插入载体时带入，亦可由载体设计并构建时预先设置，但该法需确定插入外源性 DNA 序列的起始密码子与 RBS 位点的距离符合翻译起始要求，以免致使蛋白无法表达。

3. 穿梭载体（shuttle vector）　指能够在两类不同宿主中执行一定功能（复制、增殖或表达等）的载体，其至少包括两套复制元件结构与两种筛选标记。穿梭载体的结构基础亦是细菌质粒，其主要功能在于目的基因的转载，而目的基因的表达由其本身表达元件调控。经典的穿梭载体包括大肠埃希菌/革兰氏阳性菌穿梭载体、大肠埃希菌-酿酒酵母穿梭载体等。

（三）目的基因片段与载体的限制性酶切

该环节最重要的参与者是限制性核酸内切酶（restriction endonuclease），其能够特异、精确地对 DNA 进行切割。限制性核酸内切酶的研究历史最早可追溯至 20 世纪 50 年代，日内瓦大学的 Werner Arber 在 1965 年首次证实生物体内存在限制性核酸内切酶，具备基因切割能力，随后他从 *E. coli* K 中分离获得限制性核酸内切酶 *Eco*B、*Eco*K。此后，分离并纯化得到的限制性内切酶种类日益增加，目前已超过 3 000 种。

研究发现，限制性核酸内切酶可水解 DNA 的磷酸二酯键，从而切断双链 DNA，其能识别并切割特定的核苷酸序列，是体外剪切 DNA 片段的重要工具，包括 I 型、II 型、III 型三大类。其中，I 型、III 型酶切割位点不可预测，并且需要 ATP 供能，因此实用价值低，而 II 型限制性内切酶具有专一的序列识别特性和切割特性，能够识别特定的核苷酸序列（长度 4～8 个碱基），因此是主要得以运用的酶类。由于多数 II 型限制性内切酶为同源二聚体，因而其识别的 DNA 序列一般为回文对称结构（如 *Eco*R I 识别序列为 GAATTC），但也有少数该酶类以单体形式发挥 DNA 切割能力，其识别的是非对称序列（如 *Mbo* II）。II 型限制性内切酶可在其识别序列的内部或外部的特定位置上切割双链 DNA，多数切割位置为识别序列内部，如 *Eco*R I 的识别序列和切割位点为 G⌐AATTC。

在 DNA 重组技术操作中，需用限制性内切酶对选定的载体及目的基因片段进行酶切，以获得具有特定末端特征的线性化 DNA。在设计扩增目的片段的 PCR 引物时，需在 5′端添加对应的酶切位点，由于多数内切酶不能切割裸露的酶切位点，还需在旁边加几个适配保护碱基以实现内切酶对其识别位点的有效切割，但保护碱基不宜过长，否则可能会影响 PCR 扩增效率。由此，引物扩增的目的基因片段两端带有相应酶切位点，经由限制性内切酶处理后可获得黏性末端，可实现与具有相同黏性末端的载体进行有效连接。

（四）连接目的基因片段与线性化载体

该环节是利用连接酶（ligase）将目的基因片段与线性化载体连接，以获得重组 DNA 分子。连接酶最早于 1967 在大肠埃希菌中发现，后来陆续发现了噬菌体来源的 T4

DNA 连接酶,以及嗜热高温放线菌来源的热稳定 DNA 连接酶,其中前两种连接酶制备简单、连接效率高,得以广为使用。连接(ligation)的原理是在连接酶的催化作用下,使两个末端紧邻的 DNA 分子上两个相邻碱基的 5'-磷酸基团和 3'-羟基形成磷酸二酯键。1972 年,斯坦福大学 Paul Berg 等模拟 λ 噬菌体染色体的黏性末端,分别在经切割的 SV40 染色体与质粒分子末端添加 poly(A)尾和 poly(T)尾,通过 DNA 连接酶构建了第一个重组 DNA 分子。

根据预处理连接片段末端性质,可简要分为黏性末端连接与平末端连接。黏性末端连接即待进行连接反应的 DNA 片段末端为互补,包括定向黏性末端连接和非定向黏性末端连接。

1. 定向黏性末端连接　是指待连接载体经两种限制性内切酶(非同尾酶/平末端内切酶)处理,使其所产生的两末端是不相同的,同法处理目的基因片段后即可进行连接,无需对载体进行去磷酸化处理,黏性末端连接可使拟插入基因片段依据实验需求定向连接至载体上,能够有效避免载体的自身环化,而且连接效率高。

2. 非定向黏性末端连接　是指待连接载体经同种内切酶或同尾酶处理后,连接片段所产生的末端是相同的,使插入载体的目的基因片段的方向是不确定的、随机的。且由于载体的两末端相同,易产生载体自身环化,致使连接效率较低。为减少该现象产生,需对载体进行磷酸化处理。

3. 平末端连接　指利用平端内切酶或 DNA 聚合酶处理载体和目的片段,使其末端均为平末端后进行连接,但该法载体自身环化概率高,连接效率低,且相关酶用量大,因此实验中尽量避免使用平末端连接。

影响连接反应效率的因素很多,包括线性化载体和目的 DNA 片段的质量和纯度、载体和目的片段的加入比例、连接酶用量等。经酶切处理的载体需通过纯化的方式保证未被酶切的载体质粒与线性化载体分离,保证待连接载体的纯度,并且在进行转化时,可设置对照以检验待连接载体的质量,即不加目的基因片段、仅加线性化载体的连接反应。载体和目的片段的加入比例对连接效率的影响也较大,载体与目的片段的摩尔数为 1∶2～1∶3,若过高可能导致多拷贝插入,过低可能使得连接效率降低。不同长度的目的片段的连接难度亦不同,一般而言,小于 3 kb 的基因片段插入到载体中较为容易,而大于 8 kb 的基因片段与载体连接比较困难。

(五) 重组 DNA 质粒导入受体细胞

目的基因片段与线性化载体连接形成重组 DNA 分子后,需将其导入受体细胞从而实现外源性 DNA 的克隆。其中,受体细胞(receptor cell)指能够吸收外源性 DNA 分子并使其维持稳定的细胞,亦称为宿主细胞(host cell)。可供选择的宿主细胞类型繁多,涵盖低等原核细胞至高等真核细胞(包括动物细胞、植物细胞等),选择适合的宿主细胞是保证外源性 DNA 基因高效克隆或表达的重要前提。

根据受体细胞类型,重组 DNA 导入细胞的方式不同,常用方法如下:

1. 转化　将重组 DNA 分子(或质粒)导入预先人工诱导的、具有感受态状态的细菌宿主细胞的过程。感受态细胞(competent cell)具有较易从周围环境吸收 DNA 的生理状态,可通过化学处理等方式获得。这个概念最早起源于 1970 年,Morton Mandel 和 Akiko Higa 发现经冰氯化钙溶液处理过的大肠埃希菌细胞更易被转化,这种氯化钙处理法一直沿用至今,其转化效率为 $10^3 \sim 10^5$ 转化子/μg 质粒,可满足实验需要,且方法简单易操作。随后,又衍生出以 Rb^+、Co^{2+} 等阳离子处理的类似方法。已制备的感受态细胞(含 15%体积甘油)可于 $-80℃$ 长期保存,但需注意转化效率随时间而降低。

2. 转染　指外源性 DNA 主动或被动导入真核细胞过程,包括瞬时转染与稳定转染。瞬时转染即是指外源性 DNA 不整合到宿主细胞染色体中,其基因的高表达与多拷贝仅能持续几天,而稳定转染则是将外源性 DNA 整合到宿主细胞染色体上以指导相应蛋白的表达,常用于克隆细胞系的建立。实验中常用的转染方式包括脂质体法、阳离子聚合物[树枝状聚合物(dendrimers)]、聚乙烯亚胺(polyethylenimine, PEI 等)转染技术、EDTA-右旋糖苷法等。其中,脂质体法是由脂质体(具磷脂双分子层的膜状结构)包裹 DNA,通过其与原生质体的融合作用导入 DNA 分子。

3. 电转化　指电穿孔法,是"电场介导的膜穿透"的缩写。在高压脉冲电场下,宿主细胞的细胞壁形成瞬时微孔,重组 DNA 分子接触到磷脂双分子层后,由微孔导入宿主细胞。电转化法转化效率极高,可达 10^9 转化子/μg 质粒,且无需制备感受态细胞,在原核细胞和真核细胞中均适用。

三、DNA 重组技术的应用

DNA 重组技术是现代分子生物学的常规实验技术之一,为生命科学问题的深入探究与解答奠定了基础。1985 年提出的人类基因组计划的实施在很大程度上依赖于 DNA 重组技术。此外,DNA 重组技术在治疗药剂规模化生产、动植物育种、人类疾病的基因治疗、疫苗研制等方面也得到了广泛应用。

(一) DNA 重组技术在治疗药剂规模化生产中的应用

蛋白类药物或多肽药物可从其来源的动物、植物中提取,但其产量有限、成本昂贵,远远无法满足人类疾病治疗的需要。利用 DNA 重组技术生产重组蛋白类药物是行之有效的解决方案之一。通过 DNA 重组技术,不仅可实现重组蛋白药物的大规模工业化生产(以微生物发酵、动物细胞培养为主),而且能够通过基因编辑手段来替换干扰蛋白稳定性的残基或者引入延长蛋白半衰期的序列,以实现提高蛋白类药物的稳定性,还可克服内源性表达的不足。目前,已有百余种生物技术药物在世界各地获批使用,并在临床治疗中发挥了重要作用,包括干扰素、白细胞介素、胰岛素与促红细胞生成素等。除此之外,还有许多蛋白类药物正在进行临床测试,未来这些产品的商业前景很可观。

(二) DNA 重组技术在疫苗制备中的应用

虽然人类在天花、麻疹与脊髓灰质炎等疾病的疫苗开发方面已有卓越成绩,但传统疫苗开发与生产仍有许多局限性,包括:部分病原体无法在培养基中培养、动物细胞培养成本高但对应病毒产量低、减毒株毒力可能恢复等。DNA 重组技术的广泛应用为克服传统疫苗的不足提供了一些解决方案。例如,在保持感染性病原微生物免疫原性的基础上去除其毒性基因,以降低制备的疫苗毒力恢复的风险;通过分离并克隆某些无法体外培养的病原微生物的主要抗原决定簇的 DNA 基因,构建表达载体以进行规模培养。

(文　波　张昱雯　刘浙潇)

参考文献

[1] 李玉花,徐启江. 现代分子生物学模块实现指南[M]. 2 版. 北京:高等教育出版社,2017.

[2] 彭年才. 数字 PCR——原理、技术及应用[M]. 北京:科学出版社,2017.

[3] M. R 格林. 分子克隆实验指南(上、中、下册)[M]. 北京:科学出版社,2017.

第十一章 多组学技术

人类基因组计划(HGP)旨在测定组成人体基因组中所包含的 30 亿个核苷酸序列,其最早于 1985 年被提出,并于 1990 年正式启动。人类基因组计划的逐步实施,推动了分子生物学、医学遗传学等多个相关学科的迅猛发展,并极大提升了我们对人类基因组中基因结构、功能及调控机制等的认知。人类基因组计划作为一项跨国家、跨学科的重大科学探索计划,其在执行过程中所建立起来的研究策略和技术,使生命科学领域的研究正式进入了组学的新时代。本章将介绍包括基因组学在内的多组学技术原理及其在医学遗传学领域的应用。

第一节 基因组学技术

一、基因组学概念

遗传学家托马斯·罗德里克于 1986 年首次提出了基因组学,与遗传学不同的是,基因组学是研究生物体所有基因信息及基因之间相互关系的学科,因此基因组学的研究往往需要借助重组 DNA 技术、DNA 测序技术等对全基因组进行拼接组装,分析其结构、功能及对表型的影响。基因组学的研究能获取人群中致病突变的信息,通过对基因与基因之间、基因与环境之间相互作用的分析,促进我们对于一些复杂疾病及生命复杂系统的理解。

二、基因组学技术

DNA 测序及对测序数据的组装及注释是基因组学研究的首要任务,Sanger 测序技术的出现为基因组学研究打下了坚实的基础,但同样也面临着低通量、读长短等缺陷(基本原理详见第十章)。随着生物学研究的深入及测序技术的不断改进,人们对大型全面的生物学数据集的需求日益增长。因此,能同时实现长读长、低成本、高通量、更快更精准的测序技术层出不穷,成为基因组学研究的主力军,极大地推动了各项基因组计划的实施与完成。

(一)基因芯片技术

基因芯片又称为 DNA 芯片或 DNA 微阵列(DNA microarray)。基因芯片技术是 20 世纪 90 年代中期以来快速发展的分子生物学高新技术,结合了集成电路、计算机、半导体、激光共聚扫描、荧光标记探针和寡核苷酸合成等技术,可用于 DNA 测序、基因诊断、基因表达检测、寻找新基因、药物筛选和个性化给药等。基因芯片的基本原理采用了光引导原位合成或预合成点样等方法,在芯片表面固定大量的 DNA 分子探针,荧光标记的样品孵育后与靶向的序列结合,通过扫描杂交信号,得到该样品的遗传信息。基因芯片技术本质上与核酸分子杂交相同,但具有高通量、集成化、自动化的优点,是目前应用比较广泛的基因检测方法。常见的运用于基因组学检测的芯片包括 SNP 芯片(用于检测单核苷酸多样性)、CNV 芯片(用于检测拷贝数变异)。以 Illumina 公司的 SNP 芯片为例,Illumina 的生物芯片包含玻璃基片和微米级微珠,每个微珠的表面都偶联了几十万条相同的 DNA 片段,这些 DNA 片段分为标识微珠的标签序列和与目标 DNA 互补杂交的探针序列。Illumina 的 SNP 芯片探针设计根据要检测的位点分成两种情况。如果一个 SNP 位点上发生碱基颠换(transversion),那么检测探针的 3′端紧挨该 SNP 位点目的片段杂交后,加入 4 种带标记的 ddNTP 和 DNA 聚合酶后,探针延伸一个碱基即终止,其中双脱氧核苷酸 A、T 用二硝基苯酚(DNP)标记,而 C、G 用生物素标记。红色荧光标记的 DNP 抗体与 DNP 结合、绿色荧光标记的链霉亲和素结合生物素,通过扫描仪检测 SNP 位点。如果一个 SNP 位点上发生碱基转换,那么设计两种探针,其 3′端分别覆盖两种 SNP 位点,只有最后一个碱基互补才能延伸加入带标签的双脱氧核苷酸,最后通过染色扫描进行检测,通过荧光有无区分 SNP 位点。

(二) 第二代测序技术

第二代测序技术又名下一代测序技术(NGS)。有别于 Sanger 法测序等第一代测序,第二代测序可以同时对数百万条短 DNA 片段测序,可同时获取多个全基因组的信息,并能实现深度测序,具有高通量、高效率、高精准度等特点。目前比较常用的二代测序平台包括 Illumina 公司的 Hiseq 测序平台,罗氏公司的 454 焦磷酸测序平台,以及 Applied Biosystems(ABI)的 SOLiD 测序系统。

Illumina 公司的 Hiseq 平台采用的是边合成边测序的方法,其过程分为以下 4 步:①文库构建。待测的 DNA 样本被超声波打断成 200~500 bp 的片段,并在两端添加不同的接头,构建出单链 DNA 文库,文库预扩增。②文库上样。在此步骤中,加了接头的文库片段被固定在一个称为流动槽(Flowcell)的基因芯片上。Flowcell 芯片的槽道表面附有很多 DNA 接头,通过和文库两端接头碱基互补配对的方式吸附流过的文库 DNA 片段。③桥式 PCR 扩增与变性。以 Flowcell 表面吸附的 DNA 文库片段为模板、接头为引物,进行不断的变性和桥式扩增。每个 DNA 单链形成一个包含数千完全相同模板的“DNA 簇”,一个 Flowcell 上可包含数亿个平行独立的 DNA 簇。最终每个 DNA 片段都将在各自的位置上拥有很多份拷贝,以放大测序信号。④采用边合成边测序的方法进行测序。参与合成的 dNTP 带有不同的荧光基团,由于 dNTP 的 3′- OH 被基团通过化学方法进行保护,这些基团的存在会阻止下一个 dNTP 与之结合,确保每次合成反应只能添加一个 dNTP。DNA 分子在合成扩增的同时,接收器记录每次掺入对应的 dNTP 的信号后,再加入化学试剂淬灭荧光信号并去除 dNTP 上 3′- OH 保护基团,以便进行下一轮测序反应(图 11 - 1)。该测序系统的最大局限在于边合成边测序的效率随着反应次数的增加而降低,所以测序读长较短。但因其测序通量高,成本也很低,是目前应用最多的二代测序系统,被广泛应用于基因组测序、转录组分析、小 RNA 鉴定、表观基因组分析等诸多领域。

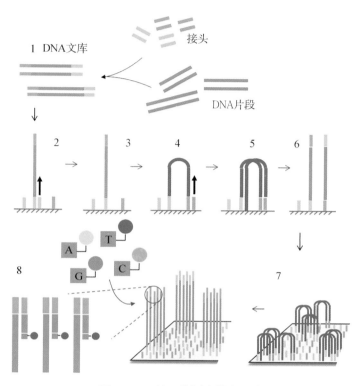

图 11-1　第二代测序技术示意

注:1. 构建 DNA 文库;2. 文库变性后,接头与 Flowcell 上锚定的 oligo 杂交,并以杂交的 DNA 分子为模板合成第一链;3. 变性并洗去模板链,第一链固定于 Flowcell;4~5. 第一链经过复性退火与另一接头互补配对,形成"桥",以接头序列为引物,以第一链为模板,合成第二链;6. DNA 变性后恢复两条单链,进入下一轮扩增;7. 单一 DNA 分子经数轮桥式扩增,达到足够的拷贝数,形成 DNA 簇;8. 边合成边测序:每一个 DNA 簇为单独的测序单元,加入带有不同荧光的碱基,合成互补链,并检测碱基信号。

　　罗氏公司 454 焦磷酸测序系统是一个边合成边测序的系统,其原理及流程可以分为三步。首先是 DNA 文库制备,利用喷雾法将待测 DNA 打断成 300~800 bp 的小片段并在两端加上不同的接头,或者将待测 DNA 变性后用杂交引物进行 PCR 扩增、连接载体,从而构建单链 DNA 文库。第二步是乳液 PCR,在此步骤中,单链 DNA 文库被固定在小磁珠上,磁珠表面含有与接头互补的 DNA 序列、能够特异地结合单链 DNA。这些磁珠与其他 PCR 反应成分一起注入高速旋转的矿物油表面,瞬间形成无数个被矿物油包裹的小水滴,构成了独立的 PCR 反应空间。每个与磁珠结合的小片段都能独立进行 PCR 扩增,并且扩增产物仍可以结合到磁珠上。最后一步即进行焦磷酸测序法测序,在此步骤中,磁珠及其携带的大量 DNA 片段进入一种被称为"PicoTiterPlate"(PTP)的平板中启动测序反应。PTP 平板上的孔每次仅容一颗磁珠进入,在每个磁珠的位置固定后,4 种碱基将依次循环进入孔内,如果能与待测序列匹配则会释放焦磷酸基团,经 ATP 硫酸化酶催化生成 ATP,进而驱动荧光素氧化发出荧光信号。反应结束后,ATP 和游离的 dNTP 由双磷酸酶降解,从而导致荧光淬灭,以便使测序反应进入下一个循环。454 焦磷酸测序技术的平均测序读长可达 1 000 bp,其可提供的读长在二代测序中是最高的,结合其适中的价格,一般被用于转录组测序、基因组的从头测序及结构分析等研究。

Applied Biosystems(ABI)的 SOLiD 测序系统采用独特的连接酶法测序,获得基于"双碱基编码原理"的颜色序列,经过多轮测序和校对后读取出准确的碱基编码顺序。其工作流程最开始和焦磷酸测序类似,需要将磁珠捕获的 DNA 片段乳化进一个"油包水"的小液滴,但这个微体系要小得多。随后,在磁珠上进行特色的连接测序反应。即在体系内加入一系列长为 8 bp 的单链荧光探针,它的 3′端前 2 个碱基用于与模板配对连接,5、6 位碱基中间为切割位点,5′端(第 8 位碱基)为荧光染料,也就是说两个碱基可确定一个荧光信号。第一轮反应时,在连接酶的作用下,探针识别模板的第 1、2 位碱基并记录对应荧光,随后探针从第 5 位被切割,荧光染料脱落;下一个荧光探针识别模板的第 6、7 位碱基,以此类推,直至到达最高读长(50 bp 左右)。在进行第二轮反应前,第一轮反应期间由探针连接而成的 DNA 单链全部脱落,紧接着第二轮的第一个探针开始占据模板的 5、6 位碱基(向前平移一个碱基),开始新一轮的反应。因此,一次单向测序需要经过 5 轮反应。在此测序结构下,每个碱基会被读取两遍,大幅度减少了错配的概率,提高了测序的准确性。但这种方法因为读长短,测序时间较长,后续分析也相对困难。一般 SOLiD 测序系统应用于基因组重测序、单核苷酸多态性(SNP)检测等。

二代测序技术在基因组层面的应用主要包括 WGS 和靶向测序,在检测 SNPs、拷贝数变异(CNV)、插入或缺失等基因变异、鉴定复杂疾病相关的潜在突变信息中有广泛应用,可以辅助疾病的诊断。此外,在微生物群落多样性分析、宏基因组学研究中也扮演重要角色。WGS 和靶向测序的主要区别在于前期文库构建的选择。WGS 是对物种个体全部基因组序列进行测序,可以对基因组未知的物种进行 de novo 测序和单体型分型,重测序发现基因组范围内的突变,比如拷贝数变异及染色体重排等。靶向测序则是选择部分感兴趣区域富集后进行测序,比如全外显子测序,利用特异性探针捕获,针对性地分析具有编码功能的基因序列。同时,靶向测序可以以较低的成本获得较高的测序覆盖度,有助于对稀有突变的检测,在对肿瘤样品体细胞突变的检测中运用较为广泛。

(三)第三代测序技术

NGS 技术前期一般依赖 PCR 扩增的过程,在一定程度上会增加测序的错误率,并且具有系统偏向性。同时,NGS 读长较短也限制了其在基因组从头组装等领域的应用。第三代测序技术则完美地解决了这些问题。三代测序根本特点是单分子测序,不需要任何 PCR 过程,能有效避免因 PCR 偏向性导致的系统错误,同时提高读长。目前主流的三代测序技术包括太平洋生物(PacBio)公司研发的单分子实时测序技术(single molecule real time,SMRT)和牛津纳米孔技术(Oxford Nanopore Technologies)公司所开发的纳米孔测序技术。

PacBio 公司研发的 SMRT 技术也应用了边合成边测序的原理,并以 SMRT 芯片为测序载体。SMRT 芯片的一个反应管(单分子实时反应孔)中包含许多直径为几十纳米的零模波导孔(zero-mode waveguides，ZMWs)，孔底部透明，外径约 100 nm，激光从孔底部打出来以后能量被限制在小孔中，可以恰好覆盖住待测 dNTP 部分，将信号与周围游离的荧光背景区分开来；活性持久且高保真的 DNA 聚合酶捕获文库 DNA 序列，锚定在 ZMW 底部；4 种不同荧光标记的 dNTP 快速出入 ZMW，荧光 dNTP 与 DNA 模板的碱基匹配，在酶的作用下合成一个碱基；该 dNTP 被激光照射后发出荧光，统计荧光信号存在时间长短、区分匹配碱基和周围少量的游离碱基；荧光染料标记在核苷酸磷酸基团上，掺入新生 DNA 链后被切割释放，DNA 链通过的同时即根据碱基不同带上不同波长的荧光标签用于检测；通过维持聚合反应和测序过程的持续进行，实现对单分子 DNA 链的测序，平均读长可达 10～15 kb。另外，通过检测两个相邻碱基之间的测序时间差也可以分析甲基化等 DNA 修饰。SMRT 技术测序的速度很快，一般为 10 bp/s，但准确性仅能达到 85%，远低于二代测序的 99.5% 的准确率，需要通过提高测序深度来弥补这一缺点。

Oxford Nanopore Technologies 公司所开发的纳米孔测序技术是基于电信号识别的测序技术，而非基于对颜色、光波的识别。该技术的关键在于一种特殊的纳米孔，孔的内表面由一种合成环糊精作为电流传感器，外表面附着了核酸外切酶，其能处理呈递给它的 DNA 或 RNA 片段的整个长度。被测序的核酸片段两端包含测序接头，其带领测序分子进入由酶控制的纳米孔。当碱基通过纳米孔时，核酸外切酶消化了单链 DNA，单个碱基落入孔中与孔内的环糊精互作，从而短暂影响流过纳米孔的电流强度，使电信号发生变化。由于每种碱基所影响的电流变化幅度不同，灵敏的电子设备检测到这些变化从而鉴定所通过的碱基。另外，有特定修饰的碱基也会产生特殊的电信号，因此可以很好地区分不同类型的修饰碱基。纳米孔测序具有以下特点：起始 DNA 或 RNA 片段在测序过程中不被破坏、文库制备简单又低廉、读长长度仅受限于呈现给设备的核酸片段大小。目前已公布的最长读长超过 2 Mb，有利于解析结构变异和重复区域，以及量化和研究 RNA 全长转录本。

第三代测序技术带来的长读长优势使人们可以实现全基因组的从头组装(de novo assembly)，填补或更新了对许多物种基因组的理解和注释。类似的，将第三代测序应用到全长转录组测序(Iso-Seq)，无需做 RNA 打断，可直接对反转录出来的全长 cDNA 进行观察，从而能了解到选择性剪切、融合基因、等位基因、同源基因等多种复杂的基因表达结构。此外，第三代测序在表观遗传领域尤其是 DNA 修饰检测方面也有显著的应用优势，它可以通过实时检测聚合酶反应的动力学变化判断出包括 6-mA、6-mT、6-mG、5-hC、5-hU、8-oxoA、BPDE 等各种类型的 DNA 碱基修饰。相较于二代测序中最常用的亚硫酸氢盐测序法，它的样品处理流程简单、测序速度快、测序仪器便携，可以实现快速的现场诊断和鉴定，极大地拓展了基因组测序的应用场景。在临床诊断方面，长读长的第三代测序十分有利于进行结构变异(structural variation，SV)检测，通过识别一些复杂致病结构变异，可以实现个性化的胚胎植入前遗传学诊断(preimplantation genetic diagnosis，PGD)。另外，利用三代测序还可以快速鉴定样本中低浓度病原微生物的基因型，根据基因型判断病原微生物的毒力将大大提高临床诊断的准确性和治疗效率。

但是,第三代测序的发展和应用目前仍存在不少局限。首先,该方法在显著提高测序速度的同时牺牲了碱基识别的准确率(错误率可能达到 15% 左右),这一缺陷需要通过提高测序深度,或者结合高准确度的第二代测序数据以纠错来弥补,因此大大增加了测序成本。另外,产生的大量数据也提高了存储和计算的成本。尽管目前这些问题限制了第三代测序的大规模运用,但是随着新的计算方法和分析软件的发展,未来第三代测序技术还会有更大的发展空间。技术比较详见表 11 - 1、11 - 2。

表 11 - 1 DNA 测序技术比较

技术种类		测序原理	读长	准确率	通量	灵敏度	每百万碱基费用(美元)	测序时长
一代测序	Sanger	双脱氧终止法	400~900 bp	99.999%	低	低	100	20 分钟~3 小时
二代测序	Illumina Hiseq	边合成边测序	50~500 bp	98%~99.8%	高	高	5~150	3~12 天
	Roche 454	焦磷酸测序	700~1000 bp	99%~99.9%	中等	高	10 000	24 小时
	ABI SOLiD	连接测序	50~100 bp	99%~99.9%	高	高	50~150	7~14 天
三代测序	Pacbio SMRT	单分子实时测序	10~100 kb	85%~95%	中等	中等	10~50	2 小时
	Nanopore	纳米孔测序	约 1000 kb	80%~95%	中等	中等	5~100	取决于读长

表 11 - 2 基因组学技术比较

技术	优 势	缺 点	应 用
基因芯片	高通量,低成本,样本处理简单,技术成熟	依赖于先验知识,信噪比低,检测灵敏度受限	微生物鉴定,基因表达,靶向测序,基因分型,基因结构多样性
一代测序	长读长,准确率高	通量低,灵敏度低,大样本分析成本高	NGS 结果验证,基因克隆,基因分型,微卫星序列分析
二代测序	高通量,准确率高,高灵敏度,大规模测序成本低	结果有偏好性,数据处理复杂,测序过程繁琐	大规模基因/突变筛查,RNA 测序,全基因组测序
三代测序	长读长,结果无偏好性,直接检测基因组修饰,样本处理简单	准确率低	基因组拼接,从头测序,DNA 甲基化,宏基因组研究

三、基因组学技术在医学遗传学中的应用

基因组学技术是多组学技术在医学遗传学领域中运用最广泛,也是最为成熟的组学

技术之一。基因组学技术可以用来发现与疾病发生、患者对治疗的反应或未来治疗预后相关的遗传变异位点。GWAS 是一种目前常用的基因组学研究策略,已被成功运用并发现了成千上万个与复杂疾病相关的遗传变异位点。GWAS 的研究旨在在基因组中发现与复杂疾病相关的小的变异位点,即单核苷酸多态性(single nucleotide polymorphisms,SNPs)。在 GWAS 研究中,针对分布于全基因组范围内的上百万个 SNP 位点,通过比较患有特定疾病人群和没有疾病的对照人群,找出在统计学上基因频率有显著差异的 SNP,即被认为与此特定疾病的发生有关联性。GWAS 研究为我们对复杂表型的理解提供了宝贵的贡献。

　　GWAS 研究早期常使用基因芯片。不过随着二代测序的普及和成本的降低,以测序为基础的靶向测序和 WGS,也被越来越广泛地运用于关联分析研究中。靶向测序是在通过对基因组中感兴趣的目标区域富集后,进行二代测序的方法。通过靶向测序,研究人员将重点放在自己感兴趣的目标基因组区域,从而经济高效,并有针对性地进行基因组分析。同时,由于靶向测序可以获得较高的测序覆盖度,有助于对稀有体细胞突变进行检测。目前,对特定基因组区域进行富集主要有两种不同的策略:在目标区域范围较小时,可以采取 PCR 技术对其进行扩增;对于更大范围的基因组区域,可以设计针对该区域的特异性探针,通过与基因组 DNA 进行杂交来捕获目的基因序列。靶向测序典型的应用包括全外显子测序(whole exon sequencing,WES),即利用特异性探针来富集占全基因组约 1% 的全外显子区域,从而实现在相对比较低的成本下,对有功能的蛋白编码序列进行针对性研究。与靶向测序不同,全基因组测序是对物种个体全部基因组序列进行测序的方法,可提供单碱基的高分辨率基因组序列信息。

▍第二节　转录组学技术

一、转录组学概念

　　转录组是指在特定组织或特定细胞中产生的所有 RNA 的合集,包括编码 RNA 和非编码 RNA,根据不同的研究,也可以特指 mRNA 转录组。相比于稳定的基因组,一个物种的转录组取决于生物体发育的阶段和所处的环境,具有高度的时空特异性,并且包含了 RNA 分子的数量信息。转录组学研究包括了基因表达谱分析和可变性剪切分析等。在给定的环境和时间点中,转录组学数据能反应所有转录本的种类和数量,找到活跃或沉默的基因,确定基因组的转录结构及转录后修饰的模式,从而分析细胞功能和状态,解释生物体生命的进程。

二、转录组学技术

　　基因组 DNA 记录生物体所有的遗传信息,其通过转录进行表达。mRNA 是基因信息表达的关键一环,非编码 RNA 则执行调控表达等其他功能。转录组包含全部转录本,可以及时捕获细胞的转录表达状态,转录组学技术可以精准地描述哪些基因处于活跃或哪些基因处于休眠状态,可以深度解释同一基因组如何导致不同的细胞类型,以及基因表达如何受到调控。最早的转录组的研究始于 cDNA 文库的构建和注释,借助标签技术(如 EST、SAGE)对部分 mRNA 进行研究。随着高通量 DNA 测序技术的发展及生物信息学的兴起,转录组学研究走向了大数据时代。在早期的生物标记物筛查、复杂疾病的研究、生命进化发育的研究中,转录组学研究均展现出了极大的优势。其中,表达谱芯片和基于二代测序的转录组测序技术是现在最主要的转录组学研究技术。

(一) 表达谱芯片

表达谱芯片技术是基因芯片的一种,针对特定的转录本设计序列互补的 DNA 探针,排列在固相载体上。RNA 经反转录或体外转录合成 cDNA 或 cRNA,并加上荧光标记,与芯片上的探针杂交,芯片上每个位置上探针的荧光强度则表示该探针序列对应的转录本在该样品中的丰度。一张表达谱芯片能同时分析数千个不同转录本。除了单纯的基因表达定量,表达谱芯片还可以用于早期筛查、基因分型、外显子拼接和融合基因检测。用于转录组学的芯片通常有两大类:低密度点阵芯片或高密度短探针芯片。低密度点阵芯片使用两种不同的荧光基团标记测试样品和对照样品,通过荧光信号比例检测表达的相对丰度。相比于高密度短探针芯片,低密度点阵芯片由于探针比较长,因此无法识别可变剪切。高密度短探针芯片使用单个荧光标记,每个样品进行杂交并分别检测。赛默飞公司的 Affymetrix 芯片是应用最多的高密度短探针芯片,其中每个转录本由几个长度为 25 bp 的探针共同检测定量。与基因芯片一样,表达谱芯片中探针的设计及使用需要一定的先验知识,只能用于检测已知基因。同时,芯片背景的杂交信号限制了其对表达水平的测量准确性,特别是对于低丰度的转录本。这些局限性也限制了表达谱芯片在发现新基因/转录本等方面的应用。

(二) RNA 测序技术

RNA 测序技术(RNA - Seq)基于二代测序技术,是 NGS 在转录组学研究中最主要的方法。生物样本中的 RNA 反转录为 cDNA,用于制备二代测序的文库,最后通过测序得到原始样本中转录本的信息及基因间的相对表达量。与表达谱芯片相比,RNA 测序不需要提前规定检测位点,可以同时获取整个转录组的表达信息,其中包括大量已知或未知的基因转录本。通过比较不同的样本,就能得到一系列的差异表达基因,还可以检测 RNA 结构及结构变异。另外,RNA - Seq 所需的样品起始量很低,可以达到纳克级别,随着测序深度的增加,即便是低丰度的 RNA 也能实现定性和定量。RNA - Seq 与 cDNA 的线性扩增和单细胞技术结合,可以将转录组学研究精确到单细胞水平。RNA - Seq 方法不断改进,主要是通过开发 DNA 测序技术来提高其通量、准确性和读取长度。目前,RNA - Seq 已经用于大量物种的各类研究,如推断可变剪接、定量基因和转录本的表达、检测基因融合、揭示 lncRNA 和表达的外显子中的 SNV,并逐渐取代微阵列成为主要的转录组学技术。

目前,RNA - Seq 在测序前将 RNA 分子反转录为 cDNA 分子,因此,转录组和基因组在文库制备和测序中有很多相似之处。不同的是,RNA 文库构建之前一般会经过

RNA 选择,如去除丰度高但信息量少的核糖体 RNA,也可以通过结合 polyT 寡核苷酸链分离成熟的 mRNA 用于测序,或者通过探针捕获富集感兴趣的区域用于测序。另外,还可以构建链特异性文库,保留转录本转录方向的信息。由于 mRNA 长度通常长于二代测序的读长,因此转录本通常在测序前先被片段化。样品的片段化可以通过化学水解、雾化、超声处理或使用链终止核苷酸进行反转录来实现。另外,还可以通过使用转座酶同时对 cDNA 进行片段化和末端标记。mRNA 逆转录为 cDNA 后,后续的建库方法和 DNA 文库类似,通过连接、扩增或者转座酶插入的方法在 DNA 末端加上共同的接头序列,并通过 PCR 扩增富集带有接头的 DNA 序列并放大信号。最终的文库用于单端或者双端测序。另外,RNA‐Seq 技术依赖于 DNA 测序技术的发展,使用第三代单分子测序技术对 RNA 进行直接测序代表了一种当前最新的 RNA 测序技术方向,其基于 DNA 聚合酶滚环复制的边合成边测序技术,可以轻松获取全长转录组序列,可用于后续基因结构的分析,如可变剪切、等位基因等。

（三）单细胞转录组学技术

在多细胞生物中,同一组织中的不同细胞类型可能具有不同的作用,并形成具有不同转录组的亚群。普通的 RNA 分析只能得到所有组成细胞的平均表达水平,而无法判断组织中基因表达的变化是源于细胞组成的变化还是调控水平的改变。同时,RNA 平均水平的变化也忽视了不同细胞亚群之间基因表达的差异和关系。另外,在早期胚胎发育、生殖、神经系统、免疫、肿瘤、干细胞等研究领域还存在细胞量极少或者细胞异质性高等问题。单细胞转录组学技术的出现与发展有效地解决了这些难题。单细胞 RNA 测序(single cell RNA‐Seq)技术关键之一在于单细胞的分离。稀释法、显微分离法、流式细胞术、微流控和微滴技术都是常用的分离技术。相比之下,微滴技术的通量要远高于其他方法。其次,cDNA 合成技术也很重要。早期采用的体外转录方法可以对模板进行线性扩增,提高起始量,但也存在耗时、繁琐等缺点。目前比较常用的技术包括以 polyT 捕获 mRNA,使用低 RNaseH 酶活性的反转录酶进行反转,最后对转录本 5′端或 3′端进行测序;也可以结合链置换技术,对转录本全长进行反转录,保证转录本覆盖的均一度和信息的完整性。对单个细胞水平的转录组数据的追求推动了 RNA‐Seq 文库制备方法的发展。由于单个细胞中 RNA 含量低,因此 PCR 扩增尤为关键,但同时也会对 RNA 的相对定量产生干扰。特异分子标签(UMI)技术的应用则提供了用于量化的标准。UMI 是一串 6~8 个碱基的随机序列,在文库制备过程中标记最原始的 cDNA 片段,使每个标记片段都是唯一的。在后续数据分析中 UMI 可以校正在文库构建过程中引入的扩增偏差,并准确估算初始样本量,因此现已被广泛应用于单细胞 RNA‐Seq 转录组学。

三、转录组学技术在医学遗传学中的应用

生物学的中心法则认为,RNA 是 DNA 和蛋白质之间的中间分子产物,其反映了在特定组织或细胞类型中,在特定发育阶段及特定生理或病理条件下,基因组 DNA 序列的功能性转录。转录组学从定性(如转录本是否存在、鉴定新的剪切位点、RNA 编辑位点等)和定量(每种转录本的表达数量)这两个层面,对全基因组 RNA 水平进行检测,揭示了细胞在特定时间和空间环境下转录的所有 RNA 的完整信息。自人类基因组计划开始以来,转录组学一直是个重要的研究领域,尤其是在对人类疾病的研究中。转录组学的研究不仅可以使我们在转录水平上了解人类基因组,而且给我们提供了对基因结构、功能、基因表达调控和基因组可塑性更好的理解。更重要的是,转录组学能揭示触发人类疾病发生过程中的关键变化,这将对理解人类疾病发生的潜在机制及发现疾病治疗的靶标提供思路。此外,以个体转录组谱差异为基础对疾病进行分子分型,还可运用于疾病的分子诊断和临床治疗中,并可在以此为基础的精准诊疗中扮演重要角色。

除此以外,基于二代测序的转录组学可以观测并研究非编码 RNA 在疾病发生中所起的作用。现在的研究已表明,在哺乳动物的细胞中转录了成千上万个非编码 RNA,包括 miRNA、lncRNA、环状 RNA(circular RNA,circRNA)等。这些非编码 RNA 在许多生理过程中起着非常重要的调控功能,其调控异常和多种疾病的发生有着密切的关系。对这些非编码 RNA 的研究,对于将其作为疾病的分子标志物,或者作为疾病的治疗靶标等,均有着重要的潜在临床价值。

第三节　蛋白质组学技术

一、蛋白质组学概念

基因组和转录组的研究很大程度上解读了生物的遗传和表达信息,但是生命的调控是复杂且多层次的,基因序列并不足以解释表型的特征和变化,因此,作为最终的功能分子,蛋白质所包含的信息也极其重要。蛋白质组学是对特定细胞、器官或个体的所有蛋白质进行研究的科学,其目的在于大规模的分析蛋白质特征和蛋白质之间的关系,包括蛋白质的序列、结构、功能、表达水平、修饰、空间定位及蛋白质互作等,进而从蛋白水平认识生命活动的规律。由于蛋白质具有复杂的组成、结构及修饰,且没有复制与扩增的方法,因此蛋白质的分离和鉴定成为蛋白质组学研究的基础和关键所在。

二、蛋白质组学技术

(一) 蛋白质的分离

蛋白质组学研究的前提是将不同的蛋白质进行分离。经典的凝胶电泳技术,如双向凝胶电泳(two-dimensional gel electrophoresis,2-DE),通过先后使用等电聚焦电泳和SDS-聚丙烯酰胺凝胶电泳,利用蛋白质等电点和相对分子质量大小的差异实现蛋白的分离。此技术方法成熟,灵敏度和分辨率均较好,目前仍然是蛋白质组学进行蛋白分离的常用方法。随着蛋白质组学技术的发展,各类高效液相色谱(high performance liquid chromatography,HPLC)相继出现。总体来说,高效液相色谱技术采用高压输液系统,将包含样品混合物的液体泵入含有吸附配体的固相色谱柱。混合物中不同组分由于有不同的物理化学性质,如疏水性、等电点、极性等,与色谱柱产生不同的相互作用力,导致洗脱时不同组分的流速不同,实现对不同蛋白质或肽段进行高效、高灵敏度及高自动化的分离,是蛋白质样品分离的重要技术手段。

反向液相色谱(HP-RPC)是蛋白质分析中最常用的分离方法,其固定相和流动相的极性与正向色谱中使用的极性相反。一般固定相含非极性配体,将肽段或蛋白质水溶液加到色谱柱上,用有机溶剂洗脱,根据蛋白质的相对疏水性进行分离。除此之外,应用比较多的还包括排阻法(HP-SEC),又称高效凝胶渗透色谱法(HP-GPC),一般用于蛋白质多步分离中最后一步纯化。根据分离目的采用固定排阻孔径的介质,不同大小的蛋白质以不同程度渗透到分离介质中,相对分子质量大于排阻孔径的成分则优先被洗脱出来,从而达到分离各个组分的目的。离子交换色谱(HP-IEX)的色谱柱带有固定电荷,蛋白质在不同的溶液中表面净电荷不同,与色谱柱之间产生静电相互作用,改变洗脱液的 pH 或盐浓度,可以将不同的蛋白质洗脱下来。亲和色谱法的固定相含有仿生或生物特异性的配体,利用蛋白与配体之间的亲和力(如蛋白质中氨基酸侧链对特定金属离子的亲和力、抗原抗体之间的亲和力等)可逆性分离目的蛋白,由于该方法具有高度选择性和特异性,往往应用在蛋白纯化方案的早期阶段。

(二)蛋白质的鉴定

质谱(mass spectrum,MS)是蛋白质组鉴定的关键技术,包括基质辅助激光解析电离飞行时间质谱(MALDI-TOF-MS)、电喷雾质谱(ESI),可用于蛋白质测序、未知蛋白的鉴定及翻译后修饰的鉴定等。质谱通常和色谱技术联用,实现对复杂蛋白样本的分离和鉴定。蛋白质或肽段首先需经电喷雾或基质辅助激光解析电离离子化,随后在电场及磁场的作用下分离,根据不同组分的质荷比(M/Z)确定原始样本的成分。质谱具有高灵敏度、高准确性的特点。质谱鉴定蛋白质的策略可以分为两种:"自上而下"法和"自下而上"法。"自下而上"法是一种传统的蛋白质鉴定方法,首先将蛋白混合物消化成小分子肽段,通过液相色谱和质谱联用技术分离并获得各个肽段的质量,得到蛋白质的肽质量指纹图谱,通过与数据库比对确定未知蛋白的身份。由于其采用多维色谱分离肽段,因此具有高通量、高灵敏度的特点。"自上而下"法不需要对蛋白进行降解,直接借助二维凝胶电泳或者高效液相色谱等方法将蛋白混合物分离,降低样品复杂度,之后,将单一完整的蛋白质离子化后引入串联质谱分析,对蛋白质产生的离子进一步碎裂,最终实现蛋白质分子质量的测量并且获取蛋白质的氨基酸序列。这种方法可以实现蛋白的从头测序,用于检测蛋白质的异构体及小相对分子质量蛋白质,极大地补充了蛋白质信息库。

(三)蛋白质相互作用分析技术

大部分蛋白质在行使功能时都不是单独存在的,而是通过与其他蛋白质相互作用,形成复杂的调控网络,参与各项生命活动。解释蛋白质结构和功能的关键在于确定蛋白质之间的相互作用,从而确定相关的生物学途径。酵母双杂交(yeast two-hybrid screening)和噬菌体展示(phage display)技术是两种非常经典的研究蛋白质相互作用的技术。酵母双杂交系统利用真核生物中基因表达受到转录因子调控的特性,转录因子中的 DNA 结合结构域与基因上游激活序列结合,促使转录激活结构域在基因上游招募其他转录复合体,诱导报告基因的转录表达。在酵母双杂交系统中,转录因子的 DNA 结合结构域与诱饵蛋白构建于同一个载体中融合表达,转录激活结构域与目的蛋白构建于另一个载体中融合表达。如果诱饵蛋白和目的蛋白存在相互作用,则转录因子的两个结构域相互接近,引起报告基因的转录及酵母细胞表型的改变。如果两种蛋白质没有相互作用,则报告基因不发生转录。酵母双杂交系统将蛋白质之间的相互作用转变为细胞表型的变化,其整个过程直观高效并适用于高通量的筛选。在此基础上,现在发展起来的单杂交系统和三杂交系统加入了 DNA 和 RNA 在蛋白质互作中的研究,使得对蛋白互作和基因调控网络的研究日趋完善。

噬菌体展示技术是将外源性蛋白的基因连接到噬菌体外壳蛋白基因适当位置,确保外源性蛋白和外壳蛋白融合表达,并保持各自的功能。随着噬菌体的重新组装,外源性蛋白将被展示在噬菌体表面。通过将噬菌体与锚定了靶蛋白的固相载体共同孵育,并洗去一些非特异性结合,几次重复后就能筛选出与靶蛋白互作的噬菌体。这些洗脱下来的噬菌体还能继续感染宿主细胞进行扩增,进一步富集与靶蛋白互作的目的蛋白。酵母双杂交和噬菌体展示技术都可以用于蛋白质互作的高通量筛选,并且在蛋白质功能的研究、药物筛选、治疗靶点筛选等方面都有广泛应用。

近年来,基于免疫学方法的技术由于特异性高、流程简单,也逐渐成为研究蛋白质互作的主力军。免疫共沉淀(co-IP)技术利用特异性抗体捕获靶蛋白,与靶蛋白互作的蛋白也会同时被捕获,形成抗体-靶蛋白-互作蛋白复合物。通过沉淀等物理方法分离免疫复合物,对筛选出来的互作蛋白可以通过蛋白质印记、质谱等方法进行鉴定。蛋白质下拉(pull-down)实验与免疫共沉淀相似,不同之处在于其用诱饵蛋白代替抗体。诱饵蛋白通过亲和标签锚定在固相载体上,通过与蛋白裂解液共同孵育和洗涤,可以筛选出样品中与诱饵蛋白互作的其他蛋白。这两种都是蛋白质互作体外鉴定的方法,其可以用于验证体内实验的结果,也可以用于发现或筛选未知的蛋白质互作。

除此之外,芯片技术的出现也给蛋白质组学的研究带来了新的思路。蛋白质芯片是一种高通量研究蛋白互作的技术,可以同时跟踪并鉴定大量蛋白,其技术原理类似于基因芯片。在蛋白质芯片中,纯化并保持一定结合力的靶蛋白被固定在固相载体上。当将其与样品孵育后,通过标记的特异性探针可以检测蛋白质的结合情况。蛋白质芯片除了应用于基础研究,还被广泛应用于临床诊断和治疗,比如发现血清中新的生物标志物、血液中的抗原抗体检测等。

三、蛋白质组学技术在医学遗传学中的应用

蛋白质是功能基因的最终产物,前述的基因组、转录组等技术都不能准确反映机体中蛋白质的表达、修饰及相互作用等多种重要的生物活动规律,及其在疾病发生中的机制。在医学遗传学中,通过比较蛋白质组学的研究策略,以重要生命活动过程或人类疾病为研究对象,通过比较在不同生理、病理条件下,特定组织中各种蛋白质的表达差异,各种蛋白质间相互作用及其调控网络的改变,以及蛋白质翻译后修饰的异同情况等,蛋白质组学可以发现与重要生命活动或疾病发生、发展密切相关的蛋白质特征。这些蛋白质特征作为与疾病发生、发展密切相关的分子标志物,在疾病预防、早筛、分子分型、用药

指导、疗效监测、判断预后等诸多方面都有巨大的临床价值。例如,卵清蛋白1(OVA1)是通过蛋白组学手段发现,并成为美国食品药品监督管理局审批的第一个用于临床的蛋白生物标志物。OVA1结合患者外周血的5种蛋白质水平的检测(CA‐125,前白蛋白,载脂蛋白A‐1、2‐微球蛋白和转铁蛋白),可以用于配合成像手段判断卵巢癌病灶的恶性程度。除此以外,通过蛋白质组学找出的差异蛋白质特征有助于阐明疾病的致病机制,也可以作为重要的药物靶点,为新药物的研发提供强有力的支持。鉴于蛋白组学在多种人类疾病及癌症的临床诊断和治疗方面具有广阔的应用前景,目前国际上许多大型药物公司正投入大量的人力和物力进行蛋白质组学方面的应用性研究。

第四节　表观遗传组学技术

一、表观遗传组学概念

表观基因组学(epigenomics)是对细胞或特定组织内表观遗传修饰的特征和变化的研究,包括DNA甲基化、组蛋白修饰、RNA修饰等。表观遗传修饰在生命体的整个生命过程中并不是一成不变的,而是处于一种动态平衡,这是因为表观遗传修饰往往受到环境的影响,比如饮食、药物、压力等。同时,表观遗传修饰在基因的表达调控中扮演重要的角色,维持基因组的稳定并参与各项生命过程(如细胞的分化与发育、DNA修复等)。因此,表观遗传组的改变会影响基因的表达,而异常的表观遗传组常常与许多疾病有关。

二、表观遗传组学技术

基因表达和DNA甲基化、组蛋白修饰、染色质高级空间结构之间有密切的联系,研究这些表观遗传学特征在病理条件下的异常状态对疾病的预防和治疗尤为关键。现有的表观遗传学检测技术已经经过了40多年的发展,随着新一代高通量测序技术的崛起,表观遗传学的研究进入全基因组时代。

(一) DNA甲基化检测技术

1. 基于亚硫酸盐处理的检测技术　亚硫酸氢盐处理是研究DNA甲基化的经典手段。当DNA经过亚硫酸氢盐处理后,所有甲基化修饰的胞嘧啶保持不变,而没有发生甲基化修饰的胞嘧啶则会被转化为尿嘧啶,经常规PCR扩增之后将进一步转换为胸腺嘧啶。通过这个步骤,DNA甲基化的差异即被转换为DNA序列上的差异,随后可以对处理过的DNA进行测序,通过计算胞嘧啶所占的比例即可评估该位点的甲基化水平。

DNA甲基化芯片的原理是基于对亚硫酸盐处理后的DNA序列杂交的信号的检测。以Illumina公司的Infinium芯片的两种方案为例。第一种方案是针对同一个CpG位点设计甲基化和未甲基化两种探针。甲基化探针尾部是CG,其与亚硫酸盐处理后甲基化修饰的DNA片段(CG)匹配,而未甲基化探针的尾部是CA,与未发生甲基化修饰的片段(TG)结合。通过计算不同探针的荧光信号即可得到该位点的甲基化水平。在另一种方案中,每个CpG位点只有一种探针,与待检测CpG位点中的G结合,发生甲基化修饰或者未发生甲基化修饰的DNA都能与探针结合。随后通过加入不同荧光标记的ddNTP进行单碱基延伸,如果有甲基化修饰,则掺入G,否则掺入A。通过最终的荧光信号计算加入碱基的比例,从而确定该位点的DNA甲基化程度。值得注意的是,探针的设计基于假设一定距离内的CpG位点有相同的甲基化状态,并有区域相关性。另外,这些CpG位点都是根据先验知识选择出来的,其多与疾病相关,覆盖了人类基因组中大部分的启动子、基因区、基因间隔区及基因印记区。

随着二代测序技术的发展,基于亚硫酸氢盐的测序技术因其高分辨率和位点的可选择性,已逐渐成为DNA甲基化研究的主要手段。根据测序覆盖度,可以分为全基因组甲基化测序和局部甲基化测序。全基因组甲基化测序(whole genome BS-Seq, WGBS)即对基因组DNA亚硫酸盐处理后进行全基因组测序,优势在于可以检测所有CpG位点的DNA甲基化水平,包括低CpG密度区域(如基因间的"基因沙漠"、远端调控元件区域等)。同时,其还可以对DNA甲基化水平进行绝对定量,并获取背景基因序列,从而构建全基因组DNA甲基化图谱。这种方法需要一定的测序深度才能达到理想的覆盖率和检测准确度。

为了降低测序成本、提高检测效率,可以利用酶切等方法对特定片段富集后进行测序,比如简化亚硫酸盐测序技术(reduced representation bisulfite sequencing, RRBS)。此方法选择对非甲基化敏感的内切酶MspI切割基因组DNA,由于内切酶MspI的序列特异性(靶向5′CCGG3′序列),切割后的片段经过选择后富集,将主要包括CpG富集的区域用于后续的检测。此方法将富集包括大多数基因启动子区域和CpG岛,而用于测序的核苷酸也可以减少到基因组的1%,大大降低了测序所需的成本。

此外,通过针对基因组一些特定区域设计探针靶向富集并进行焦磷酸测序(pyrosequencing)的方法,可以对特定区域的DNA甲基化进行研究。此方法首先需要设计引物,对亚硫酸氢盐处理后的DNA进行特异性扩增。扩增产物变性为单链后将通过焦磷酸合成测序的方法进行检测。匹配的核苷酸合成到模板上后释放焦磷酸,在ATP硫化酶和荧光素酶的催化下释放出荧光,最终获得DNA片段的序列。焦磷酸测序的读长在100 bp以内,其能够获得单个CpG位点精确的甲基化水平,可以用于验证高通量测序的结果或者进行靶向检测。此方法在临床上也有广泛应用。当然,基于亚硫酸氢盐的甲基化检测方法也存在一些缺陷,比如亚硫酸氢盐处理会使DNA碎片化,导致基因信息的丢失,处理后DNA处于单链的状态,不利于样品的保存,不适用于一些DNA含量很低或者DNA片段比较短的样品。另外,由于最终的序列碱基不平衡,其对后续的扩增和高通量测序技术也是一种挑战。

2. 基于甲基化敏感限制性内切酶的检测技术　　基于甲基化敏感限制性内切酶(MRE)的方法利用了同工异构酶之间不同酶切的特性。同工异构酶识别相同的DNA序列,具有相同的切割点,但其对DNA甲基化状态表现出不同的敏感性。常见的甲基化敏感的限制性内切酶有BstUⅠ、HpaⅡ、NotⅠ等,这些酶均只切割未甲基化的靶序列,而甲基化的 DNA 保持完整。对酶切后的 DNA 片段进行二代测序,结合酶切位点的信息,从测序结果中可以推断出未发生甲基化修饰的位点。MRE 酶切与二代测序技术相结合后,MRE - Seq 可以估算相对 DNA 甲基化水平。但由于基因组中包含靶序列的酶切位点有限,因此其检测技术对基因组的覆盖率相对较低。

3. 基于亲和富集的检测技术 亲和富集的方法是使用特异性抗体来富集发生甲基化的 DNA 区域。比如,甲基化 DNA 结合结构域(methylated DNA binding domain, MBD)蛋白与甲基化 DNA 序列存在特异性结合,利用 MBD 蛋白抗体对 MBD 蛋白的捕获,即可富集甲基化的 DNA 片段。另外,还可以直接使用 DNA 5-甲基胞嘧啶(5mC)特异性抗体对甲基化区域进行富集,这种方法被称为甲基化 DNA 免疫沉淀(MeDIP),也是 DNA 甲基化研究中常用的方法之一。此方法富集后的片段可以使用 DNA 芯片或二代测序等方法进行检测(MeDIP - Seq),对一段区域测到的片段数即能反应该区域的相对甲基化水平。由于抗体的特异性和灵敏性,即便少量 DNA 起始的实验通过此方法也能得到不错的结果。但是这一类方法无法达到单碱基分辨率,比如 MeDIP - Seq 分辨率通常在 $100 \sim 300$ bp 之间,且最终得到的甲基化水平也是相对高低,而不是绝对的甲基化值。另外,亲和富集的方法倾向于表现出与 CpG 密度和拷贝数变化相关的偏差,富含 CpG 的片段比缺乏 CpG 的片段更可能被富集,即使它们甲基化程度可能一致。因此,这些偏差可能需要在实验设计或数据分析中进行进一步的校准。

4. 基于第三代测序的检测技术 以单分子实时测序(SMRT)、纳米孔技术为代表的第三代测序技术,其和二代测序技术有着完全不一样的测序原理,因此可以不借助亚硫酸氢盐、抗体等方法,而直接对 DNA 修饰进行检测。单分子测序技术中,当聚合酶遇到甲基化或其他修饰的碱基时,其动力学会发生特异性变化,并能被检测到。通过在最终的结果中加入 DNA 聚合酶动力学数据,结合碱基信息,就能判断出序列上的修饰状态。纳米孔测序基于每个碱基在通过纳米孔时所产生的电流信号不同而区分,那么当带有甲基的碱基在通过纳米孔时也会产生特有的电流信号。

(二)组蛋白修饰检测技术

组蛋白修饰是另一类非常重要的表观遗传修饰。目前,对组蛋白修饰的检测主要基于不同组蛋白修饰的特异性抗体。对于整体水平的量化,可以采用蛋白质印记、免疫组化(IHC)或者酶联免疫吸附测定(ELISA)等方法,检测得到样本中组蛋白修饰的平均值。由于组蛋白修饰在基因组上的分布规律具有一定生物学意义,比如影响染色质结构、调控基因表达,因此,进一步探讨组蛋白修饰在基因组的定位及其分布规律也是表观遗传组学中重要的研究方向。染色质免疫共沉淀技术(chromatin immunoprecipitation, ChIP)是研究组蛋白修饰的常用方法之一,其基本原理是先在活细胞或者组织中将 DNA 与其互作的组蛋白通过化学或物理方法进行交联固定,经超声或酶切等方法将染色体破碎成 DNA -蛋白质复合体,再利用抗体捕获含特定修饰的组蛋白。通过鉴定沉淀下来的 DNA 序列确定组蛋白修饰在基因组上的分布。根据 DNA 检测技术的不同,ChIP 包括覆盖全基因组的 ChIP - Seq(与二代测序技术相结合)或 ChIP - Chip(与芯片技术相结合),以及针对特定位点的 ChIP - qPCR 技术。通过结合其他数据,比如基因表达、表型变化、DNA甲基化变化等，组蛋白修饰的表观遗传组学结果可以用来推断其生物学功能，如转录激活或者抑制基因表达等。另外，通过使用不同组蛋白修饰的特异性抗体，ChIP－Seq技术整合其他大量不同的表观遗传组学数据，可以获得不同组蛋白修饰在基因组上高精度的结合位点，以此为基础可以更好地完善对DNA序列及DNA功能模块的注释。

（三）其他表观遗传组学技术

RNA m⁶A是RNA中最早发现的一种表观遗传修饰。MeRIP－Seq技术是目前研究RNA甲基化主要的方法，其原理和MeDIP－Seq相似，通过针对RNA甲基化碱基的抗体捕获发生甲基化的RNA片段，然后通过二代测序实现对RNA甲基化区域的定位，并对相关基因进行注释。

非编码RNA和编码RNA的表观遗传修饰的研究方法大体一致，两者的区别在于对前期RNA的选择。对于一些小RNA(small RNA，sRNA)（如miRNA），可以通过凝胶电泳或者层析等方法进行大小的选择。lncRNA则是通过去除核糖体RNA的方式进行富集。另外，非编码RNA的研究也需要结合多组学的数据来推断其功能，构建非编码RNA参与的分子调控网络。

染色体开放性用于衡量基因组对转录因子结合的"可及性"或"开放性"，一般认为真核细胞中大部分染色质都紧密缠绕压缩在细胞核内，不具有转录活性，而基因区域的开放程度往往意味着更高的转录活性。因此，染色质开放性的变化也是重要的表观遗传调控过程，可控制基因的时空特异性表达。用于染色体开放性研究的方法本质上都是将没有结合蛋白质和结合了蛋白质的DNA区分开来。DNase-Seq技术使用DNA酶Ⅰ将染色质中无蛋白结合区域消化成小片段用于测序，最终检测得到区域可以代表染色体的开放区域。MNase-Seq方法中用到的微球菌核酸酶(micrococcal nuclease，MNase)则会降解无核小体或其他蛋白质保护的DNA区域，同时切割核小体间的连接区，最终通过二代测序得到的无核小体保护的、相对开放的染色体区域。ATAC－Seq技术则基于Tn5转座酶的活性，其在基因组中的开放区域通过转座酶将DNA打断并插入标签，然后利用标签对这些区域进行扩增富集并进行二代测序。由于Tn5转座酶不存在切割位点偏好性，其转座频率只和开放程度有关，最终能得到完整的染色体开放区域的信息。

三、表观遗传组学技术在医学遗传学中的应用

人类疾病发生的遗传学基础是非常复杂的。除了第六章中介绍的单基因遗传病以外（这些疾病的发生可以归因于某个特定基因的遗传异常），大部分人类复杂疾病和肿瘤的发生都是基因与环境交互作用的结果。表观遗传修饰作为一种可以受到环境因素影响的动态分子标志物，其可以从分子层面直接或间接地展示环境因素对疾病发生的影响。在这种情况下，通过对表观遗传组学等的检测，可以为临床开发诊断和治疗方法提供新的见解，并弥补患者基因组学信息和环境影响之间的差距。对表观遗传生物分子标志物的检查，可以在血液、组织、体液及分泌物中进行，这些组织通常可以通过非手术的方式被采样。因为RNA和蛋白质的异常常出现在疾病相对较晚的阶段，而且通常数量

或浓度较低,这些都限制了转录组或蛋白质组技术在疾病早期筛查中的运用。与基于RNA 和蛋白质的检测相比,由于表观遗传学的改变可以出现在疾病发生之前或在疾病的早期阶段,因此其更有利于疾病的早筛。通过结合表观遗传组等多组学的检测,其有可能作为生物分子标志物用于疾病的检测和诊断、疾病监测和治疗反应,以期最终实现对患者的个性化精准诊疗。此外,在过去的几十年里,药物表观遗传组学也引起了人们的极大兴趣,针对表观遗传改变的药物开发也取得了重大进展。

(刘　赟)

参考文献

[1] CHAIT BT. Mass spectrometry in the postgenomic era [J]. Annu Rev Biochem,2011,80:239 - 246.

[2] FRAGA M, FERNANDEZ A. Epigenomics in health and disease [M]. Boston:Acadimic Press,2015.

[3] GIBSON G, MUSE S. A primer of genome science [M]. Cambridge:Sinauer Associates, Inc,2009.

[4] HWANG B, LEE JH, BANG D. Single-cell RNA sequencing technologies and bioinformatics pipelines [J]. Exp Mol Med,2018,50(8):96.

[5] MANT CT, HODGES RS. High-performance liquid chromatography of peptides and proteins: separation, analysis, and conformation [M]. Boca Raton:CRC Press,2017.

[6] MARDIS ER. Next-generation DNA sequencing methods [J]. Annu Rev Genom Hum Genet, 2008,9:387 - 402.

[7] PATHAK B, LOFAS H, PRASONGKIT J, et al. Double-functionalized nanopore-embedded gold electrodes for rapid DNA sequencing [J]. Applied Physics Letters,2012,100(2):023701.

[8] ROBERT B. Concepts of genetics [M]. Springfield:McGraw-Hill Higher Education,2015.

[9] SUPRATIM C, CARLSON DB. Genomics:fundamentals and applications [M]. New York: Informa Healthcare,2009.

[10] WANG Z, GERSTEIN M, SNYDER M. RNA-Seq:a revolutionary tool for transcriptomics [J]. Nat Rev Genet,2009,10(1):57 - 63.

[11] YONG WS, HSU FM, CHEN PY. Profiling genome-wide DNA methylation [J]. Epigenetics Chromatin,2016,9:26.

第十二章　基因诊断

　　人类绝大多数疾病都是由遗传因素引起或与遗传因素有关的,如单基因缺陷引起的血友病、白化病、地中海贫血、耳聋和卵子成熟障碍等,多基因和环境因素引起的高血压、糖尿病、精神分裂症和肿瘤等,即使细菌、病毒等感染引起的疾病也或多或少与遗传因素有关。引起疾病的原因不仅与 DNA 的碱基突变或染色体结构变异有关,而且与遗传物质的转录水平变化也有关系。随着分子遗传学理论和技术的飞速发展,对疾病的诊断方法和技术也不断更新换代,形成了独特的基因诊断理论与方法,并已广泛应用于临床和科研工作中。基因诊断不仅能对某一疾病做出明确诊断,而且还可以据此推断人体对疾病的易感性和对环境因素与药物的敏感性。

　　基因诊断是继形态学、生物化学和免疫诊断学之后的第四代诊断技术,它打破了常规诊断的方式,即不以疾病的表型为主要依据,而是采用分子生物学和分子遗传学的技术方法,从核酸水平检测人类遗传性疾病的基因缺陷,从而辅助临床诊断。基因诊断狭义上是指在基因(DNA 或 RNA)水平,用 PCR、分子杂交、基因芯片或基因测序等各种分子生物学技术检测基因结构变异和表达异常,以实现对疾病的特异性筛查、诊断和治疗指导;广义上是指用分子生物学技术对生物体的 DNA 序列及其产物(RNA 和蛋白质)进行定性和定量分析。

　　基因诊断具有以下特点：①不受材料来源影响。外周血、活体穿刺组织、孕妇外周血、血斑等都能作为检测样本,具有高精度和高灵敏度,待测样品量低至 pg 水平。②症状前诊断。在表型改变之前,基因结构或表达已发生改变,故往往可以早期诊断或产前诊断,尤其对于一些延迟显性疾病,如亨廷顿病,能避免患儿出生、提高人口质量。③诊断范围广。目标基因序列可为已知或未知、单一或组合、转录活性状态不同,既能诊断先天遗传性疾病和后天基因突变引起的疾病(如肿瘤),又能检测病原微生物的侵入。

▌第一节　基因诊断技术

　　基因诊断方法多数从核酸分子杂交和 PCR 衍化而来,以白细胞、口腔黏膜细胞、羊水中绒毛膜细胞、精子及体液等为常用标本。

　　基因诊断分为两类。一类为直接诊断,即直接检查致病基因或疾病相关基因,用基因本身或其邻近的 DNA 序列作为探针,通过核酸分子杂交或 PCR 探测基因有无点突变、序列插入/缺失或基因转录水平异常等。另一类是间接诊断,首先利用基因芯片或高通量测序对受检者及其家系进行全基因组扫描,再通过连锁分析或关联分析推断受检者是否带有致病基因。基因突变部位或紧邻的多态性位点作为标记,分析致病基因在患者和家系中的分布。

一、直接诊断

若基因的突变与疾病的发生有明确的因果关系,突变基因的序列、结构、功能、突变类型都已基本清楚,可以对突变基因进行直接检测,从而对疾病做出正确诊断。下面介绍几种常用的方法。

(一)分子杂交及相关技术

互补的核酸单链能在一定条件下结合形成双链,即分子杂交。核酸分子杂交是基因诊断最基本的方法之一,包括 Southern 印迹杂交、Northern 印迹杂交、荧光原位杂交(FISH)和反向斑点杂交(reverse dot blot,RDB)等,基本原理详见第十章。

1. FISH　如果待检染色体与荧光素标记的 DNA 探针是同源互补的,两者经变性、退火、复性,即可形成目标 DNA 与核酸探针的杂交体,最后利用荧光显微镜直接观察待测 DNA 是否发生扩增、缺失、融合或断裂。常用 FISH 探针包含计数探针(单色、双色或三色)、融合探针和分离探针。正常人存在两个检测信号,当单一颜色信号多于两个或者少于两个,该染色体或基因就存在扩增或缺失。使用不同荧光素标记的多种 DNA 探针可以实现同时检测多个基因的拷贝数目。双色双融合探针被两种不同颜色的荧光素标记(如绿色和红色),分别对应两个独立的靶标基因位点,当两个独立的靶标基因相互融合就会形成典型的两个融合信号(黄色)、一个正常的绿色信号和一个正常的红色信号;双色单融合探针则形成一个融合信号(黄色)、一个绿色信号和一个红色信号(图 12 - 1)。某基因发生重排时会在相对恒定位置断开,双色分离探针即通过不同颜色荧光素标记断裂点两端特异性的 DNA 片段。当该基因没有发生重排,红色和绿色靠近会发生混合色形成黄色;如果发生断裂,则形成单独的颜色(如单独的红或绿)(图 12 - 1)。

2. RDB　在尼龙膜上固定多种特异性探针,通过一次杂交反应可以检测多种靶序列,具有快速简便、灵敏度高、特异性强和准确性好的特点。首先根据已知待检测的基因突变位点设计特异引物,引物 5′端预先进行生物素标记,使扩增获得的包含待检测位点的目的片段产物标记上生物素,再将扩增产物与固定在尼龙膜条上的寡核苷酸探针在分子杂交仪上进行杂交,洗涤去除未结合的扩增产物,经相应的显色反应显示出蓝色斑迹信号,依据杂交信号的有无,判断该探针是否与 PCR 产物杂交,从而确定患者的基因型(图 12 - 2)。扩增 PCR 产物和同一条膜上的多种探针同时杂交,要求结合在膜上的所有探针具有相似的 T_m 值,以显著降低假阳性率和假阴性率。目前,PCR - RDB 技术已被用于病原微生物检测、肿瘤相关基因检测、基因分型检测(如人乳头瘤病毒 HPV 分型、人白细胞抗原 HLA 分型)和基因突变检测(如地中海贫血基因诊断)等。

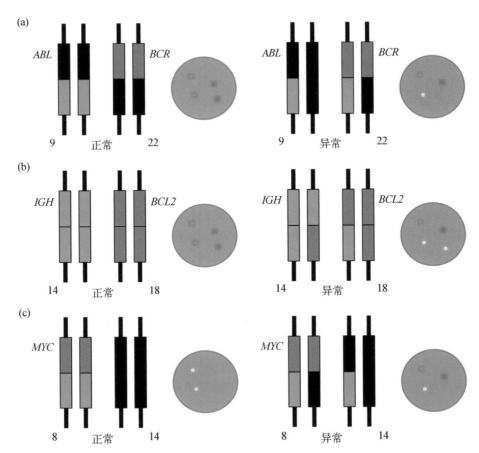

图 12-1 融合探针原理示意图

注:(a)双色单融合探针检测慢性粒细胞白血病 BCR/ABL 融合基因;(b)双色双融合探针检测 B 细胞淋巴瘤中 IGH/BCL2 融合基因;(c)双色分离探针检测 B 细胞淋巴瘤中 MYC 基因重排。

35N ●	176N ●	235N ●	299N ●	538N ●	1494N ●	1555N ●	IVS7-2N ●
35M	176M	235M ●	299M	538M	1494M	1555M ●	IVS7-2M
167M	281M	589M	IVS15+5M	547M	1975M	2027M	1174M

图 12-2 PCR-RDB 技术结果示意图

注:"N"为正常野生型检测探针,"M"为突变检测探针,阴性结果(N/N)、单突变杂合子(235M/N)、单突变纯合子(1555M)。

(二) PCR 基础上的基因突变检测技术

PCR 技术是突变研究中的重大进展,目前几乎所有的基因突变检测技术都是建立在 PCR 基础上,并且由 PCR 衍生出许多新方法,自动化程度越来越高,分析时间大大缩短,分析结果的准确性也有很大提高。PCR 技术可以使特定的 DNA 片段在短短数小时内扩增数十万至百万倍。扩增的片段可以直接通过电泳观察,也可用于进一步的分析。这样,少量的单拷贝基因不需通过同位素来提高其敏感性,而可以通过扩增至百万倍后直接观察到,而且原先需要数周才能做出的诊断现在可以缩短至数小时。PCR 衍生技术[如多重 PCR(multiplex PCR,MPCR)、逆转录 PCR(reverse transcription PCR,RT-PCR)、实时荧光定量 PCR(real time quantitative PCR,qPCR)、甲基化特异性 PCR(methylation specific PCR,MSP)、微滴式数字 PCR(droplet digital PCR,ddPCR)等]在基因诊断领域发挥了重要作用,详细基本原理参见第十章。

1. 扩增受阻突变系统(amplification refractory mutation system,ARMS)　该技术建立在等位基因特异性延伸反应的基础上,只有当某个等位基因特异性引物的 3′端碱基与突变位点处碱基互补时,才能进行延伸反应。ARMS 采用两条上游引物,两者的 3′端碱基不同,一个与野生型等位基因互补,另一个则对突变型等位基因特异。扩增基因时分别加入两种上游引物,进行两个平行 PCR,因为 Taq 酶缺少 3′→5′外切酶活性,与模板不完全匹配的上游引物将不能退火生成 PCR 产物,而与模板匹配的引物体系则可扩增出产物,通过凝胶电泳或者 qPCR 就能很容易地分辨扩增产物的有无,从而确定单核苷酸多态性(SNP)的基因型。为了提高引物延伸的特异性,可在引物 3′端倒数第2 位或第 3 位碱基处引入一个错配碱基,该错配碱基与 3′端的错配碱基共同作用,使引物在与其 3′端不互补的模板中扩增产物率显著降低,而引物在与其 3′端互补的模板中正常扩增(图 12-3)。目前,市场主流的 ARMS 技术结合了 qPCR,采用 TaqMan探针进行检测,除 ARMS 等位基因特异性引物外还需要一条普通的 TaqMan 探针,通过软件分析处理荧光数据而得到 Ct 值,根据 Ct 差值或 Ct 值有无判断基因型,灵敏度高。

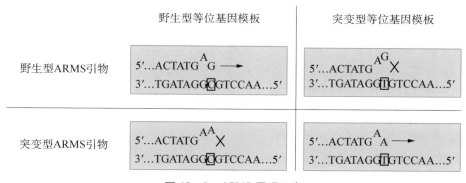

图 12-3　ARMS 原理示意

TaqMan-MGB 探针技术是在 ARMS-TaqMan 法基础上优化而成的 SNP 检测方法(图 12-4)。该探针的 3′端结合了小沟结合物(minor groove binder,MGB),MGB 与DNA 螺旋的小沟契合,通过稳定 DNA 双螺旋结构以提高杂交的准确性和稳定性。PCR 反应时,加入一对特异性识别不同等位基因的 MGB 探针,SNP 位点处于探针序列中间,5′端标有不同的荧光基团,3′端标有 MGB 和淬灭基团的结合体,根据检测到的不同荧光,可以判断相应样本的 SNP 基因型。

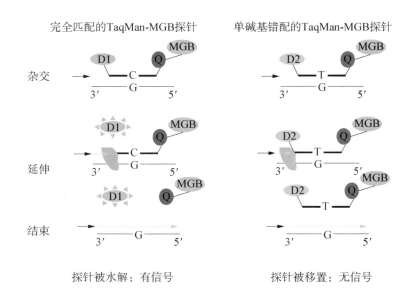

探针被水解：有信号　　　　　　探针被移置：无信号

D1 荧光基团1　D2 荧光基团2　Q 淬灭基团　MGB 小沟结合物　DNA聚合酶　上游引物

图 12 - 4　TaqMan-MGB 原理示意

2. 高分辨熔解曲线分析(high-resolution melting curve analysis，HRM)　PCR 反应前后加入饱和染料,如 LC Green、Ly Green 和 Eva Green,饱和染料结合于双链 DNA 的所有小沟位置。PCR 结束后直接运行 HRM 程序,随着温度升高,双链 DNA 打开、荧光染料脱落、荧光信号逐渐减弱至消失,通过高分辨率记录熔解曲线可以对样品进行检测。PCR 扩增产物的熔解曲线完全取决于 DNA 碱基序列,单个碱基的突变都会改变双链 DNA 的解链温度,但 T_m 值的变化极小、只有零点几摄氏度,要求仪器对温度的分辨率相当高。HRM 不受突变碱基位点与类型局限,无需序列特异性标记探针,仅通过高分辨熔解来检测变性双链 DNA 中的荧光强度变化,即可完成对基因突变和 SNP 等的分析。在基因突变筛查和 SNP 检测中,杂合子的 PCR 扩增产物经过变性复性会形成两种同源双链 DNA 和两种非配对异源双链 DNA 的混合物,异源双链 DNA 不稳定、在升温过程中会先解开,熔解过程中这 4 种双链 DNA 会形成一条独特的熔解曲线,从而与纯合子的熔解曲线区分(图 12 - 5a、b)。颠换纯合突变产生的 T_m 值差异在 0.8～1.4oC 之间,可以通过 HRM 准确分型;但转换纯合突变子产生的 T_m 值差异通常小于 0.4oC,HRM 不能对其准确分型,需要采取小片段法或非标记探针法(图 12 - 5c)。

使用小片段法时,扩增片段的长度一般设计为 40～90 bp,包含 1 个 SNP 位点为宜,增加实验的灵敏度;非标记探针法是在突变位点上设计一条非标记探针,利用不对称 PCR 反应扩增出大量与探针互补的单链 DNA,从而在熔解曲线图中显示探针和目的片

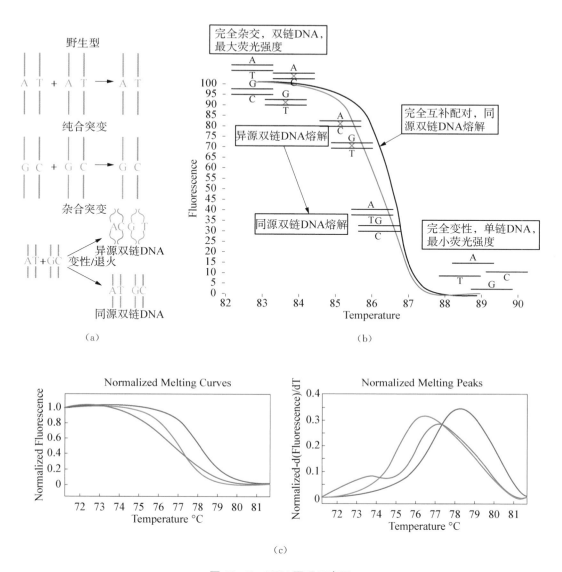

图 12-5　HRM 原理示意图

注：（a）杂合子的 PCR 产物经过变性复性会形成两种配对双链 DNA 和两种非配对双链 DNA；（b）杂合子的 PCR 产物经变性复性 4 种双链 DNA 在熔解过程中形成一条独特的熔解曲线，从而与纯合子的熔解曲线相区分；（c）熔解曲线图，绿色曲线代表杂合子 CT、蓝色和红色曲线分别代表纯合子 CC 和 TT。

引自：YE MH，CHEN JL，ZHAO GP，et al. Associations of A-FABP and H-FABP markers with the content of intramuscular fat in Beijing-You chicken［J］. Animal biotechnology，2010，21(1)：14-24.

段两个熔解峰，可以进行两次 SNPs 分析，因为探针与单链 DNA 互补形成的双链部分更短、具有更高的灵敏度和准确性（图 12-6）。HRM 操作简便快速、使用成本低、结果准确，实现了真正的闭管操作；但该方法每检测一份样本需要分别进行多次 PCR 扩增和熔解曲线分析，不能准确检测具体突变，对不同突变类型的区分能力存在差异，而且不能在同一反应中辨别可能出现的多种突变情况。

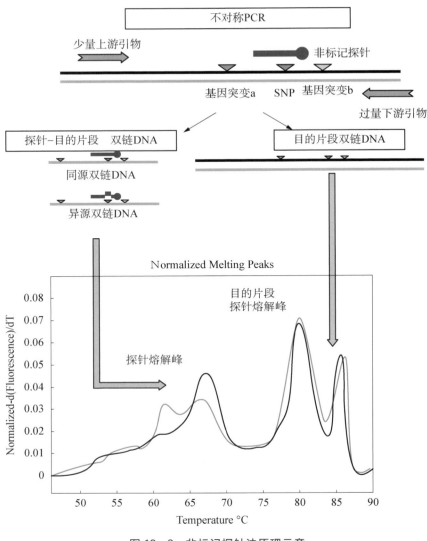

图 12-6　非标记探针法原理示意

修改自：Nguyen-Dumont T，Calvez-Kelm FL，Forey N，et al. Description and validation of high-throughput simultaneous genotyping and mutation scanning by high-resolution melting curve analysis［J］. Human mutation，2009，30(6)：884-890.

　　3. 多重连接探针扩增（multiplex ligation-dependent probe amplification，MLPA）在基因诊断中，MLPA 技术可用于检测拷贝数变异（CNV）、SNPs 和基因点突变。MLPA 基本步骤为变性、杂交、连接、扩增、片段分离和数据分析（图 12-7）。首先通过变性分离 DNA 链，再将单链 DNA 与特定探针杂交，可以同时使用 50 对探针分析每个样本的不同位点。探针具有相同的引物结合序列和不同的与目标位点互补的杂交序列，另外，下游杂交探针包含长度不一的间隔序列。上下游杂交探针彼此相邻，由热稳定的 DNA 连接酶连接在一起。连接反应高度特异，只有当两个探针与靶序列完全互补，连接酶才能将两段探针连接成一条完整的核酸单链；反之，如果靶序列与探针序列不完全互补,即使只有一个碱基的差别,也会导致连接反应无法进行。所有的连接产物具有相同的引物序列,因此只需要添加一对荧光标记的通用引物就可以进行 PCR 扩增。每种扩增产物因为间隔序列而具有特异的标志性长度(130~480 bp),用毛细管电泳分离扩增片段,在数据分析过程中对每种扩增片段进行量化,如果检测的靶序列发生点突变、缺失或扩增,那么相应探针的扩增峰便会缺失、降低或增加。因此,通过与对照 DNA 样本比较相同长度片段的峰面积差异就能检测目标序列中的 CNV 和基因点突变。MLPA 是一种高灵敏度、高特异性、高通量检测技术,操作简便快速、准确度高、重复性强;可以识别点突变及基因的复制和删除。MLPA 对杂质极其敏感,因此,制备样品和操作过程中要非常小心;当出现罕见变异时,探针的信号可能会缺失,需要用其他技术做进一步检测。

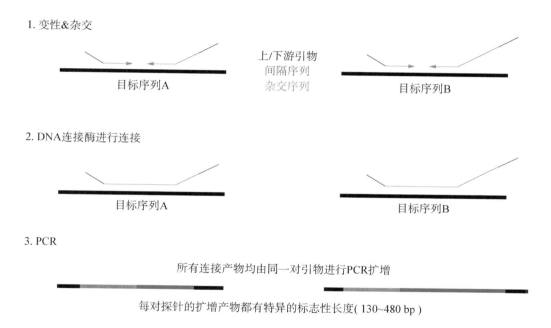

1. 变性&杂交

上/下游引物
间隔序列
杂交序列

目标序列A

目标序列B

2. DNA连接酶进行连接

目标序列A

目标序列B

3. PCR

所有连接产物均由同一对引物进行PCR扩增

每对探针的扩增产物都有特异的标志性长度(130~480 bp)

4. 毛细管电泳分析扩增产物

通过与对照DNA样本比较相同长度片段峰面积的差异来检测目标序列的CNV、SNP和点突变

图 12-7 MLPA 原理示意

4. 变性高效液相色谱分析(denaturing high performance liquid chromatograph,DHPLC) DHPLC 是在单链构象多态性(single-strand conformation polymorphism,SSCP)和变性梯度凝胶电泳(denaturing gradient gel electrophoresis,DGGE)基础上发展起来的杂合双链分析技术,可自动检测单碱基替代及高达 1.5 kb 的插入/缺失。DHPLC 仅仅在有杂合双链时才能检测出基因变异。杂合子或者野生型、纯合突变型 DNA 混合物,通过变性复性即可形成杂合异源双链。在部分变性的温度条件下,同源和

异源双链 DNA 的解链特性不同，异源双链 DNA 因碱基不配对所以容易发生变性，在 DNA 色谱柱上保留的时间相对较短，与同源双链 DNA 相比先被洗脱下来，在色谱图上呈现双峰或多峰图像。DHPLC 检测速度快、准确性和灵敏度高、全自动化程度高，先用该技术对样本进行粗筛，然后对其中峰型特异者进行测序确认，可大幅降低 SNPs 的检测成本并提高效率。

　　5. 限制性片段长度多态性（restriction fragment length polymorphism，RFLP）PCR 扩增片段包含一个或数个限制性内切酶识别位点，如果 SNP 位点正好处于限制性内切酶的识别位点处、酶切位点的碱基发生突变，或者酶切位点处发生了碱基插入或缺失，都会导致酶切片段的数量和长度发生变化，即为 RFLP，能够通过电泳将其区分（图 12‑8）。如果目标序列不存在合适的酶切位点，可以在 PCR 引物 3′端改变个别碱基而引入限制性内切酶酶切位点，通过这种引物修饰法可以用 RFLP 分析检测绝大多数 SNP 位点和基因突变。

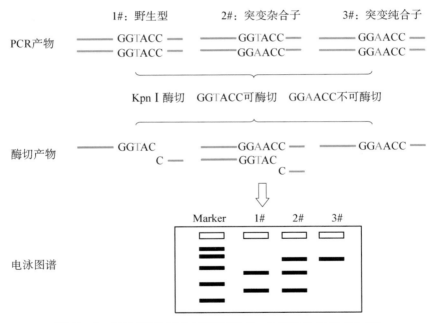

图 12‑8　PCR‑RFLP 原理示意图（以 KpnⅠ酶切位点 SNP 为例）

　　6. SNaPshot 技术　美国 ABI 公司基于荧光标记单碱基延伸原理开发了 SNP 分型技术 SNaPshot（图 12‑9）。首先，使用引物扩增目标 SNPs 所在片段，在扩增产物中加入核酸外切酶Ⅰ和碱性磷酸酶以消化掉反应体系中的引物序列和剩余的 dNTPs；然后，以纯化后的扩增产物为模板，使用 AmpliTaq 聚合酶、4 种荧光标记 ddNTP 和紧靠 SNP 位点 5′端的延伸引物进行 PCR 反应，引物延伸一个双脱氧核苷酸即终止，延伸的碱基就是该样本在该位点上的基因型；延伸引物的 5′端加上不同长度的 poly（T）、poly（A）、poly（C）或 poly（GACT）尾巴以区分各条引物；经 ABI 测序仪电泳后，根据峰的移动位置确定该延伸产物对应的 SNP 位点,可以同时检测 15 个位点,最短延伸产物一般为 20 bp,相邻两个延伸产物之间长度相差 4～6 个核苷酸;根据峰的颜色可得知掺入的碱基种类,其中纯合子表现为单峰、杂合子表现为双峰。

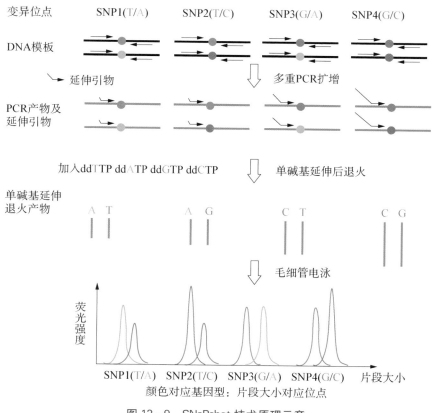

图 12‐9　SNaPshot 技术原理示意

(三) 基因芯片技术

基因芯片(gene chip)又称为 DNA 芯片、DNA 微阵列(DNA microarray)和寡核苷酸阵列(oligonucleotide array),其原理是采用光引导原位合成或预合成点样等方法,将大量 DNA 探针片段有序地固化于支持物的表面,然后与已标记的核酸样品杂交,最后通过激光共聚焦扫描杂交信号及分析软件判读结果,就可得出该样品的遗传信息。其本质与核酸印迹杂交相同,但具有高通量、微型化、自动化、结果易判读的优点,该技术的不足之处是对 DNA 质量要求高、仅能检测已知突变位点、固相基因芯片信噪比较高、结果判读需依赖昂贵扫描仪。根据检测目的,基因芯片可分为 SNP 芯片、CNV 芯片、基因表达谱芯片、microRNA 芯片、lncRNA 芯片及 DNA 甲基化芯片。详细基本原理参见第十一章。

SNP 芯片能在全基因组水平检测 CNV,通过比较不同样本与芯片探针进行单杂交的信号强度来确定每个位点的拷贝数(图 12‐10),这些探针在基因组中并非均衡分布,所以不能得到较为清晰的 CNV 图谱。杂合性缺失(loss of heterozygosity，LOH)和单亲二倍体(uniparental disomy，UPD)并不会改变某一区段的基因拷贝数,所以需要结合 SNP 分析以探测 LOH 和 UPD;如果染色体某区段或整条染色体内同时存在大量杂合子,则该区域或染色体没有发生 LOH 或 UPD;反之,一个区段或整条染色体内,如果都是纯合子,那么很可能该区段或染色体内发生了 LOH 或 UPD。

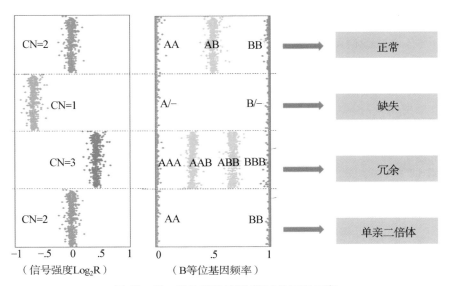

图 12-10　SNP 芯片检测 CNV 的原理示意

注:R 为荧光比例。

(四) 核酸序列分析技术

DNA 序列分析是一种非常重要的基因诊断技术,被称为基因诊断的金标准,近 10 年来发展非常迅速,从第一代 Sanger 法测序开始,经历第二代的高通量测序技术,至今已发展到第三代单分子测序技术。随着第二代测序技术的日益成熟、检测成本的不断下降、疾病及正常人基因及基因组突变数据的积累,以及临床医生对遗传病和二代测序认知度的提高,二代测序在临床中的应用越来越广泛,主要用于点突变及微插入/缺失(indel)的检测,也越来越多地用于检测 CNV。无扩增单分子测序技术(第三代测序技术)的根本特点是单分子测序、不需要任何 PCR 过程,能有效避免因 PCR 偏向性导致的系统错误、同时提高读长,可以弥补二代测序技术的一些局限性,但是其错误率偏高、成本昂贵。DNA 测序技术的详细原理参见第十、十一章。

1. Sanger 法测序　作为 DNA 测序技术的金标准,Sanger 法测序被用以获取高度准确且可信赖的测序数据,可视化识别已知的基因突变和验证二代测序找到的新的基因突变。通过 UCSC 数据库可以获取待检测位点前后的 DNA 序列,使用 Primer-BLAST 等工具设计特异性引物以扩增含有待检测位点的 PCR 产物,通过 Sanger 法测序获得 PCR 产物的 DNA 序列峰图,与对照样本对比以发现点突变、插入或缺失(图 12-11),将观测到的 DNA 序列变化输入网站 MutationTaster 能预测出该基因突变对转录和翻译的影响,从而进一步推测该基因突变对蛋白质功能的作用。

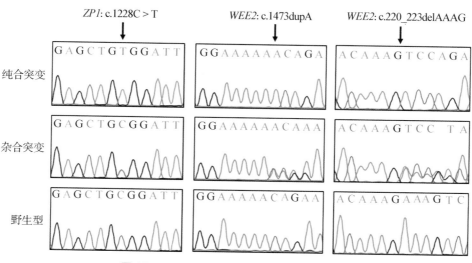

图 12-11 Sanger 法测序可视化识别基因突变

注:左图为点突变,中图为插入,右图为缺失。

2. 第二代测序技术 Sanger 测序虽读长较长、准确性高,但也具有测序成本高、通量低等缺点。随着持续不断的技术开发和改进,以 Roche 公司的 454 技术、Illumina 公司的 Solexa 及 Hiseq 技术、ABI 公司的 Solid 技术为标志的第二代测序技术诞生。第二代测序技术大大降低了测序成本的同时,还大幅提高了测序速度,并且保持了高准确性。二代测序可以在很多不同的层面开展,包括基因组层面、转录组层面、甲基化层面、免疫共沉淀测序等。基因组层面的测序主要可以分为全基因组测序、全外显子测序及靶向测序,用于发现 SNPs、CNV、插入/缺失等基因突变,辅助疾病的诊断和治疗。转录组测序可以应用于检测 SNPs 和剪接突变、发现新的转录本、筛选差异表达基因,在基因诊断方面具有较大的应用前景。

Illumina 平台以 FASTQ 文件存储原始测序数据,其记录内容包括所测的碱基读段和质量,使用 BWA(Burrows-Wheeler Alignment tool)软件把 FASTQ 文件中的短序列和人类参考基因组进行对比,确定短序列在基因组上的位置;然后使用 Samtools 软件把这些短序列调整成按一定顺序排列的序列,并转换为 SAM(Sequence Alignment/Map)格式;通过 Picard 软件去除测序产生的冗余信息,并且对数据质量进行评价;使用突变检测软件 GATK 寻找样本测序数据与参考基因组的差异,包括点突变和 indels(图 12-12);最后使用 Annovar 软件对这些突变位点进行功能注释,注释信息包括突变所在的染色体、开始位置、结束位置、参考序列信息和观察到的序列信息,得到一个易于理解的突变位点列表,便于进一步的生物学分析。

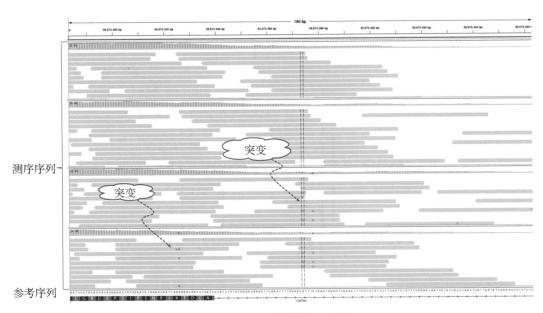

图 12‑12　单碱基突变示例图

注：不匹配的碱基突出显示。
修改自：BAREKE E, SAILLOUR V, SPINELLA JF, et al. Joint genotype inference with germline and somatic mutations [J]. BMC bioinformatics，2013，14 suppl 5(suppl 5)：S3.

3. 第三代测序技术　　PacBio 公司研发的 SMRT 技术和 Oxford Nanopore Technologies 公司所开发的纳米孔测序技术是目前认可度较高的三代测序技术。凭借长读长的优势，第三代测序在基因组 de novo 测序和重测序领域具有很大的应用空间，尤其是对二代测序不能发现的重复序列和结构变异区域的检测。此外，第三代测序在与很多疾病相关的短串联重复序列（short tandem repeat，STR）和结构变异（structural variant，SV）研究中优势明显，二代测序的短读长对结构变异区域的覆盖有限，而人类基因组上存在大量结构变异。例如，2018 年，Merker 等对常染色体显性遗传病 Carney 综合征进行研究，利用 Illumina HiSeq 测序未能发现基因突变；而对患者进行低覆盖度的 PacBio SMRT 测序能够得到 6 971 个缺失和 6 821 个长片段插入，经过筛选发现其中 1 个 2 184 bp 的杂合子缺失，该缺失区域与 Carney 综合征相关基因 PRKAR1A 的第 1 个外显子重叠，并且 RNA 测序发现 PRKAR1A 基因表达量降低，表明该缺失与 Carney 综合征有关；该研究成功应用第三代测序第一次实现了对患者的基因诊断。大量的 STRs 并不会降低三代测序的准确度，Ishiura 等在 2018 年利用 PacBio SMRT 测序和 Oxford Nanopore 平台对家族性皮质肌阵挛性震颤伴癫痫（familial cortical myoclonic tremor withepilepsy，FCMTE）的致病基因 SAMD12、TNRC6A、RAPGEF2 进行研究，发现了五核苷酸序列 TTTCA 和 TTTTA 的异常重复扩展的致病突变，而该突变无法通过 CGH 芯片、全外显子测序、靶向捕获测序和全基因组测序等二代测序手段被检测。利用三代测序技术建立基因突变与疾病的关联，将成为未来重要的基因诊断手段。

二、间接诊断

间接诊断是指当致病基因本身尚属未知或致病基因虽然已知但其突变尚属未知时，可以通过对患者及其家系成员进行连锁分析或关联分析，从而推断受检者是否带有致病基因的一种诊断方法。人类基因组中含 30 000～40 000 个基因，分布在 23 条染色体上，目前已确定的孟德尔遗传病和复杂疾病有 6 360 种，这些疾病都至少与一个或几个基因的突变相关，现已确定与某一特定遗传病相关的基因有 4 325 个［参见 OMIM（Online Mendelian Inheritance in Man）］数据库（截至 2020 年 9 月 9 日）。研究人类的全部基因，特别是与疾病相关的基因结构、功能及各种基因突变与疾病的关系，是人类认识遗传病的发病机制，并对遗传病进行基因诊断的重要环节。

（一）连锁分析

连锁分析是未知致病基因定位的主要策略及首要步骤。无论哪种遗传性疾病，只要有密切连锁的基因或遗传标记，便可应用核心家系成员的 DNA 进行连锁分析，确定致病基因或疾病相关基因在染色体上多态性位点单体型的连锁图谱。有时分析一个多态性位点还不能将某一家系中的致病基因所在的染色体与正常染色体区分开来，必须分析多个位点的状态，综合起来才能获得足够的信息。一条染色体上两个或两个以上的多态性位点状态的组合称为染色体单体型。通常，在进行基因定位时先收集出现病患的家系，应用一系列遗传标记位点对家系成员进行全基因组扫描（基因芯片或高通量测序），将候选致病基因定位在染色体上 10～20 Mb 的位置。连锁分析最适用于有多个患者的大家系研究，通常要求致病基因有强效作用、诊断明确，并且要求了解疾病可能的遗传模式。

连锁分析多使用基因组中广泛存在的各种 DNA 多态性位点，特别是基因突变部位或紧邻的多态性位点作为遗传标记。RFLP、STR、SNP 等均可用于连锁分析。通常，RFLP 被认为是第一代遗传标记，STR 是第二代遗传标记，SNP 是第三代遗传标记。RFLP 的多态性信息容量一般只有 0.3，纯合子比例过高，分布不均匀，不能在每个致病基因附近有紧密连锁的 RFLP 存在，因而用于基因诊断十分有限。STR 约占真核生物基因组的 5%，基本单位是 2～7 bp 的串联重复序列，多在基因编码区、内含子及非翻译区附近。人类基因组中的 STR 以（CA）$_n$、（GT）$_n$ 重复序列最多，含 50 000～100 000 个散在的、具有高度多态杂合性的、符合孟德尔遗传规律的短串联重复序列。每 30～60 kb 的 DNA 就存在一个（CA）$_n$ 或（GT）$_n$ 重复序列。运用测序技术能轻易分辨 STR 的多态性，其多态性信息容量达到 0.7，同时所需 DNA 样品量少、操作方便，是广泛应用的遗传连锁标志。SNP 是最普遍的遗传标记，也是目前进行疾病研究最为有效的遗传标记。相邻 SNPs 的等位位点倾向于以一个整体遗传给后代，位于染色体上某一区域的一组相关联的 SNP 等位位点称为单体型。一个染色体区域可以有很多 SNP 位点，其中能代表其他位点信息的 SNP 位点称为标签 SNP，少数的标签 SNPs 就能提供该区域内大多数的遗传多态模式，例如，50 万个较常见的 SNPs 基本上代表了 1 000 万个 SNPs。

（二）基于病例-对照的关联分析

病例-对照的关联分析需要收集患有某病和未患该病的人群,分别进行全基因组扫描,检验遗传标记在病例组的频率是否显著异于对照组,如果得到阳性关联的结果,排除各种混杂因素(如人群分层)之后,可以推断该遗传标记存在于疾病易感基因内或者与易感基因连锁不平衡。基于病例-对照的关联分析收集无亲缘关系的样本,是一种非参数分析,无需设定疾病的遗传模式;检出率较高,适用于定位微效基因;定位精确,检出的遗传标记位点与致病基因的距离通常在1 cM之内;可以提示相关位点或基因的传递方式及效应性质,并可由亚组分析发现疾病的遗传异质性。病例-对照的关联分析在近几年的研究中逐渐占领了主导地位,成功地将一系列复杂疾病的易感基因定位到染色体中相对精确的位置。

（三）全基因组关联分析

GWAS是应用人类全基因组上数以百万计的SNPs为标记进行病例-对照关联分析或基于核心家庭的关联分析,从而在全基因组中寻找与复杂疾病相关的基因位点。GWAS不再需要在研究之前构造任何假设,其理论基础是连锁不平衡和"常见疾病-常见变异"假说。GWAS的研究方式主要分为单阶段设计、两阶段设计和多阶段设计。单阶段设计要选取足够多的样本,一次性在所有的样本中对所有选中的SNP进行基因分型,然后分析每个SNP与疾病的关联程度,早期的GWAS多采用该方法进行研究。目前多采用两阶段和多阶段设计。在第一阶段,对全基因组范围内的SNP进行关联分析,筛选出较少数量的标签SNPs;在第二阶段,对第一阶段筛选出来的标签SNPs在更大的样本人群中进行基因分型,再进行统计分析,选出最终与疾病关联的SNP。通过GWAS发现的与疾病或性状关联的许多SNPs往往并不是致病突变,"常见疾病-常见变异"假说采用的基因芯片检测位点大多为常见变异,对罕见变异和其他结构变异不敏感,结合高通量测序可以进一步查找疾病的候选基因和致病突变。

（四）基因检测结果的分析

未知致病基因或突变的筛查需要利用上述连锁分析或关联分析定位致病基因,再通过全基因组测序或全外显子测序查找该区域内所有基因突变。美国医学遗传学与基因组学学会和美国分子病理学学会在2015年5月联合发布了基因突变的解读指南。根据该指南,如果要判断基因突变位点的临床意义,首先要对检测到的基因突变依据搜集的不同类型的证据进行分别判断。这些证据共分为7类:非常强的致病证据、强的致病证据、中等的致病证据、辅助的致病证据、可以独立判断为良性突变的证据、强的良性突变的证据、辅助的良性突变的证据,前4类用于判断一个基因突变致病性的强度,而后3类判断一个基因突变是良性突变的强度。这些规则适用于所有可用数据,包括:基于调查现有案例获得的数据、来源于先前公布的数据、通过公共数据库和实验室自有数据库获得的未发表数据。这7类证据的判断主要依据每个突变位点的具体信息:等位基因频率、在家系中是否共分离、生物信息学工具分析预测结果、结构生物学分析、功能生物学实验研究证据、病例的临床症状是否与基因型相符等。对于一个给定的突变,可根据设定的评分规则(遗传突变分类联合标准规则)将证据组合在一起,对任何一个突变按照病理性的强弱分为 5 个等级：致病的、可能致病的、意义不明确的、可能良性的、良性的。确定基因突变的病理性之后，就可以综合考虑病例的基因突变状况是否能解释具体的临床表型。对于突变致病性的判定应该独立于对疾病病因的解读，应明确"致病的突变"与"导致疾病的突变"之间的不同，一个有特定临床症状的患者的基因组中可能含有多个致病的突变，但可能只有其中的一个是导致疾病的突变。鉴于临床基因检测分析和解读的复杂性，临床基因检测应在符合临床实验室认证标准的实验室中进行，检测结果应由通过职业认证的临床分子遗传学家或分子遗传病理学家或相同职能的专业人员解读。

第二节　基因诊断在疾病中的应用

　　基因中心法则的建立让人类认识到，物种的一切性状都是基因控制的结果。疾病属于一种极端性状，在对疾病的研究中，部分疾病的家族性发病让人们逐渐意识到疾病可能也是由于基因突变引起并遗传的。然而，受限于技术因素，研究者一直对于基因序列阅读束手无策，直到 1977 年，Sanger 等发明了一种快速的测序方法，使有效地读取 DNA 序列变为可能，这一方法被称为一代测序，一直沿用至今，也是读取 DNA 序列的金标准。紧接着，1983 年，人们第一次在 4 号染色体上鉴定到亨廷顿病的遗传标志物，这也标志着正式进入了基因诊断的时代。基因诊断，顾名思义就是指通过对基因的检测，实现对疾病的诊断。其后人们开始陆续发现一些疾病的遗传标志物或者致病基因。目前，已经有数千种疾病找到了致病基因和致病突变。

　　在寻找致病基因和突变的过程中，一些检测方法也开始出现。早期的一些方法，主要利用两个基本原理：一是分子杂交法，如 DNA 印迹（southern blot）、RNA 印迹（northern blot）、基因芯片、FISH 等；二是 PCR，如 MLPA、qPCR 等。当然还有一些方法利用了其他生物原理，如 RFLP 便是利用突变产生或消除某个特定限制性内切酶位点这一原理进行检测。人们对检测方法进行整理和标准化，进而发明了许多可以常规应用于临床的诊断技术。

　　基于以上两种原理发展而来的诊断方法对于已知基因、已知位点的突变检测具有低价、方便、快捷及高保真的优势，已经广泛应用于临床基因诊断；但是目前，对于疾病的致病基因、致病位点的认识还很少，仅仅检测少数疾病的已知基因或已知突变已无法满足需要。进入 21 世纪后，二代测序技术诞生，得以高通量、快速地对基因组进行测序，经过十几年的发展，二代测序技术已经日趋完善，测序精度不断提高，而测序成本已经平民化，全基因组测序成本已经降至 500 美元以下。二代测序已经开始在基因诊断领域崭露头角，不同于传统方法的定点定位检测，基于全基因组或全外显子组的测序不仅可以对已知致病基因或致病突变进行筛查，也可以寻找疾病的未知基因突变。

　　目前，基因诊断已经成为临床中诊断疾病特别是遗传病的重要辅助手段。许多疾病已经发展出商品化和流程化的诊断方法，例如，使用基因芯片检测地中海贫血，使用 MLPA 检测脊髓性肌萎缩等。并且，随着研究的深入，不断有新的技术和方法被临床应用于基因诊断。总之,经过几十年的发展,基因诊断已经成为医学诊断的方法之一,特别是对于基因或突变明确的疾病,进行基因诊断已经成为一种基本检查。

在对疾病的致病基因研究过程中,产生了相应的检测方法。大致可以分为两类:一类是由于自身基因组突变导致的疾病,主要是检测患者外周血或其他样品基因组序列,如地中海贫血、先天性耳聋的基因诊断等。这类疾病是由于基因突变导致蛋白质功能异常,最后使人患病。而基因的功能异常往往是由以下几类突变导致的:寡核苷酸突变、串联重复突变、大片段插入/缺失及染色体结构变异。而在基因诊断过程中,根据突变类型不同,发展了许多不同的诊断方法,这些方法既有其独特性也有共同性,目前尚未有一种诊断方法可以同时检测所有类型的突变。另一类是外周血游离 DNA 检测,主要应用于产前诊断或肿瘤相关诊断,目前已经陆续开展了临床应用,并拥有广阔的前景。

下面根据所检测的目标不同,具体介绍基因诊断在不同疾病中的应用。

一、诊断寡核苷酸突变

寡核苷酸突变是指基因组上单个或少数几个碱基发生有害变异。根据突变对蛋白序列结构造成的影响,一般分为:错义突变、剪接突变、无义突变及插入/缺失突变。

寡核苷酸突变主要是引起基因编码区的改变,或是导致关键氨基酸的改变,或是引起开放阅读框的改变,且突变只发生在几个碱基上,因此突变对于蛋白整体结构功能的影响往往需要通过实验进一步验证。

对于寡核苷酸突变的检测,方法较多,比较常用的是芯片杂交和测序技术。芯片杂交技术主要用于快速对疾病致病基因已知突变的定向检测,其优点是速度快并且方便自动化检测,缺点也很明显:芯片技术只能对已知突变位点进行定向检测,无法实现对未知突变的检测。而测序技术,目前主要应用的是一代和二代测序技术。一代测序技术可以实现对已知致病基因的外显子序列进行测序,从而找到已知或未知的突变位点。但是由于一代测序技术通量较低,无法快速、高效地实现对突变的检测,特别是某些疾病已经发现的致病基因较多时,一代测序就难以胜任了。无论是基因芯片技术还是一代测序技术,最大的限制在于仅能寻找已知基因的已知或未知突变,如果患者不带有已知基因突变,那么这两种方法就无法做出诊断。二代测序技术解决了这个问题。应用高通量测序技术,可以快速高效地对全部基因的外显子或全基因组进行测序,从而定位已知基因的突变或者寻找未知基因的突变,为诊断提供更大的帮助。特别是目前,人类发现的遗传病种类不断增加,但是相应的致病基因却知之甚少,很少有疾病能寻找到一个或多个致病基因覆盖全部或绝大多数患者。因此,寻找新的致病基因或致病突变也是基因诊断的重中之重。随着测序价格的不断下降,二代测序也逐渐从科研走向临床,逐步应用在基因诊断中。下面将从耳聋和女性不孕基因诊断的例子中,具体介绍临床中诊断寡核苷酸突变的方法。

(一) 耳聋

听觉是人类进行沟通交流的重要感官,听力丧失,即耳聋,是我国最常见的致残性疾病之一。据统计,我国听力残疾人数多达 2 780 万,约占全国人口的 1.54%。耳聋的原因有遗传因素和环境因素,大约60%的早发性耳聋为遗传因素所致,很多迟发性耳聋也多与遗传因素有关。在耳聋患者中,大约70%是不伴有其他症状的非综合征型耳聋,且大部分符合孟德尔遗传模式,即是单基因突变致病。其中,大约80%为常染色体隐性遗传,15%~25%为常染色体显性遗传,1%~4%的患者为线粒体遗传。目前已发现的耳聋致病基因有100多个。通过基因诊断寻找并确定耳聋的致病基因,给予正确的干预,对于耳聋的预防和个性化治疗都有极高的意义。

耳聋的致病基因发现得较早,1997年,第一个耳聋的致病基因 *GJB2* 被报道,也是导致非综合征型遗传性耳聋最常见的致病基因,据调查,全世界有10%~25%的非综合征型耳聋是该基因突变导致的。在我国,最常见的耳聋致病基因除了 *GJB2* 外还有 *SLC26A4* 和线粒体基因 12S rRNA。这3个基因占我国非综合征型耳聋患者致病基因的30%以上。并且统计发现,这些基因的某些位点突变发生频率更高,比如 *GJB2* 突变位点中 c.235del、c.299_300del、c.176_191del 及 c.109G>A 可占 *GBJ2* 基因突变人群的约80%,并且主要是寡核苷酸突变。

虽然耳聋目前致病基因较多,但是由于存在少数主效基因和主效突变位点,因此快速对常见位点进行筛查就成了一种经济实惠的方式。目前已经有许多快速的位点筛查方案,包括基因芯片、荧光 PCR、RFLP 等方法。主流的方法是使用基因芯片,目前,市面上用于耳聋筛查的基因芯片种类繁多,根据需求,会覆盖不同数目的检测位点,一般会覆盖 *GJB2*、*GJB3*、*SLC26A4* 和 mt 12S rRNA 4 个基因中的9个位点,而某些芯片则会覆盖多达数百个致病位点的筛查。表12-1列举了几种耳聋基因突变筛查试剂盒。

表 12-1 几种耳聋基因筛查试剂盒

名 称	检测基因	位点数
9 项遗传性耳聋基因检测试剂盒	检测 4 个常见耳聋基因中的 9 个位点	9
15 项遗传性耳聋相关基因检测试剂盒	较 9 项试剂盒增加 *SLC26A4* 6 个位点	15
新的耳聋相关基因突变多位点检测体系及试剂盒	常染色体 3 个基因,X 染色体 1 个基因,mt 基因	46
耳聋基因筛查芯片	mt 及 46 个常染色体基因	384

由于拥有比较成熟的基因诊断方法,并且耳聋有着较高的发病率,对于有罹患耳聋风险的胎儿,对耳聋致病基因的筛查已经成为比较常见的产前诊断项目。

(二)不明原因女性不孕

根据 WHO 报道,不孕不育已经成为影响人类健康的重大疾病。据统计,我国目前约有15%的育龄夫妇存在生育难题。人类早期生殖过程包括配子发生、受精、早期胚胎发育及胚胎着床发育成胎儿等环节,任何环节出错都可能导致不孕不育。目前,辅助生殖技术是治疗不孕不育的重要手段,然而在临床实践中,有部分女性患者,经过多次尝试,都无法获得好的胚胎,移植妊娠,其主要表现为:卵子成熟障碍、受精障碍、胚胎发育阻滞,以及反复移植失败。虽然自20世纪90年代开始,陆续有报道,部分女性存在上述临床症状导致不孕,并且部分家系存在明显的遗传倾向,但是其遗传学因素却一直没有被发现。

直到2016年,第一个导致卵子成熟障碍的致病基因 *TUBB8* 才被报道。之后,陆续又发现了导致胚胎发育阻滞的致病基因 *PAID6*,导致受精障碍的致病基因 *WEE2* 等。目前发现的突变位点主要是寡核苷酸突变,并且突变类型丰富,位点众多。不同于耳聋致病基因的研究,不明原因女性不孕已发现的致病基因,除了 *TUBB8* 存在一定的主效性外,其余基因在患者中检出比例都较低,不具有代表性,并且 *TUBB8* 的致病突变位点也不存在主效性(图12-13)。目前已知的致病基因对患者的检出率并不高,只有不到10%的患者能找到致病基因。这些因素导致使用传统的基因芯片或RFPL等依赖特定位点进行检测的方法很难适用。因此,对不明原因女性不孕的基因诊断主要使用一代和二代测序技术。

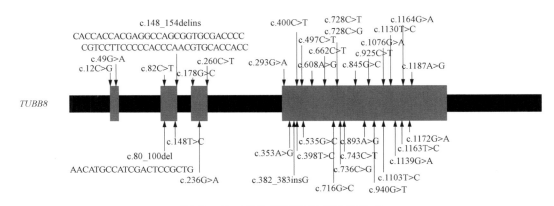

图12-13　部分 *TUBB8* 致病突变位点

引自:ZHAO L, GUAU Y, WANG W, et al. Identification novel mutations in TUBB8 in fernale infortility on novel phenotype of large polar body in ooctytes with TUBB8 mutations [J]. J Asist Reprod Genet, 2020, 37(8): 1837-1847.

如前文所述,一代测序是序列解读的金标准,对特定基因的测序,采用一代测序可以简单、直接、快速地得到结果。目前,卵子成熟障碍的患者中约25%携带 *TUBB8* 突变,但是不同患者携带的 *TUBB8* 突变不集中,没有特定的主效位点,因此,对卵子成熟障碍的患者使用一代测序,对其 *TUBB8* 基因的全部外显子进行测序可以快速有效地进行筛查。而对于其他致病基因,由于其覆盖率低,采用一代测序技术并不经济。目前主要采用全外显子组测序,通过对结果的解读,找到可能的致病突变,然后对其进行一代测序验证,完成基因诊断。对于如不明原因女性不孕等单基因病,或其他已知致病基因对患者覆盖度低的疾病,采用二代测序是一举两得的方法,一方面可以对已知基因进行诊断筛查,另一方面可以寻找新的致病基因。

综上,对于寡核苷酸的基因诊断,有多种检测方法可以使用,对于多个特定位点的筛查,采用基因芯片等方法可以低价快速地进行基因诊断,而对于非特定位点的基因诊断,采用一代测序,或者高通量的二代测序,已逐渐成为主流。随着二代测序技术的成熟,其成本也在不断降低,二代测序已经被越来越多地应用在临床基因诊断的方案之中。

二、诊断串联重复突变

串联重复序列(tandem repeat)是在基因组上以相对固定的碱基序列作为基本单元,连续出现数次,乃至数百次的重复序列。串联重复序列又称为卫星 DNA,根据重复单元的长短可以分为大卫星、中卫星、小卫星和微卫星。其中重复单位仅由 2~6 个碱基组成的叫微卫星,又称为短串联重复序列。短串联重复序列是一种可遗传的不稳定的且具有高度多态性的短核苷酸重复序列,目前已有许多研究发现其序列长度与遗传病相关联。

串联重复突变致病的突变位置既可以在编码区也可以在非编码区,一般是由于超长的串联重复导致转录或翻译效率降低或出错,进而影响基因的表达和功能,从而致病。目前,已经发现许多疾病与串联重复的异常扩张有关,如强直性肌营养不良、良性成人家族性肌阵挛性癫痫(benign adult familial myoclonic epilepsy,BAFME)、Baratela-Scott综合征都被发现有位于编码区或非编码区的异常串联重复致病的情况。

短串联重复序列目前以 PCR 检测为主要方法,当重复数目 n 较小时,使用常规 PCR即可得到目的条带,然后可以通过凝胶电泳或者测序的方法得到串联重复的长度和数目,但是,在某些因短串联重复序列致病的患者体内,串联重复数目 n(可达数百次)很大,常规 PCR 方法虽然也可以鉴定到异常扩张,但很难对此进行完整扩增和鉴定。除了常规 PCR 方法,通过 RP‐PCR(repeat-primed PCR)及 DNA 印迹等方法也可以对短串联重复的异常扩张进行检测,但是也无法准确检测重复数目 n。近年来,三代测序技术不断发展,不同于二代测序,三代测序技术可以实现对单分子 DNA 的超长阅读,因此,对于长度很长的短串联重复序列,目前比较准确的检测方法是采用第三代测序技术,可以完整检测出重复数目 n。

下面将以 BAFME 为例,介绍临床中对串联重复突变的诊断方法。

BAFME 是一种成年期发病的常染色体显性遗传病,以皮质震颤、肌阵挛,伴或不伴癫痫发作为主要临床表现的癫痫综合征。1991 年,日本学者 Yasuda 报道了 2 例具有以上特点的日本家系,并首次提出了 BAFME 这一概念。随后,世界各地陆续报道了上百例患者家系。然而,相关致病基因却一直没有被明确。2018 年,来自日本的科学家首次发现了源自 SMAD12 内含子上的一个超长串联重复序列结构是 BAFME 的致病原因。

研究发现,SMAD12 的 4 号内含子上存在异常延伸的 TTTTA 和 TTTCA 的串联重复。正常情况下,在这个位置,存在 TTTTA 数个或十几个重复的短串联重复序列,但是患者则携带多达几十或上百的 TTTTA 和 TTTCA 重复,如一患者携带长达 5.3 kb 的串联重复,$(TTTTA)_{598}(TTTCA)_{458}$。串联重复序列的异常扩张导致转录后 RNA 无法被正常剪切加工,过量 pre‐RNA 积累,最终致病。

对于长达数千碱基的串联重复。常规 PCR 的方法基本无法检出。使用如 RP‐PCR、DNA 印迹的方法进行检测,均可发现在这个区域存在大片段的插入,但是只能估算片段大小,无法得到重复的准确数目。而通过 SMRT 和 Nanopore 等三代测序技术,可以准确测得串联重复序列的大小和重复数目,提供准确的基因诊断结果(图 12－14)。

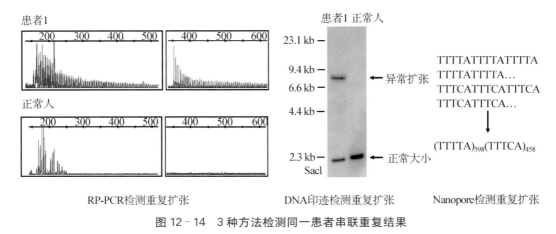

图 12－14　3 种方法检测同一患者串联重复结果

引自:ISHIURA H, DOI K, MITSUI J, et al. Expansions of intronic TTTCA and TTTTA repeats in benign adult familial myoclonic epilepsy [J]. Nat Genet,2018,50(4):581－590.

目前,国内外课题组也在 BAFME 患者体内鉴定到了异常扩张的串联重复,主要也是通过三代测序技术。

在这一基因诊断的应用中可以看到第三代测序技术在基因检测方面独有的潜力。与寡核苷酸突变不同,串联重复片段一般都是数百至数千碱基的插入,而且长度不定,使用 PCR 测序或分子杂交技术很难得到准确结果,而二代测序技术受限于技术原理,很难发现长片段的重复序列,三代测序技术实现的长读长测技术,可以更好地发现和解读 DNA 序列中存在的异常。

三、诊断大片段插入/缺失

大片段插入/缺失,也就是拷贝数变异(CNV),是指长度大于 1 kb 的碱基片段的插入或缺失,主要表现为亚显微水平的缺失或重复。一般来说,CNV 造成的插入/缺失会造成基因功能异常,包括基因整体或部分的重复或缺失,产生新的融合基因等,这些突变会使基因丧失功能或者产生有害蛋白,从而导致疾病产生。大片段插入/缺失引起的疾病已发现的有很多,如进行性假肥大性肌营养不良(DMD)、脊髓性肌萎缩和 Rett 综合征等都有发现致病基因的大片段插入/缺失。

CNV 目前的检测方法比较成熟,针对特定位点或全基因组的 CNV 都有成熟的方法进行检测。针对全基因组的检测方法有 FISH、ACGH(array-based comparative genomic hybridization)及 SNP array 等,还有基于二代测序结果的检测方法,主要是根据测序结果进行生物信息学分析得到 CNV 信息,如 CNVnator 软件等。三代测序也开始在 CNV 检测中崭露头角。如果是针对特定位点,除了以上方法,还可以进行靶向检测,如 Taqman 法、MLPA 等。

下面,以 DMD 和 Carney 综合征(Carney complex,CNC)为例介绍临床中 CNV 的

检测。

（一）DMD

DMD 包括两种亚型：DMD(Duchenne muscular dystrophy，DMD)和 BMD(Becker muscular dystrophy，BMD)，是进行性肌营养不良的一种类型，属于 X 连锁隐性遗传病。DMD 发病率约为 1/3 500 活产男婴；BMD 大约是 DMD 的 1/10，女性多为致病基因携带者，发病者罕见，且症状较轻。DMD 早期的主要表现为下肢近端和骨盆带肌萎缩和无力、小腿腓肠肌假性肥大、鸭步和 Gowers 征，12 岁后病情开始加重，晚期可出现全身骨骼肌萎缩，通常在 20 多岁死于呼吸衰竭或心力衰竭。而 BMD 症状较轻，发病较晚，12 岁之后尚能正常行走，接近正常寿命年限。该病相关致病机制研究比较明确，是由于 X 染色体上 DMD 基因发生突变所致。DMD 基因是目前在人类中发现的最大基因，包括 7 个启动子、79 个外显子和 78 个内含子。它编码的抗肌萎缩蛋白是稳定肌细胞膜的重要成分。其最重要的功能是维持肌细胞的稳定性，使肌肉在收缩过程中不会受到破坏。患者因肌肉中缺少该蛋白，导致肌肉自出生后便不断被破坏和萎缩。

DMD 基因以缺失和重复突变为主，其中 60％为缺失突变，10％为重复突变，20％为点突变，10％为微小突变。由于大片段的插入/缺失是主要突变形式（大约 70％），在临床基因检测中，主要的检测方法是 MLPA。MLPA 可以有效检测出 CNV，但是对于寡核苷酸突变无法有效检出，因此，对于 MLPA 阴性的检测结果需要辅助以寡核苷酸突变的检测手段，如对 DMD 基因的一代测序等，以防漏检。

（二）Carney 综合征

Carney 综合征是一种罕见的常染色体显性遗传病，最早于 1985 年由 J Aidan Carney 首先描述，多发性皮肤黏液瘤、心脏累及是本病的基本特点，常伴有皮肤色素沉着与内分泌过度等症状。该病目前发现的致病基因是 PRKAR1A，PRKAR1A 是 PKA 的一个调节亚基。该基因的突变或缺失会导致罹患此病。Merker 等报道了一名特殊患者，该患者临床症状表现为典型的 Carney 综合征，但是临床上对 PRKAR1A 的突变检测以及二代测序都未找到患者的致病突变。Merker 等通过 PacBio Sequel™ system 三代测序平台，最终发现患者该基因存在 2 184 bp 的杂合缺失（图 12 - 15），并通过 Sanger 法进行了验证。

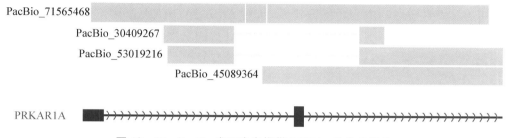

图 12 - 15 PacBio 发现患者携带 2 184 bp 的杂合缺失

引自：MERKER JD, WENGER AM, SNEDDON T, et al. Long-read squencing ideutifies causal structural variation in a Mendelian disease [J]. Genet Med，2018，20(1)：159 - 163.

目前在临床检测中,CNV 越来越受到重视,许多疾病被指与 CNV 相关。从上述病例中也可以看到,在采用多种方法无法确定致病突变时,一定要考虑是否存在 CNV 致病的可能,已用的检测方法是否可以检测得到 CNV 等。

四、诊断染色体结构变异

染色体结构变异是指染色体的内部结构发生突变,主要有缺失、重复、倒位和易位 4 种类型,相较于之前介绍的几种突变而言是一种更大尺度的突变。之前介绍的几种类型在显微镜下是难以观察到的,而部分染色体结构变异则可以通过染色直接观察。我们知道,基因在染色体上是线性排列的,当染色体发生结构变异,对基因自然会产生很多影响。当染色体发生缺失,也即意味着位于其上的基因也缺失了;发生倒位会影响基因的表达效率等。由于结构变异一般片段较大,直接或间接受累及的基因往往不止一个,所以患者的症状往往也比较复杂,多表现为综合征,如猫叫综合征、Turner 综合征等。当然也有非综合征表型的,如 15 号与 17 号染色体的特殊位点的易位 t(15;17)(q22;q21),会导致携带者罹患急性早幼粒细胞白血病(acute promyelocytic leukemia,APL)。

染色体结构变异的检测方法很多,最常见的是核型分析,这已经成为许多遗传病检查的基本检测内容,通过核型分析,可以看到很大结构上的染色体问题,但是对于相对较小的结构变异(<5 MB),通过肉眼就很难观察到,需要其他分子生物学技术加以辅助,如 FISH、ACGH 等。

下面将以 API 和快乐木偶综合征(angelman syndrome,AS)介绍临床上如何诊断染色体结构变异。

(一) API

API 是急性髓细胞白血病(AML)的一种特殊类型,被 FAB 协作组定为急性髓细胞白血病 M3 型。临床表现为正常骨髓造血功能衰竭,相关症状如贫血、出血感染;白血病细胞的浸润有关的表现如肝、脾和淋巴结肿大,骨痛等。除了这些一般白血病表现外,出血倾向是其主要的临床特点,有 10%～20% 的患者死于早期出血,弥漫性血管内凝血(disseminated intravascular coagulation,DIC)的发生率高(大约 60%)。APL 的致病机制目前比较明确,是由于患者 t(15;17)(q22;q21)交互易位,使该区域的两个基因 *PML* 和 *RARA* 融合表达,即产生 *PML - RARA* 和 *RARA - PML* 融合基因,融合基因保留了上述两种蛋白的主要功能结构域,可对 *PML* 和 *RARA* 基因产生"显性负调控"作用,阻碍髓系分化、抑制细胞凋亡,进而引起 APL 的发生。由于其致病突变明确为 15 号染色体与 17 号染色体易位,因此临床上通过核型分析即可进行基因诊断。

(二) AS

AS 最早由英国儿科医生 Angelman 报道,发病率大约是 1/15 000。临床表现为智力低下及全面的发育延迟,特别是语言发育延迟、小头畸形、多动,存在共济失调、宽基底步态及肢体震颤等运动障碍,常有频繁无诱因、与周围环境不相适应的暴发性笑或微笑、表情愉悦、拍手等快乐行为。其中 80%～95% 患儿出现癫痫发作,其中 50% 患儿于 1 岁内出现,75% 患儿于 3 岁内出现,发热是绝大多数患者癫痫发作的主要诱因。

AS的致病基因已经比较明确,是染色体15q11-13的*UBE3A*基因表达异常或功能缺陷所致。本病由母源单基因遗传缺陷所致,如来自母亲的第15号染色体印迹基因区15q部分缺陷,或同时拥有两条来自父亲的带有此缺陷的第15号染色体,则会罹患此病。大约70%的病例是由于母源15q11-13区段缺失所致,大约20%是由于该区段父源单亲二倍体或母源该基因发生突变所致,约10%是不明原因的(图12-16)。因此,对于母源15q11-13,特别是*UBE3A*基因的完整性检测是诊断该病的遗传学指征。

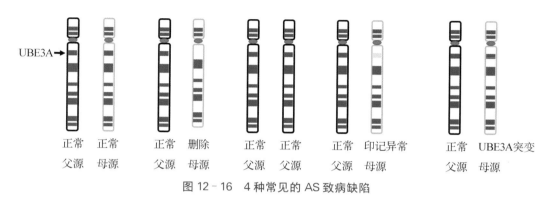

UBE3A→

正常　　正常　　　正常　　删除　　　正常　　正常　　　正常　　印记异常　　正常　　UBE3A突变
父源　　母源　　　父源　　母源　　　父源　　父源　　　父源　　母源　　　　父源　　母源

图12-16　4种常见的AS致病缺陷

15q11-13区段大约4 MB,通过核型分析无法准确检测,一般通过FISH进行检测,也可以采用基因芯片、SNP array等方法。与CMV检测一样,这些方法无法检测寡核苷酸突变,因此对于检出阴性患者,需要进一步对基因序列进行分析,确认是否有其他类型的突变。

CNV与染色体结构变异都属于较大尺度的DNA序列变异,除了一些针对性的方法,很多方法都是互通的,如FISH、SNP array、ACGH等,采用合适的方法,有助于产生准确的临床诊断。

五、诊断遗传性疾病的游离DNA

游离DNA(cell free DNA)是指不存在于细胞内,而是在胞外环境(如血液)中存在的DNA。一般我们所说的游离DNA指的是外周血中的DNA片段,也称为循环DNA(circulating free DNA,cfDNA)。

cfDNA是20世纪40年代两位法国科学家Mandel和Metais最早发现的。他们的研究结果发表在1947年*SOCIÉTÉ DE BIOLOGIE DE STRASBOURG*杂志上。但是,由于缺乏高灵敏度和高特异度的实验方法,导致有关血中cfDNA与疾病相关性的研究在较长时期内进展缓慢,并未引起学界重视。直到1966年,洛克菲勒大学的研究人员Kunkel等发现,在部分系统性红斑狼疮患者的血清中存在游离DNA,这些DNA可以与血清中某些抗体起反应,从而参与该疾病的病理过程,游离DNA才再次进入人们的视线。

目前研究认为cfDNA是细胞凋亡或损伤后释放入循环系统的DNA片段(图12-

17)，其半衰期较短，并且在血液中含量较低，因而检出难度较高。但是，随着对游离DNA 的研究，提取和检测 cfDNA 的方法都有了长足的进步。并且有了两个重要的发现，一是发现了胎儿游离 DNA（cell free fetal DNA，cffDNA），二是发现了肿瘤游离DNA（cell free tumor DNA，ctDNA）。这两类 cfDNA 的发现，开启了无创诊断的时代。

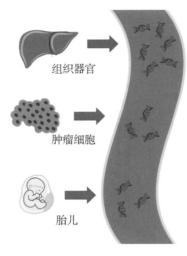

图 12‑17　cfDNA 的来源

（一）胎儿游离 DNA

胎儿游离 DNA，即 cffDNA，是卢煜明教授于 1997 年首先发现并报道的。卢教授首次从一名怀有男性胎儿的孕妇血清中分离并测得了胎儿 Y 染色体 DNA 序列。之后展开了一系列前沿工作来研究这些胎儿游离 DNA 的特性，证明了使用胎儿游离 DNA 来诊断遗传性疾病的可行性和实际性，由此开启了无创产前诊断（non-invasive prenatal testing，NIPT）的新纪元。

产前诊断一直是实现优生优育的重要一环，在 NIPT 被临床应用之前，产前诊断大多是通过 B 超，结合一些生化指标进行诊断，如唐氏筛查三联法，这种方法检出率较低，只有 65%～75%，而通过羊水穿刺虽然可以接近 100% 检出，但是由于穿刺伤害，大约有1% 的孕妇会出现流产。NIPT 的出现，解决了这些问题。

目前 NIPT 主要是利用二代测序技术对母体血液内 cffDNA 进行高通量测序，再通过生物信息学分析，进行产前筛查。NIPT 主要应用于胎儿非整倍体的筛查，特别是对于常见的 21‑三体、18‑三体、13‑三体综合征等疾病具有较高的检出率，能达到 95%以上。

随着分子生物学技术的进步，目前 NIPT 已经逐渐从筛查胎儿非整倍向其他胎儿产前诊断，如染色体微缺失、遗传病等方向发展。主要还是依赖于二代测序技术，目前已经实现了对一些常见的染色体缺失如 15q11‑q13、4p16.3 等的基因诊断。同时，通过测序也可以对胎儿基因组进行分析，寻找可能携带的致病基因，如对 DMD、β‑地中海贫血等疾病的产前诊断。

（二）肿瘤游离 DNA

肿瘤游离 DNA，即 ctDNA，是发现的第二类可以临床应用的 cfDNA。1977 年首次发现了癌症患者的血清中 cfDNA 水平显著升高，同时在其他生理条件或病理情况下，比如急性创伤、脑梗死、运动、移植和感染等，血浆中 cfDNA 浓度也会相应地提高。1989年，Stroun 和 Colleagues 等报道肿瘤患者的 cfDNA 中部分来源于肿瘤细胞；1991 年，Sidransky 等研究表明，膀胱癌患者尿沉渣中 DNA 携带 *TP53* 突变，提示了可以利用基因分析来检测 cfDNA。1994 年，第一次利用 PCR 在胰腺癌患者血液 cfDNA 中检测到了 *KRAS* 突变，该突变与肿瘤组织中检测到的一致，证实 cfDNA 中携带肿瘤特有突变的那一小部分 DNA，确实是由肿瘤细胞释放出来的。

此后，人们认识到 cfDNA 中的肿瘤相关突变是肿瘤特异性的标志物，并称这些携带肿瘤特征的 cfDNA 片段为循环肿瘤 DNA（ctDNA）。

当今社会，恶性肿瘤已经成为威胁人类健康的第一大杀手。而恶性肿瘤有越早发现，越早治疗，预后就越好的特征。然而，肿瘤早期往往没有明显的症状，并且检测手段往往需要穿刺或手术活检，这些方法本身有一定危险性，同时也会对患者造成伤害。ctDNA 的发现，使人们找到了一种可以无创诊断肿瘤的方法。

与 NIPT 相似，ctDNA 诊断肿瘤也是无创的，主要也通过第二代测序技术进行检测，也有通过数字 PCR 进行检测的方法，通过识别特征性肿瘤释放的发生突变的 DNA 片段或染色体畸变，进行诊断。但与 NIPT 不同，ctDNA 目前尚未进行大规模临床应用，主要是目前检出率不够理想，ctDNA 检测在包括结直肠癌、胃食管癌、胰腺癌和乳腺癌在内的多种局部癌症患者中，检出率在 48%～73%。虽然目前最新的一些研究表明，ctDNA 的检出率还可以进一步提升，但是距离临床应用还有一定的差距。同时，由于 ctDNA 在血液中比例较低，早期的肿瘤释放的 ctDNA 往往无法被捕捉，而在中晚期患者体内，虽然检出率很高，但是已经错过了肿瘤诊断的最佳时机。

目前，对于 ctDNA 的临床应用，一方面用于辅助检测，如 2015 年 12 月，"非小细胞肺癌血液 *EGFR* 基因突变检测中国专家共识"中补充了如果肿瘤标本不可评估 *EGFR* 基因状态，则可使用从血液（血浆）标本中获得的 ctDNA 进行评估。另一方面用于术后评估。如在早期直肠癌患者术后评估中，未检测到 ctDNA 的患者，有约 10% 在术后 3 年内复发，而检出 ctDNA 的患者 100% 会复发。

目前，ctDNA 虽然还没有大量临床应用，但是相比传统的肿瘤诊断方法，其拥有很大的优势，相信在未来，随着技术的进步和研究的深入，ctDNA 作为一种微创、实时监测肿瘤动态变化的生物标志物，在癌症的早期诊断、病情监测、疗效评估、预后判断、耐药监测及用药指导方面都会有极大的应用空间。

六、基因诊断的临床意义

基因诊断目前已经在临床中广泛应用，如上述所介绍的，许多疾病产生的原因是患者自身携带致病基因突变。这里需要明确的是，疾病产生的直接原因是患者自身某些蛋白质的缺失或功能异常,但是蛋白质功能的缺失或异常并不一定是单纯某一种突变所致,之前举例的 AS,其致病的主要原因是母源的 *UBE3A* 基因功能缺失,一般是母源染色体 15q11－13 片段缺失,这是直接的基因缺失致病,但是亦有患者不存在基因的直接缺失,而是母源 *UBE3A* 基因存在寡核苷酸突变导致基因功能异常所致,如 c.1344del、c.2304G＞A 等寡核苷酸突变,均有报道导致 AS。无论是哪种类型的基因突变,如果导致蛋白质功能异常,均有可能致病,因此,在临床基因诊断中,基因芯片、FISH 或二代测序等方法,都是一种筛查手段,在诊断中都需要考虑其局限性,采用多种方法,才可以最终得到准确的诊断。

目前,已经被报道的孟德尔疾病超过 5 000 种,但是还有相当一部分疾病的致病基因及机制未知,也有很多疾病对应多个致病基因,并且,绝大部分疾病,即使找到一个或多个致病基因,也往往无法解释全部患者(如耳聋,目前已经鉴定到的相关致病基因有 300 多个,但是依然存在无法找到致病基因的患者)。随着医学遗传学研究的不断深入,新的致病基因也在不断被发现。而如前文所述,致病基因和突变之间不是一一对应的关系,一个基因会存在许多不同类型,不同位置的突变导致同种或不同疾病。这些发现使得依赖已知基因或已知突变进行检测的方法(如基因芯片、一代测序等)在应用上受到很多局限及制约。一是随着致病基因和突变位点的增多,很难做到对已知基因或位点的全面检测;二是如果患者是新发突变或未知基因突变,这些方法都无法检测到。

二代测序技术的成熟和应用带来了革命性的突破,依托于极高的通量,可以快速地对全基因组或全部基因的外显子组进行测序,从而一方面检测已知基因的已知突变,另一方面也可以找到已知基因的未知突变,进一步依靠生物信息学分析和分子生物学技术,寻找新的致病基因。相较于传统的分子杂交或一代测序的基因诊断方法,二代测序技术对于检测更加全面,不仅能诊断,还可以预测和鉴定。目前,二代测序技术价格逐渐降低,全外显子组测序价格甚至已经接近一千元,在临床上的应用也越加广泛,通过二代测序技术寻找基因突变已经成为常用的方法。当然,由于二代测序技术在测序原理上的限制,还存在一些问题,包括假阳性、测序深度不均、读长短等,这使得二代测序还需要其他诊断方法辅助,如需要一代测序验证突变的真实性等。总而言之,随着技术的进步和成本的降低,二代测序技术在临床基因诊断上将会有更广泛的应用。

三代测序技术与二代测序技术不同,同为高通量测序,三代测序不需要扩增,读长较长,因而在一定程度上补足了二代测序技术的诸多不足,三代测序技术从技术原理上来讲,在基因诊断中是非常有应用前景的。但是目前,三代测序技术还不是很成熟,存在测序随机出错、成本较高等问题,因此,三代测序尚未在临床诊断中大范围应用,目前,仅在检测一些特定突变类型时会用到三代测序技术。随着研究的不断深入,可以预想三代测序技术将在未来的临床疾病诊断中发挥越来越重要的作用。

基因诊断是人类了解疾病的一次巨大进步,人类从由外因去了解疾病、治疗疾病开始转向从自身出发,寻找疾病产生的分子根源,进而采取更加积极有效的诊断方法。个性化治疗等相关概念也应运而生。

个性化治疗又称精准医疗,是指以个人基因组信息为基础,结合蛋白质组、代谢组等相关内环境信息,为患者量身设计出最佳治疗方案,以期达到治疗效果最大化和不良反应最小化的一门定制医疗模式。个性化治疗的前提是基因诊断,找到致病基因,明确疾病的分子机制是基础。在基因诊断广泛应用之前,人类面对疾病的方法往往是宽泛地寻找普适性药物,但是这种方法具体到某个患者,可能是不足或者过量的。许多疾病,致病基因可能有多个,虽然造成的表型是一样的,但是其根本原因是不同的,以表型逆转去治疗疾病,虽然在表型上可以抑制,但是终究没有从根源上治疗疾病。如果从基因水平上找到疾病产生的根源,结合蛋白质组、代谢组及其他分子生物学方法,明确疾病产生的分子机制,就可以从根源上治疗疾病。因此,可以说个性化治疗是基因诊断出现后的必然需求。

总而言之,基因诊断是近几十年来人类对疾病认知的一次巨大进步。基因诊断的应用使人类对疾病的认识从疾病的表型深入到了疾病产生的根源。基于基因诊断而出现的个性化治疗,则是人类对于疾病治疗的又一次突破。基因诊断目前在临床中已经被广泛应用,成为临床中诊断疾病类型的分子基础。当然,疾病的诊断最终是要以临床症状作为判断标准,基因诊断应起到辅助诊断的作用。同时,疾病的产生是自身与环境因素共同作用的结果,人类对疾病的产生的认识还有很大不足。因此,在无症状的情况下,即使携带基因变异,也不能作为将会罹患疾病的直接证据。当然,随着科学的发展和进步,当人类可以充分了解疾病的产生和发展时,基因诊断将会更好地帮助人们实现对疾病的预测、诊断和治疗。

(王 磊)

参考文献

[1] BAREKE E, SAILLOUR V, SPINELLA J F, et al. Joint genotype inference with germline and somatic mutations [J]. BMC bioinformatics, 2013,14 Suppl 5(Suppl 5):S3.

[2] CHAISSON M J, HUDDLESTON J, DENNIS M Y, et al. Resolving the complexity of the human genome using single-molecule sequencing [J]. Nature, 2015,517(7536):608 - 611.

[3] FENG R, SANG Q, KUANG Y, et al. Mutations in TUBB8 and human oocyte meiotic arrest [J]. NEJM, 2016,374(3):223 - 232.

[4] ISHIURA H, DOI K, MITSUI J, et al. Expansions of intronic TTTCA and TTTTA repeats in benign adult familial myoclonic epilepsy [J]. Nat Genet, 2018,50(4):581 - 590.

[5] LEON S A, SHAPIRO B, SKLAROFF D M, et al. Free DNA in the serum of cancer patients and the effect of therapy [J]. Cancer Res, 1977,37(3):646 - 650.

[6] LO Y M, CORBETTA N, CHAMBERLAIN P F, et al. Presence of fetal DNA in maternal plasma and serum [J]. Lancet, 1997,350(9076):485 - 487.

[7] NGUYEN-DUMONT T, CALVEZ-KELM F L, FOREY N, et al. Description and validation of high-throughput simultaneous genotyping and mutation scanning by high-resolution melting curve analysis [J]. Hum muta, 2009,30(6):884 - 890.

第十三章　基因治疗

1963 年，美国分子生物学家、诺贝尔生理学或医学奖获得者 Joshua Lederberg 第一次提出了基因交换和基因优化的理念，为基因治疗（gene therapy）的发展奠定了基础。1970 年，美国医生 Stanfield Rogers 提出：用好的基因可以替代坏的基因。但在用携带精氨酸酶基因的乳头瘤病毒治疗精氨酸血症时失败，这是首例人体基因治疗试验。1972 年，美国著名生物学家 Friedmann 和 Roblin 在 *Science* 杂志上正式提出了基因治疗的概念，他们认为"基因疗法可能在未来改善人类的某些遗传疾病"，希望"基因疗法应仅在那些证明有益的情况下用于人体，并且不会因为过早使用而被滥用"。1990 年，美国 NIH 的 William French Anderson 和 Michael Blaese 领导的基因治疗团队，在治疗腺苷酸脱氨酶缺乏症-重症联合免疫缺陷病（ADA‑SCID）方面获得成功。基因治疗由此进入了快速发展阶段。

基因治疗是指利用分子细胞生物学方法将目的基因或基因修复系统导入靶细胞，以补偿、抑制或纠正发生变异的基因，从而达到治疗疾病的目的。从 20 世纪 90 年代至 2020 年的 30 年间，基因治疗历经了三股热浪，分别基于质粒 DNA、RNA 干扰（RNAi）和基因编辑技术。

▍第一节　基因治疗的策略

人类大部分疾病与基因变异有关。变异后直接导致疾病的基因称为致病基因，见于单基因病或染色体病。促使疾病发病风险增加的变异基因称为易感基因，见于多基因疾病。目前绝大多数遗传相关疾病的治疗方法仍然是对症治疗，只能缓解患者的病情，但无法完全治愈。替代治疗使遗传相关疾病的治疗前进了一大步，但价格昂贵、反复用药及耐药性出现限制了替代治疗的使用。鉴于遗传相关疾病的病因是基因变异，因此基因治疗才是最终解决遗传病的方案。

遗传相关疾病的致病基因和类型不同，基因治疗的策略也有所不同。

一、基因增补

基因增补（gene augmentation）是不删除突变的致病基因，而是给予正常基因，在体内表达出功能正常的蛋白质，从而达到治疗疾病的目的。基因增补不仅可以用于替代突变基因，也可以在原有基因表达水平不足以满足机体需要的情况下，异位过表达来增强某些功能。例如，在 A 型血友病患者体内导入凝血因子Ⅷ的基因，恢复其凝血功能；将编码干扰素和白介素-2等分子的基因导入恶性肿瘤患者体内,可以激活体内免疫细胞的活力,作为抗肿瘤治疗中的辅助治疗,也称为基因免疫治疗。

由于目前尚无法使治疗基因在基因组中准确定位插入,因此增补基因的整合位置是随机的。这种整合可能会导致基因组正常结构发生改变,甚至可能导致新的疾病。2004年,在法国一家儿童医院接受基因治疗的17名SCID患者中,有3人因反转录病毒载体插入并激活 LMO-2 基因而罹患白血病。

二、基因沉默或失活

有些疾病是由于某个或某些基因的过度表达所致,向患者体内导入有抑制基因表达作用的核酸,如反义RNA、核酶、小干扰RNA等,可降解相应的mRNA或抑制其翻译,阻断致病基因的异常表达,从而达到治疗疾病的目的。这一策略称为基因失活(gene inactivation)或基因沉默(gene silencing),也称为基因干预(gene interference)。需要抑制的靶基因往往是过度表达的癌基因,或者是病毒复制周期中的关键基因。

三、基因修复

基因修复包括对致病基因的突变碱基进行纠正的基因矫正(gene correction),以及用正常基因通过重组原位替换致病基因的基因置换(gene replacement)。这两种方法均属于对缺陷基因精确的原位修复,既不破坏整个基因组的结构,又可以达到治疗疾病的目的,是最为理想的治疗方法,目前处于快速发展阶段。

四、自杀基因

上述3种基因治疗的策略都是以恢复细胞正常功能或干预异常的细胞功能为目的。在肿瘤的治疗中,通过导入基因诱发细胞"自杀"也是一种重要的策略。自杀基因治疗肿瘤的原理是将编码某些特殊酶类的基因导入肿瘤细胞,其编码的酶能够使无毒或低毒的药物前体转化为细胞毒性代谢物,诱导细胞产生"自杀"效应,从而达到清除肿瘤细胞的目的。自杀基因的另一个策略是利用肿瘤细胞特异性启动子序列(如肝癌的甲胎蛋白启动子序列)以激活抑癌基因或毒性蛋白基因,最终杀伤肿瘤细胞。

五、嵌合抗原受体 T 细胞免疫治疗

嵌合抗原受体 T 细胞免疫治疗(chimeric antigen receptor T-cell immunotherapy,CAR-T)属于过继性细胞免疫治疗,亦属于基因治疗范畴。该疗法是在体外制备表达嵌合抗原受体的 T 细胞,然后回输到患者体内,利用抗原抗体的特异性和 T 细胞的细胞毒性发挥治疗作用。CAR 由一个胞外的肿瘤相关抗原结合区、一个促进抗原结合的铰链区、一个用于固定 CAR 的跨膜区和一个胞内信号区组成,将这些区域有序结合并组装在 T 细胞上即 CAR-T。当 CAR 特异性识别并结合肿瘤相关抗原后,为 T 细胞激活和增殖提供信号并释放大量细胞因子,从而发挥杀伤肿瘤的作用。

第二节 基因治疗的基本程序

基因治疗的基本程序可分为 5 个步骤：①选择治疗基因；②选择携带治疗基因的载体；③选择基因治疗的靶细胞；④导入治疗基因；⑤治疗基因的检测。

一、选择治疗基因

细胞内的基因理论上均可作为基因治疗的选择目标。许多分泌性蛋白质如生长因子、多肽类激素、细胞因子和可溶性受体的编码基因，非分泌性蛋白质如受体、酶或转录因子的编码基因，甚至某些非编码 RNA 如微 RNA（miRNA）、环状 RNA（circRNA）或长链非编码 RNA（lncRNA）基因等，都可作为治疗基因。简言之，只要清楚引起某种疾病的突变基因是什么，或者患者需要的基因是什么，就可用相应的正常基因或经改造的基因作为治疗基因。

二、选择携带治疗基因的载体

大分子 DNA 不能主动进入细胞，即使进入也会被细胞内的核酸酶水解。因此选定治疗基因后，需要适当的基因工程载体将治疗基因导入细胞内并表达。目前所使用的基因治疗载体有病毒载体和非病毒载体两大类，基因治疗的临床实施一般多选用病毒载体。

野生型病毒必须经过改造，在确保它们进入人体内使用的安全性后才能作为基因治疗的载体。野生型病毒基因组的编码区主要为衣壳蛋白、酶和调控蛋白基因，非编码区中则含有病毒进行复制和包装等功能所必需的作用元件。基因治疗所用病毒载体的改造主要是剔除复制必需的基因和致病基因，消除其感染和致病能力。改造后病毒载体的复制和包装等功能由包装细胞（packaging cell）提供。包装细胞是经过特殊改造的细胞，已经转染和整合了病毒复制和包装所需要的辅助病毒基因组，可以完成病毒的复制和包装。在实际应用中，治疗用的病毒载体需要先导入体外培养的包装细胞，在其中进行复制并包装成新的病毒颗粒，获得足量的重组病毒后再用于基因治疗。

目前用作基因转移载体的病毒有反转录病毒（retrovirus）、腺病毒（adenovirus）、腺相关病毒（adeno-associated virus，AAV）、慢病毒（lentivirus）、单纯疱疹病毒（herpes simplex virus，HSV）等。不同的病毒载体在应用中有不同的优势和缺点，可依据基因转移和表达的不同要求加以选择。以下以目前最为常用的腺相关病毒和慢病毒载体为例予以说明。

1. 腺相关病毒载体   AAV 载体是以 AAV 基因组为骨架改造而来的基因递送工具。AAV 属于细小病毒科的低致病性病毒，它的基因组为线性单链 DNA，大小约 4.7 kb，在基因组两端分别有一条反向末端重复序列（inverted terminal repeat，ITR），其中的 D 序列与病毒基因组高效释放、选择性复制和包装密切相关。基因组编码区有 2 个开放阅读框，分别编码 4 种 Rep 蛋白和 3 种 Cap 蛋白，它们分别在基因组复制、病毒装配及包装中发挥着作用。在设计 AAV 载体基因组时,需要将编码区基因序列替换为目的基因和相关功能片段,仅保留两端反向末端重复序列。在其生产时采用三质粒共转染法,即将带有 AAV 载体基因组的质粒、表达 cap 和 rep 蛋白的质粒、腺病毒辅助基因质粒共转染细胞(图 13 - 1)。

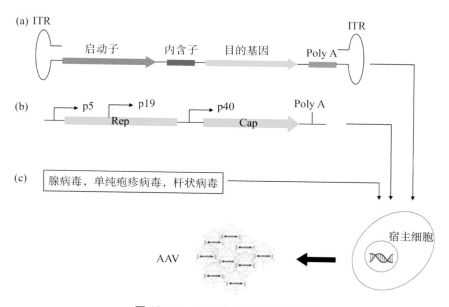

图 13 - 1　AAV 载体的构建及组装

注:(a)带有 AAV 载体基因组的质粒;(b)表达 cap 和 rep 蛋白的质粒;(c)腺病毒辅助基因质粒。

AAV 按血清试验结果可以分为不同类型,目前已有 13 种 AAV 血清型(AAV1 - AAV13),分别靶向不同的受体和组织。在制备 AAV 载体时,通常根据疾病部位和靶向组织的不同,选择不同的血清型。具体受体及靶向目标如表 13 - 1 所示。

表 13 - 1　不同血清型 AAV 的受体及靶向目标

AAV 血清型	靶向受体	靶向目标
AAV1	唾液酸	肌肉、脑、眼、胰腺
AAV2	硫酸乙酰肝素蛋白聚糖,层粘连蛋白受体	肾
AAV3	硫酸乙酰肝素蛋白聚糖,层粘连蛋白受体	肝肿瘤
AAV4	唾液酸	肺、肾、脑、眼
AAV5	唾液酸	肺、脑、眼
AAV6	唾液酸硫酸,乙酰肝素蛋白聚糖	心脏、肌肉、肺
AAV7	未知	肌肉、眼
AAV8	层粘连蛋白受体	肌肉、脑、眼、胰腺、肝
AAV9	半乳糖,层粘连蛋白受体	肌肉、脑、眼、胰腺、肾、心脏、肺
AAV10	未知	脑、新生组织、小肠、结肠

续　表

AAV 血清型	靶向受体	靶向目标
AAV11	未知	未知
AAV12	未知	鼻腔
AAV13	硫酸乙酰肝素蛋白聚糖	未知

与慢病毒载体、腺病毒载体、反转录病毒载体等其他常用病毒载体相比，AAV 载体在没有辅助病毒的情况下并不导致感染，具有高安全性、低免疫原性、宿主细胞范围广（感染分裂和非分裂细胞）、易生产、高穿透性、长时表达、定点整合等优点，在基因治疗领域具有极大的应用前景。

2. 慢病毒载体　慢病毒载体是慢病毒经遗传修饰改造而来的一种多用途的、安全的转基因载体。其构建原理是将病毒基因组中的顺式作用元件（如包装信号、长末端重复序列）和编码反式作用蛋白的序列进行分离，分别构建在不同的载体质粒中。除了保留产生具有感染性的病毒颗粒所必需的基因外，基因组中大部分基因序列被去除，从而降低了产生具有自我复制能力病毒颗粒的风险（图 13 - 2）。

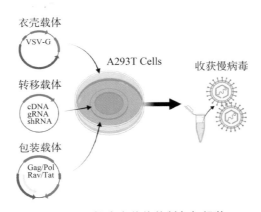

图 13 - 2　慢病毒载体的制备与组装

慢病毒载体主要有以下优点：①既可以转染处于有丝分裂活跃期的细胞，又可以转染分裂缓慢及处于分裂终末期的细胞，如造血干细胞、神经干细胞、处于分化终末期的神经元、肝实质细胞等；②由慢病毒载体携带整合入宿主基因组的目的基因对转录沉默作用有较强的抵抗能力，因此目的基因可以在宿主细胞中得到长期而稳定的表达；③可以兼容多个转录启动子，包括细胞特异性启动子和管家基因启动子，从而实现对目的基因的表达进行时间性、空间性的精确调控；④经过改建后的慢病毒载体最多可以容纳约 18 kb 的外源基因，对 6～9 kb 的基因片段具有最高的包装效率，甚至可以使功能相关的数个基因共表达；⑤免疫反应小，安全性较好。慢病毒载体的上述优点使其成为体内和体外基因转移的有效工具。

三、选择基因治疗的靶细胞

基因治疗所采用的靶细胞通常是体细胞(somatic cell),包括病变组织细胞或正常的免疫功能细胞。由于人类生殖生物学极其复杂,主要机制尚未阐明,因此基因治疗的原则是仅限于患病的个体,而不能涉及下一代,为此国际上严格限制用人生殖细胞(germ line cell)进行基因治疗实验。靶细胞应具有如下特点:①易于从人体获取,生命周期较长,以延长基因治疗的效应;②易于在体外培养并易受外源性遗传物质转化;③离体细胞经转染和培养后回植体内易成活;④最好具有组织特异性,或治疗基因在某种组织细胞中表达后能够以分泌小泡等形式进入靶细胞。

人类的体细胞有 200 多种,目前还不能对所有体细胞进行体外培养,因此能用于基因治疗的体细胞有限。已经成功用于基因治疗的靶细胞主要有造血干细胞(hematopoietic stem cell,HSC)、淋巴细胞、成纤维细胞、肌细胞和肿瘤细胞等。

1. *HSC*　HSC 是骨髓中具有高度自我更新能力的细胞,能进一步分化为其他血细胞,并能保持基因组 DNA 的稳定。HSC 已成为基因治疗最有前景的靶细胞之一。由于造血干细胞在骨髓中含量很低,难以获得足够的数量用于基因治疗。人脐带血细胞是造血干细胞的丰富来源,在体外增殖能力强,移植后抗宿主反应发生率低,是替代骨髓造血干细胞的理想靶细胞。

2. *淋巴细胞*　淋巴细胞参与机体的免疫反应,有较长的寿命,容易从血液中分离和回输,对目前常用的基因转移方法都有一定的敏感性,适合作为基因治疗的靶细胞。目前,已将一些细胞因子、功能蛋白的编码基因导入外周血淋巴细胞并获得稳定高效的表达,应用于黑色素瘤、免疫缺陷性疾病、血液系统单基因病的基因治疗。

3. *皮肤成纤维细胞*　皮肤成纤维细胞具有易采集、可在体外扩增培养、易于移植等优点,是基因治疗有发展前途的靶细胞。反转录病毒载体能高效感染原代培养的成纤维细胞,将它再移植回体内时,治疗基因可以稳定表达一段时间,并通过血液循环将表达的蛋白质送到其他组织。

4. *肌细胞*　肌细胞有特殊的 T 管系统与细胞外直接相通,利于注射的质粒 DNA 经内吞作用进入。肌细胞内的溶酶体和 DNA 酶含量很低,环状质粒可在胞质中存在而不整合入基因组 DNA,能在肌细胞内较长时间保留,因此骨骼肌细胞是基因治疗比较理想的靶细胞。将裸露的质粒 DNA 注射入肌组织,重组在质粒上的基因可表达几个月甚至 1 年之久。

5. *肿瘤细胞*　肿瘤细胞是肿瘤基因治疗中极为重要的靶细胞。由于肿瘤细胞分裂旺盛,对大多数的基因转移方法都比较敏感,可进行高效的外源性基因转移。因此,无论采用哪种基因治疗方案,肿瘤细胞都是理想的靶细胞。

此外,也有研究采用骨髓基质细胞、角质细胞、胶质细胞、心肌细胞及脾细胞作为靶细胞,但由于受到取材及导入外源性基因困难等影响,有待进一步成熟。

四、离体和在体基因治疗

在基因治疗实施方案中,基因递送(gene delivery)的方式有两种。一种是离体基因疗法(ex vivo),即先将需要接受基因的靶细胞从体内取出,在体外培养,将携带治疗基因的载体导入细胞内,筛选出接受了治疗基因的细胞,繁殖扩增后回输体内,使治疗基因在体内表达相应产物,基本过程类似于自体组织细胞移植。另一种是在体基因疗法(in vivo),即将外源性基因直接注入体内有关的组织器官,使其进入相应的细胞并进行表达。

五、治疗基因表达的检测

无论以哪种方法导入基因,都需要检测这些基因是否能正确表达。被导入基因的表达状态可以用 PCR、RNA 印迹、蛋白印迹(wertern blot)及 ELISA 等方法检测。对于导入基因是否整合到基因组及整合的部位,可以用核酸杂交技术进行分析。

第三节 RNA 干扰和反义寡核苷酸

一、RNA 干扰

RNA 干扰(RNA interference,RNAi)是由短双链 RNA 特异性降解或沉默序列匹配 mRNA 的现象。能够产生 RNAi 现象的短双链 RNA 称为小干扰 RNA(small interfering RNA,siRNA)。1998 年,Andrew Fire 和 Craig C. Mello 首次发现并提出 RNAi 的概念。随后经过几年的探索,Thomas Tuschl 等在 2001 年第一次证明,体外合成的 siRNA 在哺乳动物内可以有效完成 RNAi 过程。2006 年,Fire 和 Mello 因此获得了诺贝尔生理学或医学奖。

病毒基因、人工转入基因、转座子等外源性基因随机整合到宿主细胞基因组内,并利用宿主细胞进行转录时,常产生一些双链 RNA(dsRNA)。宿主细胞对这些 dsRNA 迅即产生反应,其胞质中的核酸内切酶 Dicer 将 dsRNA 切割成多个具有特定长度和结构的小片段 RNA(21~23 bp),即 siRNA。siRNA 在细胞内 RNA 解旋酶的作用下解链成正义链(sense strand 或 passenger strand)和反义链(antisense strand 或 guide strand)。正义链被迅速降解,而反义链则与内切酶、外切酶和解旋酶等结合形成 RNA 诱导沉默复合物(RISC),其中包含 Ago 蛋白。RISC 与相对应的 mRNA 同源区进行特异性结合,在与反义链互补结合的两端切割 mRNA,后者随即降解。siRNA 不仅能引导 RISC 切割同源单链 mRNA,而且可作为引物与靶 RNA 结合并在 RNA 依赖性 RNA 聚合酶(RNA-dependent RNA polymerase,RdRP)作用下,合成更多新的 dsRNA。新合成的 dsRNA 再由 Dicer 切割产生大量的次级 siRNA,从而使 RNAi 的作用进一步放大,最终将靶 mRNA 完全降解(图 13-3)。

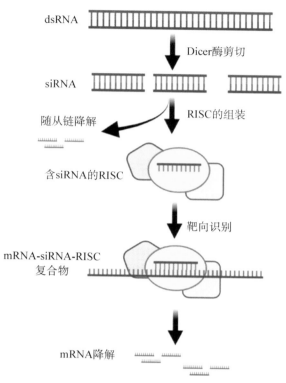

图 13‐3　RNA 干扰现象及分子机制

　　理论上,siRNA 可以抑制任何基因。对于某些基因上调或下调而引发的疾病,可以通过设计相应的 siRNA,抑制上调的致病基因或抑制引起基因下调的基因,来达到治疗疾病的目的。相比小分子药物和抗体药物,siRNA 选择性更好,且研发周期短,药物靶点筛选快,不易产生耐药性和其他副作用。然而,siRNA 可能对靶基因的相似序列发生作用,导致脱靶(off-targeting)效应。

　　目前处于临床研究阶段的 siRNA 药物约有 40 多种。2017 年,苏州瑞博生物技术有限公司与美国 Quark 制药公司联合开发的用于视神经保护的 siRNA 药物 QPI‐1007已由中国首都医科大学附属北京同仁医院完成首例受试者给药。QPI‐1007 是一种人工合成的 siRNA,旨在抑制促凋亡蛋白半胱天冬酶 2 的表达。该研究是中国进行的首个siRNA 药物临床试验,该受试者也成为中国首例接受小核酸药物治疗的患者。

　　更加令人瞩目的是,2018 年 8 月由赛诺菲和 Alnylam 研发的全球首个 siRNA 药物Onpattro(通用名 Patisiran)被 FDA 和欧盟分别批准上市,用于治疗遗传性转甲状腺素蛋白淀粉样变性(hereditary transthyretin-mediated amyloidosis)。该病是一种严重且致命的罕见神经系统疾病,常发病于 26～80 岁。患者表现为四肢乏力和肌肉萎缩,后期甚至瘫痪,伴随内分泌异常及皮肤变化,预期寿命只有 2～15 年。以往该病治疗方法主要是手术、放疗和化疗。Onpattro 是一种靶向甲状腺素运载蛋白的 siRNA 疗法,能够有效阻止甲状腺素运载蛋白的生成,清除组织内淀粉样蛋白沉积,恢复组织功能。研究结果显示,Onpattro 取得了极佳的治疗效果,达到了研究的主要终点和所有次要终点:与安慰剂相比,Onpattro 改善了多种神经病变、生活质量、日常活动能力、步行能力、营养状况和自主神经症状。此外,在心肌受累的患者(占研究患者总数的 56%)中开展的一项心脏亚组分析结果显示,与安慰剂相比,Onpattro 在心脏结构和功能探索性终点方面也表现出显著改善。在安全性方面,Onpattro 治疗组和安慰剂组不良事件发生率和严重程度均相似,Onpattro 治疗组周围水肿和输液相关反应发生率较高,但通常是轻至中度。

2019 年 11 月 20 日,美国 FDA 批准了 Alnylam Pharmaceuticals 公司 Givlaari (Givosiran)上市,用于治疗患有急性肝卟啉病(AHP)的成年患者。Givosiran 是一种皮下使用的 N-乙酰半乳糖胺结合 RNAi 疗法,是继 Onpattro 之后第二款获得 FDA 批准上市的 RNAi 新药。

肝卟啉病是肝内卟啉代谢紊乱,卟啉和/或卟啉前体(δ-氨基酮戊酸、卟胆原、尿卟啉、粪卟啉及原卟啉)形成增加,在体内积聚所致的肝病,为常染色体显性遗传病。主要表现为腹痛、精神障碍、光敏性皮肤损害、周围神经病变等。

Givosiran 的批准基于一项 94 例急性肝卟啉病患者参与的 Ⅲ 期临床试验:其中 48 例患者接受 Givosiran 治疗,46 例患者接受安慰剂治疗,结果通过需要进行紧急医疗保健或静脉输注血红素的卟啉病发病率来衡量。与接受安慰剂治疗的患者相比,Givosiran 组卟啉病发生减少了 70%。与安慰剂组相比,Givosiran 组患者发生不良反应的频率至少高 5%。较常见的副作用是恶心和注射部位反应;其次是皮疹、血清肌酐升高、转氨酶升高、易疲劳等。

二、反义寡核苷酸

反义核酸是指能与特定 mRNA 精确互补、特异阻断其翻译的 RNA 或 DNA 分子。反义寡核苷酸(antisense oligonucleotide,ASO)是反义核酸的一种类型,通常长度为 12～30 个核苷酸,通过与目标 RNA 结合,促进 RNA 断裂、降解或空间阻滞,从而起到治疗作用(图 13-4)。

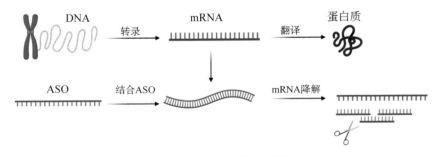

图 13-4　ASO 作用原理

1967 年,Belikova 等首先提出利用一段 ASO 来特异性抑制基因表达的设想。1978 年,Stephenson 和 Zamecnik 首次报道了利用化学合成的单链寡核苷酸与靶向 mRNA

互补碱基配对选择性抑制靶基因表达。此后,ASO被广泛应用于基因功能的研究和新药开发。

ASO可以敲减(knockdown)RNA酶依赖的mRNA或前体mRNA(pre-mRNA),亦可抑制不依赖RNA酶的蛋白质合成。ASO还可用于调节RNA剪接以产生功能蛋白或偏爱的遗传产物。尽管ASO的作用机制不同于siRNA/miRNA,但却具有与siRNA类似的活性。此外,ASO似乎对细胞核中的靶标更能有效抑制,而siRNA在抑制细胞质靶标方面更有优势,这可能是由于RNases H & P在细胞核中含量丰富,而RISC则存在于细胞质中。

ASO的发展因分子结构和修饰特点不同而更迭。ASO化学修饰的方法主要针对3个方面,即碱基修饰、核糖修饰和磷酸二酯键修饰。碱基修饰主要为杂环修饰,核糖修饰主要为己糖,磷酸二酯键修饰主要为硫代和甲基代修饰等。

第1代ASO主要对寡聚脱氧核苷酸(oligodeoxynucleotides,ODN)分子骨架进行修饰,以硫代磷酸酯脱氧寡核苷酸(phosphorathioate oligodeoxynucleotide,PS-ODN)为主要代表。与未修饰核苷酸相比,PS-ODN很大程度增加其核酸酶抗性,增强了组织分布。PS-ODN的不良反应主要来自其携带的负电荷和免疫原性:由于携带负电荷,PS-ODN及其核酸降解物能与血清蛋白、细胞表面受体结合,或者进入胞内与某些碱性蛋白质或酶结合,产生非特异效应。此外,PS-ODN及其核酸降解物中含有多个连续的胞苷磷酸鸟苷序列,也会产生非序列特异性的抑制作用。

第2代ASO结构修饰不限于骨架连接,还包括核糖2′的修饰,如2′-氟(2′-F)、2′-甲氧基(2′-O-methyluridine,2′-OMe)和2′-O-甲氧乙基(2′-O-methoxyethyl,2′-MOE)修饰等,目的主要是增强核酸酶抗性,提高疗效,增加结合亲和力并调节寡核苷酸的蛋白结合,减少非特异毒性。

从第2代ASO药物开始,混合骨架寡核苷酸(mixed backbone oligonucleic acid,MBO)是它们的代表。MBO通过不同化学修饰的组合降低了硫代磷酸二酯键的数量,减少了自身携带的负电荷,降低了体内降解速度并改变了核酸降解物的种类,从而减少了不良反应,提高了与靶mRNA的结合能力和诱导核糖核酸酶H降解mRNA的能力。

第3代ASO主要在结构中进行大幅变化,包括核糖环和/或磷酸酯骨架内的各种修饰。这些修饰大幅度改善了生物稳定性和细胞摄取,并优化了特定分子靶标的组织和细胞分布。主要包括桥连核酸(bridged nucleic acid,BNA)、肽核酸(peptidenucleic acid,PNA)和磷酰二胺吗啉代寡核苷酸(phosphorodiamidate morpholino oligomers,PMO)3种。

总体而言,第2代和第3代ASO在克服系统递送成药性方面取得了巨大进步。除了在单体水平进行化学修饰,治疗性寡核苷酸与不同生物分子的生物缀合被认为是第4代ASO的发展方向。

第四节　基因编辑

　　基因编辑技术是以改变目的基因序列为目的,实现定点突变、插入或敲除的技术。从 20 世纪末人们就开始对基因编辑技术进行探索,但直到 2013 年,规律性重复短回文序列簇相关蛋白技术(clustered regularly interspaced short palindromic repeats-associated protein 9, CRISPR/Cas9)的出现才极大地推动了基因编辑技术的发展。

　　同源重组技术(homologous recombination, HR)是最早的基因编辑技术,其原理是将外源性基因导入受体细胞,通过同源序列交换,使外源性 DNA 片段取代原位点上的基因,从而达到使特定基因失活或修复缺陷基因的目的。但是对高等真核生物来说,外源性 DNA 与目的 DNA 自然重组率非常低,只有 $10^{-7} \sim 10^{-6}$。若要得到稳定遗传的纯合基因敲除模型,至少需要两代遗传,因此 HR 的大规模应用受到了一定的限制。

　　为应对这一挑战,一系列基于核酸酶的基因编辑技术相继出现。与 HR 相比,基于核酸酶的基因编辑技术减少了外源性基因随机插入,提高了对基因组特定片段进行精确修饰的概率,主要有以下几种技术:①锌指核酸酶技术(zinc finger nuclease, ZFN);②转录激活因子效应核酸酶技术(transcription activator like effectors nuclease, TALEN);③CRISPR/Cas9 技术;④单碱基编辑(base editor, BE)技术。

一、ZFN 技术

　　1996 年,美国约翰霍普金斯大学环境卫生科学系 Chandrasegaran S 团队发明了基于限制性核酸内切酶 FokI 和锌指蛋白融合的 ZFN 技术。ZFN 包含两个结构域:DNA 结合的锌指蛋白区域和 FokI 的核酸酶切活性区域(图 13 - 5)。锌指蛋白区域决定了 ZFN 的序列特异性,一般由 30 个氨基酸组成;结合锌离子的保守区域通常为 4 个半胱氨酸或 2 个半胱氨酸和 2 个组氨酸,其空间结构由 1 个螺旋和 2 个反向的 β 平行结构组成。螺旋的 1、3、6 位氨基酸分别特异性地识别并结合 DNA 序列中的 3 个连续碱基。由于不同的锌指基序中 α 螺旋的 1、3、6 位氨基酸不同,因此由 3~6 个不同锌指基序组成的锌指蛋白区域与 FokI 核酸酶区域连接就构成了可以特异识别 DNA 序列并进行切割的人工核酸酶。

　　FokI 必须二聚化才具有活性。由于 FokI 自身二聚化也能对 DNA 进行切割,但是切割效率低且易产生非特异切割,所以在设计 ZFN 时可以对 FokI 进行突变,使之不能形成同源二聚体。当两个结合不同靶序列突变的 FokI 被 5~7 bp 的间隔(spacers)隔开时,就形成了具有核酸酶活性的异源二聚体。这样设计的 ZFN 可以增加 DNA 序列识别的特异性(图 13 - 5)。

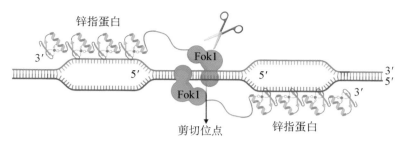

图 13-5　ZFNs 技术原理

基于 Chandrasegaran S 等的工作,美国犹他大学医学院生物化学系的 Dana Carrol 团队使用 ZFN 注入果蝇胚胎,第一次实现了动物中的基因编辑。随后,科学家用 ZFN 技术在动物、植物和人类细胞中都实现了靶基因的编辑。但由于锌指蛋白的设计费时费力、成本较高,限制了该方法的大规模应用。

二、TALEN 技术

2009 年,美国爱荷华州立大学植物病理学与生物信息学系的 Adam J. Bogdanove 团队和德国马丁路德大学生物研究所的 Ulla Bonas 团队分别发现了来自植物致病黄单胞菌属的转录激活效应蛋白(transcription-activator-like effector,TALE)和 DNA 的相互作用。将 TALE 蛋白与 FokI 酶区域结合构建了新一代的核酸酶编辑技术——TALEN。

TALEN 的组成和 ZFN 的相似之处是在其羧酸末端也含有 FokI 核酸酶结构域,不同之处是 TALEN 的 DNA 结合域为 TALE 蛋白。TALE 蛋白中每个识别模块由 34 个氨基酸组成,除了第 12 和 13 位氨基酸外,其余氨基酸序列都是保守的,第 12 和 13 位氨基酸称为可变的双氨基酸残基(repeat variabledi-residue,RVD)。RVD 决定了 TALE 识别并结合的 DNA 碱基。4 种不同的碱基都有与之对应的 TALE 识别模块。在构建 TALEN 人工核酸酶时,只需要按照目标序列的顺序将不同的 TALE 识别模块序列连接起来,再与 FokI 的编码序列融合即可(图 13-6)。

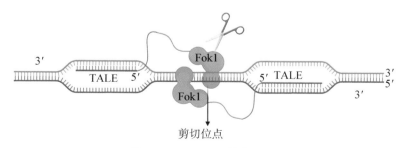

图 13-6　TALEN 技术原理

相对于 ZFN 来说,TALEN 的设计变得容易,任意的 DNA 序列理论上都可以设计和构建一个特异的 TALEN 核酸酶。但是目标序列的每个碱基都需要一个 TALE 识别模块,因此 TALEN 的构建过程工作量较大。此外,TALEN 在人类细胞中的毒性较低。2011 年,Miller 等第一次使用 TALEN 在人类细胞中对 *NTF3* 和 *CCR5* 基因进行编辑,证明了 TALEN 核酸酶对内源靶向基因的调节和修饰作用。

三、CRISPR/Cas9 技术

2012 年的 CRISPR/Cas9 体外重构和 2013 年在人类细胞中证明了其基因编辑功能,标志着新的基因编辑时代的开始。CRISPR/Cas9 系统来源于细菌和古细菌的天然获得性免疫系统,CRISPR RNA(crRNA)、trans-activating crRNA(tracrRNA)和 Cas9 蛋白组成的复合体可以抵御外源性 DNA 的入侵。CRISPR/Cas9 系统发挥作用的基本过程分为 3 个阶段:①间隔序列获得期。质粒或噬菌体携带的 DNA 片段被宿主的核酸酶切割成短的 DNA 片段,符合条件的 DNA 片段整合进宿主 CRISPR 位点,成为 crRNA 重复序列间的间隔序列。②CRISPR/Cas9 表达期。Cas9 蛋白表达;CRISPR 序列由 pre-crRNA 加工为成熟的 crRNA,后者包含间隔序列,可以靶向结合外来入侵的 DNA。③DNA 干扰期。Cas9 蛋白在向导 crRNA 的引导下识别靶向位点,调节基因组的剪切。

根据 Cas 蛋白的不同,CRISPR/Cas 系统可以分为 5 型:Ⅰ、Ⅲ 和 Ⅳ 型的 CRISPR 位点包含 crRNA 与多个 Cas 蛋白形成的复合物;Ⅱ型(Cas9)和 Ⅴ型(Cpfl)只需要 RNA 介导的核酸酶。许多 CRISPR 系统都依赖于临近 crRNA 靶向位点的 PAM(protospacer adjacent motif)序列,该序列的缺失将会导致 Ⅰ 型和 Ⅱ 型 CRISPR 系统的自我剪切。

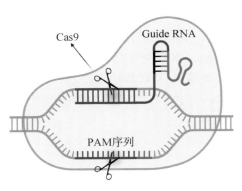

图 13 - 7   CRISPR/Cas9 技术原理

广泛用于基因编辑的 CRISPR/Cas9 是 Ⅱ 型 CRISPR 系统,由 Cas9 蛋白和 sgRNA(single guide RNA)组成。sgRNA 是根据 crRNA 和 tracrRNA 形成的高级结构设计的,与 Cas9 核酸酶蛋白结合后,可识别并剪辑靶向序列(图 13 - 7)。

与 ZFN 和 TALEN 相比,CRISPR/Cas9 通过一段与目标 DNA 片段匹配的向导 RNA 引导核酸酶识别靶向位点,提高了 Cas9 核酸酶的特异性。同时,Cas9 在 sgRNA 的引导下以单体蛋白的形式发挥功能,不像 ZFN 和 TALEN 的 FokI 只有二聚化才具有切割靶向 DNA 的活性,因此 CRISPR/Cas9 也避免了精细复杂的蛋白质设计。但是,由于 CRISPR/Cas9 来自原核生物免疫防御系统,Cas9 核酸酶继承了序列特异性低的特点,使非特异性切割的概率增加,造成脱靶效应增多。

不同的科研团队提出了不同的方法修饰或编辑 Cas9 和 sgRNA,以降低脱靶效应。如将 Cas9 蛋白与 FokI、锌指蛋白或 TALE 蛋白结合,以提高 Cas9 的特异性。或用失活的 Cas9 和 FokI 区域融合形成新的核酸酶,使其只有在核酸酶二聚化时才具有活性。另一种降低脱靶效应的方法是使用切口酶代替核酸酶,产生单链断裂而不是双链断裂,单

链断裂不能诱导非同源末端接合（non-homologous end joining，NHEJ）修复，但仍然可以激活 HR 的精确修复。单链断裂可以使脱靶效应降低，同时修复效率也降低，因此有人提出了使用双切口酶的方法，既提高了基因编辑的特异性，也提高了编辑的效率。

四、BE 技术

ZFN、TALEN 和 CRISPR/Cas9 技术都依赖于在靶向位点诱导双链断裂进而激活 DNA 的 NHEJ 和同源介导的双链 DNA 修复（homology directed repair，HDR）。NHEJ 容易引起随机插入和缺失，造成移码突变，进而影响靶基因的功能。HDR 尽管精确性高于 NHEJ，但是在细胞中的同源重组修复效率低，为 0.1%～5%。BE 技术的出现则有效地改善了以上问题。

2016 年 4 月，哈佛大学 David Liu 实验室第一次发表了不需要 DNA 双链断裂也不需要同源模板即可进行单碱基转换的基因编辑技术——BE 技术。该技术基于无核酸酶活性的 dCas9（inactive，or dead Cas9）或有单链 DNA 切口酶活性的 Cas9n（Cas9 nickase）、胞嘧啶脱氨酶、尿嘧啶糖基化酶抑制子（uracil DNA glycosylase inhibitor，UGI）和 sgRNA 形成的复合体。在不引起双链 DNA 断裂的情况下，直接使靶向位点的胞嘧啶（cytosine，C）脱氨基变成尿嘧啶（uracil，U）。由于尿嘧啶糖基化酶抑制子的存在，抑制了 U 的切除。随着 DNA 复制，U 被胸腺嘧啶（thymine，T）取代。同时，互补链上原来与 C 互补的鸟嘌呤（guanine，G）将会替换为腺嘌呤（adenine，A），最终实现了在一定的活性窗口内 C 到 T 或 G 到 A 的单碱基精准编辑（图 13 - 8、13 - 9）。

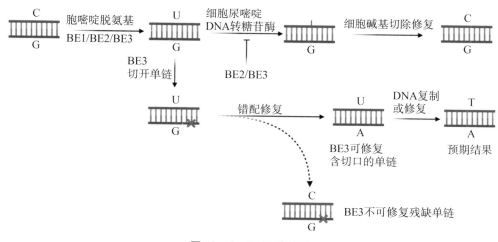

图 13 - 8　BE 设计过程

BE 技术的出现促进了点突变基因编辑的有效性和使用范围。David Liu 团队对 4 种胞嘧啶脱氨酶– hAID（human activation induced deaminase）、hAPOBEC3G（human apoliprotein B mRNA-editing enzyme-catalyticpolypeptide–like-3G）、rAPOBEC1（rat apolipoprotein B mRNA-editing enzyme 1）和七鳃鳗（Lethenteron *cam*tschaticum）来源

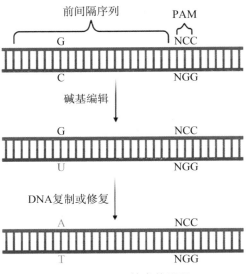

图 13-9 BE 技术的原理

的 AID 类似物 PmCDA1 进行评估,发现 rAPOBEC1 具有最高的脱氨酶活性。他们通过将 rAPOBEC1 与 dCas9 的 N 末端以及 16 个残基的 XTEN 连接体融合,组成了第一代碱基编辑器 BE1(rAPOBECI - XTEN - dCas9),它有 5nt 的活性窗口。

第二代碱基编辑器 BE2(APOBEC - XTEN - dCas9 - UGI)融入了 UGI,抑制了 U 糖基化引起的碱基切除修复,编辑效率在人类细胞比 BEl 高 3 倍。

第三代碱基编辑器 BE3[APOBEC - XTEN - nCas9(D10A) - UGI]恢复了 Cas9 HNH 区域 840 位置组氨酸的催化作用,可以剪切非编辑链与编辑链上与 U 互补的 G,使 BE3 的编辑效率比 BE2 提高了 2~6 倍。

第五节 基因治疗案例

在基因治疗进入临床研究的第 1 个 10 年,基于质粒 DNA 的基因治疗占据了绝大部分。遗憾的是,1999 年 9 月,一名美国的 18 岁男孩 Jesse Gelsinger 在接受基因治疗时出现了严重的免疫反应,最终身亡,由此引发了人们对基因治疗安全性的争论。接受此教训,全球范围内的实验室和制药公司在兼顾安全性和有效性的同时,继续加大对基因治疗的投入。

2003 年 10 月 16 日,重组人 p53 腺病毒注射液(商品名"今又生")获得了中国国家食品药品监督管理局颁发的新药证书,成为世界上第一个获批进入临床的基因治疗药物。紧接着,中国又在 2005 年 11 月 4 日批准了重组人 5 型腺病毒注射液(商品名"安科瑞")上市。直到 2012 年,欧盟的欧洲药品管理局(European Medicines Agency,EMA)才批准了基因治疗产品 Glybera 上市销售,使之成为第一个在西方国家被批准上市的基因治疗产品。2017 年 8 月，诺华的 Kymriah 被美国 FDA 确定为以细胞工程为基础的基因治疗产品，成为美国批准的第一个基因治疗药物，也是全球首个上市的 CAR - T 疗法。迄今为止，全球一共批准了 16 种基因治疗产品上市（表 13 - 2）。以下对几个代表性的基因治疗药物做简单介绍。

表 13 - 2　全球已批准上市的基因治疗药物

产品	载体	适应证	上市时间	基因或治疗靶点	生产厂家
Vitravene		HIV 阳性患者的巨细胞病毒性视网膜炎	1998 和 1999 年获 FDA 和欧盟批准上市。2002 年和 2006 年退市	反义寡核苷酸	Ionis Pharma（原 Isis Pharma）和诺华联合
Macugen		新生血管性年龄相关性黄斑变性	2004	聚乙二醇化修饰性寡核苷酸药物，靶向 VEGF165 亚型	Pfizer 和 Eyetech
Gendicine	腺病毒	头颈部鳞癌	2004	p53	赛百诺
Rigvir		黑色素瘤	2004	ECHO - 7 肠道病毒	Latima
Rexin - G	纳米颗粒	对化疗产生抵抗的晚期癌症	2005	周期蛋白 G1 突变基因	Epeius
Oncorine	腺病毒	鼻咽癌	2006	p53	上海三维
DeltaRex - G	反转录病毒	实体瘤	2007	周期蛋白 G1 显性负性突变	Epeius Biotechnologies
Neovasculgen	DNA 质粒	周边动脉疾病	2011	VEGF	Human stem cells institute
Glybera	腺相关病毒	脂蛋白酯酶缺乏	2012 年上市，2017 年退市	脂蛋白脂肪酶	Chiesi Pharmaceutici
Neovasculogen	DNA 质粒	周围动脉疾病	2012	VEGF	Human Stem Cell Institute
Defitelio		肝小静脉闭塞症伴随造血干细胞移植后肾或肺功能障碍	2013 和 2016 分别获欧盟和 FDA 批准上市。2009 年退市	具有纤溶酶特性的寡核苷酸混合物	Jazz
Kynamro		纯合子家族性高胆固醇血症	2013	以 apo B - 100 mRNA 为靶点的反义寡核苷酸	Ionis Pharma 和 Kastle
Imlygic	单纯疱疹病毒 1	转移性黑色素瘤	2015	GM - CSF	Amgen
Strimvelis	反转录病毒	腺苷酸脱氨酶缺乏症	2016	腺苷酸脱氨酶	Orchard Therapeutics
Spinraza		脊髓性肌萎缩	2016	反义寡核苷酸结合与 SMN2 外显子 7 的剪切位点	Ionis Pharmaceuticals

续　表

产品	载体	适应证	上市时间	基因或治疗靶点	生产厂家
Exondys 51		DMD	2016	反义寡核苷酸使DMD基因51号外显子切除	Sarepta Therapeutics
Invossa	反转录病毒	膝关节炎	2017	TGF - β1	Kolon Life Science
Zalmoxis	反转录病毒	血液肿瘤	2017	HSV - TK/Neo 融合自杀基因	MolMed
Tegsedi		遗传性转甲状腺素蛋白淀粉样变性	2018	靶向转甲状腺素蛋白 mRNA 的反义寡核苷酸	Ionis Pharmaceuticals
Onpattro		遗传性转甲状腺素蛋白淀粉样变性	2018	靶向转甲状腺素蛋白 mRNA 的 siRNA	Alnylam 和 Sanofi
Kymriah	慢病毒	急性淋巴细胞白血病	2017	CART - 19	Novartis
		弥漫性大 B 细胞淋巴瘤	2018	CART - 19	
		急性 B 细胞白血病	2019	CART - 19	
Yescarta	反转录病毒	B 细胞、弥漫性大 B 细胞、纵隔大 B 细胞淋巴瘤	2019	CART - 19	Kite Pharma
Spinraza	非载体	脊髓性肌萎缩	2017	SMN2 定向性反义寡核苷酸	Biogen
Luxturna	腺相关病毒	视网膜萎缩	2018	RPE65	Spark Therapeutics
Zolgensma	腺相关病毒	Ⅰ型脊髓肌萎缩	2019	SMN2	AveXis
Collategene	DNA 质粒	临界性肢体缺血	2019	肝细胞生长因子	AnGes
Lentiglobin	慢病毒	重型 β 地中海贫血	2019	β 血红蛋白亚基	Blubird Bio
Zynteglo	慢病毒	输血依赖性 β - 地中海贫血	2019	βA - T87Q - 珠蛋白	Blubird Bio
Givlaari		成人急性肝卟啉病	2019	siRNA 靶向降解 ALAS1 蛋白的 mRNA	Alnylam
Vyondys53		抗肌萎缩蛋白基因外显子 53 剪切突变的 DMD	2019	反义寡核苷酸靶向抗肌萎缩蛋白 mRNA 前体	Sarepta Therapeutics
Waylivra		家族性高乳糜微粒血症综合征	2019	反义寡核苷酸	Ionis Pharmaceuticals 和 Akcea Therapeutics
Tecartus		复发或难治性淋巴瘤	2020	CART - 19	GILD
Libmeldy	慢病毒	异染性脑白质营养不良	2020	CD34 +	Orchard Therapeutics
Leqvio		成人原发性高胆固醇血症或混合型血脂异常	2020	靶向 PCSK9 mRNA 的 siRNA	Novartis
Oxlumo		原发性高草酸尿症 1 型	2020	靶向羟基酸氧化酶 mRNA 的 siRNA	Alnylam

续　表

产品	载体	适应证	上市时间	基因或治疗靶点	生产厂家
Viltepso		DMD	2020	磷酰二胺吗啉代寡聚核苷酸药物	Nippon Shinyaku
Skysona	慢病毒	早期脑肾上腺脑白质营养不良	2021	ABCD1	Blubird Bio
Breyanzi	慢病毒	复发或难治性大B细胞淋巴瘤	2021	CART‐19	BMS
Abecma	慢病毒	复发或难治性多发性骨髓瘤	2021	CART‐BCMA	BMS 和 bluebird bio
Delytact		恶性胶质瘤	2021	HSV‐1 溶瘤病毒	Daiichi Sankyo
倍诺达		成人复发或难治性大B细胞淋巴瘤	2021	CART‐19	药明巨诺
CARVYKTI		复发或难治性多发性骨髓瘤	2022	CART‐BCMA	传奇生物

一、Strimvelis

2016 年,英国制药巨头葛兰素史克(GSK)的基因治疗产品 Strimvelis 被欧盟委员会批准上市。Strimvelis(自体 CD34＋细胞转导表达 ADA)是首个离体干细胞基因疗法,也是全球获批的首个用于儿童患者的纠正性基因疗法,用于无合适人类白细胞抗原(HLA)相匹配干细胞捐献者的 ADA‐SCID 患儿的治疗。ADA‐SCID 是一种罕见病,患儿出生时免疫系统功能即出现异常,导致对微生物失去抵抗力。据估计,欧洲每年大约确诊 15 例 ADA‐SCID 患儿。

Strimvelis 基因疗法首先需要从患儿的骨髓中分离造血干细胞,然后导入正常拷贝的 ADA 基因,再通过静脉输注将处理后的造血干细胞重新导入患儿体内。采取 Strimvelis 治疗时,为了提高基因修饰后干细胞的定植,患儿事先需要进行低剂量化疗治疗。

Strimvelis 的获批,是基于 18 例 ADA‐SCID 患儿接受 Strimvelis 治疗的数据。所有 ADA‐SCID 患儿在接受 Strimvelis 治疗后 3 年的存活率达 100％,上市许可纳入的 18 例接受 Strimvelis 治疗的 ADA‐SCID 患儿目前仍然存活,中位随访时间为 7 年。

Strimvelis 只需给药一次,而且不依赖于第三方捐献者,因此不存在因移植物抗宿主病引发的免疫不相容风险,后者是骨髓移植治疗中常见的副作用。

二、Luxturna

2018 年 10 月 16 日,"世界视力日"(World Vision Day)当天,美国 FDA 审评小组以 16∶0 一致认可美国费城生物技术公司 Spark Therapeutics 开发的基因治疗药物"Luxturna"。当年 12 月 19 日,FDA 批准了 Luxturna 上市,成为首款在美获批的"直接给药型"基因疗法。此药物能够治疗由 RPE65 基因突变引发的先天性黑矇。

先天性黑矇是一种遗传性视力异常性疾病,主要影响视网膜的视椎和视杆细胞(感光细胞)。在所有先天性失明或严重视力下降的儿童中,大约 10% 是由这种眼病引发的。人体中有超过 220 个基因的突变,可以导致视力障碍,其中 *RPE65* 基因突变所致的患者在美国有 1 000～2 000 人。*RPE65* 基因编码一种视网膜上皮蛋白,用以帮助视网膜感光细胞制造视紫红质。如果视紫红质缺乏,则感光细胞会逐渐退化,视觉功能逐渐丧失。

Luxturna 药物治疗方法比较简单。眼科医生只需要将治疗药物注射到患者视网膜,就可以阻止视力退化,甚至带来视力的改善。

三、Collategene

2019 年 8 月 28 日,田边三菱制药株式会社研发的新药 Collategene 在日本厚生劳动省的会议上被批准上市,9 月 4 日正式生效。

Collategene 含有肝细胞生长因子 cDNA 和将其转染到人体细胞的质粒,首次获批的适应证为闭塞性动脉硬化症和血栓闭塞性脉管炎。具体使用方法为一支 4 mg 的药物分 8 个部位注射到患部周围,质粒将肝细胞生长因子转入人体细胞而生效,有必要时可以 4 周后重复一次。

四、LentiGlobin

2019 年,LentiGlobin 获得了美国 FDA 和欧洲药品管理局颁发的孤儿药资格,用于治疗 β 地中海贫血和镰状细胞贫血;FDA 还为该疗法治疗输血依赖性 β 型地中海贫血症(TDT)颁发了突破性疗法认定。

β 地中海贫血是一种相对常见的遗传性血液疾病,由 *HBB* 基因突变所致。HBB 是血红蛋白的组成部分,该基因发生突变后则不能产生正常的血红蛋白,会导致溶血和严重贫血。

TDT 是 β 地中海贫血最严重的一种类型,患者每 2～4 周需要接受一次输血。造血干细胞移植(HSCT)是目前唯一有可能纠正 TDT 遗传缺陷的选择,但严格的配型限制导致应用受限。更多 TDT 患者的治疗是使用终生输血和铁螯合疗法,常伴有严重的并发症和器官损伤。接受 LentiGlobin 治疗后,可以消除或减少输血的需要,减少 TDT 的长期并发症。

五、Kymriah

2017 年 8 月 30 日,美国 FDA 批准了诺华旗下 CAR - T 疗法明星药物 Tisagenlecleucel(曾用名 CTL019)上市,商品名为 Kymriah,用于治疗复发/难治性(25 岁以下)急性 B 淋巴细胞白血病(B-ALL)。对此,FDA 专员 Scott Gottlieb 博士表示:"我们正在进入一个新的医疗创新时代,通过重编程患者自体细胞来攻击致命的癌细胞。基因和细胞疗法等新技术推动了转化医学的发展,使许多难治性疾病的治疗和治愈进入了一个新的转折点。"

Kymriah 所代表的靶向 CD19 的 CAR - T 治疗是一种基因修饰的自体 T 细胞免疫疗法。每个剂量的 Kymriah 是使用患者自体 T 细胞生产制备的定制化治疗。患者的 T 细胞被收集并送到制备中心,在那里进行嵌合抗原受体(CAR)基因修饰,这种定位于 T 细胞膜表面 CAR 将指引 T 细胞靶向并杀死表达特异性抗原(CD19)的肿瘤细胞。CAR - T 细胞制备完成后,可通过静脉注射(实体瘤可选择介入注射)到患者体内杀死肿瘤细胞。

(马 端)

参考文献

[1] 贺林,马端,段涛. 临床遗传学[M]. 上海:上海科学技术出版社,2013.

[2] 马端. 破解疾病的遗传密码[M]. 上海:上海科学技术出版社,2018.

[3] 任云晓,肖茹丹,娄晓敏,等. 基因编辑技术及其在基因治疗中的应用[J]. 遗传,2019,41(1):18 - 28.

[4] ARJMAND B, LARIJANI B, SHEIKH HM, et al. The horizon of gene therapy in modern medicine: advances and challenges [J]. Adv Exp Med Biol, 2020,1247:33 - 64.

[5] DU S, OU H, CUI R, et al. Delivery of glucosylceramidase beta gene using AAV9 vector therapy as a treatment strategy in mouse models of gaucher disease [J]. Hum Gene Ther, 2019,30(2):155 - 167.

[6] FERRUA F, AIUTI A. Twenty-five years of gene therapy for ADA-SCID: from bubble babies to an approved drug [J]. Hum Gene Ther, 2017,28(11):972 - 981.

[7] JENNIFER AD. The promise and challenge of therapeutic genome editing [J]. Nature, 2020,578: 229 - 236.

[8] KHAN S, MAHMOOD MS, RAHMAN SU, et al. CRISPR/Cas9: the Jedi against the dark empire of diseases [J]. J Biomed Sci, 2018,25(1):29.

[9] MCINNES RR, WILLARD HF. Thompson & Thompson genetics in medicine [M]. 8th ed. Amsterdam: Elsevier Inc, 2016.

图书在版编目(CIP)数据

医学分子遗传学/汤其群,徐国良主编. —上海:复旦大学出版社,2022.12
ISBN 978-7-309-16333-9

Ⅰ.①医… Ⅱ.①汤… ②徐… Ⅲ.①医学遗传学-分子遗传学-医学院校-教材 Ⅳ.①Q75

中国版本图书馆 CIP 数据核字(2022)第 135824 号

医学分子遗传学
汤其群 徐国良 主编
责任编辑/江黎涵

复旦大学出版社有限公司出版发行
上海市国权路 579 号 邮编:200433
网址:fupnet@ fudanpress.com http://www.fudanpress.com
门市零售:86-21-65102580 团体订购:86-21-65104505
出版部电话:86-21-65642845
上海丽佳制版印刷有限公司

开本 787 × 1092 1/16 印张 20.25 字数 444 千
2022 年 12 月第 1 版
2022 年 12 月第 1 版第 1 次印刷

ISBN 978-7-309-16333-9/Q·115
定价:136.00 元